Zu der Buchreihe
«Kulturgeschichte der Naturwissenschaften und der Technik»

Technische Objekte sind nicht eindeutig, sondern vieldeutig. Die humanen, ästhetischen, sozial- und geistesgeschichtlichen Bedeutungen zeigen sich nicht in technischer Funktionsbeschreibung. Auch die historische Abfolge technischer Objekte sagt höchstens etwas über die sozio-ökonomischen Voraussetzungen, die Einbeziehung und Konsequenzen der Technik. Diese übergreifenden Bezüge versucht die gemeinsam vom Deutschen Museum in München und dem Rowohlt Taschenbuch Verlag herausgegebene neue Buchreihe «Kulturgeschichte der Naturwissenschaften und der Technik» zu beschreiben und zu illustrieren.

Die Bände richten sich zunächst an Lehrer und Ausbilder, doch sind sie so gestaltet, daß jeder interessierte Laie sie verstehen kann. Es zeigt sich, daß der Weg durch die Geschichte nicht eine zusätzliche Erschwerung und Vermehrung des Lehrstoffes bedeutet, sondern das Verständnis der modernen Naturwissenschaften und Technik erleichtert.

Rolf Oberliesen

Information, Daten und Signale

Geschichte technischer
Informationsverarbeitung

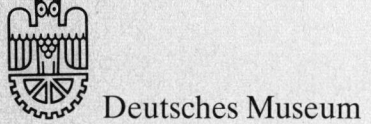 Deutsches Museum

 Rowohlt

Die Buchreihe zur Kulturgeschichte der Naturwissenschaften und der Technik entstand im Rahmen zweier Projekte am Deutschen Museum.
Projektmitarbeiter: Günther Gottmann, Bert Heinrich, Friedrich Klemm, Gernot Krankenhagen, Helmuth Poll, Jürgen Teichmann, Jochim Varchmin.
Verantwortliche Betreuung des vorliegenden Bandes: Bert Heinrich
Technikgeschichtlicher Berater: Friedrich Klemm
Redaktion im Deutschen Museum: Bert Heinrich
Bildredaktion: Ludvik Vesely

Die dieser Veröffentlichung zugrunde liegenden Entwicklungsarbeiten wurden mit Mitteln des Bundesministers für Bildung und Wissenschaft und der Stiftung Volkswagenwerk gefördert. Die Interpretation der Fakten gibt die Meinung des Autors, nicht die des Deutschen Museums wieder.

Originalausgabe

Umschlagentwurf: Werner Rebhuhn
(Samuel Thomas von Sömmerrings
elektrochemischer Telegraph.
Durch das Fenster blickt man auf die Türme der
Münchner Frauenkirche. Aquarell von Christian Koeck, 1809.
Original in der Senckenbergischen Bibliothek, Frankfurt a. M. /
Foto: Erdefunkstelle Raisting, Archiv Fa. Siemens)
Veröffentlicht im Rowohlt Taschenbuch Verlag GmbH,
Reinbek bei Hamburg, November 1982
Copyright © 1982 by Rowohlt Taschenbuch Verlag GmbH,
Reinbek bei Hamburg
Satz Times (Linotron 404)
Gesamtherstellung Clausen & Bosse, Leck
Printed in Germany
1280-ISBN 3 499 17709 9

Inhalt

1. Einführung
Information – Informationstechnik 7

Zeittafel 12

2. Instrumente zentralstaatlicher Nachrichtentechnik der «alten Welt»
Feuerfanale und Feuerdepeschen 24
    Schnell wie ein Lauffeuer 24
    Militärtechnische und machtpolitische Interessen
    als Triebkräfte 28
    Feuernachrichtenwesen, frühe nachrichtentechnische
    Praxis und Theorie 30
    Nachrichtendienst als Fron- und Sklavenarbeit 40

3. Entwicklung 2000 Jahre alter Nachrichtentechnik im Dienst militärischer und politischer Machtverwaltung
Optische Telegrafie 44
    Neue Erkenntnisse beleben alte Ideen 44
    Nachrichtensysteme im Interesse nationalstaatlicher
    Bestrebungen 47
    Telegrafentechnik als militärisches Machtinstrument
    Napoleons 59
    Telegrafie als Instrument zentraler Staatsverwaltung 62
    Optische Telegrafensysteme, leistungsfähige nachrichten-
    technische Entwicklungen 71

4. Veränderte Produktionsweisen fordern neue Nachrichtentechniken
Elektrische Telegrafie und Telefonie 82
    Industrielle Revolution und das Interesse an leistungs-
    fähigen Verkehrs- und Nachrichtenverbindungen 82
    Frühe elektrische Telegrafenkonstruktionen 84
    Eisenbahntelegrafie, Bewährungsprobe elektrischer
    Nachrichtenübertragung 98
    Elektrische Telegrafenanlagen entfalten sich zu profitablen
    Nachrichtenverkehrssystemen 107

Telegrafie, Nachrichtenkonsum und wirtschaftliche Interessen	118
Elektrische Telegrafentechnik und nachrichten-theoretische Erfahrung	123
Telefonie, eine neue Dimension der Nachrichtenübertragung	129
Das Telefon als wirtschaftlich ergiebiges, umfassendes Nachrichtenmittel	141
Nachrichtensysteme gestern, heute und morgen	153

5. Rationalisierung «geistiger» Arbeitsleistungen

Automatisiertes Rechnen	165
Zahlensysteme und Rechenbretter, Anfänge und alte Erfahrungen	165
Frühe Rechenmaschinen, Modelle mechanischer Bewältigung «geistiger» Arbeitsleistungen	175
Rechenmaschinen und aufkommender Industriekapitalismus	195
Rechenautomaten, Ideen und Realisationen	202

6. Automatisierung von Büro und Verwaltung

Datenverarbeitung mit Lochkarten	212
Lochkartenmaschinen, erste Datenverarbeitungssysteme	212
Rationalisierte Informationsverarbeitung, wirtschaftliche und politische Durchsetzungsbedingungen	222
Lochkartentechnik verändert die Arbeit im Büro	237

7. Auf dem Weg zur «nachindustriellen Informationsgesellschaft»?

	249
Informationstechnologie und Industrieentwicklung	251
Informationstechnologien in Industrie, Verwaltung und Dienstleistung	254
Arbeit und Beschäftigung	260
Zwischen Planung und Manipulation	262

Studien im Deutschen Museum 265

Anhang

Literatur	274
Personen- und Sachregister	280
Bildquellen	287

1. Einführung
Information – Informationstechnik

Telekommunikation, Bildschirmtext, Kabelfernsehen, Bildschirmarbeit, Bürocomputer, Teletext, Bigfon, Satellitenfernsehen, elektronische Datenverarbeitung und Mikroprozessoren, Datenbanksysteme und Datenschutz: ein Schlagwortspektrum aus einem Diskussionsfeld, das zur Zeit nahezu so weit reicht wie das der bisherigen Problemthemen Umweltschutz und Energieversorgung. Eine Fülle neuer Informationstechnologien mit vervielfachten Möglichkeiten kommt auf uns zu, sie wirft ihre Schatten bereits voraus. Schon heute prägen informationstechnische Entwicklungen unsere Lebens- und Arbeitsbedingungen in einem Maße wie kaum eine andere Technik zuvor, ob im privaten Bereich (Rundfunk, Fernsehen, Video, Telefon, Taschenrechner, Heimcomputer, Telespiele u. a.), im öffentlichen Bereich (Planungs- und Überwachungscomputer, Bankautomaten, EDV, Melde- und Buchungssysteme, Massenmedien, Telekommunikationssysteme u. a.), besonders aber in den Berufstätigkeit und Arbeitssituation unmittelbar betreffenden Bereichen. Die Diskussion um die Arbeit an Bildschirmarbeitsplätzen und in der computergesteuerten Produktion (Einsatz von CNC- und NC-Maschinentechnik) sowie die zunehmende Verwendung von Industrierobotern, Personalinformationssystemen u. a. sind hierfür nur einige Beispiele.

Die verschiedenen dort verwendeten Techniken lassen dabei eine Tendenz erkennen, die auf eine Verbindung ihrer unterschiedlichen Formen zu alles umfassenden Systemen hinausläuft. Dies zeigt sich derzeit deutlich am Büroarbeitsplatz: Das Nebeneinander von bisher eingesetzten Gerätetypen mit sich zum Teil überschneidenden Arbeitsfunktionen, wie die konventionelle Textverarbeitung mit der Schreibmaschine, dem Textautomaten, dem Fernschreiber, dem Kopierer, dem Bürorechner und dem Telefon, verändert sich zunehmend zu einem mehrfunktionalen Arbeitsplatz. Gearbeitet wird zukünftig an Bildschirmen und Tastaturen, die in erster Linie zur Dateneingabe, zur Abfrage von Daten und Dispositionen (z. B. für Buchhaltung, Terminüberwachung, Berechnung usw.) und zum Aufbau von Nachrichtenverbindungen (z. B. für Fernkopie, Ferngespräch usw.) verwendet werden. Zusätzliche Informationen lassen sich von entfernten Datenarchiven direkt abrufen. Schriftstücke aus den Aktenarchiven erscheinen auf Knopfdruck. Der betriebsinterne, aber auch der nach außen gehende Schriftverkehr läßt sich über die Tastatur, den Bildschirm und fertige Textbearbeitungsmodule ab-

b) Integrierte Arbeitsplätze zur Text-, Bild-, Daten- und Sprachverarbeitung in einem modernen Großraumbüro.

a) Informationsverarbeitung in einem spätmittelalterlichen Handelskontor. Jakob Fugger (1459–1525) und sein Hauptbuchhalter. Zu ihrer Zeit kontrollierten die Fugger von Augsburg aus einen Großteil des Welthandels. Miniatur um 1520.

1: Büroarbeitsplätze früher und heute.

wickeln; Bilder und Dokumente können direkt empfangen und verarbeitet werden, und das in einer um ein Vielfaches kürzeren Zeit, als es im traditionellen Büro je denkbar war (Abb. 1).

Der elektronischen Datenverarbeitungstechnik kommt innerhalb dieser Entwicklung mehr und mehr eine Schlüsselrolle zu: Elektronische Datenverarbeitung (EDV) entfaltet sich zu einer Basistechnologie, die in Verbindung mit modernen Nachrichtentechniken Informationen, Daten und Signale in jeder gewünschten Auswahl und in jeder Kombination überall verfügbar und in einem Umfang auswertbar macht wie nie zuvor in der Geschichte der Informationstechnik.

Die Qualität unserer Zukunft scheint entscheidend davon abzuhängen, wie wir in unserer Gesellschaft mit Informationen umgehen: wie wir die Informationsabläufe für den einzelnen und die verschiedenen Gruppen regeln, welche Mittel wir hierfür verwenden, welche Kommunikationsmöglichkeiten für wen, für welche Gruppen und in welcher Form vorhanden sein werden. Eine totale Präsenz von Informationen jedweder Art an jedem Ort muß unsere bisherige Kommunikationspraxis erheblich beeinflussen. In der Folge bedeutet dies auch veränderte Formen gesellschaftlicher Kommunikation mit nicht unerheblichen Auswirkungen auf das gesamte gesellschaftliche Leben. Die Qualität der Informationsflüsse ändert sich dazu insofern, als zunehmend Wirklichkeit in immer stärkerem Umfang ausschließlich über Medien nur in ganz bestimmten Rastern, ausschnitthaft auf Wort-, Bild- und Zahlenabfragen festgelegt, gelenkt und vermittelt wird. Möglichkeiten menschlicher Mitteilung, wie spontaner Wortwechsel, Mimik, Gestik und ‹subjektive Ausstrahlung› werden damit weiter zurückgedrängt oder gar ausgeschlossen.

Dieser Prozeß der Umgestaltung unserer Lebens- und Arbeitsbedingungen vollzieht sich indes nicht als ‹technischer Fortschritt› ausschließlich bestimmt durch Natur- und Sachgesetzlichkeiten, gleichsam aus sich selbst heraus, er ist vielmehr getragen von den Entscheidungen von Menschen in konkreten Lebenssituationen, die informationstechnische Mittel und Verfahren entwickeln, produzieren und verwenden. Informationstechnische Entwicklungen sind daher nicht zu lösen von den jeweiligen gesellschaftlichen Gegebenheiten, unter denen sie begannen, sich durchsetzten, in die sie eingebracht wurden und wo sie gleichzeitig wieder neue Situationen hervorriefen. Das entspricht einem Verständnis von Technik, das technische Mittel und Verfahren prinzipiell als in gesellschaftliche Wirkungs- und Bedingungszusammenhänge eingebunden begreift. Technische Geräte und Apparaturen erscheinen hierin nicht etwa als etwas Abgeschlossenes, Abgrenzbares und Vollständiges, sondern als veränderbar, verbesserungsbedürftig, dynamisch, als prinzipiell beeinflußbare Größe. Auf diesem Hintergrund verfolgt der vorliegende Band die Absicht, das mit dem Wandel der Informationstechniken einhergehende ‹Neue› in seinen Entstehungs- und Wirkungszusammenhängen aufzusuchen. Die sich damit ergebenden Materialien und Aussagen eröffnen Perspektiven, die auch für die Einschätzung und Beurteilung gegenwärtiger und künftiger Entwicklungen von zentraler Bedeutung sein müssen.

Die Geschichte der Informationstechnik reicht in ihren Wurzeln weit zurück bis in die Vorzeit, wo Menschen erste tastende Versuche zur Darstellung von Zahlen machten und Zahlensysteme erfanden. Sie ist aber zugleich eng verbunden mit dem über Jahrtausende zurückreichenden Werdegang der Schrift als eines Mittels zur Fixierung von Sprache, als eines Werkzeugs zur Übertragung und schließlich auch zur Speicherung von Informationen. Der Austausch von Informationen zwischen Menschen, die Kommunikation, war von Beginn an eine wichtige, ja vielleicht die wichtigste Voraussetzung für die geistige Entwicklung der Menschheit. Durch die Natur sind dabei dem Menschen Grenzen gesetzt, die Hörweite ist beschränkt durch die Begrenztheit der menschlichen Stimme und des Ohres, die Reichweite endet mit der

Bewegungsleistung des menschlichen Körpers. Schon früh versuchten daher Menschen in verschiedenen gesellschaftlich-historischen Situationen zur Verwirklichung ihrer Interessen hierauf bezogene Hilfs- und Arbeitsmittel zu erfinden und zu produzieren. Dazu sind letztlich die Feuerdepeschenanordnungen der Griechen ebenso zu zählen wie die ersten elektrischen Telegrafen- und Telefonverbindungen als auch unsere heutigen interkontinentalen Datennetze über Satelliten und Tiefseekabel. Breitgefächerte Entwicklungslinien lassen sich bis zu unseren heutigen Informationstechniken verfolgen, die eine deutliche Neigung zeigen, zu einer umfassenden Informationstechnik in integrierten Kommunikationssystemen zusammenzuwachsen. Neben der Übertragung von Informationen (Nachrichtentechnik) findet sich dabei über Jahrhunderte nahezu unverbunden das Bemühen, Rechenabläufe zu rationalisieren (Rechnertechnik, Datenverarbeitungstechnik) oder Produktionsabläufe zu automatisieren (Steuerungs- und Regeltechnik, Abb. 2).

Die verschiedenen gesellschaftlichen Entwicklungen stehen in enger Wechselbeziehung mit der Entwicklung ihrer Informationssysteme. Für die Gesellschaft des Altertums hatten Nachrichteninstrumente eine hohe Bedeutung, weil sie es ermöglichten, die ausgedehnten Herrschaftsgebiete zentral und umfassend zu kontrollieren, zu verwalten und gegen jeden heraufziehenden Umsturzversuch von innen als auch von außen zu sichern. In neuerer Zeit waren es dagegen die Entwicklung der kapitalistischen Produktion und mit ihr der aufkommende Handel, die mit Beginn des 19. Jahrhunderts nach schnellen und zuverlässigen Nachrichtenverbindungen verlangten und damit die elektrische Telegrafie und Telefonie hervorbrachten.

Um diese Zusammenhänge aufzuzeigen, sind in der nachfolgenden Darstellung einige Beispiele ausgewählt, die besonders ausgeprägt jene Entwicklungen erkennen lassen. Zwei der aufeinanderzulaufenden Entwicklungslinien (vgl. Kap. 7) werden dazu herausgehoben: die der Nachrichtenübertragung (Kap. 2, 3 und 4) und die der Rationalisierung des Rechnens und der Datenverarbeitung (Kap. 5 und 6), wobei letztere besonders auf jenen Sektor abheben, wo gegenwärtig mit der größten Umwälzung der Arbeitsbedingungen zu rechnen ist, den des Büro- und Verwaltungsbereichs.

Als eine Grundkategorie, die über die einzelnen technischen Gegebenheiten in den verschiedenen gesellschaftlich-historischen Situationen hinausdeutet, erweist sich dabei der Begriff der INFORMATION. Den unterschiedlich entstandenen Geräten, Maschinen, Apparaten und Systemen ist die technische Funktion gemeinsam, Informationen, Bedeutungen von etwas, umzusetzen. Das umfaßt die Möglichkeit, Informationen von einem Ort zu einem anderen zu übertragen, verschiedene Informationen zu neuen zusammenzufügen wie auch nach bestimmten Kriterien zu ordnen, auszuwählen und für spätere Verwendungen dauerhaft zu speichern. Mit diesen technischen Realitäten scheint sich der Begriffsumfang von Information zunächst zu beschränken auf das Problem der Darstellung und Umsetzung von SI-

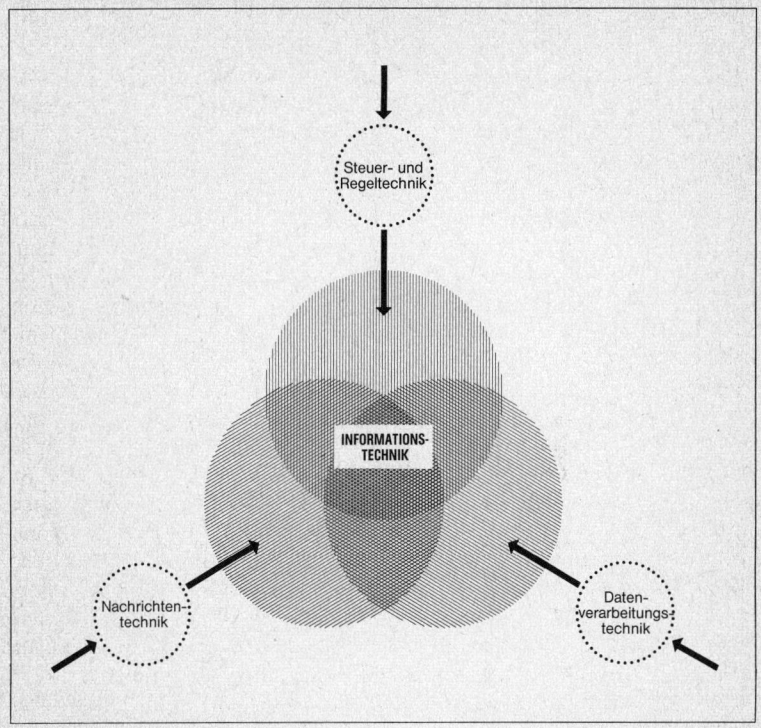

2: Entwicklung von Datenverarbeitungstechnik, Nachrichtentechnik und Steuer- und Regeltechnik zur Informationstechnik.

GNALEN als physikalische Größen und in alphanumerischer Form (in Buchstaben- und Zahlzeichen) als DATEN. Informationstechnische Erscheinungen in konkreten gesellschaftlich-historischen Situationen weisen jedoch insofern darüber hinaus, als sie auch auf die Bedeutungen selbst verweisen, Bedeutungen, die verschiedene Signale und Daten tragen und die für Menschen in konkreten Lebenssituationen von unterschiedlicher Wichtigkeit sein können. Information ist umfassender zu verstehen und wird im Beziehungsgefüge von Individuum und Gesellschaft zu einem Schlüsselbegriff, der sich dann auf die gesamte menschliche Kommunikation bezieht. Gegenstand des vorliegenden Buches ist das komplexe Spannungsfeld, das dieser Begriff kennzeichnet, welches sich in den verschiedenen Ebenen und ihren vielfältigen Beziehungen ausdrückt.

Zeittafel

Zeit	Entwicklung im Bereich der Informationstechnik	Allgemeinhistorische, gesellschaftliche und technische Daten
4000 v. Chr.		Zahlzeichen bei den Ägyptern
um 2900		Keilschrift der Babylonier
um 1800		Keilschrift der Assyrer
um 1700	Rechenbretter bei den Ägyptern	
1000		Phönizische Buchstabenschrift
800	Erste Berichte über Fackeltelegrafen bei den Griechen	
500	Aischylos beschreibt griechische Feuertelegrafie	
490	Persien verfügt über eine organisierte Fackeltelegrafie	
um 450	Herodot beschreibt das Rechnen mit Steinen	
bis 400		Endgültige Herausbildung der griechischen Schrift
um 350	Aeneas beschreibt einen hydraulischen Synchrontelegrafen	
336–323		Herrschaft Alexanders des Großen
um 300	Aristoteles berichtet über Volkszählungen mit Hilfe des Rechenbrettes (dem Abax) bei den Griechen	
220–168	Feuertelegrafenlinie in Mazedonien	
um 180	Polybios entwickelt eine differenzierte Feuertelegrafencodierung	
133–31		Römische Bürgerkriege
um 50	Der Abakus, verbreitetes Rechengerät der Römer	
30 v. Chr. – 14 n. Chr.		Herrschaft des Augustus
um 28 v. Chr.	Vitruvius berichtet von der Verwendung von Zählrädern für Wegmeßgeräte	
um 60 n. Chr.	Heron beschreibt frühe Automaten und mechanische Zählräder	
200	Die Römer benutzen eine Feuertelegrafenlinie am Limes zwischen Rhein und Donau	

Zeit	Entwicklung im Bereich der Informationstechnik	Allgemeinhistorische, gesellschaftliche und technische Daten
375		Beginn der Völkerwanderung
476		Untergang des Weströmischen Reiches
bis 600	Feuertelegrafie in Japan	
ab 600		Volle Ausbildung des dezimalen Stellenwertsystems in Indien
622		Flucht Mohammeds von Mekka nach Medina
ab 700		Volle Ausbildung des dezimalen Stellenwertsystems bei den Mayas
800		Kaiserkrönung Karls des Großen
1096–1291		Zeitalter der Kreuzzüge
um 1200		Einführung der arabischen Ziffern in Europa
1206–1480		Einfälle der Mongolen in Europa
1256–1273		Interregnum in Deutschland
1444		Nicolaus von Cues (gest. 1464) nimmt eine Drehbewegung der Erde an und entwirft eine erste Landkarte von Europa
um 1445		Erfindung der Buchdruckerkunst mit beweglichen Lettern
1453		Eroberung Konstantinopels durch Sultan Mohammed II. Ende des 100jährigen englisch-französischen Krieges: England verliert seine Festlandbesitzungen bis auf Calais
um 1500	Leonardo da Vinci beschreibt die Verwendung von Zählrädern in Wegmeßgeräten	
um 1510	Henlein baut in Nürnberg eine Taschenuhr	

Zeit	Entwicklung im Bereich der Informationstechnik	Allgemeinhistorische, gesellschaftliche und technische Daten
1517		Beginn der Reformation in Deutschland
1522		Riese führt an Stelle des Rechnens auf Linien das Rechnen mit der Feder in unserem heutigen Sinne ein
1524–1525		Bauernkriege in Deutschland
1562–1598		Hugenottenkriege in Frankreich
1589	Neue Vorschläge zur Verbesserung der Fackeltelegrafie in Neapel	
1600		Gilbert unterscheidet zwischen Elektrizität und Magnetismus
1609		Galilei entwickelt ein Fernrohr und richtet es als erster zum Himmel
1616	Vorschlag eines optischen Telegrafen mit ‹Feuer von Pechkränzen›	
1617		Napier schlägt zur Trennung der ganzen Zahlen von den Dezimalbrüchen das Komma vor
1618–1648		Dreißigjähriger Krieg
1623	Schickard beschreibt in einem Brief an Kepler eine Rechenmaschine	
1632		Oughtred beschreibt einen Rechenschieber
1642–1649		Bürgerkrieg in England
1643–1715		Zeitalter Ludwigs XIV.
1643	Pascal führt in Paris eine Zweispeziesrechenmaschine mit 6 Stellen vor	
1650		Desargues erfindet die Zykloidenverzahnung
1662		In England wird die ‹Royal Society› gegründet
1673	Leibniz demonstriert in einer Sitzung der Royal Society in London seine Vierspeziesrechenmaschine mit Staffelwalzen und dezimaler Stellenverschiebung	

Zeit	Entwicklung im Bereich der Informationstechnik	Allgemeinhistorische, gesellschaftliche und technische Daten
1683		Belagerung Wiens durch die Türken
1684–1690	Hooke und Amontons machen Vorschläge für optische Telegrafensysteme	
1700–1721		Nordischer Krieg
1703	Leibniz begründet das duale Zahlensystem ‹Arithmetica dyatica›	
1709	Poleni versucht eine Sprossenradrechenmaschine zu bauen	
1729		Gray unterscheidet elektrische Leiter und Nichtleiter
1733		Dufay unterscheidet Glas- und Harzelektrizität und erkennt später, daß sich die beiden Arten nur durch ihre Polarität unterscheiden
1745		E. J. von Kleist, Musschenbroek und Cunaeus erfinden unabhängig voneinander die Leidener Flasche, einen elektrischen Kondensator
1753	In Schottland erscheinen erste Vorschläge eines elektrostatischen Telegrafen	
1757–1784		Engländer erobern Ostindien
1767–1784	Edgeworth und Bergsträsser schlagen die Einführung optischer Telegrafen vor	
1769		Watt erhält ein Patent auf die von ihm entwickelte Dampfmaschine
1770		Entdeckung Australiens
1776		Unabhängigkeitserklärung der Vereinigten Staaten
1778	Kempelen baut eine ‹sprechende Maschine›	
1779	Hahn schreibt über seine Staffelwalzenmaschine	

Zeit	Entwicklung im Bereich der Informationstechnik	Allgemeinhistorische, gesellschaftliche und technische Daten
1782	Lesage macht in Wien Versuche mit einem elektrostatischen Telegrafen	
1785		Coulomb beschreibt die Gesetzmäßigkeiten der anziehenden und abstoßenden Wirkungen zweier elektrischer Kräfte
1789–1795		Französische Revolution
1789		Galvani experimentiert mit durch chemische Wirkung erzeugter Elektrizität; er hält sie aber für tierische Elektrizität
1794	Eröffnung der ersten optischen Telegrafenlinie in Frankreich von Paris nach Lille über 200 km nach Vorschlägen von Chappe. Optische Telegrafen vermitteln militärische Meldungen der französischen Armee	
1795	Aufbau eines optischen Telegrafennetzes in England nach Vorschlägen von Murray	
1796	Eröffnung von optischen Telegrafenlinien zwischen Alexandria und Kairo	
1799		Volta entwickelt das galvanische Element und die galvanische Batterie (Voltasche Säule)
1800		Carlisle beschreibt die elektrolytische Wirkung der Elektrizität
1805	Jacquard automatisiert am Musterwebstuhl die Steuerung mit Serienlochkarten	
1807–1810		Politische Reformen in Preußen
1809	Sömmerring stellt der Akademie der Wissenschaften in München einen elektrolytischen Telegrafen vor	
1813–1814		Befreiungskriege

Zeit	Entwicklung im Bereich der Informationstechnik	Allgemeinhistorische, gesellschaftliche und technische Daten
1815		Nach dem Wiener Kongreß neues Staatensystem in Europa
1816	Ronalds schlägt in England einen elektrostatischen Telegrafen vor	
1819		Oersted entdeckt die Wechselwirkung von Elektrizität und Magnetismus Karlsbader Beschlüsse: Einführung von Zensuren gegen nationale Bestrebungen
1820	Thomas entwickelt in Paris eine mechanische Rechenmaschine und beginnt mit deren industrieller Produktion	Ampère unterscheidet zwischen ruhender (Elektrostatik) und strömender (Elektrodynamik) Elektrizität
1821	Das französische optische Telegrafennetz wird erheblich erweitert	Schweigger verwendet in seinem ‹Multiplikator› eine Spule ohne Eisenkern Davy stellt die elektrische Magnetisierbarkeit des Eisens fest
1822	Babbage führt der Royal Society in London ein Anschauungsmodell seines programmierbaren mechanischen Rechenautomaten vor	
1823		Monroe-Doktrin: Amerika den Amerikanern
1825		Sturgeon entwickelt einen ersten Elektromagneten Die erste Dampfeisenbahn für die Personenbeförderung wird in England in Betrieb genommen
1826		Ohm beschreibt den Zusammenhang von elektrischer Spannung, Widerstand und Stromstärke
1829		Gründung des Preußischen und des Süddeutschen Zollvereins

Zeit	Entwicklung im Bereich der Informationstechnik	Allgemeinhistorische, gesellschaftliche und technische Daten
1831		Faraday entdeckt die elektrische Induktion Henry verbessert den Elektromagneten
1832		Nachrichtenagentur Havas, Paris
1833	Gauss und Weber entwickeln in Göttingen einen Induktionstelegrafen	Gründung des Deutschen Zollvereins
1834	In Preußen wird eine optische Telegrafenlinie von Köln nach Koblenz über 60 Stationen eingerichtet	
1835	Schilling von Canstatt stellt auf der Naturforscherversammlung in Bonn seinen elektrischen Mehrfachnadeltelegrafen vor	Die erste deutsche Eisenbahn zwischen Nürnberg und Fürth (6 km)
1837	Cooke und Wheatstone erproben ihren Fünfnadeltelegrafen bei der Nord-West-Eisenbahn in der Nähe von London	Frankreich verbietet private Telegrafen durch Gesetz
1838	Steinheil berichtet in der Akademie der Wissenschaften in München über seinen schreibenden Telegrafen	
1840	Wheatstone erhält ein Patent auf einen elektrischen Zeigertelegrafen	
1844	Morse baut eine elektrische Telegrafenlinie entlang der Bahnlinie Washington-Baltimore (64 km)	
1845	Cooke und Wheatstone entwickeln Einnadel- und Zweinadeltelegrafenapparate Größte Ausdehnung des optischen Telegrafennetzes in Frankreich; 534 Stationen verbinden 29 Städte mit Paris	
1846	Siemens entwickelt einen Zeigertelegrafen mit elektrischer Fortschaltung	
1847		Gründung der Hamburg-Amerika-Linie Gründung der Telegrafenbauanstalt Siemens & Halske, Berlin; ältester Elektrokonzern der Welt

Zeit	Entwicklung im Bereich der Informationstechnik	Allgemeinhistorische, gesellschaftliche und technische Daten
1848	Einsatz des optischen Telegrafen in Preußen für wichtige politische Meldungen Aufbau eines elektrischen Staatstelegrafennetzes in Preußen unter der Leitung von Siemens	Revolutionen in Europa England eröffnet ein privates Telegrafennetz (Electric Telegraph Company) Nachrichtenagentur Assoc. Press, New York Das preußische Telegrafennetz wird für die kommerzielle Nutzung freigegeben Nachrichtenagentur Telegrafenbüro Wolff, Berlin
1850		Gründung des Deutsch-Österreichischen Telegrafenvereins (DÖTV)
1851	Das erste Seekabel der Welt wird zwischen Dover und Calais verlegt	
1853	Aufhebung der letzten französischen und preußischen optischen Telegrafenlinien	
1854–1856		Krim-Krieg
1854	Bourseul formuliert die technische Problemstellung zur Sprachübertragung Hughes erfindet einen Drucktelegrafen	
1858	Erste Überseetelegrafenverbindung Europa–Amerika (nur 4 Wochen betriebsbereit)	
1859		Italienischer Einigungskrieg
1861–1865		Amerikanischer Sezessionskrieg
1861	Reis stellt sein Telefon dem Physikalischen Verein in Frankfurt vor	Eine Kontinentaltelegrafenlinie von New York nach San Francisco (6000 km) geht in Betrieb
1864	Siemens untersucht deutsche Telegramme auf die Häufigkeit der verwendeten Zeichen	Boole behandelt logische Probleme algebraisch und begründet die Boolesche Algebra

Zeit	Entwicklung im Bereich der Informationstechnik	Allgemeinhistorische, gesellschaftliche und technische Daten
1865		Gründung des Internationalen Telegrafenvereins (ITU)
1866	Dauerhafte Kabelverbindung Europa–Amerika	Preußisch-Österreichischer Krieg
1869	Betriebsaufnahme einer indo-europäischen Telegrafenverbindung von London nach Kalkutta	Eröffnung der kontinentalen Eisenbahnlinie vom Atlantik nach San Francisco
1870		Der Telegrafenverkehr in England wird verstaatlicht
1871		Gründung des Deutschen Reiches
		Das Post- und Fernmeldewesen geht per Gesetz auf das Deutsche Reich über
1872–1875		Kulturkampf in Deutschland
1876	Bell erhält in den USA ein Patent auf ein speaking telephone	Gründung der Bell Telephone Co., USA
1877	Ausbau regionaler Fernsprechnetze als Ergänzung des Telegrafennetzes in Deutschland	
	Edison baut einen Phonographen	
1877–1878	Edison in den USA und Lüdtge in Deutschland verbessern die Sprechkapsel	
1878	Hughes entwickelt ein Kohlemikrofon	Thomas in Paris produzierte und vertrieb bisher 1500 mechanische Rechenmaschinen
		Beginn der Rechenmaschinenproduktion in Sachsen durch Burkhardt
		Lorenz gründet in Berlin das fünfte Unternehmen, das sich mit der Produktion von Telegrafenanlagen befaßt
1880	In den USA verfügen 50 000 Teilnehmer über einen Fernsprechanschluß	

Zeit	Entwicklung im Bereich der Informationstechnik	Allgemeinhistorische, gesellschaftliche und technische Daten
1881	Eröffnung des ersten Fernsprechamtes in Berlin	Festlegung eines Einheitstelegrafenapparates durch den DÖTV
1884	Nipkow führt Versuche zur Bildabtastung durch	Gründung deutscher Kolonien in Afrika
1886		Hertz weist die Ausbreitung der elektromagnetischen Wellen nach
1887	Berliner entwickelt die heute übliche Schallplatte	In den USA setzt die Rechenmaschinenproduktion auf breiter Basis ein
1889	Hollerith erhält ein Patent auf ein Lochkartensystem (Zähl- und Sortiermaschine) zur Datenverarbeitung Strowger entwickelt den Hebdrehwähler	
1890		Gründung der American Arithmometer Company; sie erschließt einen internationalen Rechenmaschinenmarkt
	Volkszählungen in den USA und in Österreich mit Hollerith-Lochkartenmaschinen	Beginnende Trustbildungen in den USA
1892	Ein erstes Selbstanschlußversuchsamt wird von der Strowger Automatic Telephone Exchange Company eröffnet	
1896		Gründung der Tabulating Machine Company durch Hollerith, Vorläufergesellschaft der IBM
1897	Marconi gelingt die erste funktelegrafische Übertragung von Morsezeichen Braun entwickelt die Kathodenstrahlröhre	Marconi beginnt in England mit der Produktion funktelegrafischer Anlagen (Marconi Wireless Telegraph Company)
1898	Poulsen schlägt ein Magnettonverfahren zur Schallaufzeichnung vor	Faschoda-Krise zwischen Großbritannien und Frankreich: Aufteilung Afrikas
1900	England kontrolliert mit ca. 200 000 km Telegrafenleitung über 70 % des Weltkabelnetzes	

Zeit	Entwicklung im Bereich der Informationstechnik	Allgemeinhistorische, gesellschaftliche und technische Daten
1901	Erste funktelegrafische Verbindung zwischen Europa und Amerika	
1902		Gründung des Dalton-Addiermaschinenkonzerns
1903	Poulsen gelingt die Erzeugung hochfrequenter Schwingungen mit dem Poulsen-Lichtbogen	
1904–1905		Russisch-japanischer Krieg
1905		Erste Marokko-Krise Gründung des Weltrundfunkvereins in Genf
1906/10	Lieben und Lee de Forest entwickeln die Verstärkerröhre Erste deutsche Großfunkstelle in Nauen bei Berlin	Abschluß des internationalen Funktelegrafenvertrages (Berlin)
1908	Wien verbessert die Funktelegrafie durch Einführung des Löschfunkensenders	
1910	Volkszählung mit Hollerithmaschinen in Württemberg	
1911		Zweite Marokko-Krise
1912		Gründung der Deutschen Hollerith Maschinen Gesellschaft (DEHOMAG)
1913	Einführung addierender und druckender Lochkartenmaschinen	
1914	Die Fernschreibmaschine wird in den Telegrafenbetrieb eingeführt	
1914–1918		Erster Weltkrieg
1917		Russische Revolution
1920	Erste öffentliche Rundfunkübertragung der Welt mit Poulsen-Sender in Königs-Wusterhausen (22. 12.)	
1921	Einführung des Wirtschafts-Rundfunkdienstes in Deutschland Erster Unterhaltungsrundfunk in den USA	
1922	Berlin eröffnet das erste Fernsprech-Selbstanschlußamt Gründung der Rundfunk GmbH (Telefunken, Lorenz, Huth)	

Zeit	Entwicklung im Bereich der Informationstechnik	Allgemeinhistorische, gesellschaftliche und technische Daten
1923	Erste Sendungen des Unterhaltungsrundfunks aus dem Vox-Haus in Berlin	Besetzung des Ruhrgebietes Einführung der Rentenmark
1924		Erste deutsche Funkausstellung Die Computing, Tabulating, Recording Company (CTR), Nachfolger der von Hollerith gegründeten Gesellschaft, firmiert als IBM
1925		Gründung des Weltrundfunkvereins (Genf)
1928	Verwendung von Lochkartenmaschinen für wissenschaftliche Berechnungen	
1929	Erste drahtlose Fernsehübertragung auf der Funkausstellung in Berlin	
1930		3 Mio. Rundfunkhörer in Deutschland
1931	Einführung alphanumerischer Lochkartenmaschinen	
1933	Einführung des Volksempfängers Einführung des öffentlichen Telexdienstes Volks- und Berufszählung mit Hollerithmaschinen in Deutschland	Machtergreifung der Nationalsozialisten in Deutschland
1935	Erster regelmäßiger und öffentlicher Fernseh-Programmdienst der Welt in Berlin (22. 3.)	
1936	Produktion einer schreibenden Tabelliermaschine durch die Deutsche Hollerith Maschinen Gesellschaft	Spanischer Bürgerkrieg
1938	Zuse konstruiert den ersten elektromechanischen Rechenautomaten in Deutschland	Entdeckung der Kernspaltung
1939–1945		Zweiter Weltkrieg

2. Instrumente zentralstaatlicher Nachrichtentechnik der «alten Welt» Feuerfanale und Feuerdepeschen

Schnell wie ein Lauffeuer

Die Geschichtsschreibung des Altertums ist reich an Darstellungen über verwendete Nachrichtensysteme. Auch die verschiedenen Sagen und Mythen bieten eine Fülle von Hinweisen hierüber. Aischylos (525–456 v. Chr.) berichtet in seinem Drama ‹Agamemnon› von einer Depeschenübertragung über eine Entfernung von mehr als 500 km (das entspricht der Strecke von Köln nach Berlin). Es ging dabei um die wichtige Meldung von der Einnahme Trojas. Als der kriegerische König Agamemnon nach langer Belagerung die Stadt Troja erfolgreich besiegt hatte, ließ er die Einnahme der Stadt seiner Gemahlin Klytämnestra in Mykene durch Feuerzeichen melden, die die Wächter auf dem Königspalast aufnahmen. Der Dichter schildert das so:

«Chor: Zu welcher Zeit war's, daß die Stadt zerstört ward?
Klyt: In dieser Nacht war's, welche diesen Tag gebar.
Chor: Mit dieser Meldung, wer auch träfe so schnell ein?
Klyt: Hephästos, er, der hellen Glanz vom Ida schickt.
Von Feu'r zu Feuer flog hierher die Flammenpost.
Der Ida selber sandte sie dem Hermesfels
Auf Lemnos zu; vom Eiland nahm den vollen Strahl
Sodann der zeusgeweihte Athosgipfel auf.
Froh prasselt auf die Fichte, weithin überglänzt
Forthüpfend nun den Meeresrücken das Wanderfeu'r
Und wirft sein golden Tageslicht Makistos zu.
Der Späher auf der Warte dorten säumet nicht
Nachlässig oder schlafend seines Botenamts,
Und ferne gen Euripus Brandung fliegt der Strahl
Der Fackel, ruft den Wächtern auf Messapion.
Da flammt es auf zur Antwort – dürre Haide lag
Dort längst bereit geschichtet; weiter geht der Ruf,
Und gleich dem Licht der klaren Mondessichel eilt
Das Feuer unumwölket, noch erstickt vom Dampf,
Von Asopos Triften zu Kithärons Fels, allwo
Den nächsten Posten in der Flammenkett' es weckt.
Nicht weigert sich der Weiterförderung des Lichts

> Die Wache, größre Lohe noch wird angeschürt,
> Daß längs des Sees Gorgopis blitzt der Widerschein,
> An Aegiplanktos Bergeskuppe landend, dort
> Die Wärter antreibt, nicht zu säumen Ihrer Pflicht.
> Die sparen nicht der Lohe, prasselnd steigt empor
> Die mächtige Feuergarb, die der saron'schen Bucht
> Vorklipp erleuchtet und noch weit herüberstrahlt,
> Bis daß die letzte Warte, die vor unserer Stadt
> Noch blieb, erreicht ist, Arechnäons Felsenthurm.
> Nun endlich zu des Atreushauses Zinnen eilt
> Die Flamme her, die von des Ida's Feuern stammt.
> So ward der Fackelläufer Ordnung aufgestellt,
> So schwang von Hand zu Handen stets die Fackel sich,
> Doch zwei, der Erst' und Letzte, siegten in dem Lauf.
> Ein sichres Zeugnis wolltest Du; ich gab es Dir,
> Mein Gatte selber sandt es mir von Troja her»
> (Landrath, 1883a, S. 455).

Agamemnon hatte, wie am Anfang des Dramas zu erfahren ist, vor seinem Aufbruch nach Troja mit Klytämnestra vereinbart, er werde seinen Sieg über Troja durch Feuerzeichen melden. Die Nachricht bewältigte – so die Dichtung – von Troja aus über viele Zwischenstationen das Ägäische Meer und gelangte nach Mykene (Abb. 3): Über den Ida bei Troja, im hermäischen Vorgebirge auf Limnos, über den Athosberg, über ‹Makisto's Höhen›, wahrscheinlich auf Euböa, ‹Messapios Feuer› in Böotien, über den Kithairon, an der Grenze von Attika, Böotien und Megaris; weiter wurde signalisiert von Aigiplanktos in Megaris und dem Arachnaion bei Argos, von wo die Wächter auf dem Dach des Palastes in Mykene die Feuerzeichen erblickten. Man könnte von einem Lauffeuer sprechen, das sich von Berggipfel zu Berggipfel fortsetzte (Abb. 4).

Diese dichterische Darstellung kann wohl als ältestes bekanntes Zeugnis einer Feuertelegrafenlinie angesehen werden. Sie ist zwar nicht zu werten als historische Aussage über eine bestimmte Telegrafenlinie, doch wird ihr eine konkrete, dort oder anderswo eingerichtete Linie zugrunde gelegen haben, die noch vor Aischylos Zeiten bestand. Gerade das griechische Inselmeer eignete sich für eine Feuerübertragung besonders gut. Da die Feuersignale immer von einem Ort zum anderen deutlich wahrgenommen werden mußten, bestanden vermutlich mehr Stationen als die genannten, denn die Sichtbarkeit der Feuersignale ist beeinträchtigt von der zu überwindenden Entfernung und der Größe der jeweiligen Flamme. Die dritte Strecke in der dichterischen Darstellung, die allein etwa 180 km ausmacht, dürfte ohne Zwischenstationen wohl kaum mit einem brennenden Holzstoß eindeutig überbrückbar sein. Erleichtert wurden solche Verbindungen vermutlich durch die zahlreichen Warten und Beobachtungsstationen, die ohnehin für die Schiffahrt, aber auch für sonstige Alarmdienste vorhanden waren. Die griechische Ge-

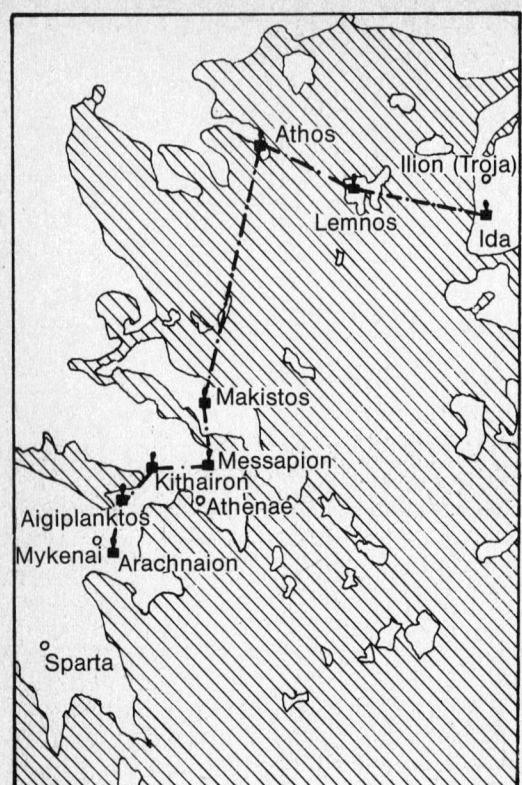

3: Mögliche Nachrichtenlinie einer Feuerdepesche über den Fall Trojas, wie sie die griechische Dichtung beschreibt.

schichtsschreibung berichtet in reichlicher Fülle von ständig oder vorübergehend eingerichteten Signallinien, zum Teil auch verbunden mit Kurier- und Rufpostverbindungen. Eine ganze Reihe von griechischen Schriftstellern, unter anderen auch der berühmte Homer (wahrscheinlich um 800 v. Chr.), wissen in vielen Beispielen ebenfalls von solcher Art Nachrichtenübertragung zu erzählen.

Feuerdepeschen gehörten bei Völkern des Altertums, besonders bei den Griechen und Persern, zu den schnellsten Mitteln der Nachrichtenübertragung über große Entfernungen. Wenn auch die Lichtgeschwindigkeit für diese Völker noch nicht meßbar war, so wußte man doch aus Erfahrung, daß das Licht sich schneller als der Schall fortbewegt und daß Lichtzeichen (am Tage mit Rauch, in der Nacht mit Fackellicht) den schnellsten Läufer bei weitem übertreffen. Die Geschwindigkeit des Lichtes schien so groß, daß von einer Allanwesenheit des Lichtes ausgegangen wurde (Licht hat also keine Laufzeit!). Die Nachrichten wurden auf Sichtweite übermittelt, gleichsam ‹blitzschnell›. Daß solche Art der Nachrichtenübertragung seinerzeit eine außerordentlich wichtige Rolle spielte, scheint allein schon die große Anzahl der verschiedenen Ausdrücke zu belegen, die etwa den Griechen hierfür zur Verfügung standen. Allenthalben fanden sich in Griechenland, Sizilien, bei den Karthagern und Iberern auf geeigneten Anhöhen Warten, Wach- und Signaltürme. Daneben gibt es in alten Berichten viele Hinweise auf Signalfeuerschiffe auf See.

4: ‹Schnell wie ein Lauffeuer› signalisierten griechische Feuertelegrafen erwartete Nachrichten über große Entfernungen.

Militärtechnische und machtpolitische Interessen als Triebkräfte

Anfangs beschränkte sich die Verwendung von Feuersignalen auf das Melden solcher Ereignisse, deren Eintreffen man erwartete, wie in dem Drama von Aischylos. Dabei handelte es sich in der Regel um ganz einfache, nicht mißzuverstehende Meldungen, die in den meisten Fällen als Kommandos für militärische Operationen galten, wie z. B. Aufbruch, Sammlung, Rückzug und so weiter. Es waren dies u. a. Signale für den Beginn einer verabredeten Unternehmung beim gemeinschaftlichen Zusammenwirken räumlich getrennter Truppenkörper; Signale als Nachricht, daß ein bestimmter Auftrag ausgeführt war oder ein bestimmter Punkt besetzt oder ein Angriff gemacht werden sollte. Hinzu kamen Not- und Alarmsignale wie ‹Feind in Sicht›. Besondere Verabredungen erforderte bereits die Übertragung des Befehls für den Aufbruch zu einem Überfall; den Überfall aus einem Hinterhalt; das Eingreifen einer bestimmten Abteilung in das Gefecht; das Abrufen aufgestellter Posten; die Sichtung der erwarteten feindlichen Flotte und anderes mehr.

Gegenüber Boten und Läufern hatte diese Art der Nachrichtenverbindung den großen Vorteil, daß sie im Prinzip nicht zerstörbar war. Läufer konnten abgefangen und aufgehalten werden, Lichtzeichen nicht. Häufig gingen Nachrichten auf diese Weise über den Kopf des Gegners hinweg, ohne daß er es verhindern konnte – bei Belagerungen ein außerordentlicher Vorteil. Gleichwohl wissen die zeitgenössischen Geschichtsschreiber von Begebenheiten zu berichten, bei denen Mißverständnisse, unabsichtliche Täuschungen oder auch Nachrichtenfälschungen schwerwiegende Folgen hatten. So verwechselte das Heer des Mithridates beim Angriff gegen Rhodos die Alarmsignale der Rhodier, die die Gefahr frühzeitig bemerkten, mit dem Angriffssignal, das dem Heer vom Berge Atabyrus gegeben werden sollte. Der Angriff mißlang. In einem anderen Fall verwechselte Miltiades auf Paros einen Waldbrand mit einem Alarmsignal. Irrtümer im Lesen und Verstehen von schnell verschwindenden Lichtern sind verständlich, zudem hinterlassen Feuersignale keine bleibenden Dokumente, die nachträglich kontrolliert werden können. Eine der wichtigsten Voraussetzungen für das Reduzieren von Fehlern war im Beobachten geübtes Personal.

Wie sich auch in der Neuzeit bei allen optischen Telegrafen zeigte, war der Telegrafendienst außerordentlich anstrengend, da er eine ständig angespannte, einseitig visuelle Aufmerksamkeit erforderte. Kein Signal durfte übersehen werden, wenn eine störungsfreie Korrespondenz gewährleistet sein sollte. Dies machte schon Aischylos zum Gegenstand dichterischer Darstellung. Der Wächter auf dem Dach des Königspalastes zu Argos, der das Auflodern der Feuerzeichen zu erwarten hatte, beklagte sich über die Schwere seines Dienstes:

«Die Götter bitt ich, wär' zu Ende diese Qual
Der jahrelangen Wache, da ich auf dem Dach
Des Atreushauses kauernd gleich dem Wächterhund
Verfolgt der Sterne nächtliche Zusammenkunft
Und jene lichten Herrscher, die dem Menschen Frost
Und Hitze bringen, leuchten aus dem Aetherduft.
Und spähend lausch' ich auf das Fackelzeichen nun,
Den Feuerschein, der Kunde her aus Troja bringt
Und von Erstürmung Botschaft; also heischet ja
Der Fürstin männlich kühnes hoffnungsbanges Herz.
Doch streck' ich mich auf meinem nachtumschauerten
Bethauten Lager nieder, das kein süßer Traum
Besucht, denn statt des Schlummers steht bei mir die Furcht,
Zufallen könnte fest im Schlaf mein Augenlid;
Denn wenn ich mir was singen oder trällern will,
Den Schlaf zu bannen mit dem Takt der Melodie:
So wird mein Lied zum Jammer um dieses Haus Loos,
Das nicht mehr löblich ist bestellt, wie's früher war.
O wäre glücklich doch zu Ende meine Qual,
Wenn aus dem Dunkel heilverkündend Feuer glänzt! –»

(Landrath, 1883a, S. 457)

Doch selbst bei Einsatz von geübtem und konzentriert arbeitendem Personal war diese Nachrichtenübertragung nur begrenzt sicher: Die Signale konnten zwar nicht verhindert, jedoch leicht absichtlich gestört werden. Von der Belagerung von Plataa (427 v. Chr.) ist überliefert, daß die von der hart bedrängten Besatzung des Städtchens an die Thebaner gerichteten Feuersignale durch Gegensignale der Belagerer unverständlich gemacht wurden. Von Iphikrates erzählt Polyainos, daß durch falsche Signale zehn feindliche Schiffe erbeutet worden seien. Lysias berichtet 458 v. Chr. von jemandem, der durch Fackelzeichen seine Landsleute verraten habe und dafür zu Tode geprügelt worden sei. Es ist daher nicht verwunderlich, daß seitens der Machthabenden gegen verräterische Handhabung der Signale, auch durch eigene Posten, umfassende Sicherheitsmaßregeln entwickelt wurden. Der Kriegswissenschaftler Aeneas (350 v. Chr.) und auch sehr viel später Anonymus Byzantinus (um 550 n. Chr.) wissen hiervon anschaulich zu berichten. Im übrigen hing die Nachrichtenübertragung wesentlich von den verwendeten Lichtquellen ab, in der Regel Holz- oder Reisigfeuer, die mit an Ort und Stelle befindlichem Material und gegebenenfalls mit Salzen oder Ölen als Zusatz beschickt wurden. Anonymus Byzantinus beschreibt diese Präparation so:

«Vorher muß man Reisig, Rohr, Baumzweige und Heu bereitlegen, und die Leute müssen auch Feuerstein bei sich haben. Es verursacht aber vorzugsweise Flammen und dichten, hoch aufstrebenden Rauch, wenn man Brandsalz ins Feuer wirft» (Riepl, 1913, S. 44).

Nachgestellte Versuche mit Holzstößen, die teilweise mit pflanzlichen Ölen übergossen wurden, ergaben, daß man bei etwa 10 m Höhe des Holzstoßes und guten Sichtverhältnissen diese Lichtquellen auf 150 bis 200 km wahrnehmen kann.

Mit der Entwicklung der griechischen Kleinstaaten – jede Landschaft des gebirgigen Landes bildete einen freien und selbständigen Staat – wuchsen offensichtlich auch die Bedürfnisse nach schneller innerstaatlicher Nachrichtenübertragung. In einem Spannungsfeld widerstreitender und einander aufhebender politischer Kräfte und demzufolge Schauplatz zahlloser kriegerischer Auseinandersetzungen war es von außerordentlicher strategischer Bedeutung, schnell genaue Informationen, etwa über das Herannahen eines Feindes, zu bekommen. Eine solche schnelle und differenzierte Nachrichtenübermittlung war für den Einzelstaat häufig eine Frage des Überlebens. Hinzu kam der Wunsch nach Fernübertragung politischer Nachrichten, die zeitweise gegenüber den militärischen überwogen. Unwegsames, gebirgiges Gelände und ein wenig ausgebautes Verkehrswesen (keine Straßen, nur schlechte Wege) machten die bekannte Nachrichtenübermittlung durch Boten, Reiter und Läufer sehr schwerfällig. Es bestand daher sehr bald ein ausgeprägtes Interesse an Formen der Signalübertragung, mit deren Hilfe differenziertere Informationen übertragen werden konnten.

Feuernachrichtenwesen, frühe nachrichtentechnische Praxis und Theorie

An die Stelle des unbeweglichen Feuerzeichens durch brennende Holzstöße oder Reisighaufen traten mehr und mehr willkürlich änderbare Lichtquellen wie Fackeln oder Laternen, die sich in Intervallen verdecken und aufdecken ließen. Agamemnon mußte zehn Jahre vorher verabreden, daß die an einem bestimmten Punkt aufleuchtende Flamme das zu erwartende Ereignis anzeigt. Mehr konnte die Botschaft mit den geschilderten Mitteln nicht aussagen. Ob etwa Troja mit List oder Gewalt erobert worden, ob es zerstört oder unversehrt in die Hände der Achäer gefallen, ob Priamus, ob Helena getötet oder gefangen sei, blieb auf diese Weise unvermittelbar.

Durch das Differenzieren der Lichtsignale erreichte die Nachrichtenübermittlung eine neue Dimension. Die zeitweilig aussetzende Sichtbarkeit oder veränderliche Zahl oder Stellung von Zeichen ermöglichte die inhaltliche Abstufung von Meldungen. Der griechische Geschichtsschreiber Thukydides (470–402 v. Chr.) beschreibt die Bedeutung der Fackelzeichen etwa so: Das Licht, das nur einfach in die Höhe gehalten wird, ohne bewegt zu werden, bedeutet das Herannahen von Verbündeten oder das Eintreffen von Ersatztruppen, also Nachrichten zwischen befreundeten Armeen, Personengruppen usw. Das Hin- und Herschwenken der Fackeln signalisierte dagegen das Heranrücken der Feinde. Die Sichtung von feindlichen Schiffen im Gegensatz zur Sichtung von Landtruppen konnte bequem durch Hinzufügen der dritten Art der Bewegung, der Kreisschwingung, unterschieden werden. Dazu gab es Verabredungen über gewisse Aufeinanderfolgen von Signalen wie auch Unterscheidungen von verschiedenen räumlichen Stellungen. Wenn auch keine überlieferten Signalschemata vorliegen, ist dennoch bemerkenswert, welche differenzierten Nachrichten übermittelt wurden. So berichtet Thukydides von der durch den Flottenführer Alkidas herbeigeführten entscheidenden Wende im Peloponnesischen Krieg (414–412 v. Chr.): Alkidas waren von Korfu aus in der Nacht mittels Feuerzeichen 60 feindliche Schiffe von Leukos herkommend signalisiert worden. Die ihm auf diese Weise bekanntgegebene Anzahl, Nationalität und Fahrtrichtung der feindlichen Schiffe stellten für ihn eine Information dar, auf Grund derer er die für den Ausgang der Schlacht entscheidende Anordnung der eigenen Flotte treffen konnte. Der persische König Darius I. (550–485 v. Chr.) sicherte sein Reich gegen Aufstände mit einer gut organisierten Fackeltelegrafie, die es ihm ermöglichte, so berichtet Aristoteles (384–322 v. Chr.), in einem Tage alles zu erfahren, was sich in Kleinasien ereignet hatte. Während der Perserkriege setzten die Griechen mit viel Erfolg die Fackeltelegrafie zur schnellen Information über Kriegsereignisse ein.

Von Philipp III. von Mazedonien (Regierungszeit 220–179 v. Chr.) und auch von seinem Sohn Perseus (Regierungszeit 179–168 v. Chr.) ist bekannt, daß sie eine Anzahl festgelegter Signallinien unterhielten, die über eine Zentralstation miteinander verbunden waren und die sie in den Stand setzten, in ihr Land einfallende Gegner sozusagen in einem Überraschungsangriff aus der Lauerstellung heraus zu vernichten. Durch ein-, zwei- oder dreimaliges Aufflammen eines Feuerzeichens hintereinander oder durch gleichzeitiges Aufflammen von ein, zwei oder drei Feuerzeichen nebeneinander ließen sie ‹Landung›, ‹Plünderung› oder ‹Belagerung› signalisieren. Nach einem kürzeren Intervall konnten mit denselben Mitteln auch Stärke und Nationalität des Feindes (Römer, Ätoler, Pergamener o. a.) mitgeteilt werden.

Während die Signale der unbeweglichen Feuerfanale über ziemlich weite Strecken erkennbar waren, verringerte sich bei nebeneinander bewegten Feuerzeichen der Übermittlungsabstand, weil schon bei relativ kurzen Entfernungen die zugleich dargebotenen Lichtquellen vom menschlichen Auge nicht mehr getrennt werden können. Hinzu kam, daß wegen der besseren Handhabung generell nur schwächere Lichtquellen verwendet werden konnten. Zwangsläufig bestanden daher derartige Signallinien aus einer Vielzahl von Relaisstationen, was zugleich einen erheblichen Personalaufwand erforderte.

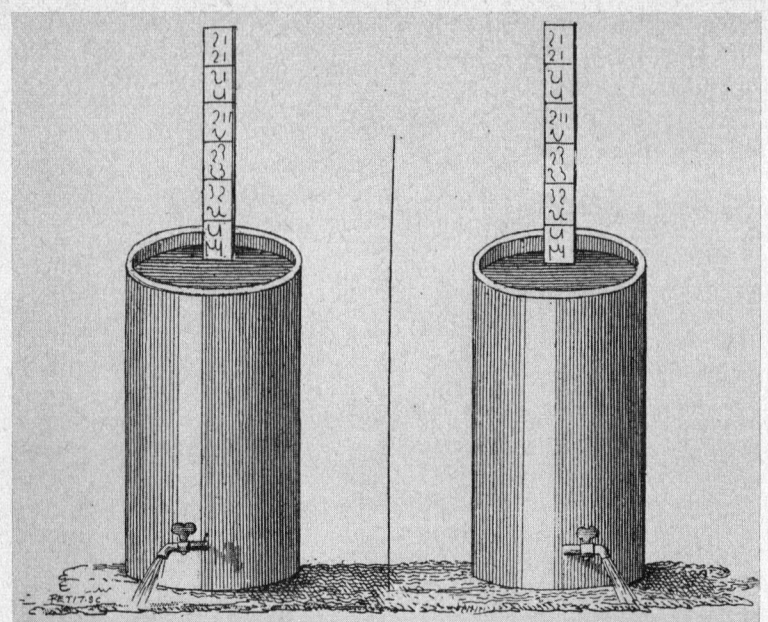

5: Hydraulischer Synchrontelegraf, ein ‹Wasseruhr-Fackelsystem›. Versuch einer Rekonstruktion nach Aeneas (um 350 v. Chr.). Sender und Empfänger arbeiten mit wassergefüllten Tongefäßen, in denen ein Schwimmer mit Stab abgesenkt werden kann. Fackelsignale sorgen für die Synchronisation von Sender und Empfänger, indem sie angeben, über welchen Zeitraum die Schwimmer durch Auslassen von Wasser abzusenken sind. Je nach Stand des Stabes können am Empfänger die Nachrichtenelemente unmittelbar abgelesen werden.

Die Leistung der Feuersignalisierung darf aber auch in anderer Hinsicht nicht überschätzt werden. Der griechische Geschichtsschreiber Polybios (204–122 v. Chr.) schreibt selbst, daß die eintretenden Fälle unberechenbar seien und auf die meisten Feuersignale nicht paßten. Daß eine Flotte sich beispielsweise Oreos, Paperethos oder Chalkis nähere, hätte man wohl durch die hierüber verabredeten Zeichen signalisieren können, nicht aber, daß einige Bürger auf Meuterei oder Verrat sinnen, daß es in der Stadt zu einem Blutbad oder ähnlichen Ereignissen gekommen sei, was häufig geschah, aber nicht vorausgesehen werden konnte.
Für die unerwarteten Zwischenfälle mußte aber auch rechtzeitig Vorsorge getroffen werden. Es ist deshalb verständlich, daß wichtige Meldungen zwar

durch Feuersignale angekündigt, aber durch mündliche Berichte ergänzt, erläutert und spezifiziert wurden. Die Posten waren darum zusätzlich mit Schnelläufern besetzt. Es wird aber auch deutlich, daß mit den beschriebenen einfachen Zuordnungen von Feuerzeichen und Bedeutungen eine weiter differenzierte Nachrichtenübertragung – eine wesentliche Steigerung des Informationsgehaltes also – nicht zu erreichen war.

Immerhin sind aus zeitgenössischen Quellen Zeugnisse bekannt, die einen erheblichen Schritt weitergehen wollten. Sie schlagen den gleichzeitigen synchronen Durchlauf einer Folge verabredeter Bedeutungen am Sende- und Empfangsort vor, wobei der Start beider Einrichtungen und das Anhalten bei der gewünschten Bedeutung durch Fackeln signalisiert wird.

Da ist zunächst die als hydraulischer Synchron-Telegraf zu bezeichnende Vorrichtung des Aeneas (um 350 v. Chr.), von dem der schon erwähnte griechische Geschichtsschreiber Polybios berichtet (Abb. 5):

«... es sollten diejenigen, welche durch Feuersignale einander die nötigen Mitteilungen machen wollten, sich Tongefäße ganz genau von derselben Breite und Tiefe verschaffen, die Tiefe etwa von 3 Ellen, die Breite von 1 Elle; dann sollen sie sich Korkstücke zurechtmachen, welche beinahe die Breite der Gefäßmündungen ausfüllen, und mitten in dieselben Stäbe einsetzen, welche in gleiche Felder von je 3 Zoll eingeteilt sind; auf jedem solchen Felde aber sei eine deutliche Aufschrift; es sollen darauf alle etwaigen Kriegsvorfälle verzeichnet sein, welche man voraussehen kann und welche am häufigsten vorkommen, wie z. B. gleich auf dem 1. Felde: Reiter sind ins Land eingefallen, auf dem 2.: schweres Fußvolk, auf dem 3.: Leichtbewaffnete, ferner Schiffe, hierauf: Proviant usw., bis man auf allen Feldern die Vorfälle bezeichnet hat, welche von den Verständigen im voraus berücksichtigt werden und bei den Wechselfällen des Krieges einzutreten pflegen. Ist das geschehen, so soll man vorsichtig beide Gefäße anbohren, so daß die Öffnungen gleich sind und gleichmäßig abfließen. Dann soll man sie mit Wasser füllen und die Korkstücke mit den Stäben darauflegen und dann zugleich die Öffnungen abfließen lassen. Geschieht dies, so ist es offenbar, daß, so weit das Wasser abfließt, ebenso weit die Korkstücke sinken und die Stäbe in den Gefäßen verschwinden müssen. Wenn nun das Vorhergesagte bei der Behandlung wirklich gleich schnell und übereinstimmend geschieht, so schafft man die Gefäße nach den Plätzen, wo beide Teile die Feuersignale beobachten wollen und stellt an jedem eines derselben auf. Tritt dann einer der auf dem Stabe verzeichneten Vorfälle ein, so muß man vor allem ein Feuerzeichen erheben und warten, bis die andern es erwidern; sind dann beide Feuersignale zugleich sichtbar geworden, so senkt man sie wieder und läßt dann durch die Öffnungen [Wasser] abfließen. Wenn durch das Sinken des Korkstükkes und des Stabes diejenige Aufschrift, welche man melden will, den Rand des Gefäßes erreicht hat, so muß man wieder das Feuersignal geben; die andern müssen dann sofort die Öffnungen schließen und nachsehen, welche von den Aufschriften des Stabes an dem Rande sich befindet. Es wird diese aber mit der signalisierten dieselbe sein, da alles bei beiden Teilen mit gleicher Geschwindigkeit vor sich gegangen ist» (Fischl, 1904, S. 16).

Berichte über die Kriege zwischen Karthago und Dionysios dem Älteren von Syrakus (um 400 v. Chr.) wissen bereits von einer sehr erfolgreichen

Signalisierung mit Hilfe eines Wasseruhr-Fackelsystems zu erzählen, das dem des Aeneas sehr ähnelte:

«Während die Karthager Sizilien verwüsteten, hatten sie, damit ihnen die Bedürfnisse schnell aus Afrika zugesandt wurden, zwei gleichgroße Wasseruhren angefertigt und auf jeder von denselben Kreise mit den nämlichen Inschriften angebracht. Solche Inschriften waren: Man braucht Schiffe, oder Lastschiffe, oder Geld, Belagerungsmaschinen, Proviant, Vieh, Waffen, Fußvolk, Reiter. Als diese Inschriften angebracht waren, behielten sie die eine Wasseruhr in Sizilien, die andere schickten sie nach Karthago mit der Weisung: man solle acht haben, wenn man eine von Sizilien aus erhobene Fackel sehe (in diesem Augenblicke sollte man eben das Wasser aus der Wasseruhr in Karthago fließen lassen); sobald sich die zweite Fackel zeige, solle man (den Abfluß des Wassers hemmen und) nachsehen, an welchem Kreise dies eingetreten sei. Nach Ablesung der Inschrift sollten sie schnellstens das Signalisierte schicken. Auf diese Weise wurden die Karthager immer schleunigst mit dem Kriegsbedarf versehen» (Fischl, 1904, S. 17).

Sicherlich muß man bei der weiten Entfernung zwischen Karthago und Syrakus – ähnlich wie beim Eingangsbeispiel von der Feuerdepesche vom Untergang Trojas – von mehreren Relaisstationen ausgehen. Dennoch ist die damit differenzierte Nachrichtenübertragung sehr beachtlich. Allerdings hatte auch hier bereits Polybios auszusetzen, daß die Zahl der möglichen Fälle allzu sehr beschränkt sei. Man wollte ja zum Beispiel nicht bloß wissen, daß Reiter ins Land eingefallen waren, sondern auch, wie viele oder wieviel Mann Fußvolk in welche Gegend oder wie viele Schiffe, wieviel Proviant benötigt wurden usw. Unabhängig davon können in bezug auf Dinge, die sich nicht voraussehen lassen, im voraus keine Vereinbarungen getroffen werden. Um diesen Mangel zu beseitigen, schlägt Polybios vor, als Signale nicht einen begrenzten Vorrat von Meldungen mit verabredeter Bedeutung zu wählen, sondern die Buchstaben des Alphabets als Nachrichtenelemente zu benutzen und diese zwei Sorten von Fackelsignalen zuzuordnen – wir würden heute sagen: zu codieren (Abb. 6).

«Man teilt das ganze Alphabet nach seiner gewöhnlichen Ordnung in 5 Reihen von je 5 Buchstaben; es wird zwar die letzte einen Buchstaben weniger haben, das tut aber dem Gebrauch keinen Schaden. Hierauf schaffen sich die beiden, welche einander signalisieren wollen, jeder 5 Täfelchen an und schreiben auf jedes Täfelchen eine solche Reihe nach der gewöhnlichen Ordnung; dann machen sie miteinander aus, daß, wer signalisieren will, die Feuerzeichen alle auf einmal und auf beiden Seiten zugleich erhebt und dann wartet, bis der andere das Zeichen erwidert; dies geschieht, um durch die Signale einander anzuzeigen, auf welches Täfelchen man sehen soll; wie z. B. ein Feuerzeichen, wenn auf das erste, zwei, wenn auf das zweite usw.; die zweiten aber rechts nach derselben Weise, um anzuzeigen, welche Buchstaben vom Täfelchen der aufzuzeichnen hat, welcher das Signal aufnimmt. Haben nun beide nach solcher Verabredung ihre Plätze eingenommen, so muß man zuerst einen Diopter* mit zwei Röh-

---

* Diopter, eine Visiervorrichtung.

Fackelzeichen rechts – r

	1.	2.	3.	4.	5.
I	A	B	C	D	E
II	F	G	H	I	K
III	L	M	N	O	P
IV	Q	R	S	T	U
V	V	X	Y	Z	

Fackelzeichen links – l

A = 1 x r, 1 x l

H = 3 x r, 2 x l

O = 4 x r, 3 x l

U = 5 x r, 4 x l

Z = 4 x r, 5 x l

6: Differenzierte griechische Fackeltelegrafie in einer Codierung, wie sie Polybios vorschlug:
a) Die beiden Fackelzeichen links geben die Reihe II an, die fünf Fackelzeichen rechts weisen auf die Spalte fünf hin.
b) Entsprechend den Fackelzeichen – Reihe II, Spalte 5 – kann der Empfänger auf der Tafel den signalisierten Buchstaben ablesen; in diesem Fall wird ‹K› signalisiert.

---

ren haben, um mit der einen die rechte, mit der andern die linke Seite des Telegraphisten zu beobachten; in der Nähe des Diopters aber müssen die Täfelchen der Reihe nach gerade aufgepflanzt sein; ferner muß sowohl die rechte als die linke Seite der Länge nach auf zehn Fuß, der Tiefe nach auf Manneshöhe gehörig eingefriedigt sein, damit die Feuerzeichen ebensogut, wenn man sie erhebt, gesehen, als, wenn man sie senkt, verdeckt werden. Sind nun diese Anstalten beiderseits getroffen und will man z. B. signalisieren: Einige Soldaten, ungefähr hundert, sind zu den Feinden übergegangen; so muß man zuerst unter den Formeln diejenigen auswählen, welche mit möglichst wenigen Buchstaben dasselbe anzeigen können; wie z. B. statt des oben Gesagten: Kreter, hundert sind uns desertiert. Jetzt nämlich haben wir um die Hälfte weniger Buchstaben, und sie werden doch dasselbe sagen. Hat man dies nun auf eine Tafel geschrieben, so wird es folgendermaßen durch die Feuerzeichen signalisiert werden: Der erste Buchstabe ist K; dieser befindet sich in der zweiten Reihe und auf dem zweiten Täfelchen. Man muß also auch zwei Feuerzeichen zur Linken erheben, so daß der Beobachter erfährt, er müsse auf das zweite Täfelchen sehen. Dann erhebt man 5 Feuerzeichen zur Rechten, um anzuzeigen, daß es K ist; denn dies ist der fünfte Buchstabe in der zweiten Reihe, und das muß nun derjenige, welcher das Signal aufnimmt, auf seine Tafel schreiben; dann (erhebt man) vier (Feuerzeichen) zur Linken; denn R gehört zur vierten Reihe; dann wiederum zwei zur Rechten; denn es ist der zweite Buchstabe der vierten Reihe; und so schreibt dann derjenige, welcher das Signal aufnimmt, das R auf. Und so fort auf gleiche Weise. Durch diese Erfindung wird jedes vorkommende Ereignis bestimmt mitgeteilt» (Riepl, 1913, S. 92).

Für die Weitergabe der Nachricht ‹Hundert Kreter desertiert› dürfte nach diesem Verfahren mit einer Übermittlungszeit von annähernd einer halben Stunde zu rechnen sein. Da die einzelnen Fackelzeichen jedoch nur auf eine bestimmte Entfernung unterscheidbar waren, wären für die Übertragung einer Depesche über eine größere Entfernung eine Vielzahl von Relaisstationen nötig gewesen. Die Gesamtübertragungszeit hätte sich damit möglicherweise so verlängert, daß ein Bote unter Umständen schneller gewesen wäre. Eine große Anzahl von Relaisstationen stellte zudem auch einen viel zu hohen Personal-, Material- und Arbeitsaufwand für eine einzelne Nachrichtenübertragung dar. Es wird daher vermutet, daß diese Art von Feuertelegrafie wohl kaum eine praktische Bedeutung erlangte, abgesehen von den Ausnahmen wie bei der Belagerung von Festungen oder über Wasserflächen. Der Tatsache, daß Polybios selbst nichts aussagt über Entfernungen und Fackelabstände, was ja für die Übertragungsqualität von außerordentlicher Bedeutung wäre, ist vielleicht auch indirekt zu entnehmen, daß der Autor, der bei der bestehenden Abneigung des Altertums gegenüber experimentellen Verfahrensweisen überhaupt, keine praktischen Versuche zu seiner sehr geistreichen technischen Idee ausführte. Er hat vermutlich nie versucht, seine Idee zu realisieren.

Es ist jedoch nicht zu übersehen, daß das von Polybios beschriebene Telegrafiersystem gegenüber allen anderen bis dahin bekannten, die nur vorausgesehene oder im voraus verabredete Mitteilungen durch Feuerzeichen übertragen konnten, es möglich machte, jede beliebige, auch unvorhergesehene Begebenheit, Tatsache oder Weisung über jede Entfernung zu übermitteln, sofern sie schriftsprachlich vorlag. Das von ihm verwendete Verfahren, welches die Nachrichtenelemente (Buchstaben) durch vereinbarte Kombi-

Bu – Buchstabe,
Lt – Laut,
Zw – Zahlwert,
Nm – Name,
St – Standnummer in der Runenreihe.

Zeile	ÄGYP. 1	PHÖN. 2	HEBRÄISCH				GRIECHISCH				LAT. 11	RUNEN	
			3 Bu	4 Lt	5 Zw	6 Nm	7 Bu	8 Lt	9 Zw	10 Nm		12 Bu	St
1	𓃾	ⲕ	א	ʼ	1	alef 'Rind'	Αα	a	1	alpha	A	ᚠ	4
2	⌂	9	ב	b	2	beth 'Haus'	Ββ	b	2	bēta	B	ᛒ	18
3		⌐	ג	g	3	gimel 'Kamel'	Γγ	g	3	gámma	C	–	–
4	⊡	Δ	ד	d	4	daleth 'Tür'	Δδ	d	4	delta	D	ᛞ	24
5		⇉	ה	h	5	he	Εε	e	5	e-psilón	E	ᛗ,ᛁ	19,13
6	ⵎ	Y	ו	w	6	waw 'Nagel'	Ϝς	–	6	waū	F	ᚡ	1
7		I\	ז	z	7	zajin 'Waffe'	Ζζ	z	7	zēta	(G)	Χ	7
8	⊞	ⵏ	ח	h	8	heth	Ηη	ä	8	ēta	H	ᚺ	9
9		⊕	ט	ṭ	9	teth	Θϑ	th	9	thēta	100?	ᚦ	3
10	⏝	𐤉	י	j	10	jod 'Hand'	Ιι	i	10	jōta	I	1,ᛋ	11,12
11	⏝	ⵌ	כ	k	20	kaf 'offene Hand'	Κκ	k	20	káppa	K	ᚲ	6
12		⌒	ל	l	30	lamed	Λλ	l	30	lámbda	L	ᛚ	21
13	∿	ᛟ	מ	m	40	mem 'Wasser'	Μμ	m	40	mȳ	M	ᛗ	20
14	⏝	ⵅ	נ	n	50	nun 'Fisch Schlange'	Νν	n	50	nȳ	N	ᚾ	10
15		‡	ס	s	60	samek	Ξξ	x	60	xī	–	–	–
16	⬬	O	ע	ʿ	70	ayin 'Auge'	Οο	o	70	o-mikrón	O	⋈	23
17	⬬	⌒	פ	p	80	pe 'Mund'	Ππ	p	80	pī	P	ᛕ	14
18		⌇	צ	ṣ	90	sade							
19		ⵕ	ק	q	100	qof	Ϙϙ	–	90	kóppa	Q	–	–
20	𓂀	ⵕ	ר	r	200	reš 'Kopf'	Ρϱ	r	100	rhō	R	ᚱ	5
21		W	ש	š	300	šin 'Zahn'	Σσ	s	200	sīgma	S	ᛋ	16
22		✕+	ת	t	400	tau 'Zeichen'	Ττ	t	300	taū	T	ᛏ	17
23			ך	-k	(500)	(kaf)	Υυ	ü	400	y-psilón	V	u:ᚢ	2
24			ם	-m	(600)	(mem)	Φφ	ph	500	phī	1000	w:ᚹ	8
25			ן	-n	(700)	(nun)	Χχ	ch	600	chī	X	ng:ᛜ	22
26			ף	-f	(800)	(fe)	Ψψ	ps	700	psī	50?	-z:ᛉ	15
27			ץ	-ṣ	(900)	(sade)	Ωω	ō	800	ō-méga	–	–	–
28							ⵑ	–	900	sampī	–	–	–

7: Wichtige Voraussetzungen für die Übertragung von Nachrichten sind die Entwicklung des Alphabets und die Verbreitung der Schrift:
a) Aus der ägyptischen Bilderschrift bilden die Phönizier die Buchstabenschrift. Die geistige Leistung besteht darin, den ganzen Wortreichtum einer Sprache in eine begrenzte Anzahl von 20 bis 30 Einzellauten, das Alphabet, aufzulösen. Aus dem ägyptischen Bild für ‹Haus› (Zeile 2) wird bei den Phöniziern ein Buchstabe, der ‹b› bedeutet nach dem semitischen Wortanfang von beth ‹Haus›. Die Griechen behalten Reihenfolge und Namen der Buchstaben weitgehend bei und fügen die Selbstlaute hinzu, die es im semitischen Alphabet nicht gibt. Sie verbinden die Buchstaben mit Zahlen; diese Zuordnung wird ins Hebräische übernommen.

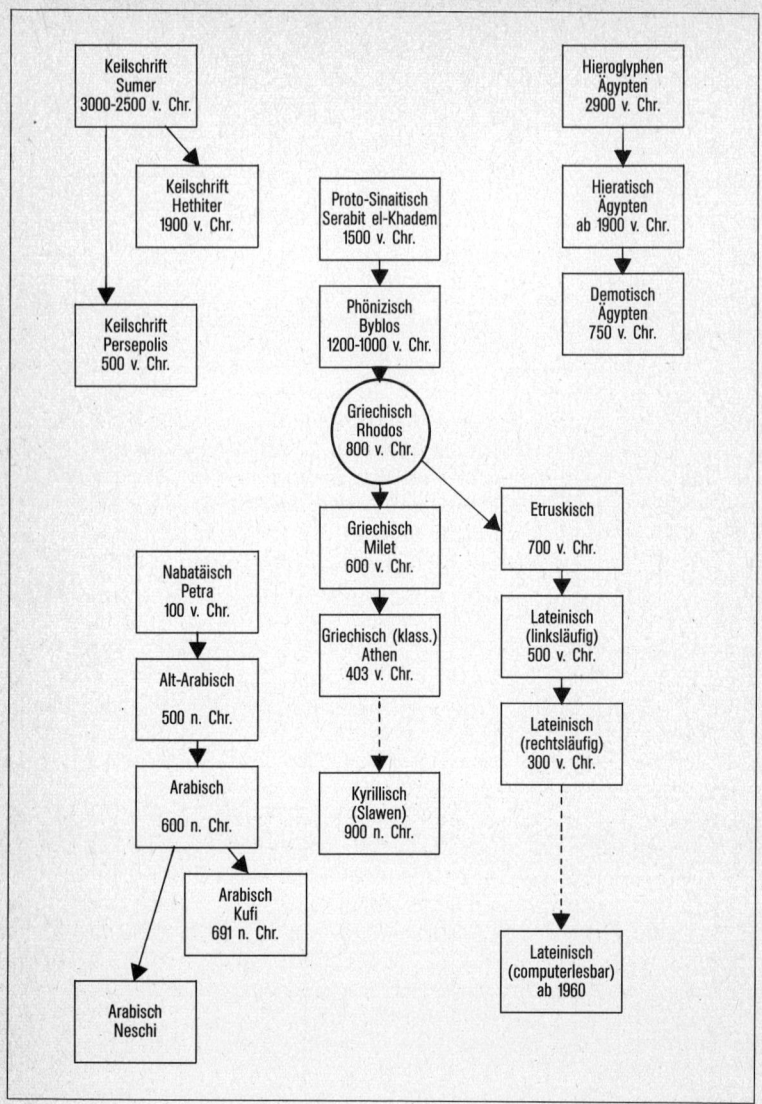

b) Vom 11. Jahrhundert v. Chr. an lernen die Griechen die phönizische Schrift kennen und bilden jene Schrift aus, von der vor allem die europäischen Schriften abstammen. Eine kleine Anzahl von Zeichen hat weltweite Ausbreitung und hohe kulturgeschichtliche Bedeutung bekommen.

nationen von einfach zu übertragenden Signalelementen (Codezeichen) darstellt, wird als Codeverfahren bezeichnet.

Das Grundprinzip heutiger Nachrichtentechnik ist hier bereits theoretisch vorweggenommen: Eine leistungsfähige Nachrichtenübertragung wird möglich, wenn Sender und Empfänger im Besitz eines geeigneten Zeichenalphabets sind, das die Elemente für den Aufbau jeder Nachricht stellt. Welcher Art die Übertragung ist, ob zum Beispiel optisch oder akustisch, ist dabei zunächst zweitrangig. Polybios stellte seine Idee als eine Verbesserung eines ursprünglichen Systems (450 v. Chr.) dar. Demokleitos und Kleoxenes hatten versucht, die einzelnen Buchstaben des Alphabetes durch optische Fackelzeichen auszudrücken (die Stellung in der alphabetischen Reihe entsprach der Anzahl der Feuerzeichen, also $\alpha = 1$, $\beta = 2$, $\gamma = 3$ usw.). Es konnte gleichzeitig nebeneinander oder aber auch nacheinander signalisiert werden ($\omega = 24$ Fackeln sind zugleich sichtbar, oder $\omega = 1$ Fackel, die 24mal hintereinander gezeigt wird). Polybios reduzierte die Vielzahl der Zeichen, indem er das Unterscheidungsprinzip für die einzelnen Buchstaben auf das Nebeneinander der Zeichen anwandte (Höchstzahl der Zeichen für einen Buchstaben sollte zehn, die Durchschnittszahl fünf sein). Die einzelnen Buchstaben wurden nacheinander übertragen. Damit übernahm Polybios das Sukzessivitätsprinzip, das zu einem Seriencode führt, der erheblich an Raum, Personal und apparativem Aufwand einspart. Tatsächlich liefen alle erfolgreichen Bemühungen, wie in der weiteren Geschichte der Informationstechnik noch zu zeigen sein wird, von der Mehrdimensionalität auf eine Beschränkung hinsichtlich der Dimension der Zeit hinaus. Damit stand der Grieche Polybios (2. Jahrhundert v. Chr.) der Punkt-Strich-Telegrafie Morses (19. Jahrhundert) viel näher als etwa die optischen Telegrafen des 18./19. Jahrhunderts.

Der folgerichtige Schritt von zehn auf eine einzige Fackel (von zehn auf ein Zeichenelement), der Übergang zu einer linearen Darstellung in der Zeit, wurde erst 2000 Jahre später vollzogen. Der entscheidende ideengeschichtliche Schritt des Polybios war der Übergang von der Nachrichtendarstellung in Form von Bildern (durch die Normung der Bilder waren ja auch die diskreten Bildelemente der Bilderschrift entstanden) in die Darstellung durch Buchstaben eines Alphabets. Daß nun mit Hilfe von etwa nur zwei Dutzend leicht dokumentierbarer Elemente jedes beliebige Wort, jeder beliebige Satz, jeder beliebige Text zusammensetzbar war, stellte einen außerordentlichen Rationalisierungsschritt dar. Indem die Griechen mit der Einführung des ostgriechischen Alphabets den Konsonanten der phönizischen Schrift auch noch Schriftzeichen für die Vokale hinzufügten und dadurch das Alphabet schufen, das den Schriften der westlichen Hemisphäre zugrundeliegt, war diese Entwicklung in den Grundzügen vorbereitet (Abb. 7). Was gesprochen werden kann, konnte nunmehr auch schriftlich dokumentiert werden, gleich, ob es sich um konkrete Aussagen oder abstrakte Ideen handelte. Polybios erkannte völlig richtig, daß diese Art der Nachrichtendarstellung auch eine gute Möglichkeit für eine Nachrichtenübertragung eröffnete, was sich in späteren Entwicklungsschritten der Nachrichtentechnik noch bestätigen sollte.

Nachrichtendienst als Fron- und Sklavenarbeit

Das Feuernachrichtenwesen der Griechen und Orientalen war relativ hoch entwickelt. Auch die Römer benutzten Feuersignale zur Weitergabe von Nachrichten, jedoch lassen sich bei ihnen keine Spuren finden, die auf höher entwickelte feuertechnische Einrichtungen schließen lassen, die über Alarmzwecke hinausweisen. Während Unteritalien und Sizilien als griechische Siedlungen von Warten und Türmen, die Signalzwecken dienten, geradezu übersät sind, befinden sich auf nationalrömischem Boden, das heißt Mittelitalien, keine solchen. Wenn gelegentlich in römischen Schriften von Feuersignalen berichtet wird, handelt es sich entweder darum, daß Römer mit den Fackelsignalisierungen anderer Völker in Berührung kamen, mit ihren Gegnern oder Bundesgenossen (wie z. B. bei der Belagerung von Agrigent, bei Hannibals Zug durch Gallien und seiner Einnahme von Tarent), oder aber, daß sie vorübergehend bestehende griechische Einrichtungen für einfache Signalisierungen benutzten. Ja, es wird sogar von verschiedenen historischen Begebenheiten berichtet, die gerade deshalb einen solchen Ausgang genommen haben, weil die Römer komplizierte Feuerzeichen anscheinend nicht verstehen konnten. Eigenständige Signaltürme, die auf ein vorhandenes Signalwesen mit Relaisstationen schließen lassen, wie es die Griechen kannten, befanden sich im Innern des Reiches nicht. Dagegen gab es in der Zeit der defensiven Reichsverteidigung am Limes, der Reichsgrenze, zahlreiche Wachttürme aus Holz oder Stein, von denen aus die weiter hinten stationierten Kastellbesatzungen bei Angriffen durch Rauch- und Feuersignale alarmiert werden konnten. Diese peripheren Signallinien garantierten bei der ungeheuren Ausdehnung der Grenzwehr, daß das Alarmsignal in kürzester Zeit über einen größeren Verteidigungsabschnitt, zum Beispiel von Lorch bis Regensburg, weitergegeben wurde.

Das ausgezeichnete Straßennetz der Römer und eine hochorganisierte Straßenverkehrsverwaltung erlaubten eine so zuverlässige und schnelle Beförderung von Personen, Gütern, militärischen Einheiten und auch von Nachrichten von einem Landesteil zum anderen, daß ein fühlbares Bedürfnis nach noch schnellerer Beförderung von Botschaften offensichtlich nicht hervorgetreten ist. Für die praktische Kriegsführung im großen Maßstab hatte – im Gegensatz zu den Fehden der griechischen Kleinstaaten – die Fackeltelegrafie nach ihrem damaligen Stand keinen Wert. Die Staatsführung und die obersten Schichten des römischen Reiches benutzten den gut ausgebauten

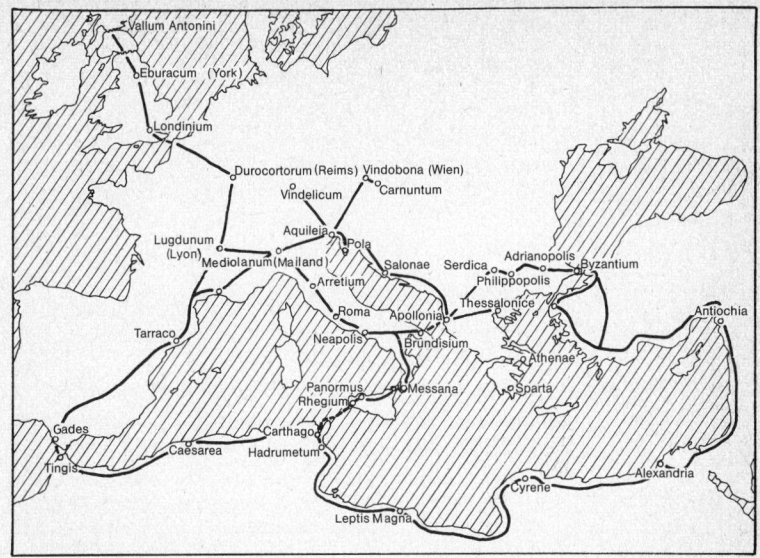

8: Das ausgedehnte Netz des cursus publicus, des hochorganisierten staatlichen Verkehrs- und Nachrichtensystems der Römer.

‹cursus publicus› (Abb. 8). Dieser cursus publicus ermöglichte es, auf Grund der großen, aus militärischen Gründen hervorragend ausgebauten Staatsstraßen, ferner auch dank dem Relaissystem (Stationen zum Wechseln der Pferde), Entfernungen von ca. 300 bis 325 km in nur 24 Stunden zu überbrücken. Später wurden diese Transportlinien geteilt in den cursus clabularis (Frachtverkehr) und den cursus celer (Schnellverkehr), der, ausgerüstet mit entsprechenden Fahrzeugen, erstaunliche Leistungen auch als staatliches Nachrichtensystem erreichte, jede private Nachrichtenbeförderung aber ausschloß.

Nachrichtendienste der Bevölkerung wurden in der Regel durch verhältnismäßig billige Sklavenkräfte, den hauptsächlichen Kapitalbesitz der Römer, besorgt. Die römische Wirtschaft war insgesamt auf Sklavenarbeit aufgebaut. Solange sich das Römische Weltreich ausdehnte, schien das Angebot an Sklaven unerschöpflich zu sein. So wurden die gefangenen Sklaven nicht nur für die Schwerarbeit eingesetzt – was insgesamt den technischen Wandel bei den Römern hinderte –, sie spielten auch im Nachrichtendienst eine wichtige Rolle. Das amtliche und militärische Botenpersonal, mit dem der cursus publicus arbeitete, stand demgegenüber in festen Gehalts- und Soldverhältnissen.

Die Hochkultur des Römischen Reiches, die auf der griechischen Kultur aufbaute, erhielt wichtige Antriebe aus dem Austausch der recht unterschiedlichen kulturellen und geistigen Entwicklungen der Völker innerhalb des großen, um das Mittelmeer gelagerten Raumes – eine entscheidende und nicht zu unterschätzende Auswirkung des leistungsfähigen römischen Verkehrs- und Nachrichtensystems. Von einer telegrafischen Nachrichtenübermittlung gibt es jedoch in den zahlreichen Notizen über den cursus publicus an keiner Stelle einen Hinweis. Sprachliche Formen, die sich auf Feuersignale beziehen, sind im Gegensatz zu denen der Griechen nur gelegentlich anzutreffen. Technische Nachrichtensysteme im engeren Sinne waren wohl auch insofern entbehrlich, als das gesamte Nachrichten- und Verkehrssystem als Gegenstand von Fronarbeit von Menschen und Requisition von Material reibungslos funktionieren konnte.

Die Zentralgewalt, die bei den Griechen völlig fehlte, hatte dazu eine überaus starke Integrationswirkung. Die Bevölkerung war zur Fronleistung für die Staatspost verpflichtet, sie mußte Ausbesserungsarbeiten an Straßenabschnitten ebenso übernehmen, wie sie Reit- und Zugpferde zu stellen und für die Verpflegung von Tieren und Reisenden zu sorgen hatte. Dabei war sie von dem Recht ausgeschlossen, für die Beförderung von Personen oder Frachten Gebühren zu verlangen. Die drückende Fron, die einzelne Kaiser zwar erleichterten, belastete im allgemeinen die Provinzen außerordentlich und brachte mitunter weite Landstriche an den Rand des wirtschaftlichen Ruins. Als die Integrationswirkung des Staates nachließ (z. B. bereits sichtbar an der teilweisen Aufgabe der Frondienste in den Germanenstaaten), brach auch der cursus publicus (endgültig bis zur Wende des 6. Jahrhunderts) verhältnismäßig schnell zusammen. Das gesamte Nachrichtensystem, für das das Volk die Lasten zu tragen hatte, diente ohnehin nur der Staatsführung.

Eine nachrichtentechnische Ausnahme unter den Nachfolgestaaten des Römischen Reiches bildete das byzantinische Reich. Im 10. und 11. Jahrhundert berichten byzantinische Quellen über optische Signalverbindungen quer durch Kleinasien während des 9. Jahrhunderts: Angriffe der islamischen Araber, der Sarazenen, seien von der Kilikischen Pforte innerhalb kürzester Zeit quer durch das Land nach Konstantinopel gemeldet worden. Überprüfungen dieser historischen Quellen (insbesondere hinsichtlich der Streckenführung) ließen zwar keine Bedenken an der prinzipiellen Möglichkeit eines solchen optischen Frühwarnsystems im Interesse des Militärs aufkommen; die Tatsache jedoch, daß gleichzeitig in diesem Gebiet ein noch recht gut ausgebauter cursus publicus aus dem alten römischen Reich bestand, läßt in Abwägung von Aufwand und Nutzen eine derartige optische Fernverbindung – zumindest als ständige Einrichtung – als wenig realistisch erscheinen. Der Bedarf an einem schnellen Nachrichtenaustausch innerhalb des byzantinischen Reiches, zu dessen Territorium im 9. Jahrhundert Kleinasien, Griechenland und die Südspitze Italiens gehörten, steht hingegen nach den starken innenpolitischen Erschütterungen und der ständigen Bedrohung von außen außer Zweifel.

Am Entwicklungsstand der staatlichen Nachrichtensysteme des Altertums läßt sich ablesen, welche Lebensfähigkeit und Stärke der Staat zu den verschiedenen Zeitpunkten selbst hatte. Ein hochorganisiertes Nachrichtenwesen war unabdingbar, sei es mit mehr technischem Aufwand wie bei den Griechen oder mit mehr personellem Aufwand wie bei den Römern. Der Zerfall des Römischen Reiches, mit dem sich auch die Anzahl der gefangenen Sklaven verminderte, bewirkte den Zerfall des Nachrichtensystems. Die Kultur der römischen Städte, die aus den verschiedenen Teilen des Gesamtreiches immer wieder neue Impulse erfuhr, fiel zurück, zum Teil sogar bis in primitive Lebensformen. Die selbständigen örtlichen Einheiten mußten sich auf landwirtschaftliche Produktion stützen, der Handel blieb auf wenige unentbehrliche Waren, wie Eisen und Salz, beschränkt.

3. Entwicklung 2000 Jahre alter Nachrichtentechnik im Dienst militärischer und politischer Machtverwaltung
Optische Telegrafie

Neue Erkenntnisse beleben alte Ideen

Die Qualität des Nachrichtenverkehrs des Mittelalters erweist sich durchweg als erheblich geringer als in den Hochkulturen des Altertums. Das Fehlen organisierender Zentralgewalten, abgesehen von Byzanz, erscheint als Ursache dafür, daß sich kein über größere Räume hinweg funktionierendes einheitliches Nachrichtensystem ausbilden konnte. Anfänge einer Staatspost bei Karl dem Großen (742–814) wurden nicht weiterentwickelt. Die sich selbst genügende feudale Fürstenherrschaft beschränkte sich vorzugsweise auf das persönliche Überbringen von Nachrichten durch Boten. Auf europäischem Boden spielten über große Entfernungen übermittelte Nachrichten kaum eine nennenswerte Rolle. Das ‹Heilige Römische Reich Deutscher Nation› entwickelte völlig andere gemeinschaftsbildende und -erhaltende Prozesse zur Ausbildung des inneren Lebens des Staates als das römische Kaiserreich. Hinzu kam, daß Lesen und Schreiben als eine nicht standesgemäße Beschäftigung galt. Während den unteren Schichten beides vorenthalten wurde, ‹ließ› man in den höheren Kreisen schreiben. Das Anfertigen von Schriftstücken übernahmen vielfach Notare und berufsmäßige Schreiber. Der kaufmännische Briefverkehr war bis zum Einsetzen des Fernhandels vergleichsweise gering. Noch im ausgehenden Mittelalter verbreiteten sich allgemeine Nachrichten sehr langsam. Obwohl Christoph Kolumbus (1451 bis 1506) bereits im März 1493 von seiner Entdeckungsreise zurückgekehrt war, scheint diese Nachricht vier Monate später noch nicht bis Nürnberg durchgedrungen zu sein; dabei galt Nürnberg als die weltoffenste Reichsstadt Mitteldeutschlands. Im Juli desselben Jahres, also nach vier Monaten, schrieb ein Nürnberger Arzt an König Johann II. von Portugal, daß man jenes Meer in Richtung auf das östliche China in wenigen Tagen durchfahren könne. Er wußte also nicht, daß Kolumbus bereits zurückgekehrt war. Das Nachrichtennetz war offensichtlich zu weitmaschig. Viele Nachrichten wurden bei der Weitergabe von Mund zu Mund entstellt, waren doch an ihrer

Übertragung verschiedenste Einzelpersonen mit recht unterschiedlichem Erlebnishorizont beteiligt.

Nach dem Zerbrechen des römisch-christlichen Universalreiches und dem sich langsam herausformenden System von Einzelstaaten, versuchten zwar die Herrscher Europas zentralisierte Nachrichtensysteme einzuführen, im Vergleich zu den Hochkulturen des Altertums gelang dies aber nur sehr unvollkommen. Bemühungen, etwa das Postwesen auszubauen, scheiterten an den komplizierten Verhältnissen (unterschiedliche Währungen, Zölle, Kompetenzen u. a.) und den Herrschaftsgewalten.

Völlig anders verlief dagegen die Entwicklung zum Beispiel in China und Japan. In Japan bestand noch im 7. Jahrhundert n. Chr. eine staatlich eingerichtete Feuertelegrafie über mehrere Inseln hinweg im durchschnittlichen Abstand von 60 km. In China und im Mongolenreich war das gesamte Postwesen weit entwickelt. So gab es um 1400 neben der staatlichen Post, die allein der Regierung und dem Kaiser zustand, bereits private Posten, die Pakete, Zahlungsanweisungen, Briefe, sogar Silberbarren in engster Zusammenarbeit mit Bankanstalten beförderten. Bevorzugt wurden hierbei die Schiffswege.

Im Vorderen Orient bildete das Brieftaubenwesen während des Mittelalters die Grundlage für die Nachrichtenübermittlung. Sultan Nur-Ed-Din eröffnete 1171 einen Liniendienst mit Brieftauben über sein Reich. Während seiner Regierungszeit (1146–1173) richtete er eine eigene staatliche Brieftaubenzucht ein. Im Mamelukenreich des 15. Jahrhunderts überbrachten Brieftauben über feste Linien, die durch Zwischenstationen in Abständen von 100 km unterbrochen waren, die staatlichen Nachrichten. Die Strecke Kairo–Damaskus etwa war in zwölf Teilstrecken aufgeteilt. So konnte der Regierungsmacht in allen Teilen des Reiches Ausdruck verliehen werden.

Neue Tendenzen der Entwicklung der Nachrichtensysteme ergaben sich in Mitteleuropa erst mit der Entfaltung der Warenproduktion, dem Aufblühen des Handels und der Städte sowie der Herausbildung nationaler Staaten. Die Spitze der Reichsgewalt hatte zwar den Willen zur Verbesserung des Verkehrssystems, konnte diesen aber infolge des komplizierten Charakters der Herrschaftsgewalten nicht realisieren. Es entstanden Territorialherrschaften, die immer wirksamer auf die Entwicklung von eigenen Nachrichtensystemen hinzielten, weil sie sich davon den Ausbau ihrer Herrschaftsmacht versprachen.

Für die optische Telegrafie wurden noch 1589 in einem in Neapel erschienenen Buch Vorschläge zu deren Verbesserung mittels Fackeln gemacht. Dies scheint nicht unbeeinflußt zu sein von den Erfahrungen mit dem Buchdruck (um 1445 erfand Johann Gutenberg den Buchdruck mit beweglichen Lettern), der Herstellung und Verwendung der einzelnen Buchstaben des Alphabetes. Bei einer derartigen Nachrichtenübertragung mußte ja die gesamte Nachricht in Elemente, eben Buchstaben, zerlegt werden. Solange

9: Vorschlag zur Konstruktion einer optischen Telegrafie von Franz Kessler, 1615, bei der Signale durch ‹Feuer von Pechkränzen› übermittelt werden. Hans in Napfort gibt durch Hochziehen der Klappe ein Feuerzeichen für Peter in Eckhausen. Dieser erkennt es mit dem Diopter. Im Vordergrund eine Tafel zur Codierung der Nachricht.

jedoch wirksame Mittel fehlten, Gegenstände in großer Entfernung für das menschliche Auge näher heranzuholen, konnte hier kein bedeutsamer Wandel erwartet werden. Erst nachdem in Holland 1608 durch Jan Lippershey und in Italien 1609 durch Galileo Galilei (1564–1652) ein Fernrohr konstruiert worden war, welches auf dem Zusammenwirken eines Konvex-Objektivs mit einem konkaven Okular basierte, konnte dies anders werden. In seiner Schrift «Secreta oder verborgene geheime Künste» lieferte 1615 Franz Kessler eine ausführliche Beschreibung eines optischen Telegrafen, bei dem mit ‹Feuer von Pechkränzen› telegrafiert werden sollte (Abb. 9). Die Gegenstation wurde mit einem Diopter anvisiert, vermittels «des rohren perspektivischen Brillens», wie Kessler dies beschrieb. Eine ganze Reihe ähnlicher Vorschläge für optische Telegrafensysteme bis hin zu solchen, die mit Flügeln von Windmühlen oder dreieckigen Figuren an Signalmasten bereits Telegrafenzeichen darstellten, schlossen sich an. Die Vorschläge kamen sowohl von dem Engländer Robert Hooke (1684), dem Franzosen Guillaume Amontons

(1690), als auch später von dem Deutschen Johann Andreas Benignus Bergsträsser (1784), dem Iren Richard Lowell Edgeworth (1767) und anderen mehr. Sämtlichen Vorschlägen war gemeinsam, daß sie allenfalls als geistreiche Spielereien angesehen wurden. Die naturwissenschaftlichen Erkenntnisse für ein leistungsfähiges optisches Telegrafiersystem waren zwar gegeben, jedoch fehlten die Bedingungen für einen technischen Durchbruch.

Nachrichtensysteme im Interesse nationalstaatlicher Bestrebungen

In Frankreich begann 1791 der ungeahnte Aufschwung des optischen Signalwesens, das aber bald auch in zahlreichen anderen Staaten ein Verkehrs- und Kommunikationsfaktor ersten Ranges wurde. Während der Französischen Revolution entstand in Frankreich ein gesteigertes Bedürfnis nach schneller Kommunikation. Von allen Seiten sah sich Frankreich zu jener Zeit von Invasionsheeren bedroht. Daher fand Claude Chappe (1763–1805), der zusammen mit seinen Brüdern bereits einige Jahre mit optischen Telegrafensystemen experimentiert hatte, große Aufmerksamkeit, als er am 22.3.1792 vor der französischen gesetzgebenden Versammlung seinen Telegrafen vorstellte. Begünstigt wurde er dabei durch den Umstand, daß sein Bruder Ignace Urban den verschiedenen Revolutionsorganen beigeordnet war. Im März 1791 hatten die Gebrüder Chappe bereits den Bewohnern der 15 km vonein-

10: Die Gebrüder Chappe erproben in Frankreich öffentlich eine optische Telegrafenkonstruktion, bei der das zu übermittelnde Zeichen durch einen Zeiger angegeben wird, 1791.

ander entfernten Orte Parcé und Boulon einen ersten Telegrafen vorgeführt (Abb. 10). Am 26. 7. 1793 beschloß der Konvent den Ausbau einer Versuchsstrecke von Paris nach Lille über 60 Wegstunden.

Die Befürworter dieser kostenintensiven Maßnahme argumentierten im Konvent vor allem damit, daß mit diesem Nachrichtensystem eine

«einheitliche, planmäßige Leitung der auf den verschiedenen, weit voneinander entlegenen Kriegstheatern operierenden Heere möglich werde, daß endlich die Heerführer mehr als es bisher der Fall gewesen, unter den Einfluß der Regierungsautorität gebracht würden» (Schöttle, 1883, S. 149).

Die Gebrüder Chappe hatten bei ihren Versuchen zahlreiche Schwierigkeiten und Anfeindungen zu überwinden. Zweimal wurden die aufgebauten Versuchsstationen von der aufgebrachten Menge revolutionärer Eiferer zerstört, da sie argwöhnten, daß mit diesen Geräten dem inhaftierten König Ludwig XVI. heimlich Informationen zugespielt werden sollten. Man sah die ungewohnte Technik mit sehr viel Mißtrauen an und diskutierte in der Bevöl-

11: Bau der optischen Telegrafenlinie in Frankreich unter strengen militärischen Sicherheitsvorkehrungen, 1793.

12: Station einer französischen optischen Telegrafenlinie im Elsaß.

kerung, wo immer man ihr begegnete, außerordentlich lebhaft darüber. Im August 1794 nahm endlich nach vielen Monaten Bauzeit (Abb. 11) unter der Leitung von Abraham Chappe (1773–1849) die Linie von Paris nach Lille mit 22 Stationen ihren Dienst auf. Mit dieser Linie war es möglich, Nachrichtenzeichen über die gesamte Strecke innerhalb von wenigen Minuten zu übertragen. Claude und Abraham Chappe erhielten die Ernennung zu Telegrafeningenieuren. Zwei wichtige Übermittlungen kurz nach der Eröffnung der Linie waren es, die deren Leistung in den Blickpunkt der Öffentlichkeit rückten: Am 15.8.1794 ging über diese Linie dem Nationalkonvent während einer Sitzung die Meldung von der Eroberung von Le Quesnoy zu, nur eine Stunde nach dem Einmarsch der Franzosen. Die Regierung beglückwünschte die Truppe telegrafisch, und diese bedankte sich auf dem gleichen Weg: alles an einem Tag.

Chappe wurde großes Lob zuteil. Die Tatsache, daß der Telegraf am 30. August die wichtige Nachricht von dem Sieg der Republikaner in Condé innerhalb von zwei Minuten übermittelte, Stunden bevor der Bote mit der schriftlichen Nachricht in Paris eintraf, mußte dann vollends von der Leistung des Telegrafen der Gebrüder Chappe überzeugen.

Wie funktionierte dieses Nachrichtenübertragungssystem? Es hieß zunächst ‹Tachygraph›, Schnellschreiber, üblich wurde dann aber in Frankreich sehr bald die Bezeichnung ‹Telegraph›. Dieser Telegraf bestand aus einem hohen Signalmast (Abb. 12), der sich auf dem Dach des Stationshäuschens

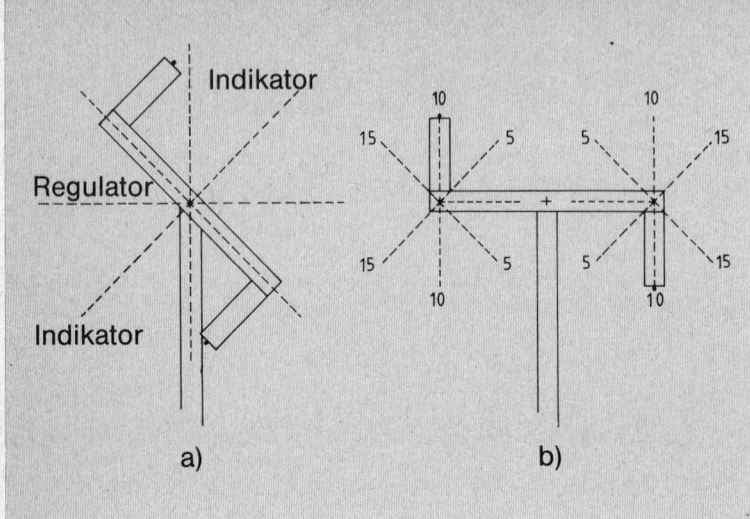

13: Einstellmöglichkeiten des französischen optischen Telegrafen nach Entwürfen von Claude Chappe,
a) in der Einstellphase (schrägstehender Regulator),
b) in der Übertragungsphase (waagrechter oder senkrechter Regulator).

Zur genauen Beschreibung der eingestellten Zeichen werden die Einstellpositionen mit Ziffern versehen, wobei man zwischen der Einstellung ‹Himmel› und ‹Erde› unterscheidet und jeweils mit dem rechten Indikator beginnt. Für die Einstellung in Beispiel b lautet die Beschreibung dann ‹10 Erde – 10 Himmel›. Dies entspricht der Codeziffer 89 im Chappeschen Wörterbuch. Die nach links oben zeigende Einstellung des Regulators a verweist auf die Durchgabe eines Telegramms.

befand und an seiner Spitze drehbar einen über 4 Meter langen Regulator trug, an dessen Enden sich zwei bewegliche Indikatoren befanden. Hiermit wurden die einzelnen Zeichen gegeben.

Der Hamburger Domherr Friedrich Johann Lorenz Meyer, der 1796 Paris besuchte und die Erlaubnis zum Betreten des streng geheimen Telegrafenbüros erhielt, schreibt in seinen ‹Fragmenten aus Paris›:

«Der Telegraph steht auf dem platten Dach der auf dem westlichen mittleren Pavillon des Louvre errichteten telegraphischen Warte, eines geräumigen, ringsum mit Fenstern umgebenen Zimmers, in dem das Büro der Korrespondenz mit der übrigen Vorrichtung ist. Die Flügel des Telegraphen bewegen sich um eine eiserne Achse, die durch die Mitte des Hauptflügels geht, zwischen zwei stark mit Eisen befestigten Pfeilern, von etwa zwölf Fuß Höhe. Der Hauptflügel von etwa zehn Fuß und die Nebenflügel an seinen äußersten Enden, von der Hälfte dieser Länge, sind zwei Fuß breit und bestehen aus zwei parallellaufenden starken schwarzgemalten Hölzern, die in ihrem Zwischenraum prismatische, mit poliertem Blech beschlagene Querstäbe einfassen, die dazu dienen, durch den Widerschein der auf ihren Flächen aufgefangenen Lichtstrahlen, bei trüber Luft die Bewegungen und Richtungen der Flügel in der Ferne kenntlich zu machen. An den Enden der Flügel sind bewegliche Leuchten angebracht, die bei jeder Richtung der ersteren senkrecht hängen und bei einer nächtlichen Korrespondenz die Richtungen der telegraphischen Flügel bezeichnen. Die Bewegungen der drei Flügel sind schnell, leicht und geschehen ohne alles Geräusch. Ihr Mechanismus ist äußerst einfach. An jedem Flügel sind zwei Stangen befestigt und durch den Boden des Daches in das Zimmer des Observatoriums geleitet. In der Mitte dieses Zimmers steht ein einfaches Räder- oder Walzwerk, aus drei mit Handhaben versehenen Walzen zusammengesetzt, an denen die sechs Stangen des Flügels, vermittels umwundener Stricke, befestigt sind. Durch die mittlere Walze und deren beiden Stangenzüge wird der Hauptflügel und durch die beiden anderen Walzen werden die Nebenflügel dirigiert. Ein Mann regiert die Walzen mit bewunderswürdiger Leichtigkeit und Genauigkeit. Es bedarf nur eines Drucks an der einen oder anderen Handhabe, und die Flügel schwingen sich schnell zu einer neuen festen Stellung. An einem Wandpfeiler des Kabinetts steht ein von Metall sauber gearbeiteter kleiner Telegraph, der, mit dem die große Maschine dirigierenden Walzwerk in eine äußerlich unsichtbare Verbindung gesetzt, jede Bewegung und Stellung der letzteren pünktlich nachmacht und folglich dem die Walzen regierenden Fernschreiber, der den großen Telegraphen nicht sieht, zur Gewißheit der Zeichen dient, indem das kleine Modell vor seinen Augen alle Richtungen der großen Maschine wiederholt» (Böhm, 1974, S. 81).

Die ganze Mechanik beschränkte sich bei den späteren Ausführungen auf drei Hebel, zehn Rollen und sechs Endlosketten. Die eigentliche Zeichengebung erfolgte nun durch Schwenkung der Indikatoren um 45° und dem Vielfachen hiervon (Abb. 13). Damit läßt sich der Zeichengeber auf acht verschiedene Winkel einstellen. Wegen der bei Fernrohrbeobachtung schlecht zu erkennenden achten Einstellung (die Verlängerung des Regulators) benutzte Chappe jedoch nur sieben, womit ihm theoretisch 196 Zeichen (sieben verschiedene Einstellungen pro Indikator bei vier möglichen Regulatoreinstellungen, also insgesamt $7 \times 7 \times 4 = 196$) zur Verfügung gestanden hätten. Er legte jedoch fest, daß zur Vermeidung von Verwechslungen Zeichen nur in der Schrägstellung des Regulators eingestellt werden durften und für die Gegenstation erst dann Gültigkeit erlangten, wenn der Regulator waagrecht oder senkrecht gestellt war. Damit waren 98 Zeichen (sieben verschiedene pro Indikator bei zwei verschiedenen Regulatoreinstellungen; also insgesamt $7 \times 7 \times 2 = 98$) für die Nachrichtenübertragung gegeben, wovon Chappe sechs ausschließlich für den Dienstgebrauch vorsah. Jedes einzelne Zeichen blieb etwa 15 Sekunden stehen. War der rechte Teil des Regulators himmelwärts gerichtet, wurden Telegramme übertragen, zeigte er links nach oben, wurden Dienstzeichen übermittelt. Das Lesen und Einstellen der Telegrafenzeichen war allerdings für die Telegrafisten nicht leicht (Abb. 14). Immer wieder mußten daher Einstellen und Ablesen geübt werden. Um die Be-

Nachricht von Lille an den Convent, in Telegraphischer Schreibart.

a)

14: a) Dieses Telegramm stammt aus einer deutschen Veröffentlichung, die 1801 in Augsburg erschien (bereits 1794 hatte es eine anonyme Veröffentlichung in Leipzig gegeben).
Der Herausgeber behauptet, daß es nach dem Pariser Original von 1794 die Nachricht von Lille in das revolutionäre Paris in telegrafischer Schreibweise sei. Den Klartext hat er nicht mitgeteilt. Eine französiche Quelle (Gachot, S. 26) gibt an, dieses Telegramm sei reine Phantasie und nicht dechiffrierbar. Der Ver-

b)

such, das Telegramm mit den mehrfach ins Deutsche übertragenen verschiedenen Versionen des Alphabets von Claude Chappe zu übersetzen, brachte folgendes Ergebnis: ‹Einer der gar sinnigsten Köpfe unserer Zeit hat erklärt und zugleich gründlich bewiesen, daß wir Frieden haben werden, sobald der Krieg aufgehört hat: welches Gott bald gebe! 5. Oktober 1794›. Es ist kaum anzunehmen, daß dies tatsächlich die Nachricht an den Konvent war, eher handelt es sich um eine hintersinnige Rätselaufgabe für den Leser. Erstaunlich ist, daß dieses Telegramm noch immer als ‹Original› durch die Literatur geistert.

b) Die Zifferncodetafel von Claude Chappe, 1 bis 46 mit senkrechter, 47 bis 92 mit waagrechter Regulatorstellung.

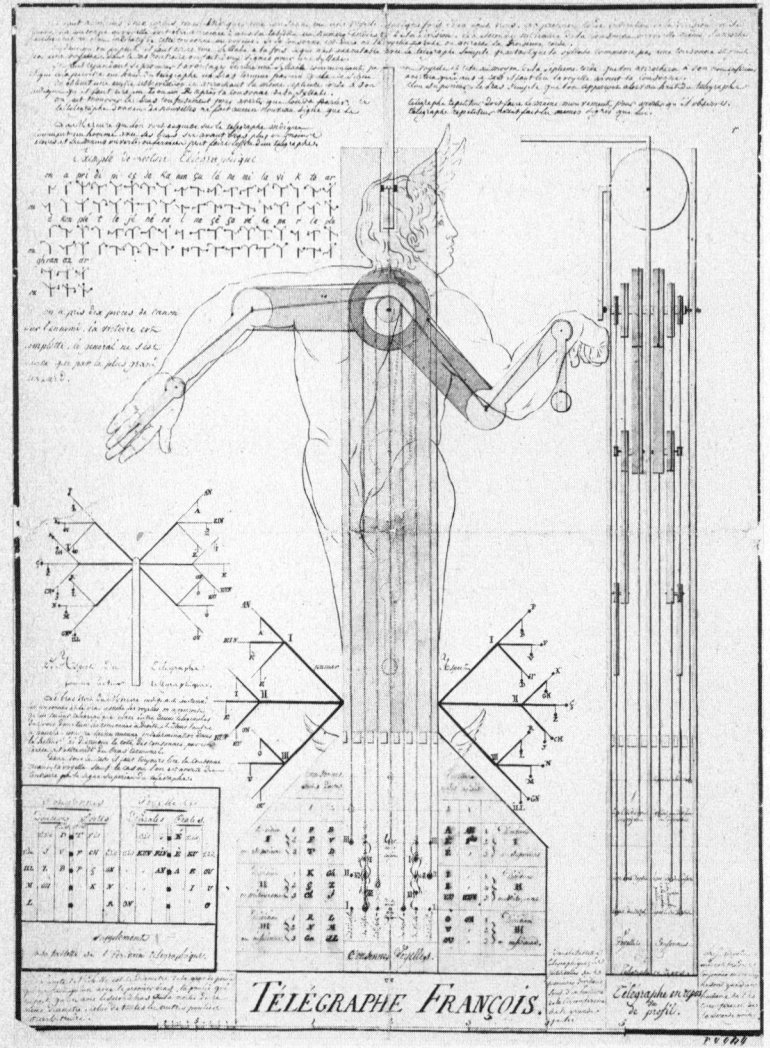

15: Entwurf von ‹Telegraphencodebäumen› für einen optischen Telegrafen mit weiter unterteilten Indikatoren, um 1800.

schreibung zu erleichtern, benannte man alle himmelwärts gerichteten Zeichen mit ‹Himmel› und alle zur Erde gerichteten Zeichen mit ‹Erde›. Die Winkeleinstellungen trugen vom Mast weg gezählt die Zahlen 5, 10, 15, wobei beim Ablesen stets mit dem rechten Indikator begonnen wurde. Eine andersartige Versuchsanordnung eines französischen Telegrafen mit in sich nochmals beweglichen Indikatoren und ein dementsprechendes Telegrafenalphabet wären wohl für die Praxis viel zu kompliziert gewesen (Abb. 15).

Fünfzig französische Meilen, etwa 200 km, beträgt die Entfernung von Paris nach Lille, die mit der ersten Telegrafenlinie überbrückt wurde. Die einzelnen Telegrafenstationen, auf Hügeln oder Dächern montiert, bildeten sozusagen die Pfeiler der Kommunikationsbrücke von der Frontstadt bis auf die Plattform des Louvre in Paris. Jede der französischen Telegrafenstationen war mit zwei Telegrafisten besetzt.

«Der eine bewegte die Maschine, der andere beobachtete durch ein Fernrohr vor der mit einer Klappe versehenen Maueröffnung des Kabinetts seinen nächsten Korrespondenten ... und er berichtete und schrieb die Antwort dieses Telegrafen nieder» (Böhm, 1974, S. 83).

Über jeweils zehn Telegrafenstationen führte ein ‹Inspecteur› die Aufsicht. Er hatte für die Erhaltung der Maschinen und den bautechnischen Zustand der Stationen zu sorgen, die Stationsbeamten einzustellen, zu entlassen, aber auch ihre Entlohnung zu besorgen. Verdiente ein Inspektor monatlich 80–100 FF, so bezog ein französischer Telegrafist bei einem Tagelohn von 1 FF 25 Cts etwa ein Drittel davon. Die Telegrafisten, die zumeist aus der unmittelbaren Umgebung der Station kamen, hatten ja auch nur die Aufgabe, die ihnen zugebrachten Zeichen schnell weiterzuleiten. Sie führten beispielsweise keine umfassenden Protokolle über durchgehende Telegramme, was ausschließlich der mit dem Kontrolldienst betrauten Inspektionsstation vorbehalten war. Diese Inspektionsstationen sollten den Mangel, daß auf den einzelnen Stationen keine Überwachung des telegrafischen Verkehrs stattfand, ausgleichen. Der Telegrafist ging in der Regel einer Nebenbeschäftigung, z. B. einem Handwerk, nach. Manchmal unterhielt er einen Weinausschank, den während der Dienstzeit die Frau allein betreute, die im Notfall auch hin und wieder beim Telegrafendienst einzuspringen hatte.

Ging also etwa ein Telegramm von Paris ab, so setzte der Telegrafist auf der Plattform des Louvre seine Zeichen, wartete, bis der Telegraf auf dem Montmartre seine Flügel in dieselbe Richtung schwang und setzte darauf sein nächstes Zeichen. Jedes Zeichen führte die Montmartrestation exakt nach, wie sich ebenso jede Station zwischen Paris und Lille nach dem Zeichen des Vorgängers richtete. Der Hamburger Domherr ist in seinem Bericht über diese Telegrafie, den er vermutlich als erster Deutscher erstellte, besonders fasziniert von der Geschwindigkeit der Nachrichtenübertragung:

«In meiner Gegenwart in dem telegraphischen Büro auf dem Louvre geschah ... die Frage an den Telegraphen auf dem Montmartre, und von dort nach Lille: ob bei der Armee etwas Neues vorgefallen sei mit einem Zeichen. In demselben Augenblick, da dieses Zeichen durch einen Druck auf dem Walzwerk, das die Maschine in die Stellung des Zeichens setzte, gegeben ward, beobachtete ich die an der Wand hängende Sekundenuhr; und mit dem achtundvierzigsten Sekundenschlage kam die von dem Beobachter am Fernrohre aufgerufene Antwort: ‹Nein› zurück» (Böhm, 1974, S. 84).

Demnach hätten also Frage und Antwort in 48 Sekunden 44 Stationen durchlaufen. Wenn dies auch wenig wahrscheinlich ist und eher auf eine geschickte Täuschung des Beobachters schließen läßt, dem Schnelligkeit demonstriert wurde, so bleibt doch, daß die rasche Übermittlung von Meldun-

16: Französisches Militär bewacht eine optische Telegrafenstation vor Condé, 30. November 1794.

gen über weite Strecken ein Staunen auslöste, das wir uns heute kaum mehr vorstellen können.

Eben diese, für damalige Verhältnisse außerordentlich schnelle Nachrichtenübertragung war es auch, die den Nationalkonvent und die Öffentlichkeit stark beeindruckte. Der Kurier beispielsweise, der die schriftliche Nachricht vom Sieg der Republikaner am 29. August 1794 dem Konvent brachte, erreichte diesen erst zwanzig Stunden nach der telegrafischen Meldung. Die Geschwindigkeit der Nachrichtenübertragung hatte den weiteren Ausbau der Telegrafenlinien zur Folge. 1798 wurde die Nordlinie nach Dünkirchen und 1801 die Linie nach Boulogne verlängert. 1798 konnte ebenfalls eine weitere Telegrafenlinie von Straßburg – die Station befand sich auf dem Straßburger Münster – über Metz und Châlons nach Paris eröffnet werden. Angesichts der geplanten militärischen Auseinandersetzungen mit England wurde 1798 der Kriegshafen Brest telegrafisch mit Paris verbunden. Fünfundfünfzig Stationen, in sieben Monaten errichtet, übermittelten der Regierung vor allem schnell Informationen über das Eintreffen wertvoller Ladun-

17: Verteidigung einer französischen Telegrafenstation gegen den Angriff deutscher Truppen, 1814.

a)

18: Veröffentlichte Abdrucke von telegrafischen Mitteilungen über die Erfolge der Revolutionsarmeen in plakatmäßiger Ausführung:
a) Eroberung Maltas, 1798.
b) Einnahme Mailands, 1800.
c) Friedensschluß mit England, 1814.

gen. 1803 war Brüssel, 1809 Antwerpen und Vlissingen, 1810 Amsterdam an das Telegrafennetz angeschlossen. Telegrafen übermittelten Stellungen und Bewegungen von feindlichen Armeen ebenso wie Befehle für Einsatztruppen bei Belagerungen. Mittels des Telegrafen verkehrte der Kriegsminister mit den einzelnen Departements.

TRANSMISSIONS
TÉLÉGRAPHIQUES.

De Paris a Strasbourg, du 16 Prairial, an 8 de la République.

L'Armée de réserve occupe toutes les places fortes qui sont au pied des Alpes : partout l'armée est reçue aux acclamations des Piémontais.

De Basle a Strasbourg, du 17 Prairial 8.

Extrait d'une Dépêche du Secr… Légation en Helvétie, au Ministre de la …

MILAN est pris : Bonaparte y a fait son entrée le 10 de ce mois.

Pour copie conforme, signé Durant.
Certifié conforme,
Le Préfet du Département du Bas-Rhin, signé Laumond.
Par le Préfet :
Le Secrétaire général de la Préfecture, signé Metz.

Telegraphische Nachrichten.

Von Paris nach Straßburg, vom 16ten Prärial 8.

Die Reserve-Armee hat alle festen Pläße am Fuß des Alpe-Gebirgs inne : die Armee wird allenthalben mit Freuden von den Piemontesern aufgenommen.

Von Basel nach Straßburg, vom 17ten Prärial 8.

Auszug aus einer Depesche vom Legations-Sekretär in der Schweiz an den Kriegs-Minister.

Mailand ist eingenommen : Bonaparte hielt den 10ten dieses Monats seinen Einzug.

Die Treue der Abschrift bezeugt, Unterschrieben Durant.
Die abermalige Abschrift übereinstimmend erfunden,
Der Präfekt des Nieder-Rheins, unterschrieben Laumond.
Auf Befehl des Präfekten :
Der General-Sekretär der Präfektur, unterschrieben Metz.

STRASBOURG, chez F. G. Levrault, Imprimeur de la Préfecture du Bas-Rhin.

b)

TRANSMISSION
TÉLÉGRAPHIQUE.

Strasbourg, ce 12 Vendémiaire X, à 6 heures un quart du soir.

La PAIX entre la France et l'Angleterre a été signée à Londres le 9 de ce mois.

Pour copie conforme, signé Cornilleau.
Certifié conforme,
Le Préfet du Département du Bas-Rhin, signé Laumond.
Par le Préfet :
Le Secrétaire général de la Préfecture, signé Metz.

Telegraphische Nachricht.

Straßburg, den 12ten Vendemiäre 10, Abends, ein Viertel nach 6 Uhr.

Der Frieden ist den 9ten dieses Monats zwischen Frankreich und England, in London, unterzeichnet worden.

Die Treue der Abschrift bezeugt, Unterschrieben Cornilleau.
Die abermalige Abschrift übereinstimmend erfunden,
Der Präfekt des Nieder-Rheins, unterschrieben Laumond.
Auf Befehl des Präfekten:
Der General-Sekretär der Präfektur, unterschrieben Metz.

STRASBOURG, de l'Imprimerie de Levrault, frères, Imprim. de la Préfecture.

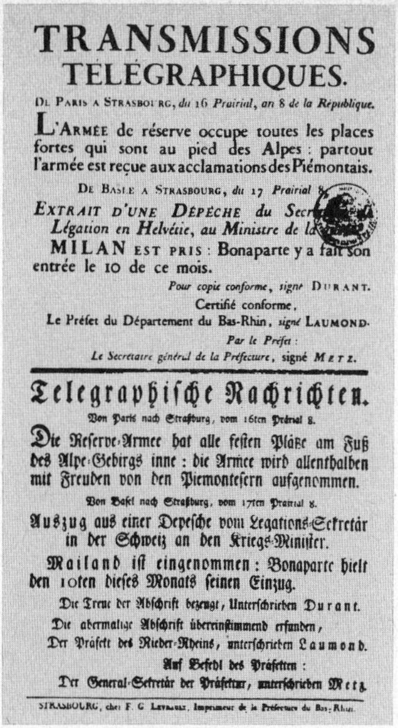

c)

Telegrafentechnik als militärisches Machtinstrument Napoleons

Napoleon Bonaparte (1769–1821), inzwischen an die Macht gekommen, nutzte mit großem Geschick die gesellschaftlichen Veränderungen, die durch die Revolution entstanden, um den französischen Staat neu zu ordnen und Frankreich eine Vormachtstellung in Europa zu sichern. Als eine seiner ersten Maßnahmen forderte er eine neue Telegrafenlinie von Paris über Lyon nach Mailand. Für seine militärischen und politischen Blitzaktionen verwendete er später immer wieder mit Erfolg die optische Telegrafie. Kein Wunder, daß die Telegrafenlinien zunehmend selbst Ziel feindlicher Angriffe wurden (Abb. 16, 17) und militärisch zu sichern waren. Normalerweise ließ er Instruktionen, Befehle und Briefe zwar durch sorgfältig ausgewählte Kuriere befördern. Typisch ist dennoch, daß die französische Geschichtsschreibung über die ‹Campagne in Deutschland› von 1805 ausdrücklich vierzehn optische Depeschen abdruckte. Die ‹Correspondance de Napoléon I›, die auf

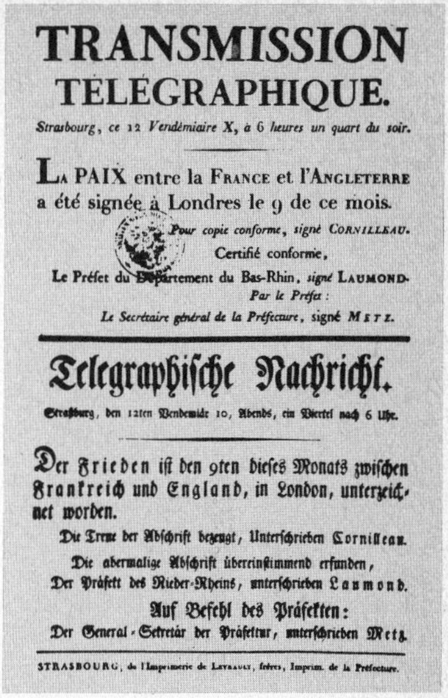

Streckenführung		(vorzeitig abgebaut)
1. Paris–Lille und bis St. Omer	1793/94	
von Lille bis Brüssel	1803	1814
von Brüssel nach Antwerpen und Vlissingen	1809	1814
von Brüssel nach Amsterdam	1810	1814
von St. Omer bis Calais	1816	
von Calais bis Boulogne	1841	
von Boulogne bis Eu	1842	
2. Paris–Straßburg über Metz	1798	1852
von Straßburg bis Hüningen	1799	1815 ?
von Vic bis Lunéville	1800	1815
von Metz bis Mainz	1813	1814
3. Paris–Brest über Avranches	1798	
von Avranches nach Cherbourg	1833	
von Avranches nach Nantes	1833	
4. Paris–Lyon über Dijon	1799	
von Lyon nach Turin	1805	1814
von Turin nach Mailand und Verona	1809	1814
mit Abzweigung nach Mantua	1809	1814
von Verona nach Venedig	1810	1814
von Venedig über Ancona zur Trontomündung	1812	1814
von Venedig nach Triest	1812	1814
von Dijon nach Besançon	1840	
von Massangis nach Tonnere (Lyon)	1850	
5. Lyon–Toulon über Avignon und Marseille	1821	
6. Avignon–Montpellier über Nîmes	1832	
verlängert von Montpellier nach Narbonne	1834	
7. Paris–Bordeaux über Orléans, Tours, Angoulême	1823	
von Bordeaux nach Bayonne	1823	
von Bayonne nach Béhobie (vor der span. Grenze)	1847	
von Bordeaux nach Blaye-et-Saint-Luce	1832	1845
8. Bordeaux–Narbonne über Toulouse	1834	
von Narbonne nach Perpignan	1840	

19: Übersicht über die Einrichtung von französischen optischen Telegrafenlinien.

Anordnung Napoleons III. publiziert wurde, druckte ebenfalls im April 1809 eine Anzahl von telegrafischen Depeschen ab (Abb. 18), deren Veröffentlichung mit ihrer militärisch-politischen Auswirkung nicht ohne Einfluß auf die technische Entwicklung selbst war.

An den Marschall Berthier (1753–1815) telegrafierte Napoleon am 10. April 1809 von Paris nach Straßburg, daß er mit dem baldigen Angriff der Österreicher rechne. Kaiser Franz II. von Österreich erklärte am 9. April tatsächlich Napoleon den Krieg und überschritt am Tag darauf den Inn.

20: Das sternförmig angelegte optische Telegrafennetz in Frankreich mit dem Zentrum Paris, 1816 – 1852.
Für die Linienführung waren strategische Überlegungen maßgebend.

Durch Sendschreiben forderte er vergeblich den bayerischen König Max I. auf, sich von Napoleon zu trennen. Der französische Gesandte in München benachrichtigte nach dem Aufmarsch der Österreicher sogleich über einen Kurier Berthier in Straßburg, der unverzüglich ein optisches Telegramm an Napoleon absandte. Dieser veranlaßte unmittelbar nach Erhalt der Nachricht am Abend des 12. April telegrafisch Gegenmaßnahmen. Überraschend schnell konnte das Heer herangeführt werden, und bereits am 25. April hielt König Max wieder in München Einzug, das er kurz vor dem Anrücken der Österreicher fluchtartig verlassen hatte. König Max war von diesen militärischen Erfolgen so beeindruckt, daß er nach seiner schnellen Rückkehr in die bayerische Hauptstadt selbst eine solche Einrichtung wünschte.

Insgesamt läßt sich sagen, daß die zahlenmäßige Schwäche der napoleonischen Truppen, vor allem nach dem Rußlandfeldzug, nur durch die Schnelligkeit der taktischen Bewegungen u. a. mit Hilfe des optischen Telegrafen auszugleichen war. Die Generäle Napoleons verstanden den optischen Telegrafen zu nutzen.

Mit der Abdankung Napoleons (1814) und seiner endgültigen Niederlage (1815) brach das französische Telegrafennetz zunächst für einige Jahre zusammen. Doch schon 1821 wurde der Betrieb wiederaufgenommen und erweitert. Um 1845 bestanden in Frankreich 534 optische Telegrafenstationen, die 29 Städte nachrichtlich mit Paris verbanden (Abb. 19, 20). Die Nachrichten von den schnellen militärischen Erfolgen Frankreichs im Zusammenhang mit der Telegrafie wurden mehr und mehr für ganz Europa von aktuellem Interesse. Die Übertragung von Nachrichten in kürzester Zeit direkt von den Fronten in das Zentrum der politischen und militärischen Führung nach Paris machte auf alle anderen Länder großen Eindruck. Die optische Telegrafie hatte sich schließlich inzwischen bereits 20 Jahre bewährt.

Telegrafie als Instrument zentraler Staatsverwaltung

Bisher schien in Deutschland kein Bedarf für ein nachrichtentechnisches Weitverkehrsnetz vorhanden zu sein, obschon gerade auf deutschem Boden ein besonders großer Teil der Vorarbeiten erbracht worden war, die eine optische Telegrafie erst lebensfähig machen konnten. Das Bild der Landkarte Deutschlands, bestehend aus einer Vielzahl kleinerer und kleinster Staaten und Fürstentümer, befand sich um die Wende des 18. zum 19. Jahrhundert in dauernder Bewegung, so daß derartige Systeme selbst für den militärischen Bedarf offensichtlich nur geringe Bedeutung gehabt hätten. Der Nachrichtentransport durch Kuriere und Melder war einfacher und unabhängiger von territorialen Veränderungen, aber auch von Witterung und Tageszeit.

Mit der Entstehung des eigentlichen Mittelstaates, beginnend mit der Neuordnung durch den Reichsdeputationshauptschluß (1803) im Gefolge der Französischen Revolution, änderten sich jedoch mehr und mehr die Verhältnisse. Die Schlußakte des Wiener Kongresses (1815) legte ein neues Staatensystem in Europa fest. Handel und Verkehr nahmen zu und zwangen dabei gleichzeitig, kleinstaatliches Denken abzubauen. Preußens Staatsgebiet war in zwei Hälften geteilt: getrennt durch das Königreich Hannover lagen Westfalen/Rheinland im Westen und Brandenburg/Pommern im Osten. Auf einen Vorschlag Carl Heinrich Pistors (1777–1847), zu dem der preußische Generalstab ein günstig lautendes Gutachten abgab, wurde durch eine Kabinettsverordnung vom 21. Juli 1832 die Errichtung einer optischen Telegrafenlinie für Preußen beschlossen, die die Westprovinzen nachrichtendienstlich enger an Berlin binden sollte. Nachdem sich mit der Inbetriebnahme der Teilstrecke Berlin–Magdeburg gute Erfolge zeigten – die Linie verfügte über 19 Stationen –, erstellte Preußen bis zum Herbst 1834 mit Unterstützung der astronomisch-mechanischen Werkstatt von Pistor in Berlin die damals längste optische Telegrafenlinie der Welt von Berlin über Köln nach Koblenz (Abb. 21). Die jeweils etwa 15 km voneinander entfernten 61 Stationen ga-

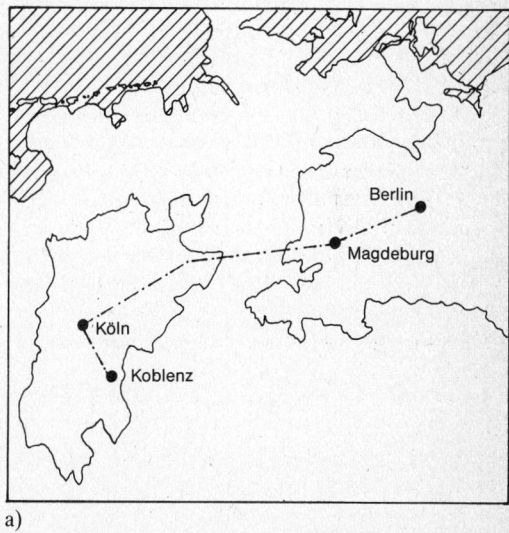

21: Die damals längste optische Telegrafenlinie der Welt, 1832–1849:
a) Die beiden Teile des getrennten preußischen Staatsgebietes werden durch eine optische Telegrafenlinie miteinander verbunden. Die Westprovinzen rücken damit nachrichtendienstlich näher an Berlin.
b) Verlauf der preußischen optischen Telegrafenlinie mit insgesamt 61 Stationen von Berlin nach Koblenz.

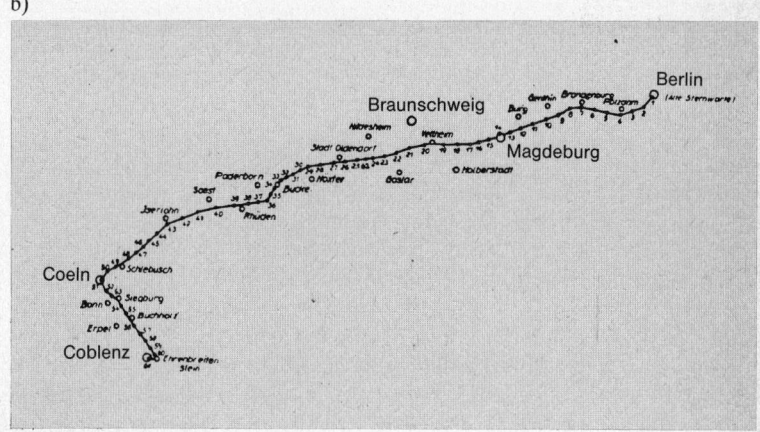

ben ihre Nachricht bei günstiger Witterung binnen 15 Minuten an den Rhein weiter, über rd. 600 km hinweg.

Die preußischen Telegrafen hatten, ähnlich den französischen, auch einen Signalmast, waren aber, im Gegensatz zu ihnen, mit drei Flügelpaaren ausgerüstet (Abb. 22), die ebenfalls über Seile und Rollen bewegt wurden. Da jeder Signalflügel mit dem Mastbaum Winkel bilden konnte (0°, 45°, 90° und 135°), ergaben sich theoretisch insgesamt $4^6 = 4096$ verschiedene Flügelstellungen. Ein solcher Zeichenvorrat übertraf die bis dahin bekannten Telegrafen erheblich. Die Stationsgebäude legte man nach einheitlichen Plänen verhältnismäßig einfach an (Abb. 23). Der Turm, meist zwei Stockwerke hoch, war mit einer Plattform versehen, die ein hölzernes Geländer umgab. Darunter befand sich das Wachzimmer. Daneben gab es noch einige Wohn- und Wirtschaftsräume. Die Telegrafenstationen befanden sich meist in erheblicher Entfernung von größeren Siedlungen. So galten die Nebenräume in der Regel als Familienwohnungen. Im ersten Stock des Turmes war ein Beobachtungszimmer eingerichtet, in dem sich die Telegrafisten aufhielten. Von hier aus mußten sie die benachbarten Stationen beobachten, durch ‹fleißiges Nachsehen› durch die ‹Fernröhre› nach neuen Signaleinstellungen Ausschau halten. Von hier aus wurden auch die jeweiligen Flügeleinstellungen am Mast vorgenommen.

22: Königlich preußische Telegrafeninspektoren vor der Station Dahlem der Telegrafenlinie Berlin–Koblenz.

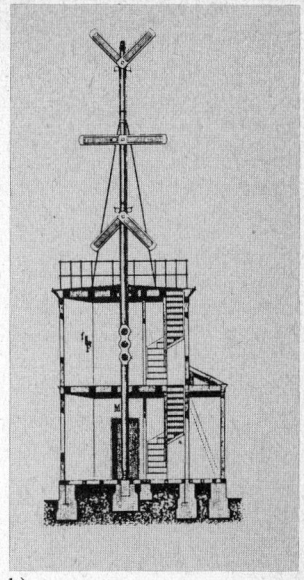

a) b)

23: Preußische Telegrafenstation:
a) Ansicht des Stationshauses,
b) innere Einrichtung der Station: Im ersten Stockwerk befinden sich am Mast M die Kurbeln, mit denen die Flügelpaare bewegt werden und das Beobachtungsfernrohr F.

Über die Qualifikationen, die ein guter Telegrafenbeamter haben mußte, sagte die ‹Preußische Telegrapheninstruction I›:

«Das Telegraphiren ist keinesweges ein so leichtes Geschäft, daß es von einem Jeden, der nur dazu abgerichtet wird, betrieben werden könnte; es besteht nicht, wie dies von Vielen geglaubt wird, in einem bloß mechanischen Nachmachen der zugebrachten Zeichen, sondern es gehört dazu ein sehr umsichtiger Betrieb von allen Denen, die dabei beschäftigt sind, wenn es seinen Zweck: die möglichst schnelle Mittheilung, selbst unter schwierigen Umständen erfüllen soll ... Ein guter Telegraphen-Beamter muß ein Mann von gesundem unbefangenem Urtheil sein, dem Beobachtungsgeist nicht abgeht; er muß sein Geschäft mit angestrengter Aufmerksamkeit auf Alles was dabei vorkommt oder Einfluß darauf üben kann, mit großer Ruhe und Besonnenheit betreiben, und stets darüber nachdenken, wie er die eintretenden Hindernisse auf möglichst zweckmäßige Art beseitigen könne. Nüchternheit und ein in jeder Beziehung anständiges und vorwurfsfreies außerdienstliches Betragen werden vorausgesetzt, als Eigenschaften, ohne welche die oben erwähnten den größten Theil ihres Werthes verlieren würden» (Korella, 1966, S. 332).

Von jedem Telegrafenbeamten wurde eine gründliche Kenntnis der ‹Telegraphenmaschine, der Fernröhre› und des sonstigen Zubehörs verlangt. Dazu sollte er in der Lage sein, kleine Fehler an der Anlage selbst zu beheben. Darüber hinaus gab die ‹Telegrapheninstruction› weitere Verhaltenshinweise:

«Die Geschwindigkeit – an sich die Haupterfordernis – beim Telegraphiren darf nicht in Übereilung ausarten», sondern muß «aus der Sicherheit und der damit verbundenen Ruhe beim Arbeiten hervorgehen. ... Ja, wenn die Übereilung auch aus sonst löblichem Diensteifer begangen würde, so bliebe sie doch ein Fehler, der, besonders wenn er öfter vorfällt, nicht ungerügt bleiben kann» (Korella, 1866, S. 332).

Im allgemeinen durfte in der Beobachtungsstation kein Besuch empfangen werden; waren aber doch einmal Fremde beim Telegrafieren zugegen, so durften sich die Beamten «unter keiner Bedingung in ihrem Geschäft stören lassen». Selbstverständlich war auch die größte Verschwiegenheit in allen Dienstsachen. Zur Arbeit mit dem Fernrohr wurden besondere Ratschläge und Anweisungen erteilt:

«Eine längere Zeit dauerndes unausgesetztes Sehen durch die Fernröhre schwächt das Sehvermögen, so daß nach und nach die Gegenstände undeutlich werden. Deshalb muß das Beobachten gewöhnlich nur mit Zwischenräumen geschehen. Es wird daher festgesetzt, daß dann, wenn die Instruction fleißiges Nachsehen vorschreibt, der Telegraphist vier- bis fünfmal in einer Minute, jedesmal nur einige Sekunden den Nachbartelegraphen betrachtet und dann wieder mit dem Auge das Rohr verläßt. Dies bringt der nöthigen Geschwindigkeit im Telegraphiren keinen Eintrag, nur müssen die Zwischenräume nicht länger gemacht werden. Nur da, wo ein unverwandtes Beobachten vorgeschrieben ist, z. B. beim Stellen der Uhren, darf der Nachbartelegraph keine Sekunde aus dem Auge gelassen werden» (Korella, 1866, S. 333).

Zwei Beamte, ein Ober- und ein Untertelegrafist, versahen in einer Station ihren Dienst (Abb. 24):

«Das Beobachten am Fernrohr zum Entgegensehen der Depesche muß stets von einem, und das Stellen der Zeichen von dem andern Telegraphisten vorgenommen werden; besonders dürfen nie beide zugleich an der Maschine stellen, weil das nur Veranlassung zu falschen Zeichen gibt. Diese Geschäfte wechseln jedoch zwischen beiden Beamten, damit beide darin geübt bleiben ... Der eine Telegraphist sieht also der ankommenden Depesche entgegen, wartet ruhig ab, bis der Vorgänger ganz fest steht, und dictirt dann das Zeichen ... Der andere Telegraphist stellt die Zeichen, so wie sie dictirt werden; allemal mit Steuerung A. anfangend und bis C. aufwärts gehend ... So wie der Telegraphist, welcher an der Steuerung ist, das Zeichen gestellt hat, sieht er der Depesche nach, und beobachtet, was der Nachfolger stellt; ist derselbe wieder ganz fest, so dictirt auch dieser Telegraphist was er sieht ... Derjenige Telegraphist, welcher der ankommenden Depesche entgegensieht, benutzt die Zeit, während welcher der andere den Nachfolger beobachtet, um an der Steuerung nachzusehen, ob kein Irrtum in der Stellung des eignen Telegraphen vorgefallen ist, und trägt nun erst das gestellte Zeichen ins Journal ein ...» (Korella, 1966, S. 334).

Die Decodierung, die Entzifferung der durchgegebenen Zeichenfolgen, nahm nicht die Telegrafenstation vor, dies blieb den Telegrafenexpeditionen in Berlin, Köln und Koblenz vorbehalten. Davon ausgenommen waren nur solche Meldungen, die sich an bestimmte Stationen richteten, wie Diensthinweise, Fehlerberichtigungen oder auch Meldungen über besondere Vorkommnisse. In Orten, von denen Depeschen zugestellt werden konnten, war zusätzlich noch ein Bote stationiert.

Das Gehalt der Beamten, deren Einstellung jeweils für ein Jahr galt, belief sich bei dreimonatiger Kündigung auf 300 beziehungsweise 250 Taler im Jahr, bei freier Wohnung mit Heizung im Telegrafenhaus. Die Inspektoren hingegen, denen die Überwachung oblag, bekamen ein Gehalt von 600 Talern plus 200 Taler für Reisekosten jährlich. Die Gesamtheit der Beamten gehörte zum Telegraphen-Corps, das unter der Oberaufsicht des königlich preußischen Kriegsministeriums stand, und war dem Generalstab der Armee zugeteilt. Die Stelle des Direktors des Corps wurde von einem Stabsoffizier besetzt. Damit bildete das Corps eine besondere Abteilung der Militärbeamten. Zu den Unter-Beamten gehörten die Ober- und Untertelegrafisten, die Kanzleidiener und die Telegrafenboten; zu den Ober-Beamten zählten die Inspectoren, Ober-Inspectoren und Inspections-Assistenten. Vor Dienstantritt beim Telegraphen-Corps hatte jeder, mochte er auf Kündigung oder auf Lebenszeit angestellt sein, den ‹Telegrapheneid› abzulegen:

24: Preußische Telegrafenstation mit einem Ober- und einem Untertelegrafisten bei der Beobachtung durch das Fernrohr und beim Einstellen der Zeichen.

«Insbesondere gelobe ich, nicht nur für die Dauer meiner Dienstzeit bei der Telegraphie, sondern auch für meine ganze Lebenszeit die unverbrüchlichste Verschwiegenheit über Alles, was durch die Beförderung telegraphischer Depeschen zu meiner Kenntnis gelangt; es werde mir von Vorgesetzten oder Behörden übergeben, oder es komme zufällig in meine Hände. Die Chiffrebücher sowohl als die Depeschen selbst und Alles, was dahin einschlägt, will ich als höchst wichtige Staatsgeheimnisse stets mit größester Sorgfalt verwahren, auch selbst keinem der bei der Telegraphie Angestellten, dem sie nicht ebenfalls übergeben sind, Einsicht darin gestatten. Die telegraphischen Nachrichten, sie mögen Namen haben, wie sie wollen, gelobe ich, keiner anderen Person oder Behörde einzuhändigen oder mitzutheilen, als allein denjenigen, welchen dieselben mitzutheilen ich Befehl von meinen Vorgesetzten erhalte» (Landrath, 1883b, S. 25).

Insgesamt herrschte, wie sich nach den beschriebenen Regelungen vermuten läßt, innerhalb des Telegraphen-Corps eine strenge Disziplin. Als Disziplinarmaßnahmen, die die Vorgesetzten aussprechen konnten, sah man Geldstrafen vor, die für Fehler und Versehen in bezug auf das Telegrafieren verhängt wurden. Dieses Geld kam in eine besondere Strafkasse. Doch außer Geldbußen war auch gegen Unter-Beamte das Verhängen von Stubenarrest bis zu 14 Tagen üblich. Über Geld- und Arreststrafen führte jede Station ein eigenes Register, welches vom Direktor kontrolliert und dem Chef des Generalstabes zur Revision vorgelegt werden mußte.

Auch in anderen Ländern (Schweden, England, Rußland) erfuhr die Telegrafie eine bemerkenswerte Entwicklung. Die größerwerdende Sorge um eine französische Invasion verlangte zum Beispiel von der englischen Admiralität eine schnelle Nachrichtenverbindung zwischen und zu den Flottenbasen der Frankreich gegenüberliegenden Küste. So entstand 1795 ein optisches Telegrafennetz (Abb. 25) nach französischem Vorbild. Die Telegrafen selbst waren jedoch nach Vorschlägen von Lord George Murray (1772–1846) konstruiert: ein Klappentelegraf schien der englischen Admiralität hinsichtlich der englischen klimatischen Verhältnisse besser geeignet als der optische Flügeltelegraf des Festlandes. Die Telegrafen bestanden dabei aus einem Balkengestell mit sechs achteckigen fensterladenähnlichen Klappen (Abb. 26), die einzeln um 90° geneigt oder senkrecht zum Beschauer eingestellt werden konnten; die Schmalseite war aus größerer Entfernung nicht mehr zu sehen. 5–10 englische Meilen (rd. 8–16 km) voneinander entfernt, beobachteten sich die Stationen gegenseitig mit Fernrohren. Den Dienst versahen auf jeder Station ein Leutnant und zwei Soldaten. Dazu wird berichtet, daß die Greenwich-Zeit um ein Uhr (mittags) so schnell nach Portsmouth gelangte, daß die Empfangsbestätigung in London innerhalb von ¾ Minute eintraf. Die englische Geschichtsschreibung erwähnt mehrfach die Nachrichtenübermittlung durch diese optischen Telegrafen. Auch die Meldung über die Seeschlacht von Trafalgar und den Tod Nelsons (1805) lief über dieses optische Telegrafensystem. Die etwa 320 km lange Telegrafenlinie, die ausschließlich

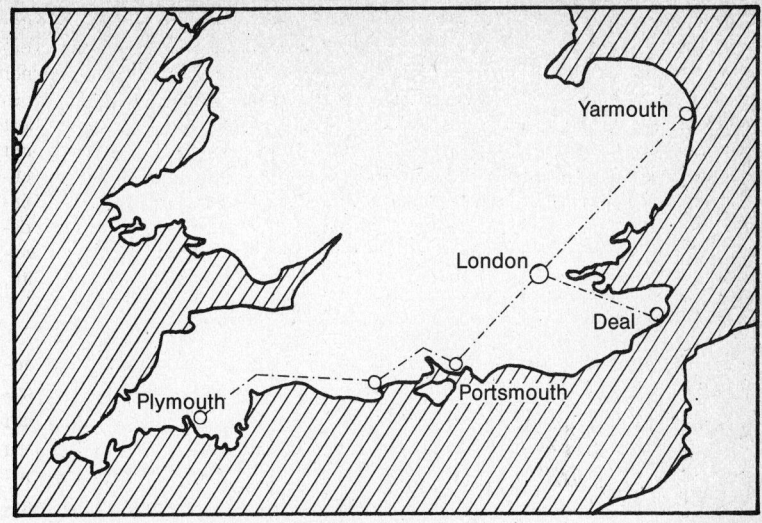

25: Optische Telegrafenlinien in England, 1795–1814.

militärischen Zwecken diente, bestand bis 1814. Nach dem ersten Friedensschluß war man jedoch vom endgültigen Frieden so überzeugt, daß man mit der Aufgabe der Stationen begann. Die überraschende Rückkehr Napoleons machte allerdings die Wiederherstellung der Telegrafenlinie notwendig, die diesmal jedoch mit Flügeltelegrafen ausgerüstet wurde. Im Jahre 1830 indes waren fast sämtliche englischen optischen Telegrafenanlagen außer Betrieb, am 31.12.1847 wurde die letzte Station geschlossen.

Eines hatten alle Telegrafenlinien in England, Frankreich und Preußen gemeinsam: Sie dienten vornehmlich der militärischen und innerstaatlichen Nachrichtenverbindung. Gelegentlich veröffentlichte die Preußische Staatszeitung in Berlin oder auch die Kölnische Zeitung telegrafisch übermittelte Nachrichten, die die Bevölkerung immer wieder in Erstaunen versetzten. So gelangte die am 17. März 1848 um 17.00 Uhr vom Innenminister in Berlin abgegangene und um 18.30 Uhr in Köln eingetroffene Depesche an die Öffentlichkeit:

«An drei Abenden zog der Pöbel in Trupps durch die Straßen. Die Bürgerschaft wirkte beruhigend. Seit gestern ist alles ruhig und kein Zeichen der Erneuerung vorhanden.»

Zu dieser Übermittlung bemerkt der Chronist der Kölnischen Zeitung:

«Man hatte bisher wohl zuweilen den Telegraphen hoch auf dem Turme seine langen Arme ausstrecken sehen, doch war seine Arbeit den Leuten ein Buch mit sieben Sie-

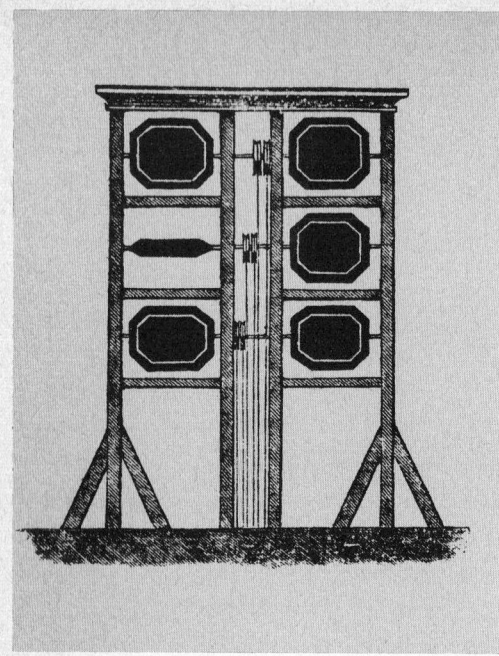

26: Station des optischen Telegrafen in England nach Murray mit fensterladenähnlichen Klappen, die zur Signalisierung waagrecht oder senkrecht gestellt werden.

geln geblieben. So staunte man, als man das Extrablatt der Kölnischen Zeitung mit jener Depesche in den Händen hielt. Man wunderte sich, wie schnell das Ding schreiben konnte, zwar auch wie schlecht es seinen Aufsatz stilisiert hatte» (Kellenbenz/ Pieper, 1973, S. 50).

Am nächsten Tag brach in Berlin die Revolution aus.

Wenngleich auch Versuche unternommen wurden, Telegrafen unter gewissen Voraussetzungen für bestimmte private Zwecke nutzbar zu machen, so kam man aus den verschiedensten Gründen immer wieder schnell hiervon ab. Zunächst war es die beschränkte Kapazität, die eine ausschließlich staatliche Nutzung nahelegte. Versuche in Frankreich, eine private Gesellschaft zur Errichtung eines öffentlichen Telegrafen ins Leben zu rufen, scheiterten. Es ist auch zu vermuten, daß eine private Institution seinerzeit nicht über die notwendigen Mittel verfügte, ein derartiges doch relativ aufwendiges, weiträumiges technisches System zu installieren und zu unterhalten. 1837 verbot dann ein Gesetz die Einrichtung von privaten Telegrafen in Frankreich. Ein Antrag des Ältesten der Berliner Kaufmannschaft, die Telegrafenlinie doch wenigstens zur raschen Bekanntgabe von Börsenkursen freizugeben, wurde durch Kabinettsordner vom 15. April 1835 ausdrücklich abgelehnt.

Optische Telegrafensysteme, leistungsfähige nachrichtentechnische Entwicklungen

Über Einrichtungen zu verfügen, die schnellste Übermittlung von Nachrichten über große Entfernungen gestatten, bedeutet ein gewichtiges, aber auch empfindliches Machtmittel, woran sich bis heute nichts geändert hat. So gab es Verschwörungspläne gegen die Diktatur Robespierres (1758–1794), die als erstes die Besetzung der Telegrafenstation auf dem Louvre vorsahen, des wichtigsten Instruments geheimer und schneller Mitteilungen an die Armee, die Flotten und Departements. Die Codebücher für optische Telegrafen wurden immer wieder erneut daraufhin befragt und kontrolliert, ob sie auch eine ausreichende Geheimhaltung der übermittelten Nachrichten garantierten. Der französische Konvent gab 1793 Chappe hierzu eigens einen besonderen Auftrag. Das ‹Ziffriren›, die Ver- und Entschlüsselung war in Preußen in den dafür erstellten Expeditionsbüros besonders ausgewählten und vereidigten Beamten übertragen, die im Range eines Inspektors standen. Es gab eine ausdrückliche Anweisung, das Telegrafenwörterbuch ständig im Beobachtungszimmer unter Verschluß zu halten. Unter Strafandrohung war es strengstens verboten, aus dem Buch ohne besonderen Befehl Auszüge oder Abschriften herzustellen.

Wie geschah nun das eigentliche Telegrafieren? Nehmen wir das Beispiel des preußischen Telegrafen: Die 1835 gedruckte, für den Telegrafisten gedachte ‹Instruction› gibt hierüber Auskunft. Im Teil II ‹Das Telegraphieren› ist dargestellt, daß sämtliche Flügeleinstellungen mit Ziffern bezeichnet wurden und dazu die untere Flügelstellung die Kennzeichnung A, die mittlere B und die obere die Kennzeichnung C erhielt (Abb. 27). Da die Einstellungen von der Berliner Seite sich spiegelverkehrt zur Ansicht der auswärtigen darstellte, waren die Telegrafisten angehalten, ständig das Einstellen als auch das Ver- und Entschlüsseln zu üben.

Ein Übungsbeispiel aus der ‹Instruction› sei hier angefügt. Folgender Text ist zu telegrafieren:

«Seine Königliche Hoheit der Herzog von Cambridge haben im hiesigen Forste eine große Jagd gehalten und bei dieser Gelegenheit den K. Preußischen Telegraphen, der unfern dem Amte Liebenburg liegt, in Augenschein genommen. Allerhöchst dieselben gaben den anwesenden Telegraphisten Ihr Wohlgefallen an der zweckmäßigen Einrichtung und der Pünktlichkeit, mit der sie ihren Dienst verrichteten, zu erkennen» (Kellenbenz/Pieper, 1973, S. 51).

Der Text wurde in dieser Form nicht telegrafiert. Die Codierung, das heißt die Umsetzung des Textes in die entsprechenden Flügeleinstellungen, mußte mit einem vertretbaren Zeitaufwand möglich sein. Man ging daher folgendermaßen vor: Zunächst wurde der Text bis auf ein Minimum von den gängigen Höflichkeitsformen befreit. Danach war er soweit zu ändern, daß er an-

Uebersicht des Inhalts.

	Seite			Seite
1. Alphabet und Sylben	27—32		12. Stunden	32
2. Wörter	9—26		13. Zahlen	33
3. Hilfsverba: werden, sein, haben, sollen, wollen, können, lassen, müssen	34		14. Allgemeine Redesätze	35 u. 36
			A. Befehle	35
4. Orts- und Flußnamen	4 u. 5		B. Nachrichten	35 u. 36
5. Personennamen	5		a) Allgemeine Nachrichten	35
6. Namen und Titel	6		b) Vom Gesundheitszustande	35
7. Telegraphentheile	6 u. 7		c) Vom Wasser	36
8. Werkzeuge	7		d) Vom Feuer	36
9. Materialien	7		C. Anfragen	36
10. Monate	32		D. Antworten	36
11. Wochentage	32			

15. Redesätze für das Telegraphiren Seite 1—3

A. Ankündigungen und Benachrichtigungen.	A.	B.C.	A. Ankündigungen und Benachrichtigungen.	A.	B.C.
Nichts Neues!	5.2	5.2	Es sind hier Fehler vorgefallen, die Depesche wird wieder angefangen.	4.1	4.3
Meldung von Station 1 bis 99	1 9	5.2 5.2	Wir wiederholen .... Zeichen. (Folgt die Zahl wie viel Zeichen wiederholt werden.)	4.1	5.1
Von der Direction.		4.3 5.2	Die Depesche wird abgebrochen.		4.2
Citissime von Station 1 bis 99	1 9	4.3 4.3	Fortsetzung der abgebrochenen Depesche. (Folgt die Nr. der Depesche.)	4.2	4.2
Citissime von der Direction.		4.3 4.3	Der jetzt beendigten Depesche kommt noch eine nach.	5.2	4.1
Die Depesche von Station 1 bis 99, welche hier aufgenommen worden, wird jetzt weiter gegeben. (Folgt: Meldung von Station u. s. w.)	1 9	4.2 4.2	Die Depesche ist nicht verstanden worden. (Folgt: 1. Nr. der Depesche. 2. Adresse der Station, welche sie abgeleitet hat.)		4.3
Die hier aufgenommene Depesche von der Direction wird jetzt weiter gegeben. (Folgt: Meldung von Station u. s. w.)		4.3 4.2	Die Depesche Nr. F. ist an ihre Bestimmung gelangt. (Folgt: 1. die Adresse der Station, welche die Depesche abgeleitet hat. 2. die Nr. der Depesche.)	5.1	4.2
Citissime von Station 1 bis 99, welches hier aufgenommen worden, wird jetzt weiter gegeben. (Folgt: Meldung von Station u. s. w.)	1 9	4.1 4.1	Schlußzeichen der Depesche.	5.2	
Das hier aufgenommene Citissime von der Direction wird jetzt weiter gegeben. (Folgt: Meldung von Station u. s. w.)		4.3 4.1	Hier ist Nichts mehr zu berichten.	5.2	4.3
Der beschädigte Telegraph ist wieder hergestellt.	4.3	5.1		4.	4.1
				5.2	3.1
Dein Zeichen ist undeutlich.		4.2 4.2		4.	
Du hast ein falsches Zeichen gemacht.	4.3			5.1	4.1
Station 1 bis 99 hat ein falsches Zeichen gemacht.	1 9	5.3 5.3			

27: Inhaltsverzeichnis und Redesätze im Chiffrebuch des preußischen Telegrafen um 1835.

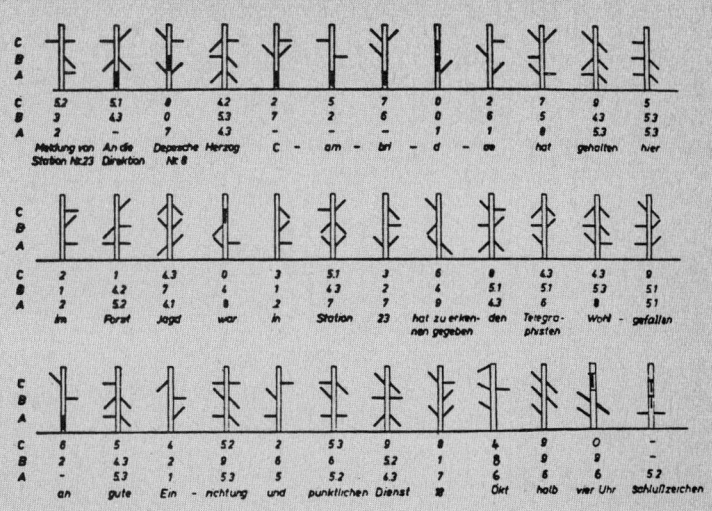

28: Übungssatz aus der preußischen Telegrafeninstruktion:
‹Meldung von Station 23 an die Direktion Depesche Nr. 8 Herzog Cambridge hat gehalten hier im Forst Jagd war in Station 23 hat zu erkennen gegeben den Telegraphisten Wohlgefallen an gute Einrichtung und pünktlichen Dienst 18. Okt. halb vier Uhr Schlußzeichen.›

schließend im wesentlichen aus solchen Chiffren bestand, die direkt aus dem ‹Wörterbuch der Telegraphisten-Korrespondenz› im Teil II der Instruktion entnommen werden konnten (Abb. 27). In Abbildung 28 ist das Ergebnis dieser Textumformung dargestellt.

Allerdings ließ sich mit der Decodierung, der Entzifferung, der Telegrammtext nicht auf den ursprünglichen Text der Urschrift zurückführen. Dafür ein Beispiel:

«Copie Telegraphische Depesche
Berlin, den 2. Febr. 1840
Der Minister d. Innern und der Polizei/v. Rochow/
an die Reg.-Präsidenten zu Köln/Aachen/Düsseldorf/Koblenz
Seine Maj. d. Kg. haben befohlen, daß der nach Inhalt der öffentl. Blätter zum apostolischen Vicarius in Hamburg designierte ehemalige Pfarrer Laurent, welcher mit einem Paße der belgischen Behörde nach Deutschland versehen, der ihn mit Verleugnung seiner geistlichen Würde als particulier sans Profession/Rückseite/ bezeichnet,

am 6. v. M. (= Januar) in Aachen eingetroffen und sich von dort über Düsseldorf nach Koblenz begeben haben soll, von den diesseitigen Behörden lediglich in der Qualität behandelt werden soll, welche der Paß ihm beilegt, und daß ihm demgemäß nicht gestattet werden dürfe, geistliche Amts-Funktionen zu verrichten; außerdem aber, da der Paß von der Pr. Gesandtschaft in Brüssel nur für die Durchreise nach Aachen visiert worden, von Polizei wegen anzuhalten sei, seine Reise unverzüglich fortzusetzen und jedenfalls die königlichen Staaten (Prß.), in denen ihm kaum Aufenthalt gestattet werden könne, ungesäumt zu verlassen.

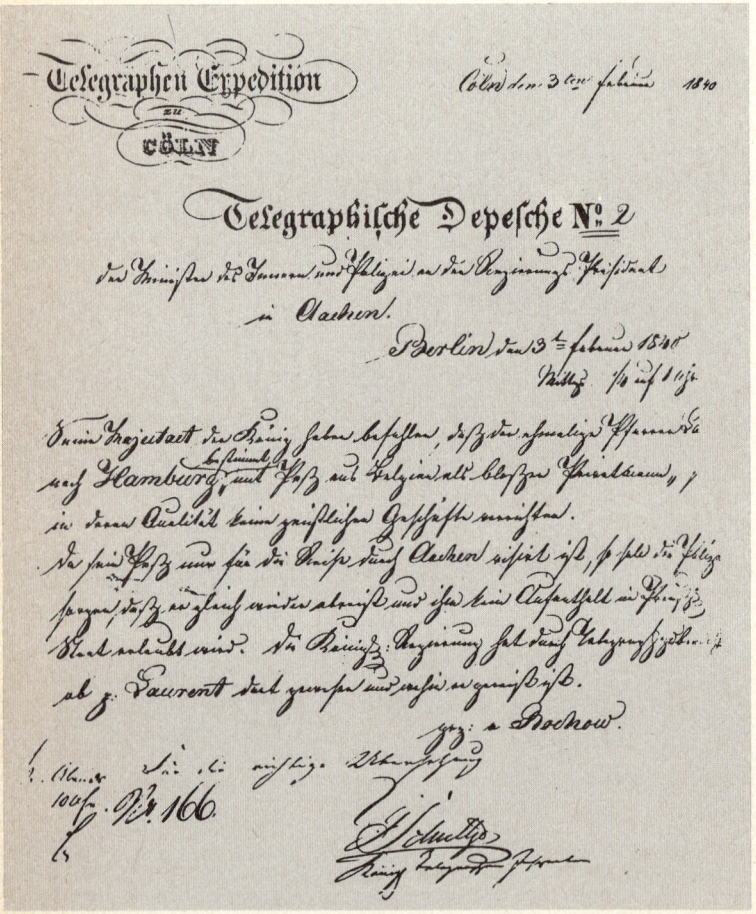

29: Preußische Depesche, ‹entziffert› in der Kölner Telegrafenexpedition am 3. Februar 1840.

Der Text des über 210 Worte langen Telegramms ist für die telegrafische Umsetzung auf annähernd die Hälfte gekürzt. Die Übertragungszeit von Berlin nach Köln betrug nach den Angaben auf den Telegrammen insgesamt 13 Stunden.

Eur. Hochwohlgeboren wollen für den Fall, daß d. p. Laurent sich in dem dortigen Bezirk befinden oder daselbst eintreffen wollte, zu Vollführung des vorstehenden Allerhöchsten Befehls das Erforderliche in geeigneten Wegen veranlassen und wie solches geschehen und wohin der Laurent sich von dort aus hinbegeben, durch telegraphischen Bericht hierher anzeigen.
Berlin, den 2. Febr. 1840

gez. von Rochow

Abgesandt 3/2. 40.
Morgens um 9 Uhr» (Kellenbenz/Pieper, 1973, S. 52).

So wurde das Telegramm aufgegeben. Abbildung 29 gibt das Originaltelegramm wieder, wie es in der Kölner Telegrafenexpedition niedergeschrieben und wie diese es an den Regierungspräsidenten in Aachen weiterleitete. Es besteht kein Zweifel, daß bei der Telegrammaufgabe das Innenministerium den Telegrammtext unmittelbar durch Spezialkurier direkt zur alten Sternwarte schickte, auf der sich die optische Telegrafenstation befand. Dort muß der Text in annähernd drei Stunden chiffriert worden sein, denn das Telegramm ist ‹Mittags ¼ auf 1 Uhr›, also um 12.45 Uhr, aufgegeben. Wenn auch nicht festgehalten ist, wann die Depesche in Köln eintraf, so ist doch der Übergabetermin der entschlüsselten Meldung an den Regierungspräsidenten in Aachen ‹Abends 10h› dokumentiert. Die durch den Leiter der Telegrafenexpedition zu Köln bestätigte Übersetzung lautete dann:

«Telegraphen-Expedition
zu Köln   Cöln, den 3ten Februar 1840
Telegraphische Depesche No. 2
der Minister des Innern und Polizei an den Regierungs-Präsidenten in Aachen
                                                Berlin, den 3ten Februar 1840
                                                Mittags ¼ auf 1 Uhr.
Seine Majestät der König haben befohlen, daß der ehemalige Pfarrer Laurent nach Hamburg bestimmt, mit Paß aus Belgien als bloßer Privatmann soll in deren Qualität keine geistlichen Geschäfte verrichten.

Da sein Paß nur für die Reise durch Aachen visiert ist, so soll die Polizei sorgen, daß er gleich wieder abreist und ihm kein Aufenthalt im Preußischen Staat erlaubt wird. Die Königliche Regierung hat durch Telegraph zu berichten, ob p. Laurent dort gewesen und wohin er gereist ist.

3/2. Abends 10h   gez. Rochow
Nr. 166   Für die richtige Übersetzung
                                                            Schultze
                                                  Königl. Telegraphen Inspektor»

(Kellenbenz/Pieper, 1973, S. 52).

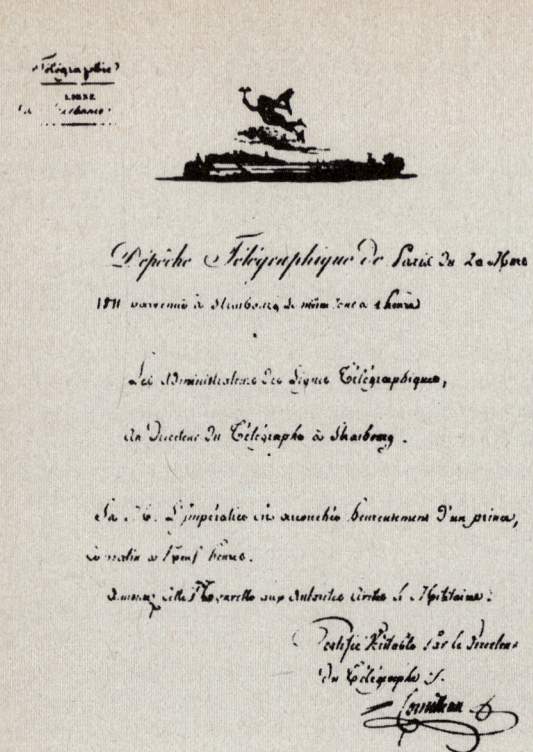

30: Telegrafische Nachricht, übermittelt über optische Telegrafenlinien: Die Geburt des ‹Königs von Rom›, 1811.

Zwei Telegramme an einem Tag stellten offensichtlich, wie aus einigen weiteren alten Akten ersichtlich ist, das Maximum der Bearbeitungskapazität dar. 500 bis 700 Telegramme im Jahr dürften damit als Höchstleistung gelten. Die Kosten werden je Telegramm mit 100 Talern (= 300 Goldmark) angegeben. Die Unterhaltung der gesamten Telegrafenlinie belief sich zum Beispiel für das Jahr 1834 auf eine Summe von 50180 Taler, abgesehen davon, daß die Einrichtung der optischen Telegrafenlinie selbst beachtliche Geldsummen verschlang, dazu gehörten der Bau der zahlreichen Stationshäuser auf erhöhten Punkten, die Anfertigung und der Einbau der Signalanlagen und der leistungsfähigen Fernrohre sowie die Ausbildung des zahlreichen Bedienungspersonals.

Der optische Telegrafendienst war besonders abhängig von den jeweiligen Witterungsverhältnissen und der Tageszeit. So ist es durchaus erklärlich, daß sich häufig Lesefehler und damit auch verstümmelte Telegramme oder Telegrafieverzögerungen nicht vermeiden ließen. Für den Zeitraum Mitte November bis Mitte Januar 1840/41 konnte mit dem preußischen Telegrafen wochenlang wegen schlechten Wetters keine Korrespondenz geführt werden. Bei Regen, Schneefall, Nebel oder des Nachts fiel der Telegraf aus. Auch bei starker Sonneneinstrahlung und dem Flimmern der Luft waren die zu übermittelnden Zeichen nicht immer deutlich genug zu erkennen. Schwankende Signalmasten störten bei starkem Wind die Beobachtungen ebenfalls empfindlich. Die Umstände anläßlich der Meldung der Geburt des ‹Königs von Rom›, Napoleons Sohn, nach Wien, am 20. März 1811 sind ein Beispiel für diese Probleme und die damit einhergehenden Schwierigkeiten. Nach der Geburt des Kindes um 9 Uhr traf bereits um 13 Uhr des gleichen Tages eine optische Depesche von Paris in Straßburg ein (Abb. 30). Eine weitere Depesche befahl, diese Nachricht unverzüglich mit einem Kurier zum französischen Gesandten nach Wien weiterzuleiten, um ihn über die Geburt des ‹Königs von Rom› in Kenntnis zu setzen. Hierüber ist folgende Niederschrift angefertigt:

«Beginn (der Telegrammaufnahme) um 5h58 (abends), wovon nur ein Teil in Straßburg am gleichen Tag um 6h20 (abends) angelangt ist und nicht beendet werden konnte wegen Einbruchs der Nacht» (Kellenbenz/Pieper, 1973, S. 35).

Die für den Telegrammtext wichtigsten Worte – Geburt des Königs von Rom – erreichten telegrafisch erst am nächsten Morgen 6h45 Straßburg, wodurch der Aufbruch des Kuriers um annähernd 12 Stunden verzögert war.

Bei guter Beschaffenheit der Atmosphäre übermittelten jedoch die französischen Telegrafenlinien 30 bis 40 Zeichen je Viertelstunde (2–3 Zeichen/Min.), bei weniger günstigem Licht 20 bis 25 Zeichen (1,3–1,6 Zeichen/Min.). Die preußischen Telegrafenlinien konnten bei ausgezeichnet klarer Luft 2 Zeichen pro Minute übermitteln. Die mittlere Übertragungsgeschwindigkeit jedoch betrug in der Regel nicht mehr als 1 bis 1,5 Zeichen/Min. Demnach war die französische Übertragung annähernd doppelt so schnell, was aber wesentlich auch der Tatsache zuzuschreiben ist, daß in Preußen auf jeder Station ein Tagebuch zu führen war, in Frankreich jedoch nur auf sogenannten Divisionsstationen. Das wirkte sich nicht unerheblich auf die Übertragungssicherheit aus. Die genannten Geschwindigkeiten galten damals als außerordentliche technische Leistungen. Dabei ist zu bedenken, daß diese Leistung von Menschen bewertet wurde, die es bis dato gewohnt waren, sich kaum schneller als 3 bis 4 km pro Stunde fortzubewegen. Das Phänomen Geschwindigkeit trat mit dem Aufkommen von Telegrafensystemen in viel stärkerem Maße in das Bewußtsein der Menschen, als es bisher der Fall war. Die Zeit als Erfahrungsgröße erhält mit den Erfolgen der Nachrichtenüber-

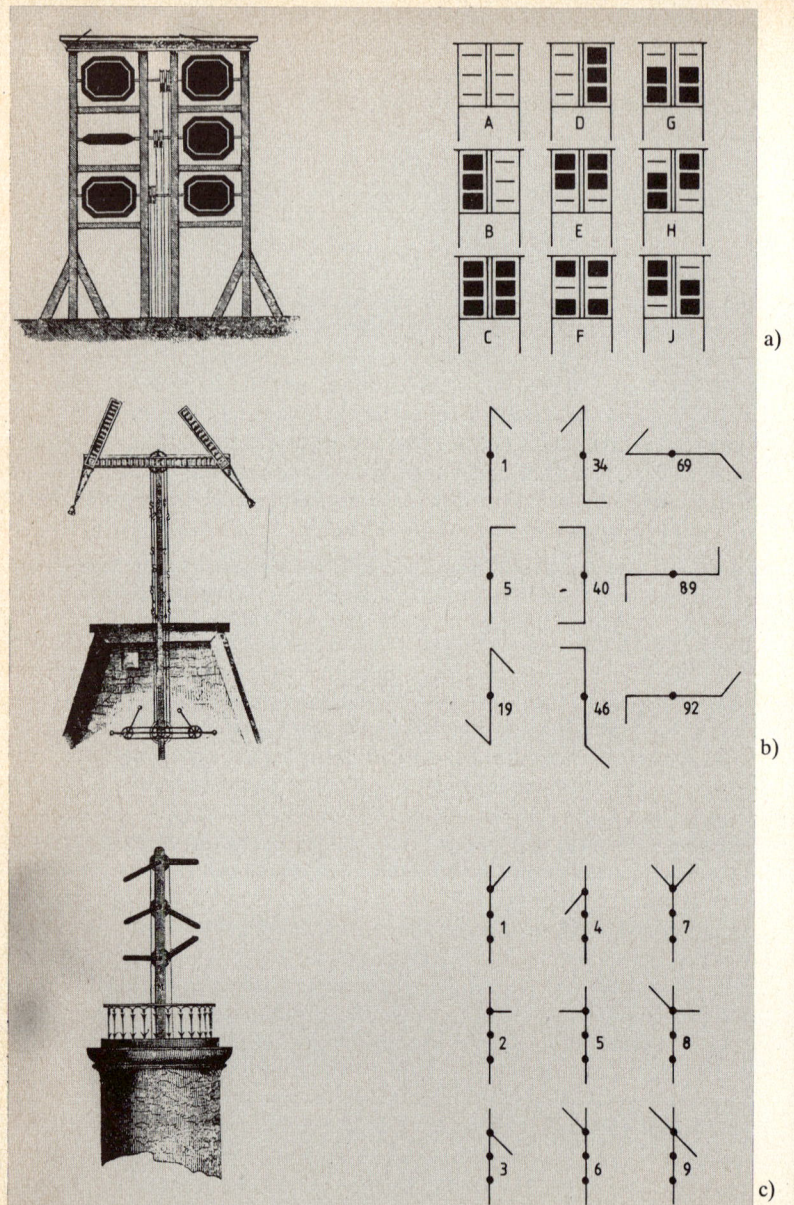

tragung der optischen Telegrafie, die in einer Epoche der Behäbigkeit und Beschaulichkeit hervortraten, eine bisher nicht gewohnte Bedeutung. Die zeitgenössische Darstellung in Abbildung 12 bringt das indirekt zum Ausdruck. Heutige Geschwindigkeiten sind mit dieser Zeit absolut nicht zu vergleichen. So liegt zum Beispiel die Übertragungsgeschwindigkeit einer modernen Fernschreibmaschine um das 600fache höher als die des optischen Telegrafen.

Die Geschwindigkeit, mit der vollständige Depeschen übertragen wurden, muß aber noch unter einem anderen Aspekt gesehen werden. Die englischen Telegrafen übertrugen durch Stellungskombinationen der sechs fensterladenähnlichen Klappen (vgl. Abb. 26) ausschließlich Buchstabe für Buchstabe, indem sie einen Buchstabencode zugrundelegten. Die preußischen und französischen Telegrafen dagegen verwendeten ein telegrafisches Wörterbuch in Verbindung mit einem Zifferncode (Abb. 31), d. h., die einzelnen Nachrichten waren über Ziffernkombinationen codiert – z. B. 5.2 –, denen bestimmte Flügeleinstellungen der Telegrafen entsprachen. Diese Flügeleinstellungen mußten in der Empfängerstation in den Zifferncode überführt werden; mit Hilfe des Wörterbuches war dann der Klartext der Nachricht zu entschlüsseln (Abb. 32). Im Wörterbuch der preußischen Telegrafeninstruktion (vgl. Abb. 27) stehen 57 Redesätze für das Telegrafieren, 49 Orts- und Flußnamen, 16 Personennamen, weitere 75 Telegrafenteile und 19 Material- bzw. Werkzeugbegriffe. Darüber hinaus fand man fast 1000 Wörter in alphabetischer Reihenfolge und 650 Silben bzw. Wortteile, 34 Zeichen für Wochentage, Monate und Stundenangaben, 104 Zahlen, 119 Hilfsverben und schließlich 64 allgemeine Redesätze, insgesamt 2200 Chiffren. Bereits 1793 erteilte der französische Konvent Chappe einen Auftrag, Vorschläge für einen neuen Code zur Erhöhung der Übertragungsgeschwindigkeit und der Sicherung der Geheimhaltung auszuarbeiten. 1795 entwarf er ein neues Schlüsselbuch, das die Nachrichtenträchtigkeit, den Informationsgehalt der einzelnen Nachrichten ganz erheblich dadurch steigerte, daß er Weitschweifigkeit (Redundanz) der zu übertragenden Nachrichten verminderte. Das Chappesche Wörterbuch zählt 8464 Wörter. Die Einsparung von Telegrammzeichen für die Übertragung einer Nachricht durch entsprechende

31: Jede technische Nachrichtenübertragung bedarf der Codierung. Die Art der Codierung ist dabei von hoher Bedeutung für die Übertragungsgeschwindigkeit, aber auch, wie am Beispiel der mechanischen Telegrafen gut erkennbar, für die Geheimhaltung der Nachrichtenübermittlung.
Nachrichtenübermittlung durch Buchstabencode in England (a), die Nachricht wird Buchstabe für Buchstabe signalisiert. Beim französischen Zifferncode (b) muß die Bedeutung der Ziffern erst mit Hilfe eines entsprechenden Wörterbuches entschlüsselt werden, ebenso beim preußischen Zifferncode (c).

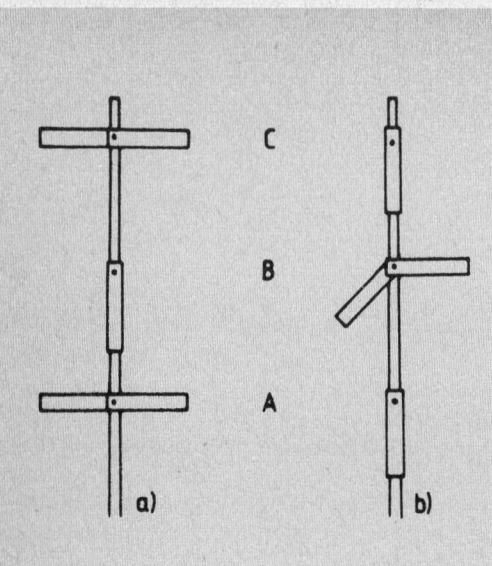

32: Entschlüsselung zweier Flügeleinstellungen des preußischen Telegrafen:
a) Flügeleinstellung von unten (A) nach oben (C) gelesen bedeutet im Zifferncode 5.2.–5.2. (vgl. Abb. 31c). Die damit übertragene Nachricht lautet nach dem telegrafischen Wörterbuch (vgl. Abb. 27): ‹Nichts Neues!›
b) Die Flügeleinstellung bedeutet im Zifferncode –4.2.–, die Nachricht lautet: ‹Die Depesche wird abgebrochen.›

Codierung bedeutete gleichzeitig eine Steigerung der Übertragungsgeschwindigkeit. Da der französische Telegraf zudem konstruktionsbedingt erheblich weniger Einzelzeichen für die Nachrichtendarstellung zur Verfügung hatte als der preußische, ergab sich auch gleichzeitig, wie der preußische Telegrafendirektor 1834 bei einer Besichtigungsreise feststellte, daß der französische Telegraf anderthalb- bis zweimal soviel Einzelzeichen zur Darstellung eines Telegramms benötigte wie der preußische. Mit der relativ großen Übung und der genauen Bekanntschaft mit dem Wörterbuch, mit der langjährigen Erfahrung und der hohen Fertigkeit waren jedoch die französischen Beamten den preußischen überlegen, so daß die preußische und französische Telegrafie sich in der Praxis hinsichtlich der Übertragungsgeschwindigkeit kaum unterschieden.

Die Technisierung der Nachrichtenübertragung ist prinzipiell um so leichter zu realisieren, je geringer die Mannigfaltigkeit der verwendeten Zeichen, also das Zeichenrepertoire, ist. Vergleichen wir zum Beispiel die von Chappe verwendete Codierung mit Hilfe des Codebuches mit der von Polybios vorgeschlagenen: Es fällt auf, daß mit der bei der optischen Telegrafie verwendeten Codierung zwar die Gesamtübertragungszeit erheblich verkürzt wurde, die zweidimensionale Zeichendarstellung jedoch nicht aufgegeben ist. Übermittelte man beispielsweise mit den Zahlen ‹46› und ‹39› den vollständigen

Satz ‹Sie werden die Einzelheiten durch die Post erhalten› (nach einem französischen Codebuch von 1830), war dennoch der Zeitaufwand für ein entsprechendes Ver- und Entschlüsseln erheblich. Eine optimale Übertragung von Nachrichten, eine weitere Einsparung von Stationen, Instrumenten und Personal war denn auch erst mit der Veränderung der Zeichendarstellung von der zweidimensionalen räumlichen in die eindimensionale zeitliche zu erwarten, wie sie später mit der elektrischen Telegrafie gelang. Daß letzteres allerdings prinzipiell unabhängig zu sehen ist von einem elektrischen Übertragungsverfahren, lassen gerade die jüngsten Entwicklungen der Nachrichtenübertragung mittels optischer Fasern erkennen, optische Nachrichtenübertragungen in Verbindung mit elektronischen Sender- und Empfängersystemen. Haardünne Glasfasern, $^1/_{10}$ mm dick, als die Nachrichtenwege der Zukunft, könnten heute beispielsweise schon als Ersatz fingerdicker elektrischer Übertragungskabel den Informationsgehalt eines dreizehnbändigen Lexikons in einer einzigen Sekunde übertragen. Wie bei den optischen Telegrafen des 18./19. Jahrhunderts ist hier wiederum ausschließlich das Licht der Träger der Nachrichten.

# 4. Veränderte Produktionsweisen fordern neue Nachrichtentechniken Elektrische Telegrafie und Telefonie

Industrielle Revolution und das Interesse an leistungsfähigen Verkehrs- und Nachrichtenverbindungen

Beginnend in der zweiten Hälfte des 18. Jahrhunderts bis zu den siebziger Jahren des 19. Jahrhunderts vollzog sich in den Zentren Europas und Nordamerikas die große industrielle Umwälzung: ein vielschichtiger ökonomischer, gesellschaftlicher Prozeß, der die maschinelle Industrie hervorbrachte. Bis dahin vorherrschende Handarbeit wurde durch mechanisch maschinelle Fertigung verdrängt. Die Entwicklung und Verbreitung von Arbeitsmaschinen in allen Hauptzweigen der Industrie ist das hervorstechendste Merkmal dieser Periode. Der Übergang vom Manufakturbetrieb und der manufakturmäßigen Arbeitsorganisation zum Fabriksystem begann. An Stelle des Menschen in der handwerklichen Produktion, der unmittelbar auf den Arbeitsgegenstand einwirkte, traten nun allerorten Arbeitsmaschinen. Diese Entwicklung ging zunächst von England aus und erfaßte danach auch sehr bald die Länder anderer Kontinente, entsprechend den dort vollzogenen ökonomischen Entwicklungen, den Möglichkeiten wirtschaftlicher Arbeitsteilung und kapitalistischer Produktionsweisen. Die Entwicklung der Arbeitsmaschine stand dabei im Zentrum dieser radikalen Wandlung. Die Einführung der Dampfmaschine schaffte außerordentlich günstige Möglichkeiten für die Erweiterung der Produktion und weiterer technischer Veränderungen. Unvermeidlich folgte eine radikale Umwälzung der gesamten gesellschaftlichen Produktionsverhältnisse. In Deutschland, einem bis dahin ausgesprochenen Agrarland mit geringer Industrieproduktion, vollzog sich diese Umstellung bis 1870, etwas verspätet gegenüber England, Frankreich und den USA.

Dieser Prozeß begann jeweils mit der Ausweitung der Leichtindustrie und der nachfolgenden Erfassung der kapitalintensiveren Schwerindustrie. In England waren es zunächst die Baumwollindustrie, die Baumwollspinnerei und -weberei, die eine entsprechende Textiltechnologie hervorriefen, die auch bald verwandte Industriezweige wie Bleichereien, Färbereien und Druckereien und die chemische Industrie mit neuen Produktionszweigen wie

Soda-, Schwefelsäure- und Salzsäureherstellung umfaßte. Die fortschreitende Mechanisierung des Produktionsprozesses erforderte zunächst neuartige, leistungsstärkere Antriebe, die von den bisher zur Verfügung stehenden Energieformen nicht ausreichend gestellt werden konnten. Die schnelle Verbreitung der Dampfmaschine war somit wesentlich eine Folge der praktischen Bedürfnisse der Produktion. Nun stand ein universelles Bewegungsaggregat zur Verfügung, das die Industrie von ihrem Standort unabhängig machte. Das unaufhaltsame Wachsen der europäischen Fabrikstädte und der industriellen Ballungszentren mit allen seinen Konsequenzen war die weitere Folge. In Preußen arbeiteten 1852 allein 635 Dampfmaschinen mit einer Gesamtleistung von annähernd 6000 PS gegenüber 70 Maschinen im Jahre 1837; die Roheisenproduktion lag in Preußen 1859 bereits bei 150000 t.

Neue Arbeitsmaschinen in nahezu allen Produktionszweigen Europas und Nordamerikas verdrängten in großem Umfang die Handarbeit. Die sich entsprechend gewaltig ausdehnenden Produktivkräfte verlangten zunehmend nach einer Ausdehnung des Verkehrswesens und der Entwicklung zuverlässiger Nachrichtenmittel. Der Transport von Gütern und Informationen bildete andererseits eine wichtige Voraussetzung für die sich ausdehnenden Produktionsprozesse. Produktion, Verkehr und Nachrichtenübertragung stehen seit jeher in einem Wirkungszusammenhang: Der Transport der Güter kann gewissermaßen als Fortsetzung der Produktion angesehen werden, da der Sinn der Erzeugung von Waren ja gerade darin besteht, sie der Nutzung des Verbrauchers zuzuführen. Erst dann ist der Produktionsvorgang eigentlich abgeschlossen. Es ist deshalb nicht verwunderlich, daß vorhandene Ansätze zur Entwicklung der Dampflokomotive und mit ihr der Eisenbahn nun ebenfalls einen erheblichen Auftrieb erhielten. Besonders die Zunahme der Erz- und Kohleförderung erforderte einen beschleunigten Ausbau der Verkehrswege und Beförderungsmittel. Innerhalb von nur 100 Jahren (1780–1880) verzehnfachte sich etwa die Produktion der Industrieländer England, Frankreich, Deutschland und der USA. Die entstehenden Weltmärkte verlangten nach einem massenhaften und möglichst schnellen Transport von Rohstoffen und Fertigerzeugnissen über große Entfernungen. Im Jahre 1830 gab es auf der ganzen Welt 332 km Eisenbahnlinien, im Jahre 1870 waren es allein in Europa schon 104900 km; hinzu kamen noch 85100 km in Amerika. Die Verbilligung des Transportes ließ manche Ware im internationalen Bereich überhaupt erst marktfähig werden. Von dieser wirtschaftlichen Entwicklung gingen in Deutschland, politisch gesehen, starke Impulse zur nationalen Einigung aus, die 1828 die Gründung des Preußischen und des Süddeutschen Zollvereins brachten. Der ökonomische Zwang führte dann 1834 die deutschen Staaten im Deutschen Zollverein zusammen, was gleichzeitig auch eine Vergrößerung des Wirtschaftsraumes bedeutete.

Der sich ständig vergrößernde Wirtschaftsraum mit seinen steigenden Kapazitäten war es vor allem, der ein allgemeines Interesse an einer zuverlässigen und beschleunigten Beförderung von Menschen und Gütern, aber auch von Nachrichten hervorrief. Zudem drängten die über die Binnenmärkte hinausgreifenden Ware-Geld-Beziehungen auf neue technische Mittel, um die immer rascher und in größerer Zahl anfallenden Informationen in möglichst kurzer Zeit über weite Strecken zu transportieren, denn mit der Entwicklung der neuen Produktionstechniken verstärkte sich zunehmend die allseitige Verbindung zwischen den Wirtschaftszweigen und deren Abhängigkeit voneinander. Das Kommunikations- und Transportwesen mußte zwingend der Produktionsweise der Großindustrie angepaßt werden. Die Transportzeiten verkürzten sich schließlich mit den neuen Verkehrsmitteln erheblich. Brauchte man zu Anfang des Jahrhunderts für die Strecke von Berlin nach München mit der Schnellpost noch 81 Stunden (ohne Pausen oder Übernachtungen), so waren Ende des Jahrhunderts nur noch 11 Stunden für die gleiche Strecke mit der Eisenbahn aufzuwenden.

Als eine bedeutende Triebkraft zur Entwicklung von neuen Nachrichtentechniken ist zum einen der reibungslose Ablauf des Eisenbahnverkehrs mit den dazu erforderlichen schnellen Befehlsübermittlungen anzusehen. Zum anderen bestand seitens der Unternehmer ein großes Interesse an der raschen Übertragung jener Informationen, ohne die zum Beispiel ein schnelles Reagieren auf bestimmte wirtschaftliche Zustände, wie schwankende Aktienkurse und Marktverhältnisse, nicht möglich war. Die kapitalistische Produktion war auf einen schnellen Austausch von Nachrichten angewiesen. Im Einklang mit politischen und militärischen Interessen entstand die elektrische Telegrafie und später die elektrische Telefonie. Die Epoche der industriellen Revolution stellt somit eine Periode der technischen Revolution des Verkehrs- und Nachrichtenwesens dar.

Frühe elektrische Telegrafenkonstruktionen

Zunächst ein paar Vorbemerkungen zu den naturwissenschaftlichen Voraussetzungen der elektrischen Nachrichtentechnik. Bis zum Ende des 18. Jahrhunderts war eine Reihe von Eigenschaften der Elektrizität bereits ausreichend erforscht, besonders die Möglichkeit, elektrische Ladungen längs eines Leiters fortzubewegen. Bei den Bemühungen, Gesetzmäßigkeiten der Elektrizität zu erschließen, gelang zunächst die Erklärung der bedeutendsten Phänomene der Elektrostatik. 1709 stellte Hauksbee eine Reibungselektrisiermaschine vor. Du Fay wies 1730 erstmals auf den Unterschied zwischen ‹glasiger und harziger Elektrizität› hin; Ewald Jürgen von Kleist in Pommern und Pieter van Musschenbroek mit Andreas Cunaeus in Holland erfanden 1745/1746 unabhängig voneinander den ersten Kondensator in Form der Kleistschen oder Leidener Flasche zur Speicherung elektrischer Ladungen;

Benjamin Franklin (1706–1790) erklärte den Unterschied der beiden Elektrizitätsformen mit dem Überschuß oder Mangel an Elektrizität, während 1785 Charles Augustin Coulomb (1736–1806) das grundlegende Gesetz zur Kraftwirkung elektrischer Ladungen veröffentlichte. Für die Entwicklung der elektrischen Nachrichtentechnik ist hierbei neben der Erzeugung von Elektrizität (Reibungselektrisiermaschine) die Entdeckung bedeutsam, daß Metalldraht die Elektrizität auf beliebige Entfernung fortleitet. Versuche über die Fortpflanzung der Elektrizität wurden unabhängig voneinander an verschiedenen Orten Europas gemacht. Die Entfernung, die sich mit elektrischer Wirkung überbrücken ließ, schien praktisch unbegrenzt zu sein. In seinen ‹Gedanken von den Eigenschaften, Wirkungen und Ursachen der Electrizität› bemerkte 1744 bereits Johann Heinrich Winkler (1703–1770), daß sich ‹die Electrizität bis an die Grenzen der Erde fortpflanzen lasse und merklich sein würde, wenn bis dahin ein Körper auf blauseidenen Schnüren [d. h. Isolatoren] gelegt wäre›. Hinzu kam die Erkenntnis von der enormen, seinerzeit unmeßbaren Geschwindigkeit, mit der sich Elektrizität ausbreitet, die aber, wie man seit dem späten 19. Jahrhundert weiß, nichts mit der viel langsameren wirklichen Geschwindigkeit der Ladungen in Leitern selbst zu tun hat.

Erklärlicherweise basierten die ersten Vorschläge zur elektrischen Nachrichtenübertragung auf elektrostatischen Gesetzen. Eine ganze Palette von Entwürfen elektrostatischer Telegrafen entstand. Der erste wurde 1753 ver-

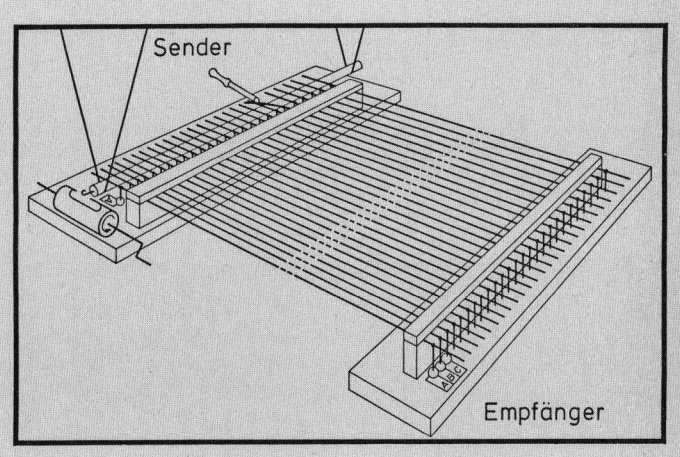

33: Prinzipdarstellung der Wirkungsweise eines elektrostatischen Telegrafen nach einem Vorschlag aus dem Jahre 1753, der vermutlich von dem Schotten Charles Marshall stammt.

mutlich von dem Schotten Charles Marshall veröffentlicht. Dieser schlug vor, an Isolatoren so viele Drähte aufzuhängen, wie das Alphabet Buchstaben hat. Dann sollte auf den Draht, der dem zu übertragenden Buchstaben entsprach, eine Ladung aufgebracht werden, die bewirkt, daß am Empfängerende ein Papierblättchen mit dem Buchstabenzeichen angezogen wird (Abb. 33). Der Spanier Francisco Salva Y Campillo (1751–1828) versuchte, diese Idee mit einer Telegrafenlinie zwischen Madrid und Aranjuez 1796 unter Verwendung einer großen Elektrisiermaschine zu realisieren. Louis Lesage (1724–1803) konstruierte in Genf eine ähnliche Apparatur, die er 1782 in Berlin vorstellte. In einem Brief beschreibt er die Funktion so:

«Man denke sich ein glasiertes Tonrohr unterirdisch gelegt und in die Höhlung desselben von Toise* zu Toise Scheidewände aus glasiertem Ton oder Glas mit je 24 Löchern eingesetzt, durch diese Löcher aber ebensoviele Messingdrähte eingezogen, welche von den Scheidewänden getragen und voneinander getrennt werden. An beiden Enden des Rohres laufen die 24 Drähte horizontal aus, so angeordnet wie die Tasten eines Klaviers. Über den Enden der Drähte werden die 24 Buchstaben des Alphabets deutlich angeschrieben, während sich darunter eine mit 24 kleinen Goldblättchen oder anderen leicht anziehbaren und gut sichtbaren Körpern belegte Tafel befindet. Der Absender der Mitteilung berührt die Enden der Drähte mit einer gut geriebenen Glasröhre, der Empfänger aber schreibt auf ein Papier die Buchstaben nieder, unter denen er die Anziehung hat auftreten sehen.»

Mit 24 voneinander isolierten Drähten telegrafierte er so von dem einen Zimmer in das andere (Abb. 34).

Wenn auch keiner der elektrostatischen Vorschläge je eine wirkliche Bedeutung erlangte, sei doch noch der sehr interessante Vorschlag des Francis Ronalds (1788–1873) erwähnt, der daran dachte, die einzelnen Buchstaben nicht über eine Vielzahl von einzelnen zugeordneten Leitungen zu übertragen, sondern mit nur einer Leitung und zwei Zeitgebern (Uhren). Sein Grundgedanke war, auf elektrischem Weg jeweils dann ein Signal zu geben, wenn auf mechanischem Weg zwei synchron laufende Zeitgeber eine bestimmte Stellung (z. B. den Buchstaben K) erreicht hatten (Abb. 35). Im elektromagnetischen Typentelegrafen sollte dieses Prinzip später weltweite Anwendung finden. Von der englischen Admiralität mußte sich Ronalds 1816 jedoch sagen lassen, daß Telegrafen dieser Art zur Zeit gänzlich überflüssig seien und es nicht sinnvoll erscheine, einen anderen als den im Gebrauch befindlichen optischen Telegrafen einzuführen.

Mit der Entdeckung der galvanischen Elektrizität (Luigi Galvani, 1737 bis 1798) und der systematischen Erschließung der durch die Wirkungsweise des Gleichstroms bestimmten elektrischen Erscheinungen ergaben sich neue Impulse für eine elektrische Nachrichtentechnik. Der Italiener Alessandro Volta (1745–1827) schuf 1799 durch Hintereinanderschalten einzelner galvani-

---

* Altes französisches Längenmaß; in Paris rd. 1,95 m, in Lyon rd. 2,56 m.

34: Louis Lesage experimentiert mit einem reibungselektrisch betriebenen Telegrafen in Wien, 1774.

scher Elemente eine nach ihm benannte Stromquelle, die Voltasche Säule. Diese erste leistungsfähige elektrochemische Stromquelle, die stetig fließende Elektrizität zur Verfügung stellte, bildete eine der wichtigsten Grundlagen elektrischer Nachrichtentechnik.

Der erste bedeutende Versuch, mit galvanischer Elektrizität Nachrichten zu übertragen, wurde von Samuel Thomas von Sömmerring (1755–1830) in München gemacht (siehe Titelbild). Wieder einmal war es das spezifische Interesse, Telegrafie im Zusammenhang mit militärischer und politischer Machtausübung zu verwenden, das die weitere Entwicklung von Nachrichtensystemen forderte: Die damaligen beispiellosen militärischen Erfolge, die Napoleon bei seinen Kämpfen gegen Österreich im Frühjahr 1809 mit der Übermittlung seiner Befehle über die optische Telegrafenlinie erreichte, gaben dem bayerischen Kriegsministerium Anlaß, ebenfalls eine optische Telegrafenlinie in Auftrag zu geben. Der Anatom und Physiologe Sömmerring, als vielseitiger Wissenschaftler der Akademie der Wissenschaften in München bekannt, wurde mit der Herstellung eines optischen Telegrafen für Bayern beauftragt.

Sömmerring jedoch, seinerzeit Präsident der Akademie, hielt nach seinem wissenschaftlichen Kenntnisstand, besonders nach der Entdeckung der gal-

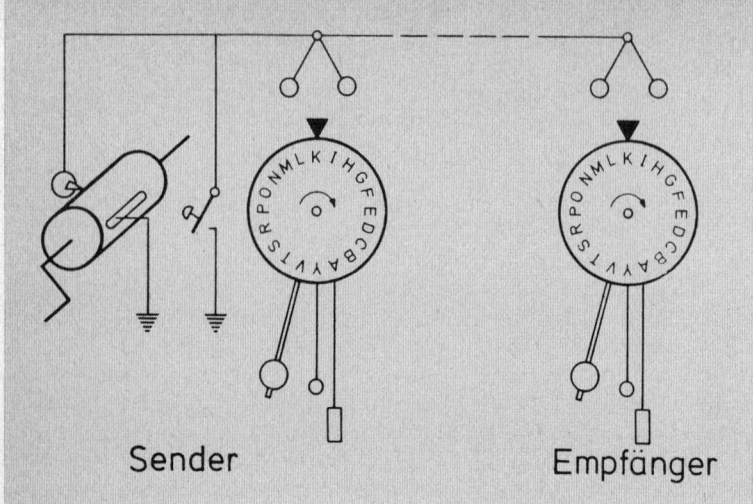

35: Prinzipdarstellung der Wirkungsweise eines elektrostatischen Telegrafen mit Synchronuhren nach einem Vorschlag von Francis Ronalds in England, 1816.

vanischen Elektrizität, den optischen Telegrafen für überholt. Immerhin waren seit der Beobachtung Galvanis zwanzig Jahre vergangen. Seine Entwicklung richtete er daher von Beginn mit Entschlossenheit auf die Realisierung eines elektrischen Telegrafen, wobei er die gerade entdeckte elektrische Zerlegung des Wassers zur Zeichenübertragung zu verwenden suchte (Abb. 36). Die leitende Idee bestand für ihn darin, technische Nachrichtenübertragung so zu gestalten, wie sie seiner Meinung nach im menschlichen Nervensystem vor sich ging. Am 28. August 1809 bereits konnte er der Akadmie einen elektrochemischen Telegrafen vorstellen (Abb. 37), der in der demonstrierten Anordnung durchaus zufriedenstellend arbeitete. Doch seine Idee fand niemals eine praktische Anwendung, obschon sie selbst Napoleon in Paris als auch Kaiser Franz in Wien und in Petersburg und Genf vorgestellt wurde. Sömmerring verwies begeistert, aber vergebens, auf die nicht zu übersehenden Vorzüge seiner Entwicklung gegenüber dem optischen Telegrafen, nämlich betriebsbereit bei Nacht und Nebel zu sein und ohne aufwendige Zwischenstationen zu arbeiten.

Um die Handhabung seines Telegrafenapparates weiter zu verbessern, fügte Sömmerring später noch ein Tastenwerk (pro Leitung eine Taste) an, eine Einrichtung, die auch von vielen nachfolgenden Telegrafenanlagen übernommen wurde. Ein wesentliches Problem war für Sömmerring die Herstellung einer betriebsbereiten Verbindungsleitung. Am 9. Juli 1809 schrieb er in sein Tagebuch: ‹Messingwachs* mit Siegellack (Schellackfirnis) lakkiert. Gasentbindung in der Entfernung von 38 Fuß (rd. 11,4 m). Fünf Drähte zusammengebunden, und doch geht das Fluidum in jedem Faden seinen besonderen Weg.› Firnisversuche mit Kautschuk zum Überziehen des Leitungsseils verzeichnete er am 11. August. Die Verbesserung der Isolierung beschäftigte ihn weiter. Am 4. Februar 1812 konnte er die Übertragung seiner Zeichen schon auf 4000 Fuß (rd. 1200 m), am 5. März 1812 sogar auf 10 000 Fuß (rd. 3000 m) ausdehnen. Später stellte er mit seinem Freund Paul Schilling von Canstatt (1786–1832) Versuche an, Leitungen auch durch das Wasser zu führen. Diese Versuche waren jedoch nur teilweise erfolgreich, denn erst 35 Jahre später wurde in der Guttapercha das Mittel erfunden, Leitungsdrähte mit einer Isolierschicht zu überziehen, die auch dem feuchten Erdreich und dem Wasser standhielt. Das Leitungsproblem stellte sich, gerade bei Sömmerring, um so prägnanter, als der Leitungsaufwand seines Telegrafen insgesamt ziemlich groß (1 Leitung pro zu übertragendes Zeichen) und die damit verbundenen Kosten entsprechend hoch waren.

Ohne Zweifel wäre jedoch mit Hilfe galvanischer Elektrizität auch beim damaligen Erkenntnisstand ein durchaus brauchbarer Telegrafenverkehr möglich gewesen. Es bestand jedoch kaum ein Interesse, das im Sinne der militärischen und staatlichen Verwaltung mit relativ hohem Aufwand installierte optische Telegrafensystem (in Preußen wurde dieses erst 1834 aufgebaut) ohne weiteres aufzugeben. Andererseits folgte den Versuchen mit elektrostatischer und galvanischer Telegrafie sehr bald die Entdeckung des

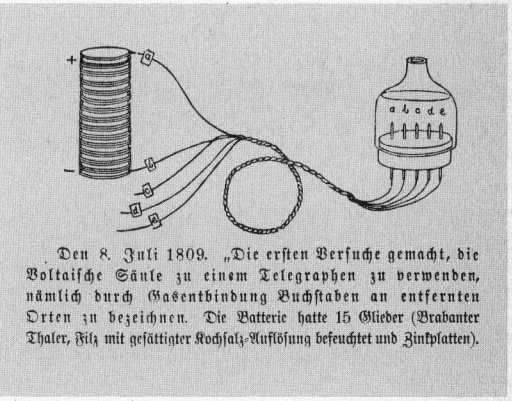

36: Erste Überlegungen von S. Th. von Sömmerring zur Konstruktion eines elektrolytischen Telegrafen, Skizze nach seinem Tagebuch vom 8. Juli 1809.

Den 8. Juli 1809. „Die ersten Versuche gemacht, die Voltaische Säule zu einem Telegraphen zu verwenden, nämlich durch Gasentbindung Buchstaben an entfernten Orten zu bezeichnen. Die Batterie hatte 15 Glieder (Brabanter Thaler, Filz mit gesättigter Kochsalz-Auflösung befeuchtet und Zinkplatten).

* Offenbar hat Sömmerring den spröden Siegellack mit einem Spezialwachs, das damals zur Pflege von Haushaltsartikeln aus Messing diente, heiß zusammengeschmolzen, um so eine elastische Isoliermasse zu erhalten.

Elektrischer Telegraph von Sam. Thom. Soemmerring,

in München erfunden und am 28. August 1809 der Akademie der Wissenschaften daselbst vorgezeigt. Siehe deren Denkschriften für 1809 und 1810.

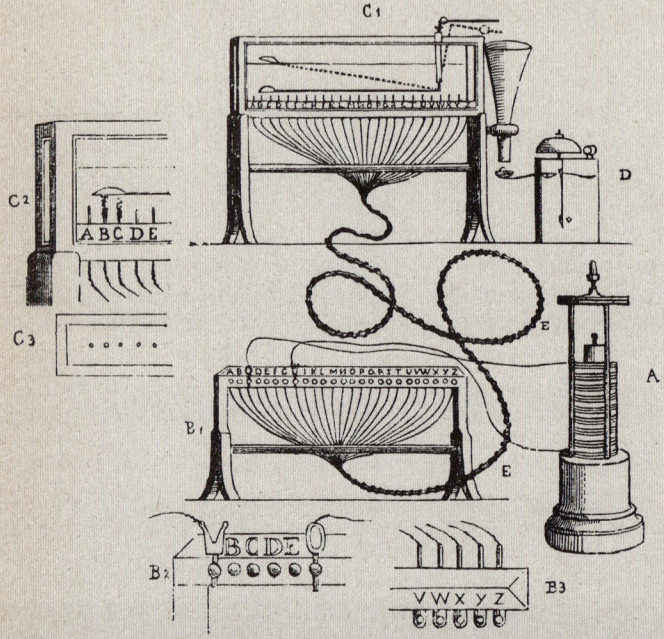

A Voltaische Säule, deren Pole durch 2 Leitungsdrähte mit B^1, dem Telegraphen des Schreibers, verbunden sind. B^2 die vordere und B^3 die obere Seite desselben. Bei B^2 stecken die mit beiden Polen der Säule verbundenen 2 Zäpfchen auf den durchlöcherten Stiften B^3, welche zu den 24 einzeln isolirten zum Leitungsziel **E** verbundenen Drähten führen. In C^1, dem Telegraphen des Empfängers, endigen diese in 24 Goldspitzen, welche in dem Boden des mit Wasser gefüllten Glastroges C^3 befestigt sind, an denen die sich entbindenden Gasströme die auf B^1 vom Schreiber bezeichneten Buchstaben dem Empfänger angeben. Soll der Wecker **D** den Empfänger aufmerksam machen, so steckt der Schreiber die 2 Zäpfchen bei B^1 auf die Stifte **B** und **C**, wodurch, wie C^2 zeigt, an den entsprechenden 2 Goldspitzen Gas entwickelt wird, welches den Löffel in die Höhe hebt, der am Ende eines gebogenen Hebels bei C^1 auf dem Glaskasten über **B** und **C** beweglich angebracht ist. Er kömmt dadurch in die bei C^1 punktirte Lage, das am andern Ende aufgesteckte Bleikügelchen fällt durch den Trichter auf die Schale des Weckers **D** und löst ihn aus, dass er zu schlagen anfängt.

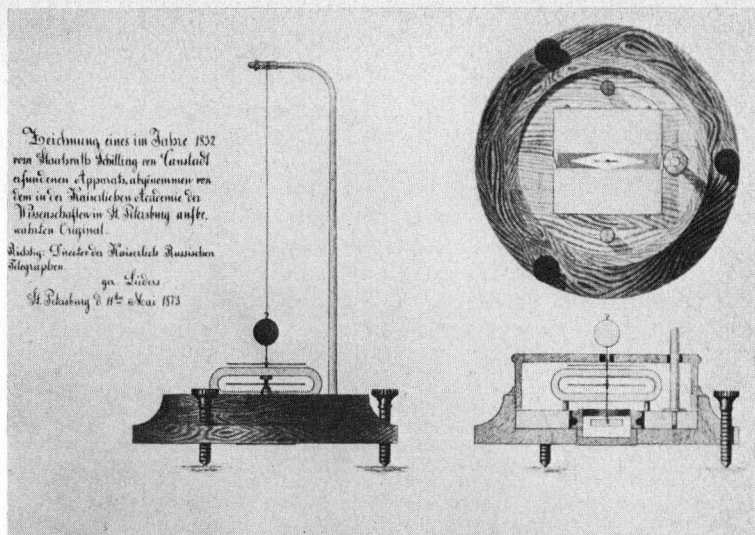

38: Aufbau des elektromagnetischen Telegrafenempfängers von Paul Schilling von Canstatt, nach dem Original 1832 angefertigte Zeichnung: Durch die elektromagnetische Ablenkung einer Magnetnadel wird bei einem Stromimpuls die an der Nadelaufhängung angebrachte Scheibe (eine Seite schwarz, die andere weiß) gedreht.

Elektromagnetismus, wodurch die bisherigen Möglichkeiten erheblich erweitert und die Entwicklung in eine andere Richtung gelenkt wurden.

Hans Christian Oersted (1777–1851) entdeckte 1820, daß ein elektrischer Strom eine Magnetnadel beeinflußt. Ein lange vermuteter Zusammenhang zwischen Magnetismus und Elektrizität war gefunden. Dominique François Jean Arago (1786–1853) in Paris und Humphry Davy (1778–1829) in London stellten kurz darauf die elektrische Magnetisierbarkeit des Eisens fest, während André Marie Ampère (1775–1836) in Paris 1820 die nach ihm benannte ‹Schwimmregel› über die Richtung der Ablenkung der Magnetnadel aufstellte und Elektromagnet und Festmagnet verglich. Für seine Messungen benutzte er den von Johann Salomo Christian Schweigger (1779–1857) erfundenen ‹Multiplikator›, eine Spule ohne Eisenkern mit vielen Windungen zur Verstärkung der elektromagnetischen Wirkung auf eine Magnetnadel, die leicht beweglich in der Spule hing. Joseph Henry (1799–1878) in den USA verbesserte durch das Aufbringen mehrlagiger Wicklungen den Elektroma-

◄ 37: Elektrochemischer Telegraf von S. Th. von Sömmerring mit Anrufvorrichtung und Stromquelle (vgl. Titelbild und Abb. 174).

gneten erheblich. Georg Simon Ohm (1789–1854) fand schließlich 1826 den Zusammenhang zwischen Stromstärke, Spannung und Widerstand und formulierte das nach ihm benannte Ohmsche Gesetz. Ampère war es, der noch im Jahr der Entdeckung Oersteds den Vorschlag machte, doch an Stelle der elektrolytischen Wasserzersetzung Sömmerrings zum Telegrafieren die Ablenkung der Magnetnadel zu verwenden.

Paul Schilling von Canstatt (1786–1837) hatte als russischer Staatsrat in der Gesandtschaft in München bereits mit lebhaftem Interesse die Versuche Sömmerrings verfolgt. Er nahm dessen Telegrafen nach Petersburg mit, machte Experimente damit und stellte ihn auch dem Zaren Alexander vor. Er fand aber keinen Anklang damit. Daraufhin entwickelte Schilling einen ersten brauchbaren und vor allem auch leicht herstellbaren Telegrafen, bei dem er die Ablenkung der Magnetnadel zur Zeichengebung verwendete (Abb. 38). Eine neue Entwicklung, nämlich Zeichen mit Hilfe des Elektromagnetismus in einem Empfänger darzustellen, nahm damit ihren Anfang. Nachdem sich in Petersburg auch an seinem Telegrafen kein Interesse zeigte, stellte er ihn 1835 der Jahresversammlung der Deutschen Naturforscher und Ärzte in Bonn vor. In einem Brief an den russischen Marineminister bot er 1837 noch einmal seinen elektrischen Telegrafen, der acht Leitungen benötigte, zum praktischen Einsatz an. Indem er die Leistung der vorhandenen optischen Telegrafen mit der seines elektrischen Telegrafen verglich, stellte er die Vorzüge dieser Entwicklung heraus. Er schrieb im April:

«... nachdem ich jetzt meinen Telegrafen beschrieben habe, bleibt es mir nur noch, einige Vorteile desselben gegenüber den heute gebräuchlichen Telegrafen aufzuzählen: 1. Seine Geschwindigkeit der Übertragung ist unvergleichlich größer. 2. Er funktioniert auch bei regnerischem und nebeligem Wetter. Die Telegrafisten werden durch einen speziellen Wecker auf die Nachricht aufmerksam gemacht. 3. Er bleibt während seiner Arbeit von Menschen unbemerkt. 4. Er erfordert keine sehr hohen Türme und kann von einer überaus kleinen Anzahl von Personen in Funktion gehalten werden. 5. Der erstmalige Bau dieser Telegrafen kostet weniger als der der gewöhnlichen Telegrafen.»

Kurz vor seinem Tod erhielt er die Aufforderung, eine Telegrafenanlage zur Probe zwischen Petershof und Kronstadt zu errichten; sein Telegraf gelangte aber nicht mehr zum Einsatz. In Rußland waren diese Vorschläge kaum bekannt, was sich mit der besonderen Geheimhaltung aller mit der Telegrafie zusammenhängenden Fragen dort erklärt. Publikationen über Telegrafensysteme waren in Rußland untersagt.

So blieb Schillings Telegraf ein interessantes Demonstrationsobjekt, wenn auch nicht zu verkennen ist, daß er unzweifelhaft einen Einfluß auf verschiedene Entwicklungen hatte, in denen sich die praktische Verwendbarkeit dieses Telegrafensystems beweisen sollte. Die Konstruktion sei deshalb hier im Prinzip beschrieben (Abb. 39). Die Gesamtapparatur, die eine Ähnlichkeit mit der von Sömmerring im Aufbau zeigt, setzte sich aus einem Sender und

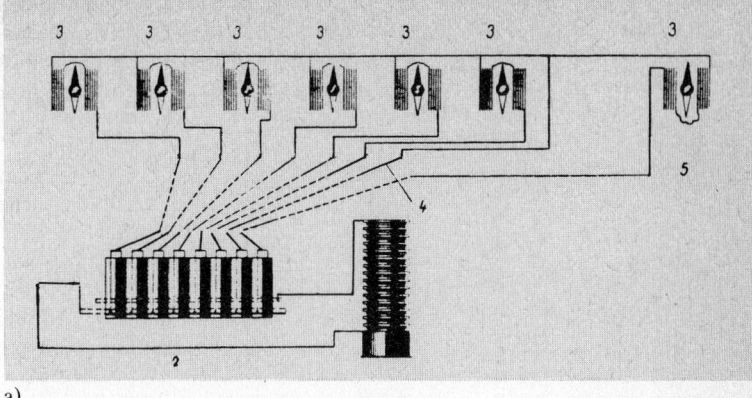

a)

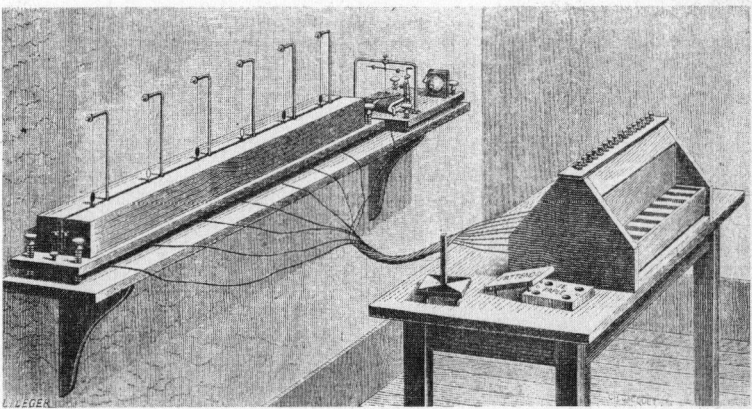

b)

39: Nadeltelegrafenanlage von Schilling, 1835:
a) (1) Stromquelle/Voltasche Säule, (2) Tastatur, (3) Magnetnadeln, (4) gemeinsame Leitung, (5) Rufeinrichtung.
b) Versuchsanordnung, bestehend aus Sender (Tastatur) und Empfänger (6 Nadelsysteme).

einem Empfänger zusammen. Der Sender war mit einer Tastenanordnung ausgerüstet. Der Empfänger bestand aus sechs ‹Betriebsmultiplikatoren›, einem System von sechs in je einer Multiplikatorenspule waagerecht schwingend aufgehängten Magnetnadeln, jede davon in einem besonderen Stromkreis mit einer gemeinsamen Rückleitung. Über jeder Spule befand sich an den Aufhängefäden der Magnetnadeln eine auf beiden Seiten verschieden

	1	2	3	4	5	6		1	2	3	4	5	6
А	○	ı	ı	ı	ı	ı	Ф	●	ı	●	ı	ı	ı
Б	●	ı	ı	ı	ı	ı	Х	ı	○	ı	○	ı	ı
В	ı	○	ı	ı	ı	ı	Ц	ı	●	ı	●	ı	ı
Г	ı	●	ı	ı	ı	ı	Ч	ı	ı	○	ı	○	ı
Д	ı	ı	○	ı	ı	ı	Ш	ı	ı	●	ı	●	ı
Е	ı	ı	●	ı	ı	ı	Щ	ı	ı	ı	○	ı	○
Ж	ı	ı	ı	○	ı	ı	Ы	ı	ı	ı	●	ı	●
З	ı	ı	ı	●	ı	ı	Ю	ı	○	○	ı	ı	ı
И	ı	ı	ı	ı	○	ı	Я	ı	●	●	ı	ı	ı
К	ı	ı	ı	ı	●	ı	1	○	○	○	ı	ı	ı
Л	ı	ı	ı	ı	ı	○	2	●	●	●	ı	ı	ı
М	ı	ı	ı	ı	ı	●	3	ı	○	○	○	ı	ı
Н	○	○	ı	ı	ı	ı	4	ı	●	●	●	ı	ı
О	●	●	ı	ı	ı	ı	5	ı	ı	○	○	○	ı
П	ı	○	○	ı	ı	ı	6	ı	ı	●	●	●	ı
Р	ı	●	●	ı	ı	ı	7	ı	ı	ı	○	○	○
С	ı	ı	ı	ı	○	○	8	ı	ı	ı	●	●	●
Т	ı	ı	ı	ı	●	●	9	○	ı	○	ı	○	ı
У	○	ı	○	ı	ı	ı	0	●	ı	●	ı	●	ı

40: Von Schilling für seinen Nadeltelegrafen benutzte Codetafel des russischen Alphabets.

gefärbte Scheibe. Im Ruhezustand zeigte sie dem Telegrafisten die Schmalseite, wurde telegrafiert, so drehte sich die Scheibe entsprechend der gedrückten Sendetaste und dem durch die Spule fließenden Strom und kehrte dem Beobachter die eine oder andere volle Fläche zu. Damit waren die gesendeten Zeichen leicht zu identifizieren. Ihre Zuordnung zu den Buchstaben des russischen Alphabets gibt die von Schilling benutzte Codetafel wieder (Abb. 40). Außerdem besaß der Nadeltelegraf noch einen ‹Rufmultiplikator›, mit dem über eine separate Magnetnadel mittels eines Stromimpulses ein Anrufsignal ausgelöst werden konnte.

Einen wichtigen Beitrag zur praktischen Verwendung eines elektromagnetischen Telegrafen lieferten 1833 Carl Friedrich Gauss (1777–1855) und Wilhelm Weber (1804–1891), die in Göttingen mit einer Versuchsanlage experimentierten, die u. a. zur Überprüfung des Ohmschen Gesetzes diente. Beide standen im Briefwechsel mit Schilling. Zwecks gleichzeitiger Messungen an verschiedenen Stellen stellten Gauss und Weber ‹Magnetometer›, hochempfindliche Beobachtungs- und Meßinstrumente mit freischwingenden Magnetstäben, an verschiedenen Orten (Observatorium und Physikalisches Institut) über tausend Meter Entfernung auf (Abb. 41). Im Empfangsapparat befand sich eine Multiplikatorspule (a) mit den Anschlüssen N und P, die auf einem Tisch (B) ruhte. Im Innern der Spule hing an einem Draht (C) der Magnetstab. Am Draht oberhalb der Spule war ein kleiner Spiegel (H) befestigt, in dem sich bei richtiger Einstellung die Skala (E) am Stativ (G) so spiegelte, daß sie vom Beobachter im Fernrohr (D) gesehen werden konnte. Wenn der Magnetstab durch einen elektrischen Strom nach rechts oder links abgelenkt wurde, wanderte das Skalenbild im Fernrohr entsprechend um den doppelten Ausschlagswinkel nach links oder rechts. Gauss und Weber waren die ersten, die die Codeimpulse eines Zeichens in zeitlicher Folge übertrugen und daher mit einer Doppelleitung auskamen. Die Verbindung

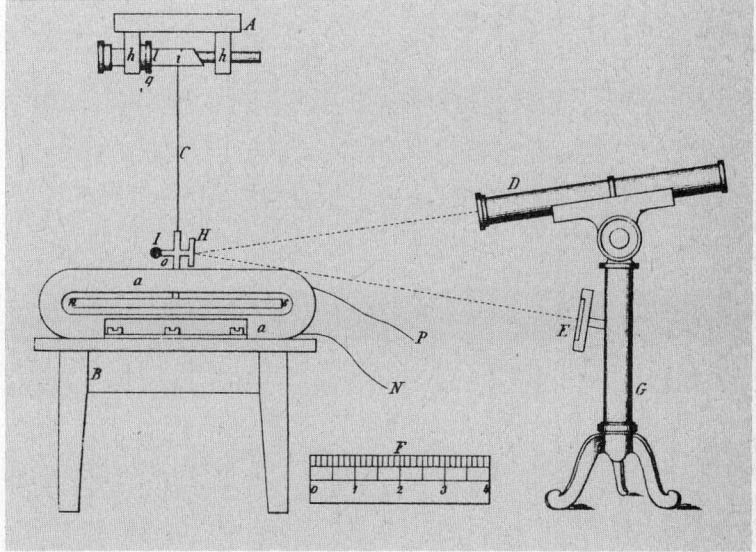

41: Elektromagnetischer Telegrafenempfänger von Carl Friedrich Gauss und Wilhelm Weber, 1833:
A Aufhänge- und Justiereinrichtung für den Faden C, an dem ein Stabmagnet in einer Spule a hängt. Fließt durch die Spule über die Anschlüsse N und P ein Strom, wird der Stabmagnet abgelenkt. Dabei dreht sich der Spiegel H, und das Bild der bei E angebrachten Skala F wandert um den doppelten Ausschlag nach rechts oder links. Dieser Ausschlag wird mit dem Fernrohr D (auf dem Stativ G) beobachtet.

zum Sender bestand aus zwei Leitungen aus dünnem, an Bindfäden über den Dächern der Stadt aufgehängtem Kupferdraht (Durchmesser 1,2 mm).

Zunächst arbeiteten Gauss und Weber mit einer Voltaschen Säule, später entwickelten sie unter Nutzung der Entdeckung der magnetischen Induktion von Michael Faradays (1791–1867) einen einfachen Sendeapparat zur Erzeugung kurzer, kräftiger Stromstöße (Abb. 42). Ein kräftiger Stabmagnet war in einem Schemel, über den eine zylindrische Drahtspule lose gestülpt war, senkrecht aufgestellt. Die Drahtspule ruhte zwar auf dem Schemel, konnte aber mittels zweier Griffe an dem Magnetstab auf- und abwärts bewegt und über dem oberen Ende des Magneten auch umgekehrt werden. Bei den Auf- und Abwärtsbewegungen der Spule entstanden in ihr durch Magnetinduktion kurze Stromstöße entgegengesetzter Richtung. Die Enden

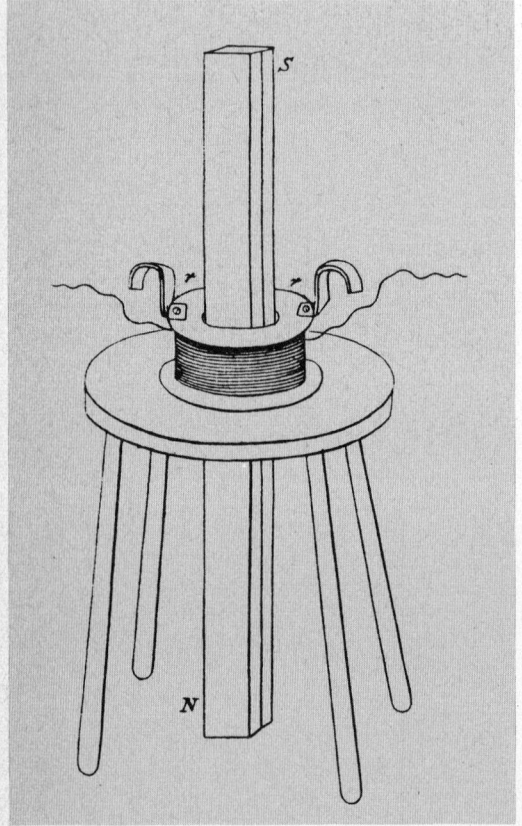

42: Sender (Induktionsgeber) des elektromagnetischen Telegrafen von Gauss und Weber. Wird die Drahtspule rr, in der lose ein Stabmagnet NS steckt, an dem Magneten auf- und abbewegt, so entstehen durch Induktion kurze Stromstöße, die zum Empfänger geleitet dort eine Magnetnadel ablenken.

der Induktionsspule wurden mit den Zuführungen der Multiplikatorspule verbunden, also im Falle der Fernbeobachtung mit der Außenleitung zur Empfängerstation.

Obwohl die Signalisierungen von Gauss und Weber ursprünglich nur zur Mitteilung ihrer Beobachtungszeiten dienten, verwendeten sie später eine Codetafel zur allgemeinen Nachrichtenübertragung (Abb. 43), die bei einiger Übung die Übertragung von bis zu neun Zeichen pro Minute gestattete, ein Mehrfaches gegenüber dem optischen Telegrafen. Die Darstellung eines Buchstabens erforderte höchstens vier Zeichen. In einem Brief an Schilling vom 11. September 1835 sagte Gauss der elektrischen Telegrafie eine große Zukunft voraus:

«Mich soll wundern, wo man zuerst die elektromagnetische Telegraphie praktisch und im großen Maßstab ins Leben treten lassen wird. Früher oder später wird dies gewiß geschehen, sobald man nur erst eingesehen haben wird, daß sie sich ohne Vergleich wohlfeiler einrichten läßt als die optischen Telegraphen. Die Telegraphie durch Benutzung der Induktion bedarf nur einer einfachen Kette, und ich glaube, daß man es damit dahin bringen kann, acht bis zehn Buchstaben in der Minute zu transmittieren. Nach einem Überschlag, welchen ich dieser Tage zu machen veranlaßt bin, würde man, um Leipzig und Dresden ohne Zwischenstation auf diese Weise zu verbinden, Kupferdraht von nur 1,6 Millimeter Dicke anzuwenden brauchen, ja selbst noch schwächeren, wenn man die elektromotorische Kraft und den Multiplikator noch mehr verstärken will» (Aschoff, 1977, S. 19).

Obschon Gauss und Weber mit ihrem Einnadeltelegrafen in Deutschland großes Aufsehen erregten, wurde eine Einführung für die neu entstehende Bahnlinie Leipzig–Dresden nach verschiedenen gutachterlichen Stellungnahmen mit der Begründung abgelehnt, daß die Kosten für die Leitungen bei unterirdischer Verlegung zu hoch seien. Es fehlten widerstandsfähige und feuchtigkeitsbeständige Materialien. Gauss und Weber dachten zudem auch nicht daran, an der technischen Entwicklung eines Telegrafen weiterzuarbeiten.

$r = a$	$rrr = c,k$	$lrl = m$	$lrrr = w$	$llrr = 4$
$l = e$	$rrl = d$	$rll = n$	$rrll = z$	$lllr = 5$
$rr = i$	$rlr = f,v$	$rrrr = p$	$rlrl = o$	$llrl = 6$
$rl = o$	$lrr = g$	$rrrl = r$	$rllr = 1$	$lrll = 7$
$lr = u$	$lll = h$	$rrlr = s$	$lrrl = 2$	$rlll = 8$
$ll = b$	$llr = l$	$rlrr = t$	$lrlr = 3$	$llll = 9$

43: Von Gauss und Weber benutzte Codetafel für ihren elektromagnetischen Telegrafen (l = Nadelausschlag nach links, r = Nadelausschlag nach rechts).

Dies interessierte jedoch Carl August Steinheil (1801–1870), Mitglied der Königlich Bayerischen Akademie der Wissenschaften, der 1835 Gelegenheit hatte, den Telegrafen von Gauss und Weber in Göttingen zu sehen. Er schlug König Ludwig I. von Bayern den Bau einer ‹Versuchsanlage zum Studium der Anwendung des elektrischen Stroms zum Telegraphieren› vor; der König förderte seinerzeit diese Arbeiten mit tausend Gulden.

Eisenbahntelegrafie, Bewährungsprobe elektrischer Nachrichtenübertragung

Steinheil verfolgte von vornherein die Absicht, den elektrischen Telegrafen mit dem Bau der neuen Eisenbahn zu koppeln. Er begann sofort mit den Vorarbeiten. Dabei wollte er nicht nur die Telegrafiezeichen durch den Nadelausschlag sichtbar machen, sondern sie auch auf einem Papierstreifen markieren. Die einzelnen Zeichen bildete er aus bis zu vier Farbpunkten.

Die häufigen Zeichen hatten dabei weniger Punkte als die selteneren. Die Zeichen wurden (Abb. 44) in zwei Reihen auf dem langsam von einem Uhrwerk (5) gezogenen Papierstreifen (4) aufgezeichnet. Zwei drehbare Magnetnadeln (3) machten dies möglich: sie trugen an ihrem Ende Farbtöpfchen, die in schnabelförmigen Kapillarröhrchen endeten. Immer, wenn eine Nadel entsprechend der Stromrichtung ausschlug, berührte das an ihr befe-

44: Nadeltelegraf von Carl August Steinheil, 1836:
a) Längsschnitt durch das Apparatgehäuse einer Sende- und Empfangsstation.
  1 – Sendeteil mit der Einrichtung zur Erzeugung von Induktionsströmen (vgl. Prinzipskizze b).
  2 – Umschalter zur Herstellung verschiedener Verbindungen zwischen Sendeteil und verschiedenen anderen Stationen.
  3 – Empfänger mit der Schreibeinrichtung (vgl. Prinzipskizze b).
  4 – Papierstreifen.
  5 – Uhrwerk zur Bewegung des Papierstreifens.
  6 – Papierrolle mit Gewichtsbremse zur Spannung des Papierstreifens.
b) Prinzipskizze von Sender und Empfänger.
Versetzt man mit den Handgriffen GG den vom Dauermagneten M beeinflußten Elektromagneten E in Umdrehung, so entstehen in seinen Drahtspulen Stromstöße von wechselnder Richtung. Von den als Stromwender dienenden Quecksilbernäpfchen nn erhalten die Stromstöße gleiche Richtung. Je nachdem man den Elektromagnet nach rechts oder links dreht, durchfließt der Strom die Drahtwicklung des Empfängers in der einen oder anderen Richtung und lenkt einen der beiden Magnetstäbe SN ab. Der abgelenkte Magnetstab schlägt mit dem Schnabel seines Farbgefäßes f gegen den unter ihm weggezogenen Papierstreifen P und erzeugt darauf einen Punkt. Beim Abbrechen des Stromflusses wird der abgelenkte Magnetstab von seinem Richtmagnet R in die Ruhelage zurückgeführt.

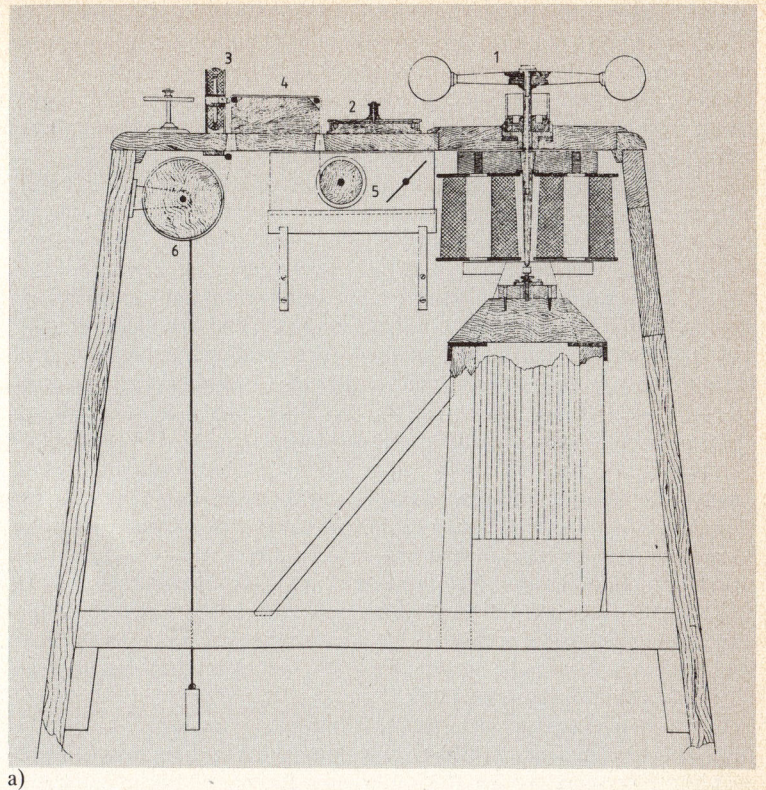

a)

b)

stigte Kapillarröhrchen den Papierstreifen und erzeugte einen Punkt. Entsprechend der Anordnung der zwei Nadeln traten die Zeichenelemente in zwei Ebenen auf und ergaben damit eine Zweizeilenschrift (Abb. 45). Als Steinheil 1836 seine Apparatur fertiggestellt hatte, war der erste Tele‹graf› entwickelt; ein Nachrichtengerät, das die eintreffenden Nachrichten selbstständig aufschrieb, der erste Fernschreiber.

Steinheil hatte sehr früh erkannt, daß das Haupthindernis für die Einführung eines elektrischen Telegrafen in dem Aufwand der Leitungsführung lag. Unter Verwendung der Erde als Rückleitung gelang es ihm, seine Telegrafenanlage über eine einzige Leitung zu betreiben (die Leitfähigkeit des Erdbodens war schon seit 1746 bekannt). So war ein beachtlicher Optimierungsschritt gegenüber der Apparatur Sömmerrings erreicht. Von Gauss und Weber übernahm Steinheil die sehr nützliche Idee des Induktors, den er jedoch für seine Anlage weiterentwickelte, so daß sich die Handhabung wesentlich vereinfachte. Bei einer durchschnittlichen Telegrafierleistung konnte von vierzig Buchstaben in der Minute ausgegangen werden. Dabei operierte Steinheil bereits über eine 6000 Meter lange Versuchsstrecke mit dünnem Kupferdraht in Freileitungsinstallation (14 m hohe Masten). Vielfache Versuche mit unterirdischen Leitungsführungen scheiterten am Stand der Isolierungstechnik. Probleme hinsichtlich der Sicherung der Leitungsdrähte, die man gelegentlich bereits erörterte, verwarf er mit der Begründung, daß solche Kommunikationsmittel ihrer Natur nach doch nur für Staaten bestimmt sein könnten und nie in andere Hände kommen dürften. Dahinter stand die Auffassung, daß staatliche Sicherheitsorgane in der Lage sind, Nachrichteneinrichtungen wirksam zu schützen.

Eine von der Regierung eingesetzte Prüfungskommission zur Einführung des elektrischen Telegrafen schlug nun eine enge Verbindung zwischen Telegraf und Eisenbahn auf der 1835 eröffneten Eisenbahnstrecke Nürnberg–Fürth in staatlicher Hand mit bedingter Zulassung von privaten Nachrichten vor. Die Ausführung scheiterte an dem Einspruch der beiden königlichen Stadtkommissare der Magistratsvorstände der beiden Städte. Alle Befragten, auch das Oberpostamt Nürnberg, waren übereinstimmend der Meinung, daß die Errichtung eines galvanischen Telegrafen zum Gebrauch des Publikums überflüssig und unnütz wäre. Ein entsprechendes Nachrichtenverkehrsbedürfnis sei nicht gegeben, darüber hinaus sei mit Mißbrauch und zu hohen Kosten zu rechnen. Der Steinheilsche Telegraf wurde deshalb in Deutschland nicht ausgeführt; die optische Telegrafie schien um 1838 in ihren Leistungen noch ausreichend. Die deutschen Staaten hatten sich erst 1834 im Deutschen Zollverein unter der Führung Preußens zusammengeschlossen, und das überregionale Handels- und Verkehrsnetz steckte noch in den allerersten Anfängen.

Der Übergang vom Agrar- zum Industrieland vollzog sich in Deutschland im Vergleich zu anderen Ländern, besonders zu England zunächst nur lang-

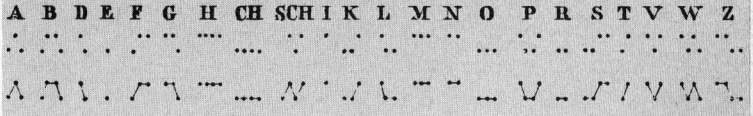

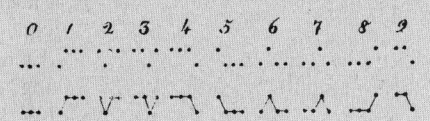

45: Zweizeilenpunktschrift des Nadeltelegrafen von C. A. Steinheil. In der unteren Zeile sind die Zeichengruppen durch Striche verbunden, damit sie sich leichter einprägen lassen.

sam. In England und Frankreich war die industrielle Produktion bereits um ein Vielfaches größer als in Deutschland. In beiden Ländern entwickelte sich daher zuerst eine besondere Sensibilität für ein funktionierendes, übergreifendes Nachrichten- und Verkehrssystem, das in Bayern und Preußen noch völlig fehlte. Es verwundert daher wenig, wenn dort, wo inzwischen der Eisenbahnstreckenbau weiter vorangeschritten war, sich auch ein Interesse an den längst vorhandenen praktikablen Ideen elektrischer Nachrichtenübermittlung zeigte.

Der Engländer William Fothergill Cooke (1806–1879) war es, der bei einer Vorführung des Modells eines Schillingschen Nadeltelegrafen anläßlich eines Besuches in Deutschland 1836 sofort verstand, welche Bedeutung eine solche Einrichtung für das sich ausbreitende Eisenbahnnetz haben müßte. Noch im selben Jahr versuchte Cooke einen eigenen Telegrafen zu entwickeln, obschon er sich bis dahin niemals systematisch mit Physik und Elektrizitätslehre befaßt hatte. Mit Beginn des darauffolgenden Jahres arbeitete er zusammen mit dem auf dem Gebiet der Elektrizitätslehre anerkannten Charles Wheatstone (1802–1875) an einer Verbesserung und Anpassung des Apparates an die Bedürfnisse des englischen Eisenbahnbetriebes. Sie gingen davon aus, daß für den Eisenbahnbetrieb die Darstellung der Zeichen durch eine Kombination von Nadelausschlägen unzureichend war; vielmehr sollten die Buchstaben des Alphabetes unmittelbar am Empfänger abzulesen sein. Bereits am 25. Juli 1837 konnte der Apparat, ein Fünfnadeltelegraf über sechs Leitungen, zum erstenmal an der Bahn von London nach Birmingham erprobt werden. Die Leitungsdrähte mit isoliertem Überschutz wurden in eisernen Rohren von 6 cm Durchmesser geführt, die parallel zur Eisenbahn auf Holzpfählen lagen. Der positive Ausgang dieser Erprobung gab den eigentlichen Anstoß zur Einführung der elektrischen Telegrafie in England.

Cooke und Wheatstone, die für die Anfertigung elektrischer Telegrafen einen Wirtschaftsvertrag geschlossen hatten, meldeten am 12. Dezember 1837 ein englisches Patent an mit dem Titel ‹Verbesserungen beim Erzeugen von Zeichen und Anrufen an entfernte Stellen mittels über metallische Leitungen gesandter elektrischer Ströme›. Abbildung 46 zeigt das Prinzipschaltbild des Fünfnadeltelegrafen. Das Sendesystem besteht aus zwölf Tasten, das Empfangssystem hingegen aus einer rautenförmigen Platte, auf der fünf Nadelsysteme in einer Reihe befestigt sind. Je nach Richtung des Telegrafenstromes schlugen die Nadeln nach links oder rechts um etwa 40° aus. Um einen Buchstaben zu kennzeichnen, mußten zwei Nadeln gleichzeitig in entgegengesetzter Richtung ausschlagen. Der im Schnittpunkt der Verlängerung der Nadelspitzen stehende Buchstabe war das übertragene Zeichen

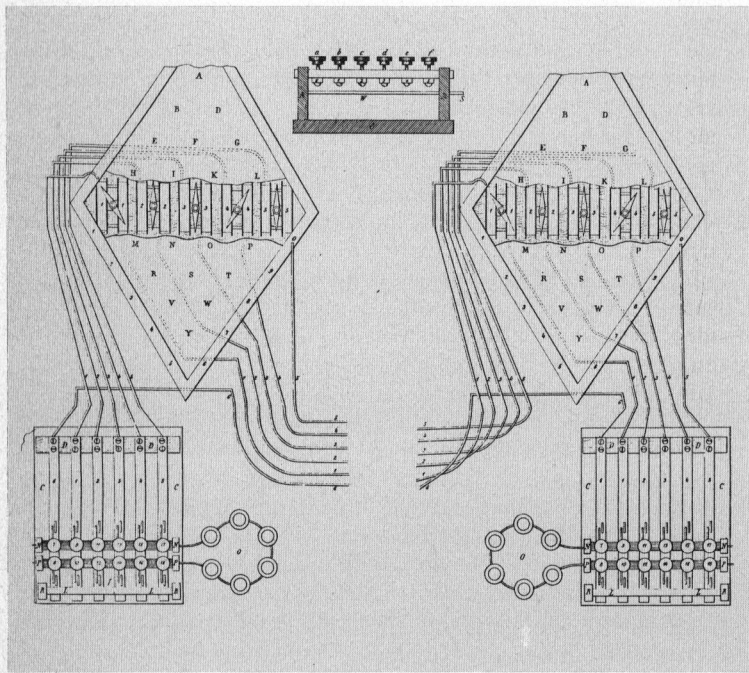

46: Elektrische Schaltung einer Nadeltelegrafenanlage (Fünfnadelsystem) nach William F. Cooke und Charles Wheatstone, 1837. Sende- und Empfangsstation bestehen aus der Anzeigeeinheit, dem Tastengeber und einer Batterie mit den für diese Anordnung erforderlichen sechs Fernleitungen. Die Stellung der Magentnadeln zeigt sowohl im Sender als auch im Empfänger den Buchstaben V als zu übertragendes Zeichen an.

(hier: V). Beim Sender wie auch beim Empfänger konnte der durch den Nadelausschlag gesendete Buchstabe abgelesen werden, solange die Tasten sich im gedrückten Zustand befanden. Nachdem sich jedoch die Telegrafie mit fünf Nadeln im Betrieb nicht so wie erwartet bewährte, wurden die Geräte sehr bald von Cooke und Wheatstone durch Einnadel- und Zweinadelapparate (1845) ersetzt, die auf ähnlichem Prinzip beruhten. Diese führten sich dann überall recht gut ein. 1885 waren in England noch 15000 Exemplare dieser Bauart in Betrieb.

Bereits 1840 hatte sich Wheatstone einen anderen Telegrafen patentieren lassen, bei dem die Zeichenauswahl durch schrittweises Fortschreiten eines Zeigers auf einer Zeichenscheibe vor sich ging. Diese Art Telegraf gehörte mit zu den ersten, die für praktische Eisenbahnbetriebszwecke auf dem Kontinent eingesetzt wurden, erstmals im Eisenbahnbetrieb zwischen Aachen und Ronheide. Da jeder telegrafierte Buchstabe unmittelbar abgelesen werden konnte, waren diese Apparate äußerst einfach zu bedienen. Der Zeigertelegraf (Abb. 47) benötigte drei Leitungen zur Signalübertragung. Zum Senden mit dem Sender B drehte man die mit den Buchstaben bezeichnete metallische Scheibe, wodurch sich abwechselnd leitende Verbindungen zu den Spulen E und E_1 des Empfängers A ergaben, so daß der Anker eine pendelnde Bewegung ausführte. Beim Anziehen des Ankers gab die Hemmung den Zeiger um einen Schritt frei (Gewichtsantrieb). Der Zeiger wandert, wenn bei der Sendestation die Scheibe gedreht wird, schrittweise von Zeichen zu Zeichen weiter. Der gewünschte Buchstabe wird dadurch gekennzeichnet, daß man die Scheibe kurzzeitig anhält, um dem empfangenden Telegrafisten Gelegenheit zum Ablesen zu geben. Vor Beginn der Übertragung müssen Sender und Empfänger auf das gleiche Zeichen eingestellt werden, damit die Übertragung synchron verläuft. Später baute Wheatstone einen Apparat, der nur zwei Leitungen benötigte und auch eine größere Telegrafiergeschwindigkeit gestattete.

Seine letzte Entwicklung war ein sogenannter ABC-Zeigertelegraf, der im Londoner Fernschreibnetz noch bis 1930 benutzt wurde. Insgesamt sollen 10000 dieser Systeme hergestellt worden sein, wovon allein bis 1920 noch 1500 in Betrieb waren.

Im Jahre 1846 verkauften Cooke und Wheatstone ihre Patente für 140000 Pfund an die neu gebildete Electric Telegraph Company, die durch Aufkaufen von weiteren Patenten, zum Beispiel dem von Alexander Bain (1810 bis 1877) über einen Zeigertelegraf mit Einleitungsbetrieb, dafür sorgte, daß die Entwicklungen von Cooke und Wheatstone in England konkurrenzlos blieben. Eine Parlamentsakte erkannte noch im selben Jahr diese Gesellschaft an, so daß am 1. Januar 1848 über ein privates Telegrafennetz ein allgemein zugänglicher Telegrafenverkehr für Großbritannien eröffnet werden konnte, zu einem Zeitpunkt, als auf dem Kontinent noch ausschließlich optische Telegrafenlinien bestanden.

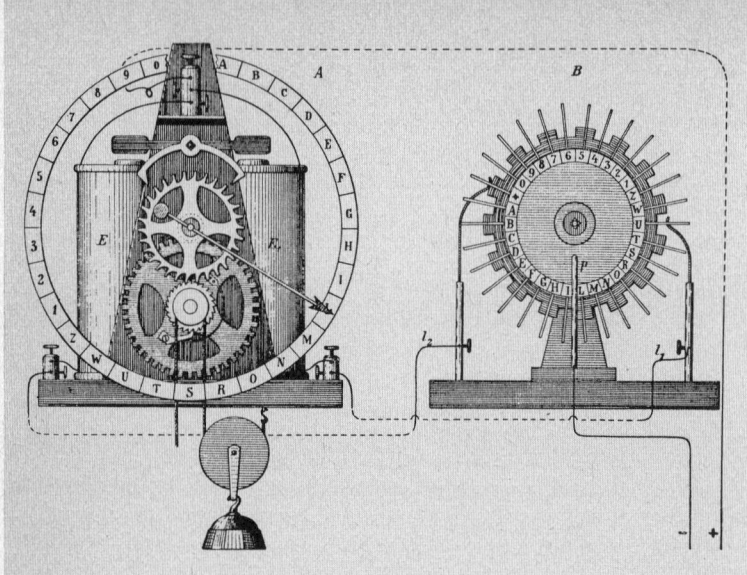

47: Zeigertelegrafenanlage von William F. Cooke und Charles Wheatstone, 1837. Der Sender B besitzt ein Rad, das dieselben Zeichen enthält wie der Zeichenkreis des Empfängers. Dreht man das Rad des Senders, so schließen die mit den Leitungen l_1 und l_2 verbundenen Schleiffedern beim Vorbeigehen der Zeichen abwechselnd den Stromkreis. Dadurch wird im Empfänger A abwechselnd der Anker über den Elektromagneten E und E_1 angezogen; die auf der Ankerachse befestigte Hemmung gibt das durch ein Gewicht gleichmäßig angetriebene Steigrad schrittweise frei. Der auf der Achse des Steigrades sitzende Zeiger springt von Zeichen zu Zeichen und bleibt stehen, wenn die Stromwirkung aufhört. Vor Beginn der Übertragung müssen Sender und Empfänger auf dieselben Zeichen eingestellt werden. Das Rad des Senders wird gedreht, bis das zu übermittelnde Zeichen hinter der Marke p steht, dann wird es einen Augenblick angehalten.

Weitere Zeiger- und Nadeltelegrafen wurden nachfolgend in sehr verschiedenen Ausführungsformen konstruiert und erprobt. So zum Beispiel der schon erwähnte von Bain in Großbritannien, aber auch der von Louis François Clément Breguet (1803–1883) in Frankreich, der analog zum Alphabet des optischen Telegrafen einen Zweinadeltelegrafen entwickelte, wie auch später der von Werner Siemens (1816–1892), der 1846 einen Zeigertelegrafen mit elektromagnetischer Fortschaltung baute. Später wurden die Zeigertelegrafen sowohl im Verkehr der Eisenbahn als auch im öffentlichen Staatstelegrafenverkehr nach und nach durch leistungsfähigere ersetzt, die sich durch größere Übertragungsgeschwindigkeit und schriftliches Aufzeichnungsverfahren auszeichneten. Diese Zeigertelegrafen waren äußerst einfach zu bedienen: schließlich brauchte man zu ihrer Bedienung nur lesen und schreiben zu können.

1837 zeigte der Amerikaner Samuel Finley Breese Morse (1791–1872) in der Universität New York ein erstes Modell eines Telegrafensystems, das sich von der Mitte des vergangenen Jahrhunderts an, insbesondere wegen seiner Einfachheit, seiner hohen Leistung und Betriebssicherheit fast über hundert Jahre als eines der wichtigsten Systeme im Telegrafendienst der ganzen Welt erwies. Sein erster Telegraf ließ jedoch noch sehr auf die Herkunft des Erfinders schließen; Morse war von Haus aus Historienmaler: Ein an der

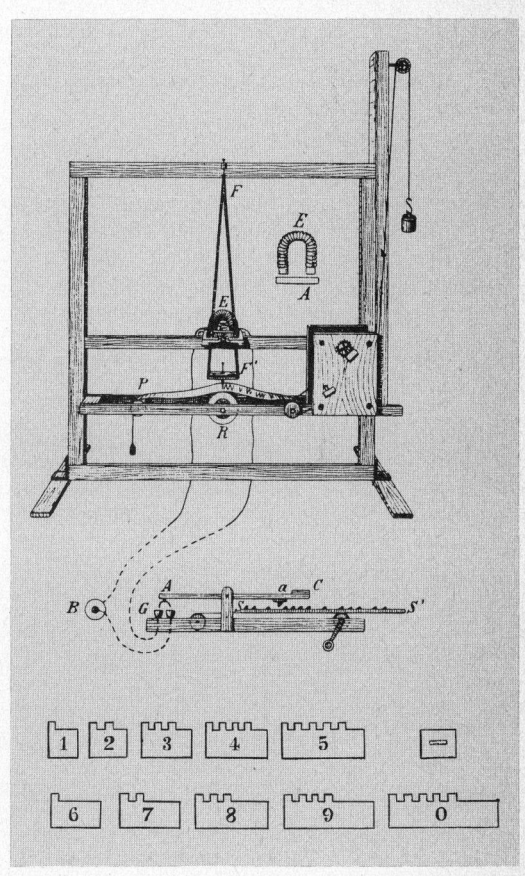

48: Erster Schreibtelegraf von Samuel Finley Breese Morse, aufgebaut an einer Malerstaffelei, 1835/1837.
Die ‹Typen› werden wie Buchdrucklettern in die Schiene SS' eingesetzt und mit der Kurbel unter dem Hebel AC weggezogen. Bei jeder Berührung des Kontaktes a mit dem Zahn einer Type schließt der Bügel durch Eintauchen in die Quecksilbernäpfchen G den Stromkreis. Der Elektromagnet bewegt dann die unten mit einem Bleistift versehene Pendelvorrichtung FE, an welcher der Anker A sitzt, über den Papierstreifen P hin und her. Dieser wird von einem Uhrwerk über die Rolle R fortgezogen.

oberen Querleiste einer Malerstaffelei drehbar angebrachter Schreibarm (Abb. 48), der durch einen an der Mittelleiste der Staffelei befestigten Elektromagneten aus der Ruhelage ausgelenkt werden konnte, zeichnete jeweils auf einen durch ein Uhrwerk bewegten Papierstreifen eine Zickzack-Schrift auf. Solange der Stromfluß unterbrochen wird, erzeugt der Schreibstift auf dem Papier eine gerade Linie; schließt man den Stromkreis für einen Augenblick, so wird der Hebel mit dem Schreibstift kurz seitlich abgelenkt, und es entsteht eine Zackenlinie (Abb. 49). Die bekannte Punkt-Strich-Schrift machte Morse erst mit dem späteren Übergang zur waagerechten Lagerung des Hebels möglich. Der Sender für die Erzeugung der Stromunterbrechung bestand anfangs aus ‹Typen›, die wie Buchdrucklettern vor dem eigentlichen Sendevorgang erst zusammengesetzt werden mußten und eine Art Sendeschablone darstellten (Abb. 48).

Erst längere Zeit danach ging Morse zum Geben der Zeichen durch die Hand mit Hilfe eines Codes über, womit dann gleichzeitig ein veränderter Zeichengeber, die ‹Morsetaste›, erforderlich wurde. Das am 4. September 1837 vorgeführte Modell funktionierte noch sehr unzureichend, was sich auch damit erklärt, daß der Maler Morse nur über geringe physikalische Kenntnisse verfügte. Dennoch ließ sich die in Abbildung 49 dargestellte Nachricht übertragen. Nach dem von Morse anfänglich verwendeten Zahlencode bedeutete die abgebildete Zeichenfolge 214, 36, 2, 58, 112, 04, 01 837: ‹Gelungener Versuch mit Telegraph September 4. 1837›. Am 7. April 1838 meldete Morse seine Erfindung beim Patentamt der Vereinigten Staaten an, einige Monate nachdem Steinheil in Deutschland seine Versuchsanlage fertiggestellt und publiziert hatte.

Dabei ist nicht zu übersehen, daß Steinheils Anlage seinerzeit schon wesentlich betriebssicherer arbeitete und ebenfalls in der Lage war, übertragene Nachrichten aufzuzeichnen. In Arbeiten zur Technikgeschichte ist mehrfach darüber gestritten worden, ob die nachfolgende Bewertung von Morses Leistungen nicht zu Unrecht geschehen sei und der ‹Ruhm des Erfinders›

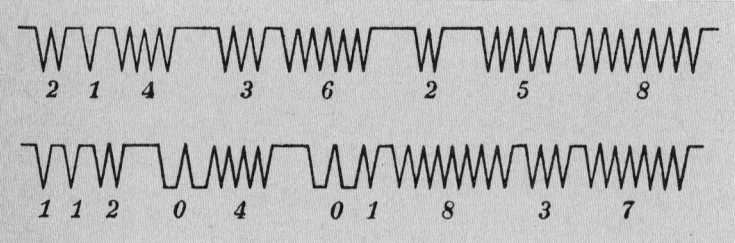

49: Erste Telegrafenzeichenschrift von Morse, 1837. Die Zeichenfolge lautet: ‹Gelungener Versuch mit Telegraph September 4. 1837›.

nicht anderen ‹Pionieren der Nachrichtentechnik› zustünde, bis hin zu der Feststellung, ‹in der Erfindung Morses ist nicht *ein* Gedanke sein Eigentum›. In der Tat hat Morse eine Flut von Prozessen über nahezu zwanzig Jahre führen müssen, um die ihm zugestandenen Patentrechte aufrechtzuerhalten. In Europa, mit Ausnahme von Frankreich, wurde ihm nie ein Patent zugebilligt, obschon er sich eifrig darum bemühte. Unter Hinweis auf bereits bestehende ähnliche Telegrafenentwicklungen lehnten die verschiedenen Patentämter ab. Nachdem Morse mit einem Bankier, einem Fabrikanten und einem Physiker eine Produktionsgesellschaft gegründet hatte, die die Herstellung verbesserter betriebssicherer Muster seines Telegrafen gewährleistete, schlug er dem amerikanischen Kongreß den Bau einer Versuchsanlage vor. Nach langem Zögern – Morse hatte inzwischen das Senden mit Hilfe von Schablonen aufgegeben und war zu einer reinen Punkt-Strich-Schrift übergegangen – genehmigte der Kongreß am 2. März 1843 den Bau einer Versuchsanlage für 30000 Dollar. Nach anfänglichen Mißerfolgen bei der Herstellung der Übertragungsleitung konnte am 24. Mai 1844 entlang der Bahnlinie Washington–Baltimore über eine Entfernung von 64 km eine Telegrafenanlage mit Morsetelegrafen in beiden Richtungen eröffnet werden; drei Tage später wurde sie zur dauernden öffentlichen Benutzung freigegeben, die erste Telegrafenlinie der Welt, bei der dies gestattet wurde. Die Gebühr betrug 1 Cent für je vier Buchstaben.

Sehr bald darauf war der elektrische Telegraf in den Vereinigten Staaten überall als ein von Wind und Wetter unabhängiges, unentbehrliches Mittel des Nachrichtenschnellverkehrs bekannt. Ein Jahr nach der Eröffnung der Versuchsstrecke bestanden in den USA 1455 Kilometer Telegrafenlinie. Gegen eine Summe von 100000 Dollar bot nun Morse 1845 der amerikanischen Regierung die Nutzungsrechte seiner Telegrafenanlage an. Die Regierung lehnte jedoch ab, weil sie die Rentabilität bezweifelte, und überließ die Rechte zur Errichtung und zum Betrieb von Telegrafenanlagen Privatgesellschaften. Unwiderruflich war damit das Recht auf Errichtung von Telegrafenanlagen von der amerikanischen Regierung, völlig im Gegensatz zu den meisten Ländern der Welt, in die Hände von privatwirtschaftlichen Unternehmen gegeben, die dafür sorgten, daß Telegrafie zu einem einträglichen Geschäft und dieser neuen Branche ein bedeutender Platz eingeräumt wurde.

Elektrische Telegrafenanlagen entfalten sich zu profitablen Nachrichtenverkehrssystemen

Sechs Jahre nach der Entscheidung der amerikanischen Regierung befaßten sich an vielen Stellen des ausgedehnten Landes bereits dreißig leistungsfähige Privatgesellschaften mit dem Bau und dem Betrieb von Telegrafenanla-

Amerikanischer electro-magnetischer Telegraph.

DER Unterzeichnete, von Newyork, Vereinigte Staaten von Nord-Amerika, erlaubt sich hiemit, den geehrten Kaufleuten, Eisenbahn-Compagnieen und Allen, welche sich für rasche Communicationen interessiren, die ergebene Mittheilung zu machen, dass er in Hamburg eingetroffen und bereit ist, für die Construction und Anlegung von electromagnetischen Telegraphen nach der amerikanischen Methode Contracte einzugehen. Das amerikanische System ist ohne Zweifel das beste bis jetzt erfundene, ist ökonomisch in Kosten und sicher in seinen Erfolgen, und kann Tag und Nacht, so wie in jedem Wetter angewandt werden. Etwanige Anerbietungen werden pr Addresse der Herren *Möring & Co.* in Hamburg erbeten, auf welche sich der Unterzeichnete auch zu beziehen erlaubt.
Hamburg, den 30. Juni 1847.
William Robinson.

50: Werbung für Morsetelegrafen in einer Hamburger Zeitung vom 30. Juni 1847, Angebot eines amerikanischen Unternehmens.

gen. 1854 erfolgte ein erster Zusammenschluß dieser bisherigen Konkurrenzunternehmen.

Nach Europa gelangte der Morseapparat 1847 (Abb. 50). England und Frankreich, wo bereits elektrische Telegrafen standen, zeigten nur ein geringes Interesse. Amerikanische Unternehmen und Kaufleute versuchten zwar auch hier private Telegrafennetze vorzuschlagen, im Gegensatz jedoch zur amerikanischen Post zeigten die europäischen Behörden wenig Neigung, ihr Privileg des Nachrichtenübertragungsrechts aus der Hand zu geben. Dennoch wurde 1848 in Hamburg auf der Strecke nach Cuxhaven die alte optische Telegrafenlinie durch ein Morsesystem ersetzt, das inzwischen eine gan-

51: Demonstration eines Stiftschreibers von Morse, der erste im Betrieb der Telegrafengesellschaften umfassend erprobte Telegraf, 1846.

52: Das Morsealphabet, das heute noch im internationalen Funkverkehr verwendet wird.

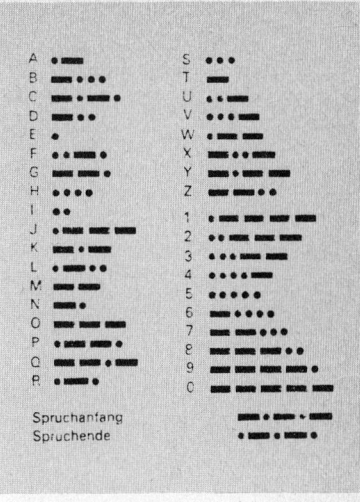

ze Reihe von Entwicklungsschritten durchlaufen hatte (Abb. 51). Die Hafenbehörden waren sehr an einer Telegrafenlinie interessiert, die auch bei Regen, Nebel und Dunkelheit funktionierte. Die Bewährung unter diesen Bedingungen, verbunden mit der Entwicklung eines neuen Codes, der die Leistungsfähigkeit der Nachrichtenübertragung beträchtlich erhöhte, überzeugte in Deutschland besonders. Der von Morse zuvor verwendete Code wurde durch das sogenannte Hamburger Alphabet Friedrich Clemens Gerkes (1801–1888) ersetzt, ein Telegrafenalphabet, das ausschließlich aus Punkten und Strichen einheitlicher Länge bestand und, im Gegensatz zum ersten Punkt-Strich-Alphabet von Morse, keine unterschiedlich langen Pausen aufwies. In Anerkennung des Verdienstes Morses um die Entwicklung und Durchsetzung einer elektrischen Telegrafie legte man später dieses Telegrafenalphabet als Einheitsalphabet des Deutsch-Österreichischen Telegrafenvereins (DÖTV) fest und bezeichnete es als Morsealphabet (Abb. 52).

In Preußen, wo seit 1837 der damalige Direktor der optischen Telegrafenlinie Major Franz August von Etzel (1783–1850) auf den Ausbau einer elektrischen Telegrafenlinie drängte, scheiterten jahrelang alle Vorschläge an militärischen Einsprüchen. Erst als der preußische Artillerieleutnant Werner Siemens eine Denkschrift zur Einführung der ‹elektromagnetischen Telegraphie› der bestehenden Telegrafenkommission (‹Kommission zur Anstellung von Versuchen mit elektromagnetischen Telegraphen›) vorlegte, änderte sich diese Einstellung. Gleichzeitig stellte Siemens einen eigenen Apparat vor (Abb. 53), für den er im Oktober 1847 das Patent erhielt. Er schätzte die

 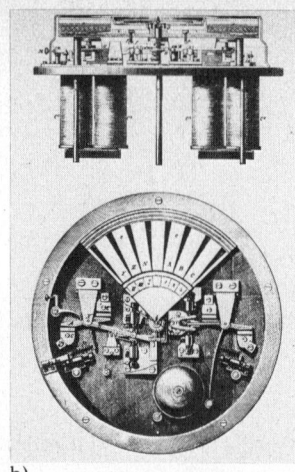

53: Zeigertelegraf von Werner Siemens, 1847.
a) Sender und Empfänger sind in einem Apparat vereinigt. Die kreisförmig angeordneten Drucktasten dienen zum Senden. Wird telegrafiert, befinden sich die Zeiger beim Sender und Empfänger in dauerndem Umlauf. Durch Tastendruck beim Sender bleiben beide Zeiger an dem bestimmten Zeichen stehen; wird die Taste losgelassen, laufen sie weiter. Zur Verringerung von Leerlaufzeiten kommen vielgebrauchte Buchstaben wie z. B. E oder S auf der Zeichenscheibe mehrmals vor. Ein Selbstunterbrecher gewährleistet den Gleichlauf von Sender und Empfänger.
b) Der Zeigertelegraf in Schnitt und Draufsicht. Titelblatt eines Prospektes der Firma Siemens & Halske.

technische und ökonomische Bedeutung des Telegrafenbaus (Marktentwicklung, Gewinnchancen) richtig ein: 1847 gründete er in Berlin die Firma Siemens & Halske, die im darauffolgenden Jahr dem preußischen Kriegsministerium einen elektromagnetischen Telegrafen anbot. Einer der ältesten heute noch bestehenden Elektrogroßkonzerne war damit geboren. Ab 1848 entstand dann in Preußen unter Leitung von Siemens ein elektrisches Staatstelegrafennetz, ausgestattet mit Siemens-Zeigertelegrafen, das sich von Berlin nach Frankfurt am Main (hier tagte in der Paulskirche das Reichsparlament) und über Köln hinaus ausweitete. Diese Entscheidung für ein Staatstelegrafennetz ist sicher nicht unabhängig zu sehen von der neuen politischen Situation nach dem Scheitern des bürgerlichen Freiheitskampfes (1848), die zu einem energischeren Vorgehen des Staates führte. Ein Einlenken des Militärs gegenüber den vorhandenen Vorschlägen zum Ausbau eines elektrischen Telegrafennetzes war jetzt nahezu unabdingbar.

Bereits ein Jahr später wurde allerdings gegen den Widerstand des Militärs, das den Telegrafen ausschließlich nur für Regierungs- und Militärmeldungen verwenden wollte, durch Kabinettsorder vom 31. August 1849 dieser Telegraf der Allgemeinheit zur Verfügung gestellt, wofür auch wirtschaftliche Gründe maßgebend waren. Um eine kommerzielle Grundlage zu gewinnen, schien die Öffnung für alle Bereiche im In- und Ausland, für Industrie, Handel, Kunst, Kultur, Politik und Presse, also für jede Art von Information erforderlich. Die entbehrlichen Anlagen der optischen Telegrafie wurden verkauft oder abgebrochen, nachdem die elektrische Telegrafenlinie Köln–Koblenz 1852 in Betrieb ging.

Insgesamt gesehen erwiesen sich die Anlage und der Betrieb des Telegrafen sehr bald als eine rentable Unternehmung. Die Investitionskosten waren nicht sehr hoch, da bei der Installation in der Regel zunächst die Trasse der einzelnen Eisenbahnlinien benutzt wurde. Dennoch bedeutete der weitere Aufbau des Telegrafennetzes mit Einzelleitungen, gemessen an den heutigen Verhältnissen, wo Tausende von Fernleitungen mit einem Kabel verlegt werden, einen beträchtlichen Aufwand an Material und Arbeitseinsatz (Abb. 54). Die Betriebskosten, die sich aus der Zahl des Personals, den Besoldungsverhältnissen sowie der Zahl der Stationen bestimmten, nahmen dabei den größten Posten ein. Nach preußischen Handelsarchiven betrugen die Einnahmen des Jahres 1856 beispielsweise rund 570 000 Taler, die Ausgaben dagegen nur 271 184 Taler; ein Reingewinn von 100 Prozent. Ähnliches zeigte sich auch in anderen Ländern. 1853 registrierte Frankreich 142 000 Telegramme mit einer Einnahme von 1 617 000 FF.

Interessant ist auch die Entwicklung der Telegrafengebühren, die am Anfang, besonders in Ländern mit Staatstelegrafie, sehr hoch lagen. Diese Tatsache erklärt sich nicht etwa aus der Wirkung eines sehr hohen Anlagekapitals oder hoher Betriebskosten, sondern vielmehr damit, daß sich über den Preis die Privatnutzung steuern ließ. Das Absenden einer privaten Nachricht wurde anfangs auch dadurch kontrolliert, daß der Absender eine polizeiliche Unbedenklichkeitsbescheinigung vorlegen mußte und außerdem zwei am Ort bekannte Personen als Leumundszeugen beizubringen hatte. Dies ist ein Hinweis auf die Einschätzung des Telegrafen als Machtmittel seitens der machtverwaltenden Institutionen. Privatgesellschaften suchten in verschiedenen Ländern durch hohe Gebühren ein Maximum an Profit zu sichern, besonders, wenn durch Zusammenschlüsse jegliche Konkurrenz ausgeschaltet werden konnte. Demgegenüber führten internationale Zusammenschlüsse, wie die des Deutsch-Österreichischen Telegrafenvereins, zu einer Senkung der Tarife und zu einer Ausweitung des Telegrammumfangs. Während in Amerika der Wortumfang noch auf zehn Worte für ein einfaches Telegramm beschränkt war, erlaubte man im Deutsch-Österreichischen Telegrafenverein immerhin bereits einen Wortumfang von 1 bis 25 Wörtern. Abbildung 55 gibt Beispiele von Telegrammkosten einschließlich Bestellgeld für

1. Berechnung

der Kosten für eine Drahtleitung durch die Luft über Stangen pro Meile

Pos.	Bezeichnung der Arbeiten und Materialien	Geldbetrag rth	sgr
1.	5½ Zentner Draht à 51 rth	280	15
2.	300 Stück glatt bearbeitete Stangen von durchschnittlich 18 bis 20 Fuß Länge und 4 Zoll Stärke im Mittel, inkl. Anbrennen und Transportieren derselben bis an Ort und Stelle, à 25 sgr	250	—
3.	300 Stangen zu setzen, inkl. Ausgraben der Löcher, Verfüllen und Feststampfen, à 3 sgr	30	—
4.	Für Material zum Isolieren des Drahtes an 300 Stangen, pro Stange 2½ sgr	25	—
5.	300 Stück Klammern, zu jeder 2 Holzschrauben, zur Verbindung der Drahtleitung mit den Stangen à 1½ sgr	15	—
	Für das Aufziehen, Isolieren und Befestigen der Drahtleitung sind erforderlich pro Meile 5 Arbeiter auf 20 Tage, nämlich		
	2 verläßliche Arbeiter (Mechaniker) à 2 rth = 4 rth — sgr		
	3 Tage verläßliche Arbeiter à 15 sgr = 1 rth 15 sgr		
	5 rth 15 sgr		
	daher		
6.	20 Tage à 5½ rth	110	—
7.	Zusatz für Übergänge, unterirdische Leitungen bei Brückenklappen und für unvorhergesehene Ausgaben pro Meile	75	—
	Summa der Kosten pro Meile....	785	15

2. Berechnung

der Kosten für eine unterirdische Drahtleitung mit einem Überzug von Guttapercha, pro Meile

Nr.	Bezeichnung der Arbeiten und Materialien	Geldbetrag rth	sgr
1.	4½ Zentner Kupferdraht à 51 rth	229	15
2.	495 Pfund Guttapercha zum Überzug, à 1 rth 5 sgr pro Pfund, inkl. Anfertigung des Überzugs, Prüfen des überzogenen Drahtes und aller Nebenarbeiten	577	15
3.	2000 lfde. Ruten Graben anzufertigen von durchschnittlich 1½ Fuß Tiefe und denselben nach dem Einlegen der Drahtleitung zu verfüllen und zu ebenen, pro lfde. Rute 2 sgr 6 Pf	166	20
4.	— Zusatz für Überfahrten, Pflasterungen, Brücken pro Meile......	75	—
5.	— Für das Legen, Verlöten, Prüfen pp. der Drahtleitung pro Meile		
	4 Tage und dazu		
	2 verläßliche Arbeiter (Mechaniker) à 2 rth = 4 rth — sgr		
	3 Tagearbeiter à 15 sgr = 1 rth 15 sgr		
	5 rth 15 sgr	22	—
	An Materialien, als: Guttapercha, Zinn, Kohlen pp. für		
6.	50 Lötstellen à 10 sgr	16	20
7.	— Für unvorherzusehende Arbeiten	12	20
	Summa der Kosten pro Meile	1100	—

Berlin, den 13. Juni 1848.

		via Haag		via Ostende		via Calais		über Bruchsal		
		Thlr.	Sgr.	Thlr.	Sgr.	Thlr.	Sgr.	Thlr.	Sgr.	Pf.
Königsberg	nach London	7	5	9	10	10	—	—	—	—
„	„ Glasgow	7	5	11	2	12	2	—	—	—
Berlin	nach London	5	25	8	—	8	20	—	—	—
„	„ Glasgow	5	25	9	22	10	22	—	—	—
München	nach London	5	25	7	10	8	—	8	1	7
„	„ Glasgow	5	25	9	2	10	2	10	3	7
Triest	„ London	6	15	8	20	9	10	9	11	7
„	„ Glasgow	6	15	10	12	11	12	11	13	7

55: Kostentabelle für eine Depesche bis zu zwanzig Worten im europäischen Verkehr in Talern und Silbergroschen, 1854.

eine Tagesdepesche aus dem Jahre 1854, die bis zu zwanzig Wörter enthielt. ‹Nachtdepeschen›, die über besonders frequentierte Telegrafenbüros möglich waren, kosteten annähernd die doppelte Gebühr. Die außerordentliche Expansion der privaten Nutzung des Telegrafenwesens zeigen einige Zahlen aus dem Betriebszeitraum von 1851–1856 in Preußen (Abb. 56), eine Steigerung des Privatdienstes um das Siebenfache bei annähernd gleichgebliebenem Staats- und Eisenbahndienst. Dabei machte innerhalb des Privatdienstes die eigentliche private Nachrichtenübermittlung nur ein Zehntel aus. Der Rest entfiel auf die Börse, das Zeitungswesen, der größte Anteil aber auf Handel und Schiffahrt. Diese Entwicklung im europäischen Staatstelegrafenwesen geht auch aus einer Übersicht über die ausgelieferten und bezahlten Telegramme in der Zeit von 1850–1855 hervor (Abb. 57).

Die höhere Telegrafennutzung erforderte natürlich mehr Personal. Hierzu ein Beispiel: Kam die Station Stuttgart noch 1851 mit zwei Telegrafisten und einem Telegrafenboten aus, so zählte die Dienststelle 1880 bereits 85 ausschließlich im Telegrafendienst beschäftigte Angestellte: 1 Vorstand, 1 Kas-

◂ 54: Kostenanalyse für den Ausbau des Staatstelegrafennetzes, erstellt im Revolutionsjahr 1848.
Die Herstellung nur einer einzigen Fernleitung erforderte für eine Strecke von einer Meile (7,5 km) annähernd 300 kg Leitungsdraht, bei unterirdischer Verlegung dazu noch rd. 250 kg Isoliermasse. Fünf ‹verläßliche Arbeiter›, davon zwei Mechaniker, waren nach den Vorausberechnungen erforderlich, um in 20 Tagen dreihundert Telegrafenmasten von rd. 5 m Länge in Abständen von 25 m über diese Strecke zu setzen und die Telegrafenleitungen mit entsprechenden Isolationsklammern an den Masten zu befestigen.

	Staatsdepeschen:	Telegraphische Dienstdepeschen:	Eisenbahn= dienstdep.	Privatdepeschen:
1851	5557	—	5537	28,878
1852	9766	—	4536	34,447
1853	9270	—	5496	70,095
1854	5151	4101	3751	102,474
1855	7172	6173	4837	134,638
1856	8235	7054	4083	202,039

56: Entwicklung des Telegrammaufkommens in Preußen, Anzahl der aufgegebenen Depeschen von 1851–1856. Im Gegensatz zum Staats- und Eisenbahndienst erfuhr der Privatdienst in wenigen Jahren eine siebenfache Steigerung.

sierer, 11 Obertelegrafisten, 33 Telegrafisten und Gehilfen, 22 Gehilfen, 16 Boten und 1 Bürodiener. Überlegungen zur Einsparung von Betriebskosten führten schon sehr früh dazu, Frauen und Mädchen im Telegrafendienst zu beschäftigen. Das gilt besonders für die Länder mit Privattelegrafenanlagen. Aber auch in Ländern mit Staatstelegrafen war man bereit, Mädchen und Frauen wegen der geringen Gehaltsansprüche in den Telegrafendienst einzustellen. Wie die Frauenarbeit aus der Sicht eines Generalpostmeisters eingeschätzt wurde, liest sich in einem Verwaltungsbericht (1880) so:

«Als Telegraphistinnen erreichen die Frauenspersonen selten den höchsten Grad von Geschicklichkeit; nur ein sehr kleiner Theil wird zu wirklich fähigen, geschickten Apparatbeamten; aber selbst die besseren sind nicht im Stande, die Anstrengungen einer ununterbrochenen Arbeit in einem Maße zu ertragen, das dem, was männliche junge Beamte auszuhalten vermögen, auch nur annähernd gleichkommt. Als Schreibgehilfen oder für andere mechanische Beschäftigungen können sie auch nicht dieselbe Arbeitsmenge liefern wie Männer, oder doch nicht mit der gleichen Pünktlichkeit und Raschheit. Wie also die Gehalte der weiblichen Beamten im Mittel die Hälfte der Gehalte von Männern in denselben Funktionen nicht übersteigt, kann auch andererseits der Werth der geleisteten Dienste auf dieser Grundlage derart taxiert werden, daß die Arbeit von fünf männlichen Beamten derjenigen von zehn weiblichen gleichwerthig ist» (Schöttle, 1883, S. 128).

Weibliche Arbeitskräfte waren beispielsweise in Deutschland in den Telegrafenämtern ab etwa 1870 in größerem Umfang beschäftigt. Die Bezahlung einer Telegrafengehilfin betrug in Württemberg pro Tag 2,40 Mark. Wäh-

57: Entwicklung des elektrischen Staatstelegrafenwesens in Europa, Übersicht über die gelieferten und bezahlten Depeschen in der Zeit von 1850–1855.

Land	Datum der Errichtung	1850	1853	1855
1. Baden	1851	–	33 475	41 929
2. Bayern	1850	655	22 156	71 098
3. Braunschweig	1854	–	–	?
4. Hamburg (Dän.[1,2])	(1854)	?	?	18 253?
5. Hannover	1852	–	2 796	17 654
6. Mecklenburg	1854	–	–	4 551
7. Bremen-Oldenburg	1855	–	–	?
8. Preußen	1849	35 494	85 161	152 820
9. Sachsen	1850	–	6 693	16 803
10. Schleswig-Holstein[2] (Dän.)	(1854)	–	–	3 218
11. Württemberg	1851	–	7 932	13 604
12. Sonstige				
Summe 1–12 abgerundet:		36 149	158 213	339 930
13. Österreich-Ungarn	1850	14 398	120 001	209 208
14. Niederlande	1852	–	26 087	78 508
Summe 1–14 = DÖTV (abgerundet):		50 547	304 301	627 646
15. Modena	1852	–	9 136	19 635
16. Toskana	1852			
17. Parma	1852			
18. Sardinien	1853			
19. Sizilien	1857			
20. Kirchenstaat	1855		173[3]	11 996
Summe 15–20 = Italien (abgerundet):			ca. 11 000	ca. 40 000
21. Belgien	1851	–	25 420	35 635
22. Frankreich	1851	–	142 061	254 532
23. Schweiz	1852	–	76 343	146 688
24. Spanien	1855	–	–	2 085
25. Portugal	1855	–	–	–
26. Dänemark[1]	1854	–	–	26 380
27. Schweden	1853	–	851	60 607
28. Norwegen	1855	–	–	24 683
29. Sonstige		?	?	
30. Electr. Tel. Cy	1846	–	350 500	1 017 529
31. Submarine T. C.	1853	66 634	?	ca. 40 000
Summe 15–31:		ca. 70 000	ca. 606 175	1 644 139
Europa (1–31) abgerundet:		120 000	910 000	2 272 000

1 Hamburger Privat-Telegraph (1848); 2 Dänischer Staats-Telegraph, bei Dänemark abgezogen; 3 Staats-Telegramme.

rend sich das Gehalt der männlichen Telegrafisten nach Dienstjahren erhöhte, fiel eine solche Steigerung bei den weiblichen Angestellten weg.

Die erhöhte Telegrafiergeschwindigkeit, aber auch das Bestreben, eine noch bessere Ausnutzung und eine noch günstigere kommerzielle Basis zu finden, führte zum weiteren Ausbau des Telegrafennetzes wie auch zum internationalen Nachrichtenaustausch und zum Abschluß entsprechender Telegrafenverträge in Europa. Das Telegrafennetz erreichte bald Hamburg, Stettin und später Breslau. 1854 reichte nach Gründung des Deutsch-Österreichischen Telegrafenvereins das europäische Telegrafennetz von Memel bis Den Haag und von Kronstadt bis nach Mailand. Direkte Anschlüsse bestanden nach Skandinavien, der Schweiz, Frankreich, Italien. Großbritannien war über Frankreich zu erreichen. Die verwendeten technischen Systeme wurden abgesprochen und vereinheitlicht. Den von dem deutschen Mechaniker Halske weiter verbesserten Morseapparat (Federwerkantrieb an Stelle des bisherigen Gewichtsantriebs) erklärte der DÖTV im Jahre 1881 zum Einheitsapparat und legte einen Einheitspreis von 150 Talern bzw. von 450 Preußischen Mark für den Bereich der zusammengeschlossenen Länder fest. Die ‹Telegraphenbauanstalt von Siemens & Halske› war inszwischen als Produktionsstätte für Telegrafenanlagen zu einem Großunternehmen angewachsen, das neben zwei weiteren Unternehmen (Lewert, Gurlt) Morsegeräte nach Baumuster und Bedingungen der DÖTV baute. Schon vorher hatte allein die Firma Lewert bis 1856 bereits tausend und bis 1874 weitere zweitausend Morsegeräte ausgeliefert.

58: Verlegen eines Seekabels, um 1852.

a) Das auf Eisenbahnwagen zum Hafen gebrachte Kabel wird in den dafür vorbereiteten Raum des Schiffes gebracht und dort sorgfältig aufgewickelt.

b) Das Heck des speziell für diesen Zweck gebauten Kabellegers mit der Verlegeeinrichtung und dem Bremsrad. Bei Beginn der Verlegearbeit wird der Anfang des Kabels von den Booten an Land gebracht und dort mit dem Telegrafen verbunden. Das Ende des Kabels ist in der Kajüte des Dampfschiffes an ein anderes Instrument angeschlossen, so daß das Kabel während des Verlegens ständig überprüft werden kann.

b)

c) Das aus dem Laderaum kommende Kabel läuft zwischen zwei Rollen hindurch zum Bremsrad, um das es mehrfach geschlungen ist. An der Welle des Bremsrades ist eine (hier nicht sichtbare) Zählvorrichtung angebracht, die die Länge des verlegten Kabels angibt.

Telegrafie, Nachrichtenkonsum und wirtschaftliche Interessen

Die Ausdehnung des Weltmarktes forderte zunehmend eine internationale Kommunikation. Als eine wichtige Aufgabe erschien es daher, die Kontinente mit Seekabeln zu verbinden. Den Anfang bildete die Verlegung eines Kabels zwischen England und Frankreich (Calais-Dover, 1851), weitere Verbindungen, zum Beispiel nach Irland, folgten. Erhebliche technische Probleme ergaben sich bei der Ausweitung der Kommunikation auf die verschiedenen Kontinente, besonders nach Nordamerika. Angefangen von dem Bau eines geeigneten Kabellegeschiffes (Abb. 58), der Fertigung entsprechender Kabel (Abb. 59) bis hin zur Problematik der Auslotung der Meerestiefen (Abb.

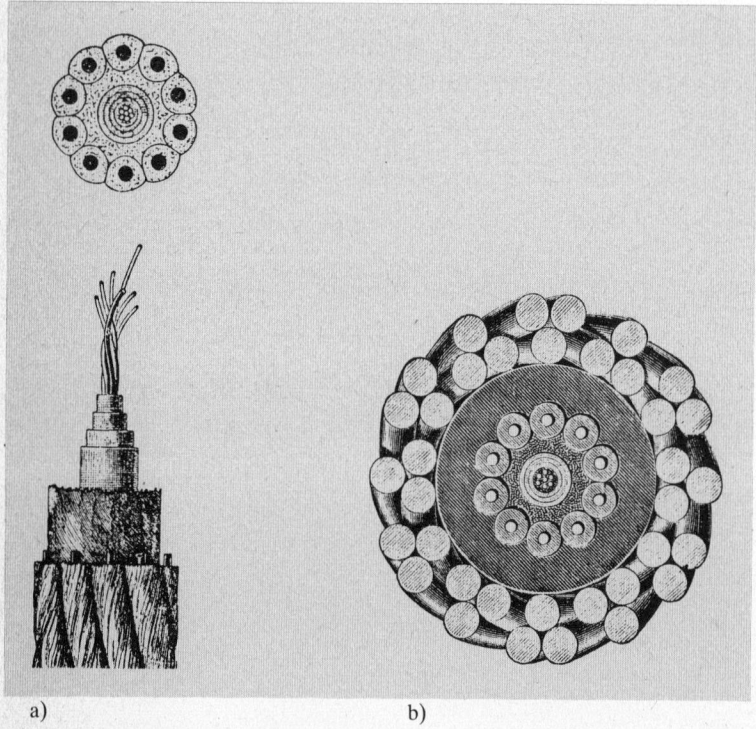

a) b)

59: Tiefseekabel, 1865:
a) zweites transatlantisches Tiefseekabel, ca. 30 mm Durchmesser,
b) Küstenkabel, ca. 65 mm Durchmesser.

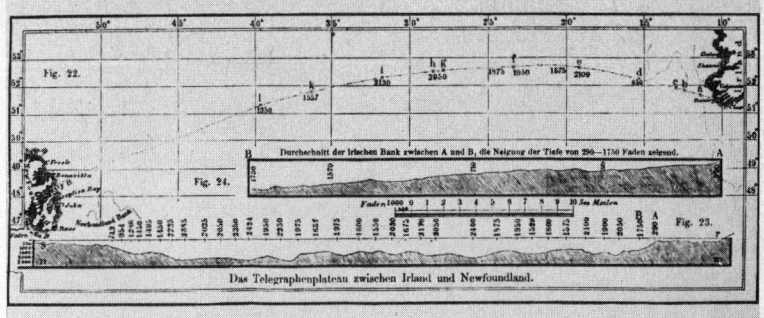

60: Schnittzeichnung vom Meeresboden des Nordatlantiks mit dem ‹Telegraphenplateau›, zwischen Irland und Neufundland, wo die meisten Transatlantikkabel abgesenkt wurden, 1852.

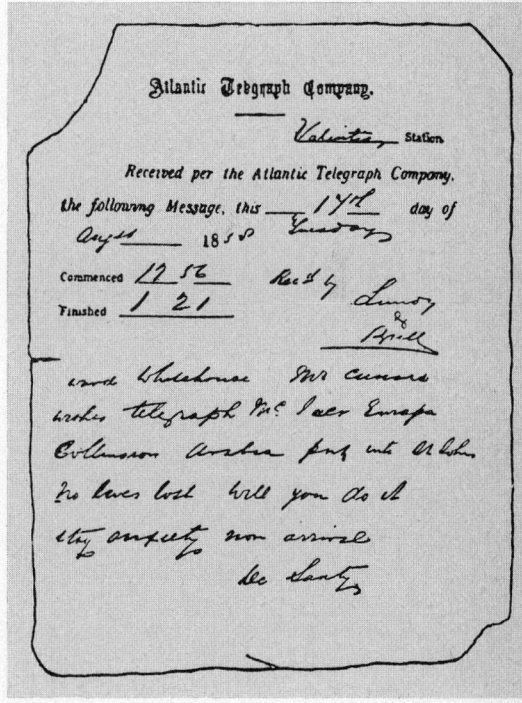

61: Eines der ersten Transatlantiktelegramme, 1858.

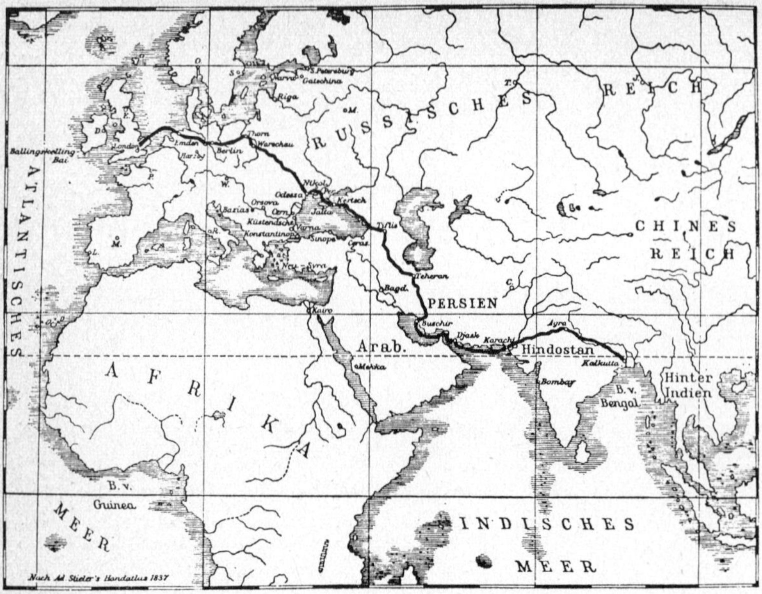

62: Linienführung der von Siemens erbauten Indo-Europäischen Telegrafenlinie London–Teheran–Kalkutta, 1870.

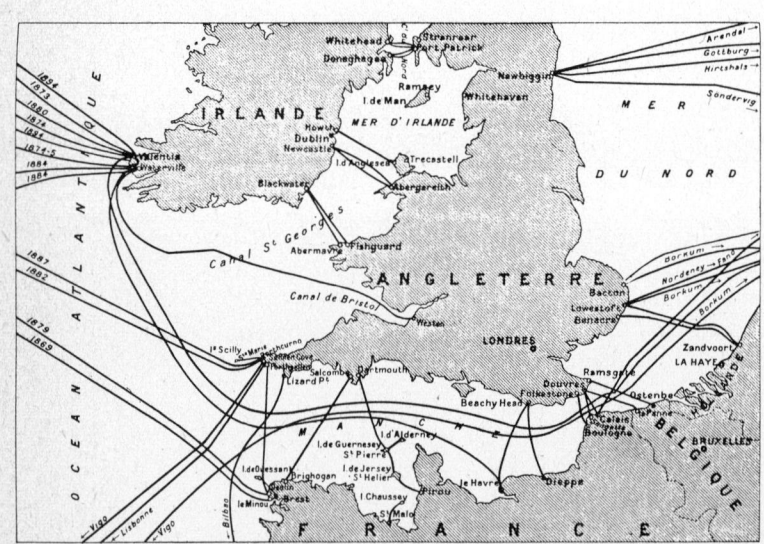

64: Telegrafistenarbeitsplätze im großen Post-Telegrafensaal in Paris, einer der größten Nachrichtenzentralen in Europa, vor 1883.

60) und anderem mehr. Die – teils mißlungenen – Versuche auf der Atlantikstrecke mit einer Kabellänge von 2500 Seemeilen und 4000 t Kabelgewicht erforderten hohe ökonomische Aufwendungen der beteiligten Gesellschaften. Obschon mit den häufigen Fehlschlägen erhebliche Kapitaleinbußen einhergingen (Verlust von 10 Millionen Mark allein bei der ‹Atlantik Telegraph Co. of New York, New Foundland and London› beim zweiten mißlungenen Versuch), motivierten die funktionierenden Linien (Abb. 61) mit ihren großen erwiesenen Nutzungsvorteilen zu weiteren Investitionen und Einsätzen, so daß am 4. August 1866 die Telegrafenverbindung zwischen Amerika und Europa dauerhaft aufgenommen werden konnte. Die erste Übertragung von den USA nach Europa bestand aus Notierungen der New Yorker Börse; ein unübersehbarer Hinweis auf das wirtschaftliche Interesse, das sich mit dem Ausbau dieser Linie verband.

1869 ging eine von Werner Siemens gebaute indoeuropäische Telegrafenverbindung mit über 18 000 km Länge von London nach Kalkutta in Betrieb

◄ 63: Von England ausgehende Telegrafenlinien zum europäischen und zum amerikanischen Kontinent, um 1880.

65: Elektrische Telegrafie im militärischen Einsatz im deutsch-französischen Krieg 1870/1871.

(Abb. 62), die bis 1931 bestand. England als größte Kolonialmacht jener Zeit war von Beginn an bestrebt, die neue Art internationaler Verbindung im Sinne eigener Wirtschafts- und Machtpolitik für die Zwecke seiner Monopolstellung zu nützen (Abb. 63). Um die Jahrhundertwende (1898) verfügte England mit 209000 km Strecke über nahezu 70 % des gesamten Weltkabelnetzes, ein neuer Aspekt der Vormachtstellung eines Landes.

Nachrichten nahmen mehr und mehr den Charakter von Ware an, die zu sammeln, zu ordnen und zu verkaufen ein profitables Geschäft ausmachen konnte. Auf diese Zusammenhänge verweisen auch die Gründungsdaten der großen Telegrafenbüros beziehungsweise Nachrichtenagenturen: Havas, Paris (1832); Assoc. Press, New York (1848); Wolff, Berlin (1849); Reuter, London (1851), alles Agenturen, bei denen Nachrichten eingekauft werden konnten und die sich mit ihrem Angebot nicht an einen bestimmten Abnehmerkreis wie zum Beispiel Zeitungsleser wendeten, sondern die Nachrichten auf einem freien Markt anboten. Der Umatz von Nachrichten bekam insgesamt einen kräftigen Aufschwung (Abb. 64).

Daß elektrische Telegrafenanlagen sehr bald auch militärische Nutzung fanden, von woher neue Impulse für weitere Entwicklungen ausgingen, bedarf nach unseren bisherigen Betrachtungen nahezu keines Kommentars. Abbildung 65 verweist auf diese Verwendung im deutsch-französischen Krieg 1870/71, wo elektrische Telegrafensysteme ihre strategisch-militärische Überlegenheit gegenüber optischen bewiesen.

Elektrische Telegrafentechnik und nachrichtentheoretische Erfahrung

Gehen wir abschließend noch einmal der Entwicklung der elektrischen Telegrafie nach, so bleibt besonders auffällig, wie neben wirtschaftlichen und machtpolitischen Interessen, die mit der kapitalistischen Produktion einhergehen, immer wieder entscheidende technische Impulse auch vom jeweiligen naturwissenschaftlichen Erkenntnisstand ausgingen. Im Laufe der industriellen Revolution hatte sich nämlich das Verhältnis von Naturwissenschaft, Produktion und Technik grundlegend geändert. Die Naturwissenschaften entwickelten sich zu einem integralen Bestandteil von Produktion schlechthin, sie wurden selbst zur Produktionskraft. Technische Weiterentwicklungen wurden immer stärker abhängig von der jeweiligen naturwissenschaftlichen Durchdringung, von der Beherrschung der entsprechenden theoretisch-wissenschaftlichen Grundlagen, rein erfahrungsmäßige Ausnutzung von Naturgesetzen reichte nicht mehr aus. So führten Entdeckungen auf dem Gebiet der Elektrizität unmittelbar zum Entstehen der Elektroindustrie im letzten Drittel des 19. Jahrhunderts, eine Entwicklung, die im Gegensatz zu anderen Industriezweigen von Beginn an auf wissenschaftlicher Basis verlief. Die Elektroindustrie kann als der erste Industriezweig angesehen werden, in dem sich von Anfang an theoretisch-wissenschaftliche Erkenntnis auf die Produkte auswirkte.

Vergleicht man den elektrischen Telegrafen mit der über 2000 Jahre alten optischen Telegrafie, so sind gewisse qualitative Sprünge nicht zu übersehen. Erstmals wurde mit der elektrischen Darstellung des Nachrichtensignals ein ständig verfügbares System bereitgestellt, das unabhängig von Tag und Nacht und den verschiedenen Witterungseinflüssen arbeitete und dazu eine hohe Übertragungsdichte und -geschwindigkeit gewährleistete. Erst diese ständige Einsatzbereitschaft ermöglichte eine ökonomische Nutzung (privater Nachrichtenumsatz), was gegenüber der optischen Staatstelegrafie zu einer erheblichen Kostensenkung führte. Dieses Moment verstärkte sich noch, als zunehmend Relais und mechanische Gebe- und Empfangseinrichtungen eingesetzt wurden und sich damit die Personalkosten senkten. Die ständige Betriebsbereitschaft wie auch die vergrößerte Betriebssicherheit ergaben generell eine hohe Präsenz der Information.

Für die allgemeine Mobilität ist noch ein Blick auf die veränderte Reisegeschwindigkeit interessant. Im Altertum betrug diese beim Einsatz von Boten im Mittel fünf Kilometer pro Stunde, mit Tagesleistungen von 50 Kilometern. Eine fünfmal so schnelle Nachrichtenübermittlung gelang durch Botenstafetten (250 km pro Tag); sie reichte für die damaligen Bedürfnisse. Im 18. Jahrhundert erhöhte sich mit dem Ausbau der Straßen und der Postrelaisstationen die durchschnittliche Reisegeschwindigkeit auf 10 bis 20 km pro Stunde. Botenstafetten konnten nun nicht mehr um das Fünffache schneller sein;

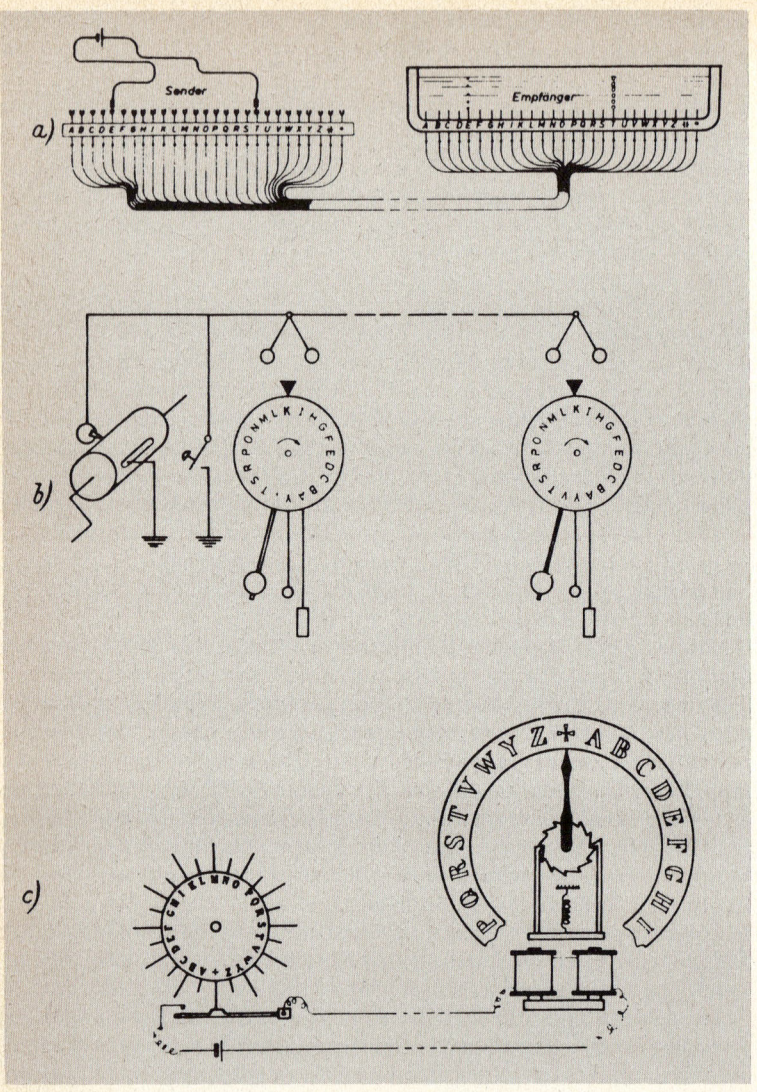

66: Prinzipdarstellung elektrischer Telegrafensysteme, die nach dem Selektionsverfahren arbeiten:
a) Elektrolytischer Telegraf von Sömmerring, 1809.
b) Elektrostatischer Telegraf von Ronalds, 1816.
c) Elektromagnetischer Zeigertelegraf von Wheatstone, 1840.

optische Telegrafen übernahmen die Nachrichtenübertragung. Mit der Einführung der Eisenbahn im 19./20. Jahrhundert nahm noch einmal die Reisegeschwindigkeit erheblich zu. Elektrische Telegrafen ersetzen die optischen. Für eine Gesamtschau der dargestellten Entwicklung ist nicht zuletzt die nachrichtentheoretische Seite bedeutsam. Schon bald gingen Überlegungen in die Entwicklung ein, die die Nachrichtendarstellung selbst betrafen. Es wurde nach sinnvollen Methoden gesucht, Nachrichten in eine für die elektrische Übertragung optimale Form zu bringen. Wenn Telegrafie dadurch gekennzeichnet ist, daß ein begrenzter Vorrat von einzelnen Nachrichtenelementen übertragen wird, so ist ganz entscheidend, welches Verfahren angewandt wird, um die Buchstaben des Alphabets, die Ziffern des Zahlensystems, den alphanumerischen Text also, in diese Elemente zu zerlegen, sie zu übertragen und am Ende wieder zusammenzufügen. Die dabei grundsätzlich zu unterscheidenden Verfahren, nämlich das Selektions- und das Codeverfahren, wurden bereits bei der Untersuchung der Telegrafensysteme der Griechen dargestellt. Bei den verschiedenen elektrischen Telegrafenentwicklungen finden wir diese Unterscheidung wieder.

Hier einige Beispiele: Sömmerring, Ronalds und Wheatstone wendeten ein Selektionsübertragungsverfahren an, bei dem das Empfangsgerät selbst über den vollständigen Vorrat der zu übertragenden Zeichen verfügt und eine bestimmte Nachricht durch eine aufeinanderfolgende Auswahl der Elemente übertragen wird (Abb. 66). Benötigte Sömmerring für jeden Buchstaben noch eine Leitung, so verringerte sich später der Aufwand durch die Einführung anderer Auswahlmethoden, wie zum Beispiel mittels ferngesteuerter umlaufender Zeiger oder synchron umlaufender Sender und Empfänger. Gauss und Weber, Schilling von Canstatt sowie Steinheil und Morse benutzten dagegen ein Codeverfahren, bei dem die zu übertragenden Nachrichtenelemente durch vereinbarte Kombinationen aus wenigen einfachen Signalelementen, wie zum Beispiel Punkten und Strichen, dargestellt sind (Abb. 67). Bei den verschiedenen Einzellösungen lassen sich ferner serienmäßige Zeichenübertragung (vereinbarte Kombinationen verschiedener zeitlich aufeinanderfolgender Signale) unterscheiden von einer parallelen Zeichenübertragung (vereinbarte Kombinationen verschiedener gleichzeitig nebeneinander übertragener Zeichen). Als großer Nachteil des Parallelcodesystems fällt sofort der größere apparative Aufwand auf, als Vorteil die große Übertragungsgeschwindigkeit: Über eine Vielzahl von Kanälen laufen die Signale gleichzeitig. Beim Seriencode besteht hingegen der Vorteil darin, daß nur ein Kanal (eine Übertragungsleitung) aufgebaut werden muß, verbunden jedoch mit dem Nachteil eines größeren Zeitbedarfs.

Im ganzen gesehen setzte sich das Seriencodeverfahren durch, aber auch Kombinationen beider Verfahren. Beispiele (Abb. 68) sind die Entwicklungen von Cooke und Wheatstone, später auch beim elektrischen Schnelltelegrafen die von Jean Maurice Émile Baudot (1845–1903). Um möglichst große

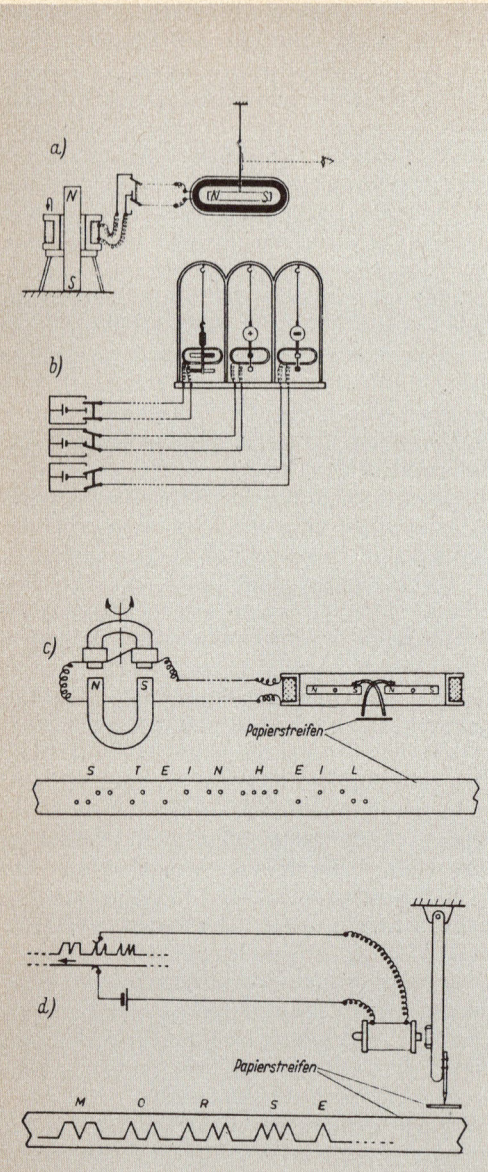

67: Gegenüberstellung elektrischer Telegrafiersysteme, die nach dem Code- bzw. Codeschrift-Verfahren arbeiten:
a) Telegraf mit Seriencodeverfahren: eine vereinbarte Kombination verschiedener zeitlich nacheinander übertragener Signale; Gauss/Weber, 1833.
b) Telegraf mit Parallelcodeverfahren: vereinbarte Kombination verschiedener gleichzeitig nebeneinander übertragener Signale; Schilling, 1832.
c) Telegraf mit Codeschriftverfahren: Kombination von Punkten entlang zweier paralleler Linien, Signalübertragung durch positive und negative Stromstöße; Steinheil, 1836.
d) Telegraf mit Codeschriftverfahren: Zackenschrift, später Kombination von Strichen und Punkten, Signalübertragung durch kurze und lange Stromstöße; Morse, 1837.

68: Prinzipdarstellung von Telegrafiesystemen, die eine Kombination von Code- und Selektionsverfahren benutzen:
a) Fünfnadeltelegraf von Cooke und Wheatstone, 1837.
b) Schnelltelegraf von Baudot, 1874.

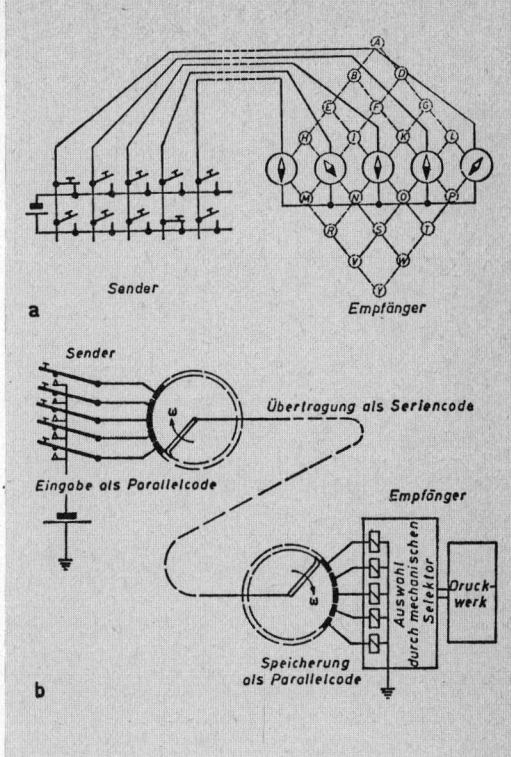

Eingabegeschwindigkeiten zu erzielen, arbeitete dieser Telegraf im Eingangsbereich im Parallelcodeverfahren, im Leitungsbereich jedoch, um den Leitungsaufwand möglichst niedrig zu halten, mit einem Seriencode. Bei allen heutigen Systemen, die Nachrichten übertragen, speichern oder verarbeiten, finden sich diese Verfahren wieder.

Für eine leistungsfähige Nachrichtenübertragung ist neben dem Verfahren, wie die Codeelemente in Signale umgesetzt werden, auch wichtig, wie die Codeelemente den Buchstaben des Alphabets und/oder den Ziffern zugeordnet werden. Verfolgt man die einzelnen Vorstufen des Telegrafenalphabetes (Abb. 69), so zeigen diese, wie sich hier bereits sehr früh die Erkenntnis durchsetzte, daß der Informationsgehalt einer Nachricht und damit die Dichte ihrer Übertragung wesentlich abhängt von der Häufigkeit, mit der die einzelnen Nachrichtensymbole durchschnittlich auftreten; das ist eine Erscheinung, die erst später mit der Informationstheorie mathematisch formu-

1	2	3	4	5	6	7	8	9	10
1	970	E	\	.	.	.	—	.	.
2	730	N	/ \\	..	—.	—.	..	..——	—.
3	610	R	///\	..	. ..	. ..	.——.	.——.	.—.
4	550	I	//	.	..	..	.	—	..
5	430	S	//\/	.. ..	...	...	——..	—..	...
6	430	T	/\//	. .	—	—	—.	—.—.	—
7	400	A	/	. ..	.—	.—	.—	.—	.—
8	310	G	\//	.. .	——.	——.	..—	.——.	——.
9	310	L	\\/	. ..	——	.—.	.—.	....	.—..
10	310	O	/\	...	. .	.—...	———	..	———
11	300	U	\/	×	..	..—.	.—.	—..	..—
12	250	B	\\	. ..	—...	—...	—..	—.	—...
13	250	D	\//	. .	—..	—..	—.	..	—..
14	250	H	\\\	....	....	....	.—	.——	....
15	250	M	\/\	...	——	——	...	—.—.	——
16	190	C	///	×	.. .	—.—.	——.	...	—.—.
17	190	K	///	.. .	—.—	—.—	—.	.——.	—.—
18	190	P	////	... .	.....	.....	..—	——..	.——.
19	190	V	×	. .	...—	...—	—..	———.	...—
20	160	W	\///	.. .	.——	.—.	—.—.	.—.—	.——
21	130	F	/\/	. ..	—.	..—.	..—	.——	..—.
22	130	Z	\\//	.. ..	... .	.—..—	..——	——..	——..
23	80	Q	×	×	..—.	——.	—.	.———	——.—
24	80	Y	×	×	.. ..	——...	×	——	—.——
25	60	X	×	×	.—..	..—..	×	—..—	—..—

69: Entwicklung des frühen Telegrafenalphabetes:
1) Ordnungszahlen. 2) Von Werner Siemens ermittelte Buchstabenhäufigkeit bei deutschen Telegrammtexten. 3) Das Alphabet nach der Häufigkeit der Einzelbuchstaben in deutschen Telegrammtexten geordnet. 4) Die von Gauss und Weber zusammengestellte Telegrafenschrift, 1833. 5) Die von Steinheil erstellte doppelzeilige Telegrafenschrift, 1837. 6) Die von Morse gebildete Telegrafenschrift, etwa 1840. 7) Das sogenannte Hamburger Alphabet von Gerke, um 1848. 8) Das Steinheilsche Alphabet in Punkten und Strichen, 1849. 9) Das von Bain verbesserte Alphabet, 1843. 10) Das seit 1851 in Gebrauch befindliche Morsealphabet.

liert werden konnte, in ihrer Bedeutung jedoch früh erkannt wurde. Häufigen Symbolen, wie z. B. dem ‹e› werden wenige Codeelemente (kurze Zeichen) zugeordnet, seltenen, wie z. B. dem ‹q› viele (lange Zeichen). Auf dieses Streben verweisen beispielsweise auch die Untersuchungen von Siemens, der die Buchstaben aus deutschen Telegrammen im Umfang von 15000 Tele-

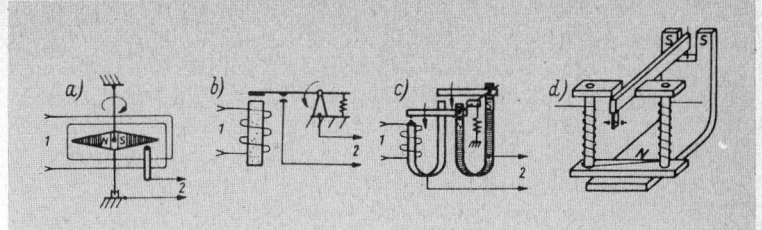

70: Entwicklung des Telegrafenrelais. Als Verstärkerelement ermöglichte das Telegrafenrelais erst die größeren Reichweiten der Telegrafenlinien. Eine Strom- oder Spannungsänderung im primären Erregerkreis (Steuerkreis), in dem sich ein Elektromagnet befindet, erzeugt einen Schaltvorgang in einem zweiten Stromkreis (Arbeitsstromkreis). Diese Wirkung wird bei den verschiedenen Bauformen der Relais auf unterschiedliche Weise erzeugt, wobei die jüngeren Bauformen eine größere Empfindlichkeit und damit auch größere Verstärkerwirkung aufweisen:
a) Galvanometerrelais von Wheatstone, 1837,
b) neutrales Relais von Henry, vor 1836 und Morse, 1836,
c) polarisiertes Relais von Stöhrer, um 1848,
d) polarisiertes Dosenrelais von Werner Siemens, um 1859.

grafenzeichen auszählte (1864), um entsprechende Häufigkeiten zu ermitteln. Andere haben offensichtlich ähnliche Versuche angestellt, wie bei weiterem Vergleich der Codetafel zu vermuten ist. Alle grundsätzlichen technischen Fragen der elektrischen Telegrafie waren, wie man sieht, mithin im 19. Jahrhundert bereits gelöst.

Für das Bemühen, alphanumerische Zeichen über immer größere Entfernungen zu übertragen, sind neben den Entwicklungen der Freileitungs- und Kabeltechnik letztlich auch die der Telegrafenrelaistechnik symptomatisch (Abb. 70). Gerade das Telegrafenrelais erwies sich als entscheidendes Verstärkerelement, das in geeigneten Abständen in die Telegrafenlinie eingefügt werden konnte und damit die Reichweite der gesamten Linie erheblich vergrößerte.

Telefonie, eine neue Dimension der Nachrichtenübertragung

Völlig anders als die Telegrafie entfaltete sich das Kommunikationsmittel Telefonie. Vergleicht man die Maximalentfernungen der Telegrafie und der Telefonie (Abb. 71) und bezieht dazu Daten über die Leistungen und die Verbreitung dieser beiden Nachrichtensysteme mit ein (Anzahl der Telegramme und – wenn auch nur relativ vergleichbar – Anzahl der Sprechstellen), so ergibt sich, daß mit den Anfängen der Telefonie die Entwicklungsziele eindeutig im Ausbau regionaler Fernsprechnetze lagen und nicht in der Vergrößerung der überbrückbaren Reichweite. Bis zum Ende des 19. Jahrhunderts entwickelten sich diese Fernsprechnetze wesentlich als Ortsnetze. Übertragungssysteme analog denen der Telegrafenrelais (als digitale Verstärkerelemente) standen für die Telefonie (als analoge Verstärkerelemente) erst mit Beginn des neuen Jahrhunderts bereit. In einem Vortrag vor der Königlich Preußischen Akademie der Wissenschaften am 21. Januar 1878 schätzte Siemens die Bedeutung und die Entwicklungsmöglichkeiten der neuen Erfindung so ein, daß die Telefonie als Nachrichtenmittel für den Verkehr in den Städten und zwischen benachbarten Orten zwar gute Dienste leiste, aber so wenig sie auf ganz kurze Entfernungen das Sprachrohr verdrängte, so wenig könne sie den Telegrafen in seiner Leistung über größere Entfernungen ersetzen. Bei dem ausgeprägten Interesse an privaten Nachrichtensystemen erwies sich dieser prognostizierte Trend zunächst als richtig. Aus unserer heutigen Perspektive des internationalen Selbstwählferndienstes betrachtet, zeigt sich jedoch die Begrenztheit dieser Aussage.

Bevor wir aber auf Einzelheiten der Telefonie eingehen, einige Bemerkungen zu ihrer naturwissenschaftlichen Vorgeschichte. Zu den frühen Arbeiten auf diesem Gebiet gehören Untersuchungen, die sich mit dem Aufbau und der technischen Nachbildung der menschlichen Sprache beschäftigten wie die von Franciscus Mercurius van Helmont (1614–1699) und John Wilkins (1614–1672), aber auch die von Wolfgang Ritter von Kempelen (1734–1804), der 1778 eine sprechende Maschine baute. Christian Gottlieb Kratzenstein (1723–1795) entwickelte hiervon unabhängig Resonatoren zur künstlichen Vokalerzeugung, während 1822 Joseph Fourier (1768–1830) und 1832 der Engländer Robert Willis (1800–1875) wichtige theoretische Beiträge zur Na-

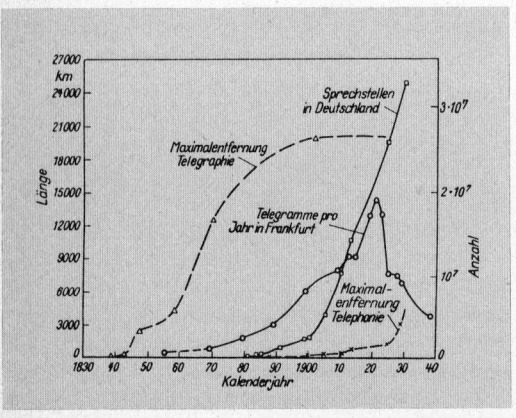

71: Verbreitung von Telegrafie und Telefonie im Zeitraum von 1840 bis 1940 am Beispiel des Telegrafenamtes Frankfurt. Gegenübergestellt sind die von der Telefonie überbrückten Entfernungen, die Sprechstellenentwicklung und die Telegrammaufgabe.

tur der Sprachlaute lieferten. 1859 gelang Hermann Helmholtz (1821–1894) die Zusammensetzung der Vokale aus Teiltönen. Zusammen mit den Erfahrungen der elektrischen Telegrafie und den Kenntnissen der Elektrizitätslehre und Elektrotechnik waren damit bedeutende Grundlagen für die Übertragung von Sprache gegeben.

Sprache auf elektrischem Weg zu übertragen, formulierte in technischer Problemstellung wohl erstmals exakt der französische Telegrafenbeamte Charles Bourseul (1829–1907). Seine Beschreibung des prinzipiellen Aufbaus einer elektrischen Fernsprechverbindung in der Pariser Zeitschrift ‹L'Illustration› von 1854 sah eine biegsame Platte vor, gegen die zu sprechen war. Diese Platte sollte die Verbindung mit einer Batterie, entsprechend den durch die Stimme erzeugten Schwingungen, abwechselnd herstellen und unterbrechen. Eine beim Empfänger aufgestellte zweite Platte sollte dieselben Schwingungen wiedergeben. Zur experimentellen Untersuchung kam Bourseul nicht. Experimentell ging hingegen der Lehrer Philipp Reis (1834–1874) vor, der um 1860 begann, ein Gerät zu bauen, mit dem es möglich war, die

«Funktion der Gehörwerkzeuge klar und anschaulich zu machen, mit welchem man aber auch Töne aller Art durch den galvanischen Strom in beliebige Entfernung reproduzieren kann» (Thomson, 1883, S. 5).

Reis hatte sich jahrelang mit den Erscheinungen und Gesetzen der Elektrizität auseinandergesetzt und sich darüber hinaus besonders mit der Mechanik und Akustik des menschlichen Ohres beschäftigt. Er ging in seinen Überlegungen von der physiologischen Funktion des menschlichen Ohres aus und versuchte, mittels eines aus Eichenholz geschnitzten Modells den elektrischen Strom dadurch zu beeinflussen, daß er einen Kontakt an einer lockeren Verbindungsstelle änderte. Die Öffnung seines Ohrmodells a (Abb. 72) verschloß er dazu mit einer dünnen Membran b, vergleichbar mit dem menschlichen Trommelfell. In ihrer Mitte ruhte das untere Ende eines kleinen, gebogenen Hebels c, d aus Platindraht, der den Hammer des menschlichen Ohres simulierte.

«Dieser gebogene Hebel war mit Siegellack an die Membrane gekittet, so daß er all ihren Bewegungen folgte. Er drehte sich um eine Achse, an die er in der Nähe seines Mittelpunktes gelötet war. Diese führte auf beiden Seiten durch Öffnungen in einen gebogenen Weißblechstreifen, der an der Rückseite des hölzernen Ohres angeschraubt war. Das obere Ende des gebogenen Hebels stand in losem Kontakt mit dem oberen Ende g, einer ein Zoll langen, senkrecht angebrachten, ebenfalls aus Weißblech bestehenden Feder, die ihrerseits an ihrem oberen Ende eine dünne, elastische Platinfolie trug. Eine Stellschraube h diente dazu, die Festigkeit des Kontaktes zwischen der senkrechten Feder und dem Hebel zu regulieren. Die Leitungsdrähte für den elektrischen Strom waren mit den Schrauben verbunden, die die beiden Weißblechstreifen an dem Ohr befestigten. Um sicherzustellen, daß der Strom von der oberen Zuführungsstelle aus Weißblech auch den Hebel erreichte, war ein anderer Streifen aus Platin auf dem ersteren aufgelötet; er drückte sanft gegen das Ende der Drahtach-

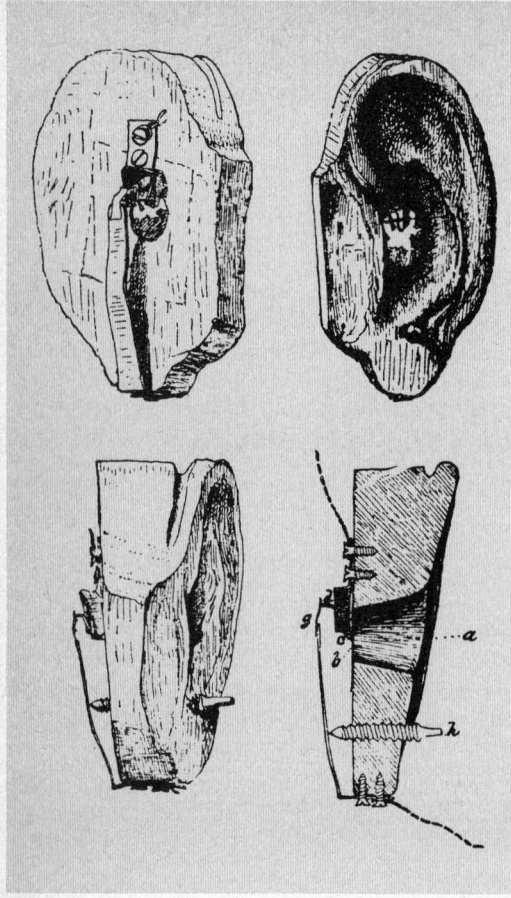

72: Verschiedene Ansichten des ‹künstlichen Ohrs›, mit dem Philipp Reis um 1860 die ersten Versuche zur elektrischen Sprachübertragung anstellte: a) Öffnung des Ohrmodells, b) Membran entsprechend dem Trommelfell, c,d) kleines Hebelchen, das dem Hammer des menschlichen Ohrs entspricht, g) Feder aus Weißblech, h) Stellschraube zur Regulierung des Kontaktes zwischen dem Hebel und der Feder.

se. Wenn nun Worte oder Töne irgendwelcher Art vor dem Ohr erzeugt wurden, geriet – genauso wie beim menschlichen Ohr – die Membran in Schwingungen. Der kleine, gebogene Hebel nahm diese Bewegungen – wie der Hammer des menschlichen Ohres – auf und übertrug sie auf alles mit ihm in Verbindung Stehende. Die Folge war, daß der Kontakt am oberen Ende des Hebels verändert wurde. Mit jeder Verdünnung der Luft bewegte sich die Membran nach vorn, das obere Ende des Hebels drückte fester gegen die Feder und verbesserte dadurch den Kontakt: der nun fließende Strom war stärker. Bei jeder Verdichtung der Luft bewegte sich die Membran zurück, das obere Ende des Hebels entsprechend vorwärts, so daß es nun weniger fest gegen die Feder drückte und den zuvor bestehenden Kontakt lockerte. Dieses ‹teilweise› Unterbrechen

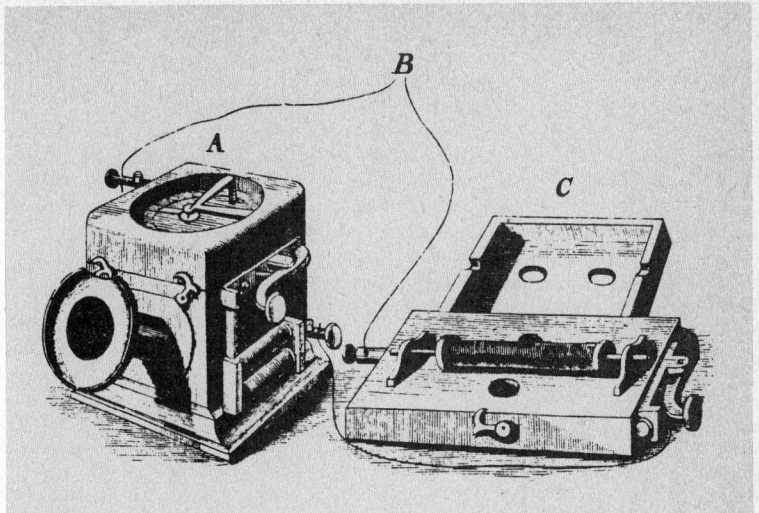

73: Das Telefon von Philipp Reis mit Mikrofon A, Batterie B und Empfänger C in einem Verkaufsprospekt des Frankfurter Instrumentenbauers Wilhelm Albert, 1863.

des Stromflusses verursachte die Schwächung des Stromes. Die in das Ohr dringenden Schallwellen mußten auf diese Weise dem Strom, der durch die Stelle des veränderlichen Kontaktes floß, Schwingungen aufprägen» (Thomson, 1883, S. 9).

Dieses Prinzip, die Stärke des elektrischen Stroms durch einen Kontaktmechanismus zu beeinflussen, findet sich nachfolgend in allen weiteren Sendermodellen von Reis bis hin zu denen, die ein Frankfurter Mechaniker schließlich in großer Zahl baute und an die verschiedensten physikalischen Kabinette in aller Welt für acht und zwölf Taler, je nach Ausstattung, verschickte. In einem Werbeblatt offerierte er 1863:

«... jedem, auch nur kurze Zeit sich in Frankfurt (Main) Aufhaltenden den Besuch des Magazins mit dem sehr interessanten Apparat von Herrn Reis zur Reproduktion der Töne durch Galvanismus, das Telephon ... Tonreproduktion auf entfernteste Stationen ...» (Horstmann, 1952, S. 284).

Von hier aus kamen dann die Reisschen Apparaturen in die verschiedensten physikalischen Laboratorien nach München, Erlangen, Wiesbaden, Wien, Köln, aber auch nach London, Dublin und anderswo. Abbildung 73 läßt die prinzipielle elektrische Anordnung mit dem von ihm benutzten Empfänger erkennen.

In einem Brief an einen Londoner Instrumentenbauer, der 1863 in Frankfurt diese Anordnung erworben hatte, um sie in England vorzustellen, beschreibt Reis an Hand einer Skizze (Abb. 74) den Aufbau und die Wirkungsweise seiner Apparatur:

«Das Gerät A ist ein aus Holz gefertigtes kleines Kästchen, dessen Deckel die Membrane c unter einer Glasscheibe zeigt. In der Mitte der Membrane ist ein Platinplättchen befestigt, an das ein abgeflachter Kupferdraht festgelötet ist, der den galvanischen Strom zuführen soll. Innerhalb des Kreises werden Sie weiterhin zwei Schrauben bemerken. Eine davon ist mit einer kleinen Vertiefung versehen, in die Sie einen Tropfen Quecksilber einfüllen; die andere läuft oben spitz zu. Der Winkel, den Sie auf der Membran finden werden, muß, der Anleitung entsprechend, mit dem Loch a auf die Stelle a und mit dem Platinfuß auf die Quecksilberschraube b gelegt werden, der andere Platinfuß gehört dann auf das Platinplättchen in der Mitte der Membran. Der von der Batterie (ich stelle sie gewöhnlich aus drei oder vier guten Elementen her) geliefer-

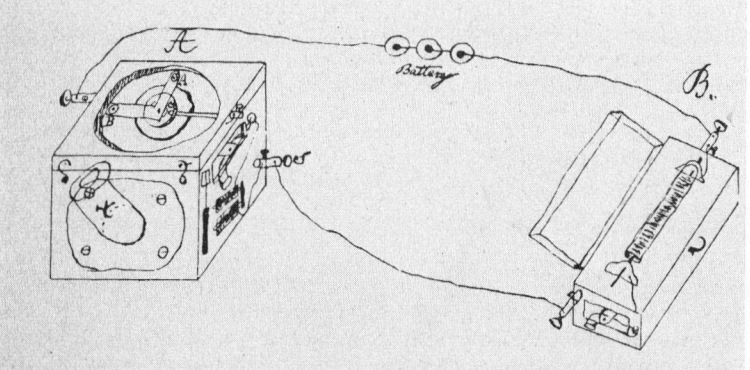

74: Handskizze des Telefonsystems von Philipp Reis, bestehend aus Mikrofon A, Empfänger B und Batterie. Darstellung aus einem Brief an den Londoner Instrumentenbauer W. Ladder, 1863.

In der oberen Öffnung des Mikrofons befindet sich die Membran, mit einem in der Mitte aufgekitteten runden Platinblättchen. Darauf ruht ein unten an dem leicht beweglichen, winkelförmigen Blechstreifen angebrachter Platinstift. Der Blechstreifen ist über eine Klemme mit der Batterie verbunden.

Der Empfänger besteht aus einem mit isoliertem Kupferdraht umwickelten Eisenstab, den zwei Stege mit dem Resonanzboden verbinden.

An den Seiten von Mikrofon und Empfänger sind Rufeinrichtungen angebracht.

Treten durch das Schallrohr Luftschwingungen ein, werden die Membran und das Platinblättchen in bestimmte Schwingungen versetzt. Entsprechend diesen Schwingungen entstehen zwischen Platinblättchen und Platinstift Unterbrechungen des Stromkreises, die unterschiedlich starke Magnetisierungen des Eisenstäbchens im Empfänger bewirken, das dadurch in dieselben Schwingungen gerät und diese auf den Resonanzboden überträgt. Über die Schallkammer verstärkt werden sie als Schallwellen auf die Luft übertragen und damit hörbar.

te galvanische Strom wird durch die Leitungsschraube bei b zugeführt, von wo er zum Quecksilber fließt, dann zu dem beweglichen Winkel, dem Platinplättchen und dem Rückrufer zur Leitungsschraube. Von hier nimmt er seinen Weg durch den Verbindungsdraht zu der anderen Station B und kehrt von dort zur Batterie zurück. Der Apparat B ist ein Resonanzkästchen, auf dessen Oberseite die Spule mit stählernem Stab, der beim Fließen des Stroms magnetisiert wird, angebracht ist. Ein zweites Kästchen ist auf dem ersten befestigt und ruht auf der stählernen Achse, um die Stärke der reproduzierten Laute zu verstärken. An der Seite des unteren Kästchens werden Sie den entsprechenden zweiten Rückrufer finden. Wenn jemand an der Station A singt, werden die Luftschwingungen im Rohr in das Kästchen eintreten und die an der Oberseite angebrachte Membran bewegen. Dadurch wird der Platinfuß des beweglichen Winkels angehoben und so der Stromkreis bei jeder Verdichtung der Luft in dem Kästchen geöffnet werden. Bei jeder Verdünnung wird er wieder geschlossen. Dadurch wird die Stahlachse der Station B bei jeder Vollschwingung einmal magnetisiert; da der Magnetismus in einem Metall niemals entsteht oder verschwindet, ohne das Gleichgewicht der Atome zu stören, muß die Stahlachse an der Station B die Schwingungen der Station A wiederholen und so die Laute wiedergeben, die sie verursacht haben. Jeder Laut wird wiedergegeben, wenn er kräftig genug ist, die Membran in Schwingungen zu versetzen. Das kleine, an der Seite des Apparates angebrachte Rückrufgerät ist äußerst nützlich und angenehm, um Signale zwischen den beiden experimentierenden Personen zu geben. Bei jedem Öffnen und darauf erfolgendem Schließen des Stromkreises wird bei der Station ein kleiner Schlag zu hören sein, der durch die Anziehung der Stahlfeder entsteht. Ein zweiter Schlag wird an der Spule der Station B zu hören sein. Durch Wiederholen der Schläge und dadurch, daß man sie in verschiedenen Abständen gibt, kann man sich mit der Person an der anderen Station verständigen» (Thomson, 1883, S. 32).

Selbst an eine Rufeinrichtung war also bereits bei diesem Telefon gedacht. 1861 stellte Reis diese Anordnung dem Physikalischen Verein in Frankfurt vor, 1863 anläßlich des Fürstentages in Frankfurt auch Kaiser Franz Josef von Österreich und König Maximilian von Bayern. Konnte er jeweils auch überzeugend eine elektrische Schallübertragung vorführen, bei zwar noch eingeschränkter Sprachverständlichkeit, blieb doch seine Entwicklung ohne ein weiteres Interesse. Seine Vorträge (1864) ‹über Fortpflanzung musikalischer Töne auf beliebige Entfernung durch Vermittlung des galvanischen Stroms› vor der Versammlung der Deutschen Naturforscher und Ärzte brachte ihm zwar Anerkennung, jedoch in erster Linie verstand man seine Apparaturen als Demonstrationsversuch zur Wirkungsweise des Gehörs. Eine praktische Anwendung lag, obschon Reis' Erfindung hinreichend bekannt war, damals in Deutschland offensichtlich außerhalb jeglichen Interesses. Allgemein galt diese Entwicklung der Übertragung der Sprache durch Elektrizität als Magie, man bezeichnete sie allenfalls als ‹physikalische Spielerei›, als ein wenn auch spektakuläres Spielzeug. Ungeachtet dessen fanden jedoch an verschiedenen anderen Orten der Welt weitere Versuche zur elektrischen Sprachübertragung statt.

Als der Amerikaner Graham Bell (1847–1922) sein 1876 erhaltenes grund-

A WEEKLY JOURNAL OF PRACTICAL INFORMATION, ART, SCIENCE, MECHANICS, CHEMISTRY, AND MANUFACTURES.

Vol. XXXVII, No. 14. [NEW SERIES.]   NEW YORK, OCTOBER 6, 1877.   [$3.20 per Annum. [POSTAGE PREPAID.]

THE NEW BELL TELEPHONE.

Professor Graham Bell's telephone has of late been somewhat simplified in construction and also arranged in more compact portable form. It consists now of but three metal portions and is contained in a casing of wood or light hard rubber, but five and five eighths inches in length and two and seven eighths inches in diameter at the enlarged end. It will be remembered that this telephone differs from all others in that it involves the use of no battery nor of any extraneous source of electricity whatever. The only current employed is that generated by the voice of the speaker himself.

The simplicity of the construction is clearly shown in Fig. 1 of our engravings, in which both sectional and exterior views of the device are given. Referring to the sectional view, A is a permanent magnet, held by the screw shown in the rear. Around one end of this magnet is wound a coil, B, of fine insulated copper wire (silk covered), the ends of which are attached to the larger wires, C, which extend to the rear and terminate in the binding screws, D. In front of the pole and

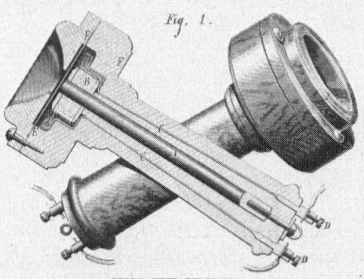

Fig. 1.

BELL'S NEW TELEPONE.

coil, B, is a soft iron disk, E. Finally the whole is inclosed in a wooden casing having an aperture in front of the disk, and which, besides serving to protect the magnet, etc., acts somewhat as a resonator.

The principle of the apparatus we have already explained in some detail, but it may be summarized here as follows: The influence of the magnet induces all around it a magnetic field, and the iron diaphragm, E, is situated towards the pole. Any alteration in the normal condition of the diaphragm, produces an alteration in the magnetic field, by strengthening or weakening it, and any such alteration of the magnetic field causes the induction of a current of electricity in the coil, B. The strength of this induced current is dependent upon the amplitude and rate of vibration of the disk, and these depend in turn upon the air disturbance made by the voice in speaking, or in any other similar source. Therefore, first, a wave of air throws the diaphragm into vibration; second, each movement produces a change in the magnetic field; and third, an induced

[*Continued on page 212.*]

75: Vorstellung des Bell-Telefons durch den ‹Scientific American› im Oktober 1877.

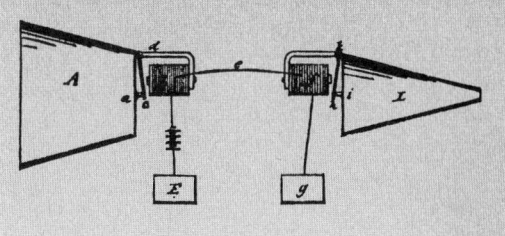

76: Das Telefonsystem von Graham Bell, Zeichnung in der amerikanischen Patentschrift vom 14. Februar 1876. Gelangt ein Schall in den Trichter A, so wird die Membran a in Schwingungen versetzt und der Anker c gezwungen, die Bewegungen mitzumachen. Hierbei entsteht in der Spule b durch Induktion eine im Rhythmus der Schallschwingungen pulsierende Spannung, die über den geschlossenen Stromkreis E-b-e-f-g in der Spule f ein im selben Rhythmus sich änderndes Magnetfeld hervorruft. Dieses versetzt über den Anker a die Membran i in dieselben Schwingungen wie die Membran a, so daß der gleiche Ton im Hörrohr J vernehmbar wird.
Noch im Laufe des Jahres 1876 wurde das Hörrohr am Empfänger durch einen Schalltrichter ersetzt.

legendes Telefonpatent der Western Union Telegraph Company über 100000 Dollar anbot, soll er dort als Antwort bekommen haben: ‹Was soll eine Gesellschaft mit solch einem Spielzeug anfangen?› Nur wenige Jahre darauf versuchte diese Gesellschaft für 25 000 000 Dollar von sich aus das Patent zu erwerben, was Bell dann aber ablehnte. Im Gegensatz zu anderen, die auch Versuche zur elektrischen Sprachübertragung durchführten, glaubte Bell nämlich von Beginn an an die praktische Verwendung des Telefons, was ihn veranlaßte, unmittelbar nach seiner Patentanmeldung für eine entsprechende Publizität zu sorgen. Auf der Weltausstellung in Philadelphia führte er 1876 ein funktionsfähiges Modell seiner Erfindung mit einem Empfänger und vier Arten von Gebern vor, was großes Aufsehen erregte. Am 6. Oktober 1877 berichtete der ‹Scientific American› über die Erfindung (Abb. 75). Bei dieser Berichterstattung scheint symptomatisch, daß hier weniger die Darstellung der Erfindung, als mehr noch die mögliche Anwendung des neuen Bell-Telefons im Vordergrund stand, denn die abgebildeten Verwendungsmöglichkeiten stellten ja noch längst keine Realität dar. Der Bericht lenkte die Aufmerksamkeit weltweit auf diese Neuentwicklung, obschon auch an anderen Stellen an elektrischer Sprachübertragung gearbeitet wurde. Mehr als 30 Fernsprechsysteme wurden allein in den USA in der nachfolgenden Zeit zum Patent angemeldet.

Bemerkenswert ist, daß der Taubstummenlehrer Bell, der auch die Überlegungen und Versuche von Reis kannte und der zunächst an einem Hilfsinstrument für die Unterweisung seiner Schüler arbeitete (er wollte Sprachschwingungen sichtbar machen), ebenfalls wie Reis von der Physiologie des

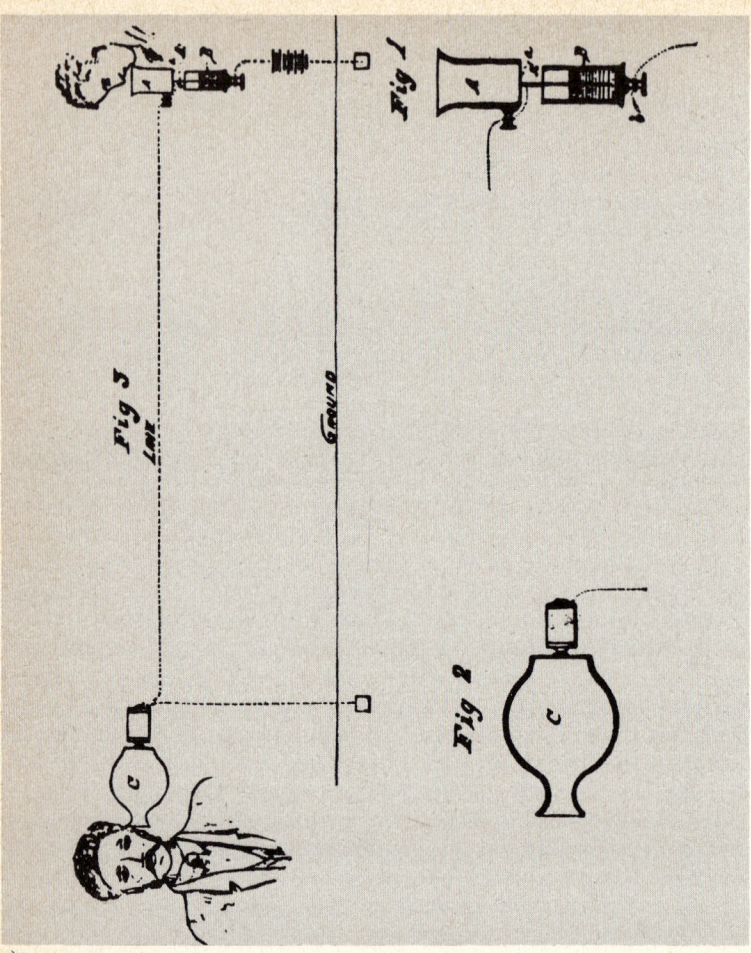

a)

77: Schematische Darstellung des Telefonsystems von Elisha Gray, 1876:
a) Zeichnung in der amerikanischen Patentanmeldung.
b) Funktionsprinzip von Sender und Empfänger:
An der Membran D_1 ist eine Elektrode N befestigt, die in eine leitende Flüssigkeit taucht. Durch den Boden des Gefäßes ragt die andere Elektrode P in die Flüssigkeit. Gerät die Membran durch Schallwellen in Schwingung, so verändert sich der Abstand zwischen den Elektroden und damit auch der Widerstand, so daß ein sich mit den Membranschwingungen verändernder Strom durch die Leitung fließt. Durch unterschiedlich starke Magnetfelder in der Spule H wird die Membran D im selben Rhythmus in Schwingung versetzt.

menschlichen Ohres ausging. Anfangs arbeitete er sogar mit einem präparierten Menschenohr, auf dessen Trommelfell er einen Strohhalm befestigt hatte. Mehr oder weniger zufällig kam er auf den Gedanken, vor einem mit einer Spule umgebenen Stabmagneten eine Membran aus dünnem Eisenblech anzubringen.

Nach Bells eigenen Berichten gelang die erste Übertragung von verständlicher Sprache sehr viel später in einer Anordnung, wie sie die Prinzipdarstellung (Abb. 76) nach seiner Patentschrift zeigt. Bei begrenzter Entfernung kam es hiermit zu einer ausgezeichneten Sprachübertragung.

Der Amerikaner Elisha Gray (1835–1901) kam gegenüber der Patentanmeldung Bells mit einer eigenen Telefonieentwicklung nur um zwei Stunden zu spät. Gray meldete ein eigenes Patent an. Er schlug vor, auf der Senderseite einen an einer Membran befestigten Metallstab durch die Schwingungen der Membran mehr oder weniger tief in eine leitende Flüssigkeit eintauchen zu lassen. Die dadurch bewirkten Änderungen eines aus einer Gleichstromquelle kommenden Stromes sollten auf der Empfängerseite zu wechselnden Kräften eines Elektromagneten auf eine Membran führen und diese wiederum in Bewegung versetzen (Abb. 77). Ein Patentstreit zwischen Bell und Gray ließ auch nicht lange auf sich warten. Er endete zunächst in einem Vergleich, insofern sich ein und dieselbe Gesellschaft erbot, beide Patente zu übernehmen, die ‹Bell Telephone Company›, die der geschäftstüchtige und weitblickende Bell inzwischen (1877) zur Verwertung seiner Erfindung gegründet hatte. Damit kam Grays technische Lösung nicht zur Ausführung.

Diese Gesellschaft, die innerhalb der drei ersten Jahre allein 50 000 Telefone lieferte und installierte, entwickelte sich nachfolgend zur größten Telefongesellschaft der Welt, der heutigen ‹American Telephone and Telegraph Company›, die über mehr als 150 Millionen Fernsprechanschlüsse verfügt

b)

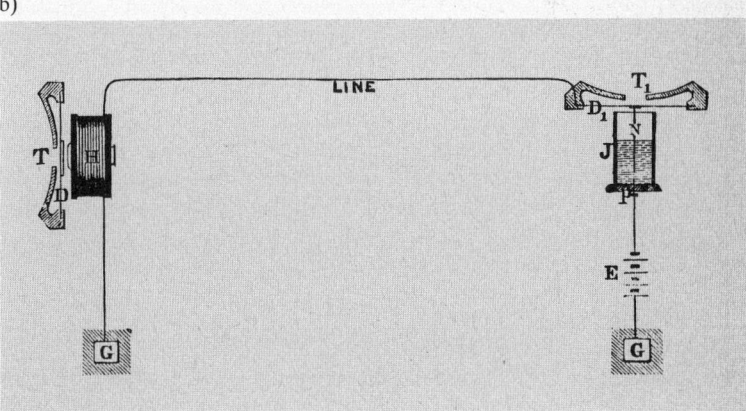

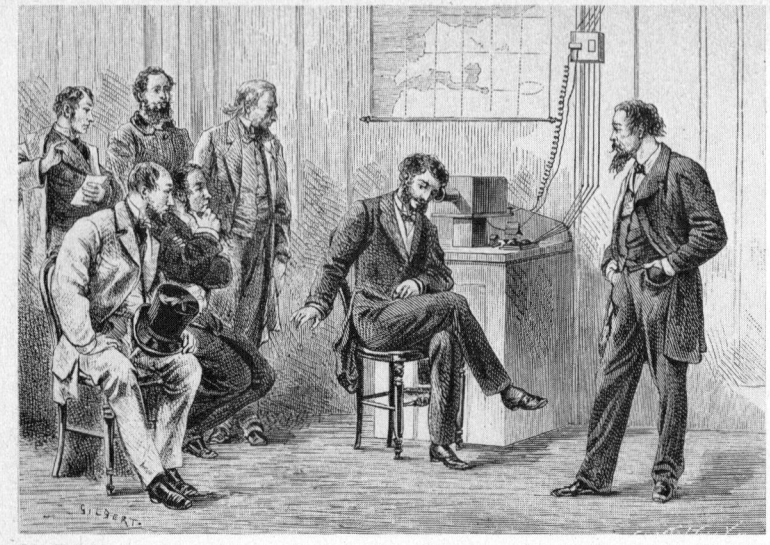

78: Telefondemonstration von Bell vor einer Gruppe von Unternehmern über eine 22 Kilometer lange, von Boston ausgehende Versuchsstrecke, 1876.

und mit ihrer Tochtergesellschaft, der Western Electric, einen der wichtigsten Industriezweige der USA darstellt. Es folgten viele kostspielige und langwierige Prozesse (insgesamt mehr als 600) zwischen der Bell Telephone Company und anderen Gesellschaften, nicht immer zugunsten von Bell. Dabei ging es in den Rechtsstreiten – selbst die Regierung der Vereinigten Staaten prozessierte gegen Bell – durchaus nicht immer um Erfinderehre, denn hier stand längst die wirtschaftliche Bedeutung dieser Technik im Vordergrund. Ein Jahr nach der Patentierung ließen sich in Boston fünf Banken Bell-Telefone mit einer zentralen Vermittlungsstelle installieren, dem ersten, wenn auch noch recht primitiven Ortsamt. Bell hatte nämlich mit der Einrichtung einer ersten dauerhaften Telefonanlage zwischen einer Fabrik in Boston und dem 50 km entfernten Landsitz eines Fabrikanten überzeugend auf die wirtschaftliche Verwendbarkeit dieses neuen Nachrichteninstrumentes hingewiesen (Abb. 78). Wie sich bald herausstellte, waren jedoch der Sprachübertragung über größere Entfernungen in der Anordnung von Bell relativ enge Grenzen gesetzt. Bereits über mittlere Entfernungen gab es erhebliche Verständigungsschwierigkeiten. Der Bellsche Apparat, der zum Hören und auch zum Sprechen benutzt wurde, erwies sich als Empfänger mit der Aufgabe, elektrische Schwingungen in Schallwellen zu verwandeln, geeigneter als für die Aufgabe des Sendens, also als Mikrofon.

Für diesen Zweck ergab sich mit dem von dem Engländer David Edward Hughes (1831–1900) konstruierten Kohlemikrofon (1878) eine wesentliche Verbesserung. Zusammen mit dem Bellschen Fernhörer reagierte dieses so empfindlich, daß ‹selbst der Fußtritt einer Fliege, die auf dem Resonanzbrettchen spazierte›, vom Empfänger deutlich wahrgenommen werden konnte, so jedenfalls die zeitgenössische Darstellung. Bei seinen Versuchen ging Hughes von der Wirkungsweise des Reisschen Apparates aus, wobei er aus dieser Kenntnis heraus die mikrofonische Wirkung des Übergangswiderstandes nutzte. Mit der Verbesserung des Mikrofons, an dem auch eine Reihe weiterer Erfinder und Ingenieure wie zum Beispiel Thomas Alva Edison (1847–1931) und Robert Lüdtge (1845–1800) beteiligt waren, verbesserte sich nicht nur die Übertragungsqualität, sondern gleichzeitig steigerte sich auch die überbrückte Entfernung beträchtlich. Das Mikrofon wies eine echte Verstärkerwirkung auf: Mit vergleichsweise kleinen Signalleistungen der Schallschwingungen konnte eine wesentlich größere elektrische Leistung gesteuert werden. Der Vorschlag von Edison, die Übertragung durch die Verwendung von Induktionsspulen, sogenannten Übertragern, auszuweiten, schloß die prinzipielle Entwicklung des Fernsprechapparates ab, wenn auch nachfolgend noch eine Reihe von Verbesserungen in den verschiedenen Ländern vorgenommen wurde.

Das Telefon als wirtschaftlich ergiebiges, umfassendes Nachrichtenmittel

Über 15 Jahre nach der Erfindung von Reis kam das Telefon über die Veröffentlichung des ‹Scientific American› nach Europa. Die politische und wirtschaftliche Situation war hier inzwischen eine andere. Unter Führung Preußens entstand nach dem Krieg mit Österreich und Frankreich das Zweite Deutsche Kaiserreich. Die neue Regierung drängte auf größtmögliche Einheit, besonders hinsichtlich der wirtschaftlichen Entwicklung, wie Freizügigkeit und Gewerbefreiheit, Einheit in der Währung, gleiches Maß und Gewicht. Hierbei spielte das sich entwickelnde Postwesen unter Generalpostmeister Heinrich von Stephan (1831–1897) eine wichtige Rolle. Stephans Ziel war die Gründung eines Weltpostvereins (1874), der den internationalen Postverkehr erleichtern sollte. Nachdem das Post- und Fernmeldewesen per Gesetz auf das Reich übergegangen war (16. April 1871), konnte beispielsweise der Zustelldienst bis auf das Land ausgedehnt, ein Einheitsporto eingeführt und das Telegrafennetz erweitert werden. Eine eigene Post- und Telegrafenbehörde wurde tätig. Da die Telegrafenverwaltung damals bereits mit Verlusten arbeitete, schien der Fernsprecher eine willkommene Einrichtung, das vorhandene Telegrafennetz ökonomischer zu nutzen. Der Fernsprecher war von seiner Einrichtung her billiger (der erste Bell-Fernsprecher erforderte ja beispielsweise keine Batterien) und konnte ohne spezielle Ausbildung bedient werden; die Bedienungsanweisung, auf einer Benutzertafel abgedruckt, reichte völlig aus (Abb. 79).

Nach Bekanntwerden der Telefonie begann Stephan, der die zukunftsträchtige Entwicklung des Telefons für die damalige wirtschaftliche und politische Situation sofort erkannte, mit Versuchen in seinem Generaltelegrafenamt in Berlin. Unmittelbar nach der Nachricht des ‹Scientific American› forderte er von der Western Union Telegraph Company in New York eine Nachbildung

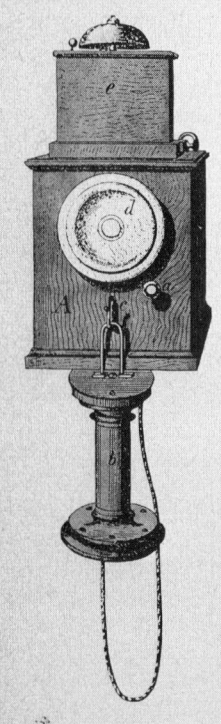

79: Deutsche Telefonbenutzungsanweisung von 1881, Ausschnitt.

des Bell-Telefons an. Versuche in seinem Amtsgebäude mit zwei Mustern von Bell-Telefonen aus England, die ihm vom Leiter des englischen Telegrafenamtes in London zur Verfügung gestellt worden waren, erwiesen sich als sehr ermutigend. Er sorgte dafür, daß die Telegrafenbauanstalt Siemens & Halske den Auftrag erhielt, weitere Exemplare nach dem amerikanischen Muster herzustellen. In einer Eingabe an den Reichskanzler Fürst Bismarck vom 9. November 1877 beschrieb Generalpostmeister Stephan die Bellsche Erfindung und die Ergebnisse seiner eigenen Versuche. Er gab seiner Überzeugung Ausdruck von der ‹großen Zukunft des Fernsprechers für den menschlichen Verkehr›. Er selbst ließ Bismarck und Kaiser Wilhelm I. das Telefon vorführen. Da Bell in Deutschland keinen Patentschutz genoß, konnte Siemens diese Apparate ohne irgendeine Einschränkung herstellen. Auf dieses Recht hatte Werner Siemens in einem Brief an Bell (29. November 1877) hingewiesen, nachdem Bell seinerzeit darauf aufmerksam gemacht hatte, daß das doch seine Erfindung sei, die in Deutschland inzwischen mit Erfolg produziert würde. Nach Bekanntwerden der Produktionsaufnahme von Fernsprechapparaten in der Öffentlichkeit konnte sich die Firma Siemens & Halske kaum noch vor Anfragen und Bestellungen retten. Am 17. November 1877 schrieb Siemens an seinen Bruder nach London:

«Der Telephonschwindel ist jetzt in Deutschland in voller Blüte ... Heute sind ca. hundert Briefe, welche Lieferungen von Telephonen verlangen, eingegangen, und so geht es täglich. Dazu die Berliner, die unser Geschäft vollständig belagern und alle guten Freunde ..., welche es bei uns sehen und darüber schwatzen wollen» (Matschoß, 1916, Bd. 2, S. 543).

Das Kostenangebot von Siemens lautete 1877 für eine komplette Anlage, bestehend aus zwei Apparaten, 15 m Doppelleitung, Verpackungs- und Versandkosten, auf 12 Mark. 1877 fertigte Siemens bereits 400 bis 700 Apparate täglich. Die Siemens-Apparate, durch einen Hufeisenmagneten verbessert, sahen dabei wie das Bell-Telefon für die Sprech- und Höreinrichtung ein gemeinsames Gerät vor, das man entweder zum Sprechen an den Mund oder zum Hören ans Ohr halten mußte (Abb. 80).

Nachdem in den Vereinigten Staaten 1878 die erste öffentliche Fernsprechanlage in Betrieb gegangen war und zwei Jahre später 50000 Teilnehmer bereits über einen Telefonanschluß verfügten, versuchten amerikanische Fernsprechgesellschaften auch in Deutschland Fernsprechanlagen anzubieten. Stephan unterband diese Bemühungen sehr zeitig, indem er auch den öffentlichen Fernsprechdienst dem Telegrafenrecht der Reichspost unterstellen ließ: Die Post als Organ des Staates sollte das Fernsprechwesen einheitlich für das gesamte Reichsgebiet aufbauen. Ab 1877 ging die Deutsche Postverwaltung im Gegensatz zur Entwicklung in anderen Ländern, wo überall Stadt-Fernsprecheinrichtungen entstanden, zunächst dazu über, Telefonapparate im Bereich der Telegrafenverwaltung einzusetzen, um den

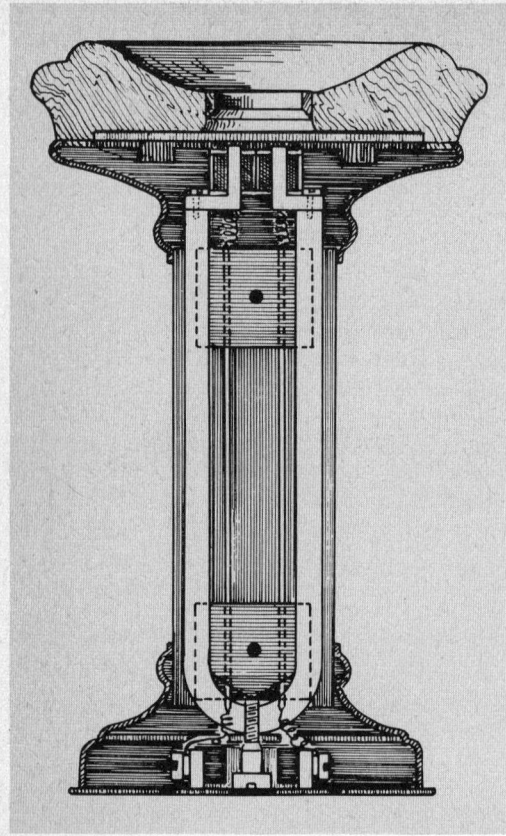

80: Zeichnung von Werner Siemens zu seinem verbesserten Bell-Telefon, 1878.
Der Fernsprecher, der zum Sprechen und Hören diente, enthält einen Hufeisenmagneten (in der Zeichnung weiß), der in L-förmigen Polschuhen endet. Diese tragen Spulen aus Kupferdraht, die mit den Anschlüssen verbunden sind. Mit einer Stellschraube kann der Abstand der Polschuhe von der metallenen Membran reguliert werden.

noch nicht an das Telegrafennetz angeschlossenen Postämtern die Aufnahme von Telegrammen zu ermöglichen. Nach der ‹Dienstanweisung für den Betrieb von Telegraphenlinien mit Fernsprechern› erhielten die vorhandenen Telegrafenlinien eine lokale Verlängerung, womit sich gleichzeitig eine bessere Ausnutzung der vorhandenen Leitungen erreichen ließ. Die Eingliederung der Telefonie in den praktischen Dienst der Verkehrsanstalten war damit förmlich vollzogen. Die Zahl der Telegrafenanstalten mit Fernsprechstellen vermehrte sich sprunghaft, von 19 Anstalten im Jahre 1877 bis annähernd 800 im Jahre 1879 und 45000 im Jahre 1920.

Dabei war allerdings von Anfang an der Fernsprechbetrieb, unabhängig von den Telegrafenlinien, auf breiter Basis vorgesehen. Siemens schrieb beispielsweise 1877 im Oktober an seinen Bruder: «Stephan hat vor, jedem Berliner Bürger womöglich ein Telephon zu jedem anderen zur Disposition zu stellen» (Matschoß, 1916, Bd. 2, S. 535). Jedem, der es wünschte, sollte ein Fernsprecher zur Verfügung gestellt werden. Nach der Eröffnung des ersten Fernsprechamtes in Berlin (1881) mit 48 Anschlüssen (davon 9 Börsensprechstellen mit schalldichten Kabinen) sah die Reichstelegrafenverwaltung den systematischen Aufbau von Teilnehmernetzen vor, denn an den verschiedensten Orten forderte die Geschäftswelt, so z. B. in Mülhausen im Elsaß, von sich aus ebenfalls dieses neue Nachrichtenmittel. Zu den ersten Fernsprechkunden gehörten neben Lieferanten und Kleingewerbebetrieben insbesondere Maschinen- und Elektrobetriebe. Jede vierte Telefonbucheintragung in den ersten Telefonbüchern verwies auf einen Bankier oder eine Privatperson aus dem Finanzgeschäft.

Die Bedingungen für die Teilnahme an einer Stadtfernsprecheinrichtung waren wie folgt beschrieben:

«Die allgemeine Fernsprecheinrichtung soll jedem Theilnehmer ermöglichen, seine Leitung während gewisser, vom Reichs-Postamt festzustellender Dienststunden (gewöhnlich von Morgens um 7 Uhr im Sommer, 8 Uhr im Winter bis Abends 11 Uhr) mit der Leitung jedes anderen Theilnehmers durch die Centralstelle (Vermittelungsanstalt) verbinden zu lassen und mittels des Fernsprechers sich zu unterhalten, auch der Vermittelungsanstalt Nachrichten (Briefe, Postkarten, Telegramme) zu dictieren ... Zu diesem Zwecke wird Seitens der Reichs-Post- und Telegraphen-Verwaltung für jeden Theilnehmer eine besondere Telegraphenleitung hergestellt, welche die von ihm gewünschte Stelle mit dem Vermittlungsamt verbindet.

Die Kosten für die Herstellung der Leitung, Unterhaltung derselben, für Anschaffung und Unterhaltung der Apparate und Batterien trägt die Reichs-Post- und Telegraphen-Verwaltung, in deren Eigenthum sämmtliche Einrichtungen verbleiben» (Horstmann, 1952, S. 179).

Kostenerhebungen erfolgten, wie in anderen Ländern auch, durch Pauschalgebühren, die man für alle zukünftigen Ortsnetze gleich hoch festsetzte. Bei einer Überlassung von mindestens zwei Jahren und einer nicht über 2 km langen Leitung betrug die Benutzungsgebühr jährlich 200 Mark, für jeden Kilometer Entfernung mehr vom Fernmeldeamt wurden 50 Mark erhoben.

Eine völlig neue Entwicklungsaufgabe trat in den Vordergrund. Nicht mehr die Überbrückung weit voneinander entfernter Orte, sondern der Zusammenschluß vieler über eine mittelgroße Fläche verstreuter Teilnehmer, die nach Wunsch individuell miteinander verbunden sein möchten, galt es zu realisieren. Nachrichtentechnischer Individualverkehr war damit erklärtes Ziel der Telefonieentwicklung. Der preußische Staat trat bald selbst als Agent für die Werbung von Abonnenten an öffentlichen Fernsprechnetzen auf, so daß 1881 500, 1890 bereits über 10 000 Teilnehmer allein in Berlin über einen Anschluß verfügten. Mit der Werbung für die erste Fernsprechanlage war der Ingenieur Emil Rathenau beauftragt, der, nachdem er sein Amt niedergelegt hatte, selbst einen Elektrokonzern, nämlich die AEG, gründete;

1881 baute Lorenz in Berlin eine Telefonproduktion auf. 1882 gab es auf dem Gebiet der Reichspost schon 20 Ortsnetze bei einer jährlichen Zuwachsrate der Teilnehmer von 30 Prozent bis etwa 1900.

Den Vermittlungsdienst versahen anfänglich Beamte, später Telefonistinnen, die an sogenannten Klappenschränken arbeiteten, die bis zu 50 Teilnehmerleitungen versorgten. War die Anzahl der Anschlüsse so groß, daß mehr als drei dieser Schränke aufgestellt werden mußten, so verband man diese untereinander durch besondere Leitungen. Diese Verbindungen waren zu benutzen, wenn der gewünschte Teilnehmer sein Anruforgan auf einem anderen Schrank hatte als der anrufende (Abb. 81). Die Anschlußnummern gaben sich die Telefonistinnen durch Zuruf weiter, um sich über die zu verbindenden Leitungen zu verständigen, wodurch bei größeren Vermittlungsstellen ein nicht unbeträchtlicher Geräuschpegel entstand, der den Dienst des Vermittlungspersonals erheblich belastete. Abbildung 82 zeigt das Fernsprechvermittlungsamt 6 in Berlin, 1905: Die Telefonistinnen saßen sich zu dieser Zeit an riesigen Tischen gegenüber, in denen die Anschlußleitungen in Vielfachfeldern endeten, die jeweils von den drei benachbarten und den drei sich gegenüberliegenden Plätzen aus gleichzeitig bedient werden konnten. Dies brachte eine Kosteneinsparung von 35 Prozent gegenüber den bisherigen Klappenschränken.

Mit dem Übergang zu dieser Organisation verschärfte sich überdies die Beaufsichtigung der dort diensttuenden Telefonistinnen. Nachdem man in den Fernsprechämtern Berlin und Hamburg versuchsweise Frauen beschäftigt hatte, wurden ab 1890 sämtliche Oberpostdirektionen ermächtigt, weibliche Personen im Alter von 18 bis 30 Jahren zur Bedienung der Fernsprechapparate zuzulassen. War der Vermittlungsdienst ursprünglich bei über 50 Wochenstunden an den Vermittlungsschränken stehend zu verrichten, konnte nach Einführung der Vielfachfelder der Dienst im Vermittlungssaal auch sitzend ausgeführt werden. Mit der Ausweitung der Zuständigkeit je Vermittlungsplatz erwiesen sich allerdings die vorhandenen Handapparate hinsichtlich der Arbeitsleistung als hinderlich, so daß ab 1890 Kopfhörergarnituren Verwendung fanden. Die Arbeitsbelastung an den einzelnen Vermittlungsplätzen stieg in dieser Zeit dermaßen an, daß 1899, um die Qualität des Vermittlungsdienstes weiter zu sichern, die Arbeitszeit für weibliche Fernsprechbeamte auf 42 bis 48 Stunden in der Woche ermäßigt wurde, je nach Art der Dienstverrichtung. Nach Einführung des durchgehenden Fernsprechdienstes (Nachtabonnementsgespräche zur besseren Leitungsausnutzung) im selben Jahr, mußten ab 1905 auch weibliche Kräfte Nachtdienst leisten. Vom sonstigen Personal der großen Post- und Telegrafenämter erwartete man eine Arbeitszeit von 52 bis 54 Stunden, bei kleineren Postämtern von 60 Stunden. Ab 1918 führte die Post für den Fernsprechdienst ein Leistungsmeßverfahren ein. Soll-Leistungen durften in Hauptverkehrszeiten um 10 Prozent überschritten werden.

81: Eine der ersten Vermittlungsstellen mit bis zu 50 Leitungen, Paris um 1880. Die Abfrage der Teilnehmer durch die Telefonistinnen erfolgt stehend vor den Vermittlungsschränken. Durch Zuruf verständigen sich die Telefonistinnen über die Verbindungswünsche der Teilnehmer.

82: Fernsprechvermittlungsamt in Berlin, 1905.

83: Schematische Darstellung der Entwicklung der Vermittlungseinrichtungen. Erste zentrale Vermittlungseinrichtungen waren Handvermittlungen a/b. Gewünschte Verbindungen von Teilnehmer zu Teilnehmer mußten durch dafür eingesetzte Bedienungskräfte, die über einen Abfrageapparat A Anrufwünsche entgegennahmen, hergestellt und auch wieder aufgelöst werden. Dies geschah durch einfache Steckverbindungen a) bei der Kreuzschienenvermittlung (ab 1878) oder aber durch Schnurpaarsysteme b) bei der Schnurvermittlung (ab 1880). Bei der Wählvermittlung c) erfolgt (ab 1892) die Teilnehmerverbindung automatisch durch elektromagnetische Schrittschaltwähler, die durch die Wählscheibe der Teilnehmer zu steuern sind. Jeder Teilnehmer kann sich auf diese Weise mit jedem Teilnehmer des Netzes selbst verbinden (Selbstwählsystem).

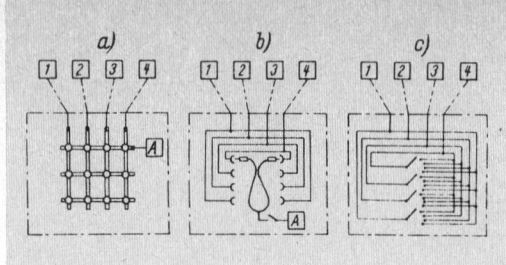

In allen sich wirtschaftlich entwickelnden Industrienationen wuchsen die Fernsprechnetze, sofern nicht Wirtschaftskrisen oder Kriege eine vorübergehende Störung darstellten, exponentiell an. Hierzu trug nicht unwesentlich die Automatisierung der Vermittlungsdienste bei, zu der der Amerikaner Almon B. Strowger (1839–1902) mit seinem Patent für den Selbstwähldienst 1889 einen erfolgreichen Anstoß gab. Der Fernsprechteilnehmer erhielt nun eine Wählscheibe. Der anrufende Teilnehmer konnte jetzt selbständig die Verbindung herstellen und war von einer ‹Stöpselverbindung› unabhängig. Abbildung 83 gibt einen Überblick über die Entwicklung der Vermittlungseinrichtungen.

Zu einem echten Weiterverkehrsmittel wandelte sich die Fernsprechtechnik erst mit Beginn des 20. Jahrhunderts, als die Verstärkerröhre neue Möglichkeiten erschloß. Das zeigt eindeutig die Entwicklung der Telegramm- und Fernsprechbenutzung in Deutschland, wo eine ansteigende Frequentierung des Telegrafen nur noch in den Kriegsjahren auszumachen ist (Abb. 84): Die Fernsprechleitungen waren mit bevorrechtigten militärischen Gesprächen so stark belastet, daß Privatgespräche kaum oder nur mit großer Verzögerung ausgeführt werden konnten und die Teilnehmer auf den Telegrafen auswichen. Der Fernsprecher hatte während des Krieges für das Heer die allergrößte Bedeutung. Fernsprechverbindungen steuerten die Truppenbewegungen bis in die vordersten Schützengräben. Die gesamte Heeresorganisation überzog ein engmaschiges Fernsprechnetz, das militärische Befehle schneller als je zuvor nach allen Richtungen weitergeben ließ.

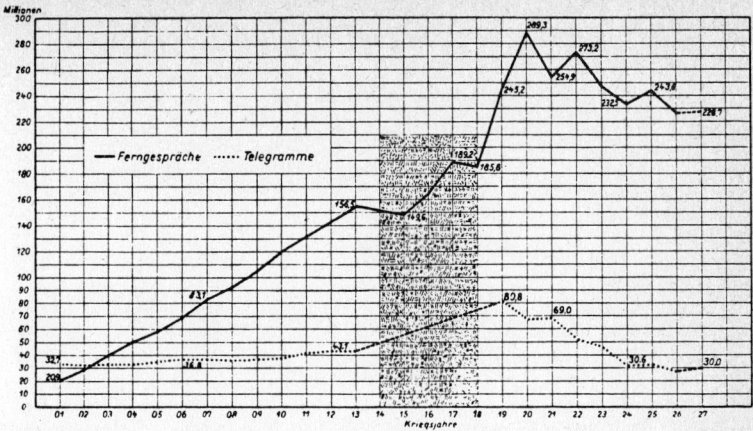

84: Entwicklung des Telegramm- und Fernsprechverkehrs in Deutschland von 1901 bis 1927.

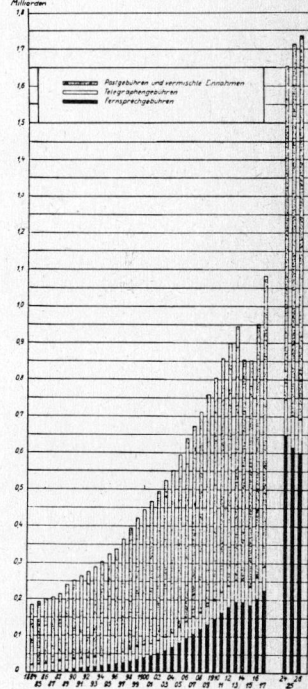

85: Entwicklung der Gesamteinahmen aus dem Post-, Telegrafen- und Fernsprechwesen bis 1927.

a vor 1899 8,2 kg   b vor 1899 4,4 kg   c 1900 5,3 kg

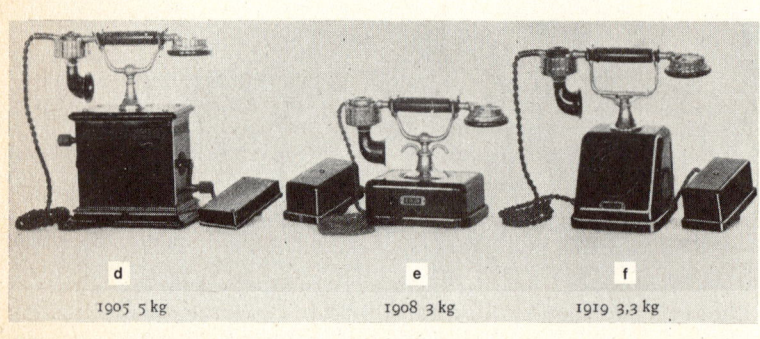

d 1905 5 kg   e 1908 3 kg   f 1919 3,3 kg

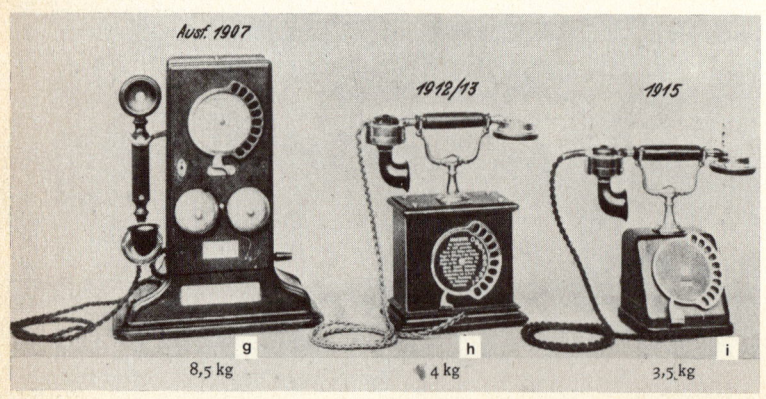

Ausf. 1907   1912/13   1915

g 8,5 kg   h 4 kg   i 3,5 kg

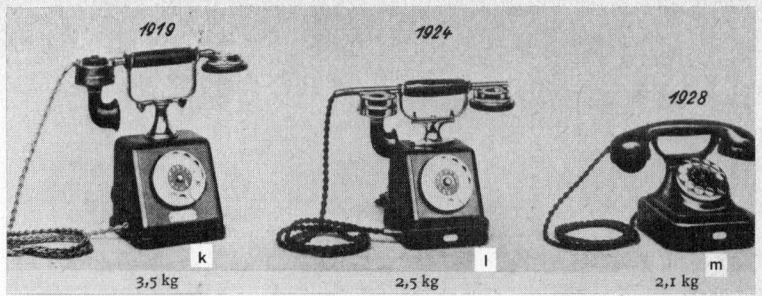

86: Entwicklung der Fernsprechtischapparate von 1899–1928, a–f für Handvermittlung, g–m für Wählbetrieb.

Die mit der Ausbreitung der Telefonie in Deutschland sich entwickelnde Schwachstromindustrie blieb nicht ohne Einfluß auf die gesamte Handelsbilanz. Welche ökonomische Bedeutung das Fernsprechwesen für die staatlichen Unternehmungen erreichte, wird an der Entwicklung der Fernsprecheinnahmen im Verhältnis zu den Einnahmen der übrigen Postbeführen bereits in den ersten fünfzig Jahren deutlich (Abb. 85). Kaum eine andere technische Erfindung verbreitete sich in vergleichbarer Zeit so schnell wie das Telefon, was nicht zuletzt auch mit der einfachen Handhabung dieses neuen

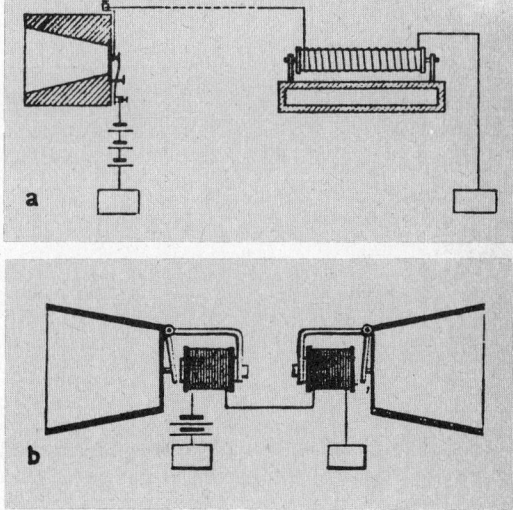

87: Gegenüberstellung der verschiedenen Prinzipien in ersten Telefonsystemen:
a) Reis verwendete (ab 1860) das Relaisprinzip. Sender: membrangesteuerter metallischer Kontakt; Empfänger: elektromagnetischer Energiewandler.
b) Bell verwendete (ab 1876) das Wandlerprinzip. Sender: elektromagnetischer Energiewandler; Empfänger: elektromagnetischer Energiewandler.

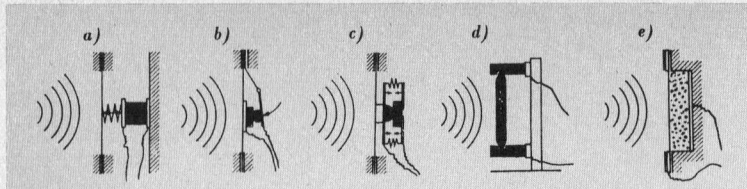

88: Prinzipdarstellung der verschiedenen Entwicklungsformen des Kohlemikrofons (1877–1878):
a) Eine Kohleplatte zwischen zwei Platinblechen steht in federnder Verbindung mit einer Membran (Edison).
b) Zwei Kohlekontaktstücke sind über eine Membran unterschiedlichem Kontaktdruck ausgesetzt (Berliner).
c) Zwei Kohlestücke, durch zwei elastische Bänder aufeinandergepreßt, stehen über eine Stellschraube in federnder Verbindung mit einer Membran (Lüdtge).
d) Ein Kohlestab befindet sich in losem Kontakt mit zwei kleineren Kohleblöcken (Hughes).
e) Kohlekörner in einem gekapselten Behälter werden über eine Membran unterschiedlichen Drücken ausgesetzt (Hunning).

89: Schematische Darstellung der Entwicklung des Sprechkreises:
a) Einfache Reihenschaltung von zwei Fernhörern ohne Stromquelle; Bell 1876.
b) Reihenschaltung von zwei Fernhörern mit eigener Stromversorgung; Bell 1876.
c) Einzelspeisung der Teilnehmer aus sogenannten Ortsbatterien mit Übertragern zur galvanischen Trennung der Sprechkreise; Berliner, Edison, Hughes, Lüdtge, 1877/1878.

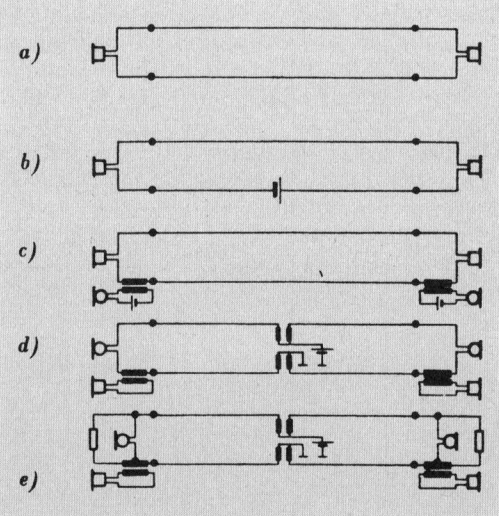

d) Parallele Stromversorgung aus Zentralbatterien mit getrennten Hörkreisen; Western Electric, 1892.
e) Mit steigendem Verstärkungsgrad der Sprechkapseln und dem größeren Wirkungsgrad der Hörkapseln wurden zusätzliche Rückhördämpfungen erforderlich, die verhinderten, daß die Teilnehmer ihre eigene Sprache über die Hörkapsel zu laut mithören mußten; Campbell, 1916.

Nachrichtenmittels zusammenhängt. Der Fernsprechapparat selbst wurde dabei immer einfacher und übersichtlicher (Abb. 86).

Betrachtet man rückblickend die Entwicklung des Fernsprechers und fragt nach dem Erfinder des Telefons, so läßt sich nach der vorangehenden Darstellung nur sagen, daß sich diese Frage nicht mit einem Namen beantworten läßt. Die technische Übertragung der Sprache mit Hilfe der Elektrizität in der Form des Telefons ist verschiedenen Personen wie auch bestimmten ökonomischen, gesellschaftlichen und politischen Bedingungen zuzuschreiben. Analysiert man die unterschiedlichen Lösungsansätze nachrichtentechnisch, so ergeben sich in der Entwicklungsgeschichte des Telefons zwei verschiedene Wege, Schallschwingungen in möglichst formgetreue elektrische Schwingungen zu verwandeln und umgekehrt (Abb. 87). Einmal ist die Steuerung eines Energiestroms durch ein Signal möglich (Relaisprinzip), zum anderen aber auch die direkte Überführung von elektrischen Schwingungen in mechanische und umgekehrt (Wandlerprinzip).

Die große Einfachheit und Betriebssicherheit gerade des Wandlerprinzips (Bell) trug besonders zu der raschen Verbreitung des Telefons bei. Auf der Senderseite ging jedoch die Entwicklung sehr schnell wieder auf das von Gray und Reis benutzte Relaisprinzip zurück, wie man aus der Entwicklung von Sprechkapsel (Abb. 88) und Sprechkreis (Abb. 89) entnehmen kann. Ermöglichte die ursprüngliche Form des Bellschen Apparates in seiner einfachsten Zusammenschaltung nur einen Wechselsprechverkehr, war bereits in der Kombination von zwei Geräten schon ein echtes Gegensprechen möglich, das sich durch den Einsatz von Kohlemikrofonen wesentlich verbessern ließ. Andererseits ergab sich jedoch mit dem immer empfindlicher werdenden Mikrofon und der Verbesserung der Hörkapseln das Problem einer akustischen Rückkoppelung zwischen Hörer und Sprechkapsel, so daß später (1916) eine Rückhördämpfung eingeführt werden mußte. Geblieben ist bei unseren heutigen Telefonen das auf der Senderseite benutzte Relaisprinzip und das Wandlerprinzip auf der Empfängerseite.

Nachrichtensysteme gestern, heute und morgen

Die Entstehung und Durchsetzung der elektrischen Nachrichtentechnik, der Telegrafie und der Telefonie und ihre weite Verbreitung ist, wie wir sahen, unverkennbar mit der Entwicklung der ökonomischen und gesellschaftlich-politischen Bedingungen gekoppelt. Milliardenwerte sind seit den beschriebenen Anfängen überall in der Welt in den Fernmeldesektor investiert worden, wobei die USA, Japan, England und die Bundesrepublik Deutschland an erster Stelle stehen. 1980 standen für 4,3 Milliarden Menschen weltweit 482 Millionen Sprechstellen zur Verfügung, im Durchschnitt also für 10 Einwohner der Weltbevölkerung eine Sprechstelle. Eine weitere Ausweitung des gesamten Kommunikationswesens und der vorgelagerten Industriezweige in vielen Ländern ist zu erwarten. Der Bedarf beispielsweise an interkontinentalen Fernsprechverbindungen wächst beschleunigt weiter (Abb. 90).

Tiefseekabel zur Verbindung der Kontinente gab es wie geschildert für die Telegrafie schon ab der Mitte des vorigen Jahrhunderts. Telefonieren konnte man über diese Kabel nicht: Zur Übertragung der Sprachfrequenzen hätte man längs der Kabelstrecken Verstärker gebraucht, die, auf den Grund des Ozeans versenkt und ferngespeist, für etwa 30 Jahre – eine neue Generation – ohne Störungen hätten in Betrieb bleiben müssen. Solche Verstärker gab es erst ab der Mitte dieses Jahrhunderts. Inzwischen mußte die drahtlose Telefonie, besonders die auf Kurzwellen, diese Lücke füllen. Die drahtlose Telegrafie trat dabei als Ergänzung der Kabeltelegrafie auf. Damit konnten auch bewegliche Kommunikationspartner wie etwa Schiffe erreicht werden.

Nachdem es 1888 Heinrich Hertz (1857–1894) gelungen war, die Existenz elektromagnetischer Wellen experimentell nachzuweisen, begann 1895 der Italiener Guglielmo Marconi (1874–1937) in der Nähe von Bologna mit Versuchen zur drahtlosen Telegrafie. Er überbrückte 1899 den Ärmelkanal zwi-

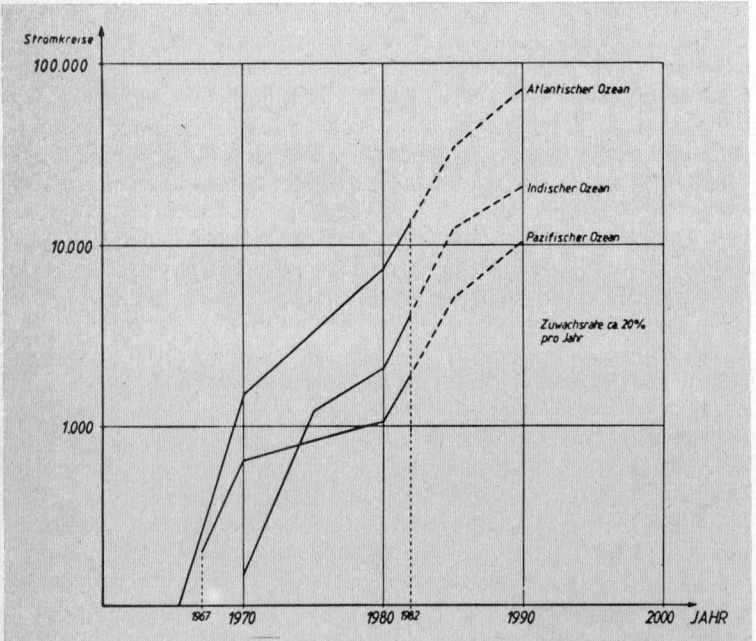

90: Prognostizierter Bedarf an interkontinentalen Fernsprechkanälen bis 1990.

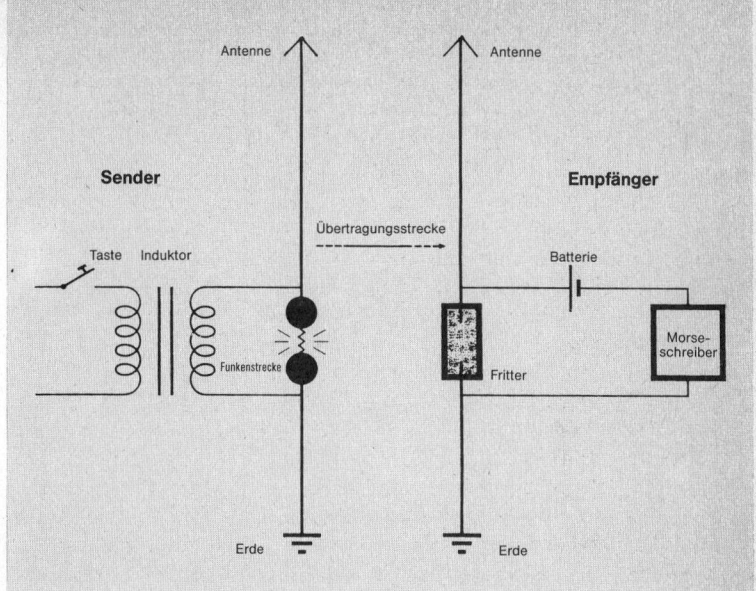

91: Prinzipieller Aufbau einer Funktelegrafieeinrichtung, wie sie Marconi 1895 erprobte.

schen Großbritannien und Frankreich, zwei Jahre später wechselte das erste transatlantische Signal zwischen Europa und Nordamerika. Die Grundschaltung der Funkanlage Marconis bestand auf der Senderseite aus einem Funkeninduktor, der elektromagnetische Schwingungen erzeugte, und auf der Empfangsseite aus einem Fritter, einem Glasröhrchen mit Feilspänen von Nickel und Silber, der mit einer Batterie und einem elektrischen Läutwerk in Reihe geschaltet war (Abb. 91).

Am 20. Juli 1897, nachdem Marconi in England auf seine Geräte ein Patent erhalten hatte, gründete er in London die ‹Marconi Wireless Telegraph Company› mit dem Ziel, drahtlose Empfangs- und Sendeanlagen zu produzieren. Die hergestellten Geräte vermietete er an die Schiffseigner unter der Bedingung, sie nur von seinem Personal bedienen zu lassen. Dadurch erzwang er sich über Jahre ein Monopol, was unter anderem zur Folge hatte, daß Schiffe aller Nationen ausschließlich englische Funker an Bord hatten. Um von den Marconi-Patenten unabhängig zu werden, starteten die einzelnen Länder nationale Initiativen, die zum Teil eigene Entwicklungen hervorbrachten. Die Internationale Telegrafenunion, die inzwischen die Funkinteressen von 30 Ländern vertrat, strebte eine Gleichberechtigung im Funkbe-

92: Röhre von Robert von Lieben, 1910, die ab 1912 in Serienproduktion ging; Durchmesser 10 cm, Höhe 30 cm. Die erste praktisch brauchbare Verstärkerröhre mit Glühkathode, Gitter und Anode (oben). Die Spannung am Gitter steuert die Stärke des Stroms durch die Röhre. Diese Röhre wurde in der Telefonie für die Verstärkung von Sprechströmen verwendet; das ermöglichte eine bedeutende Erhöhung der Reichweiten.

trieb an, indem sie 1906 in Berlin in einem ‹Internationalen Funktelegrafenvertrag› die Methoden der Betriebsabwicklung von Funktelegrafenanlagen auf See und zu Lande regelte. In Deutschland hatten auf Anregung Kaiser Wilhelms II. die AEG und Siemens & Halske eine ‹Gesellschaft für drahtlose Telegrafie m. b. H., System Telefunken› gegründet. Telefunken sollte mittels eigener Forschung neue oder verbesserte Funkanlagen zur Umgehung der Marconi-Patente entwickeln und für das Heer drahtlose Feld- und Bodenstationen bauen. In dieser nationalstaatlichen Konkurrenz entstanden neue Konzeptionen für Funkanlagen. Von 1903 bis 1910 installierte Telefunken beispielsweise 500 Funkstationen eigener Entwicklung in aller Welt, das waren 38% der Weltproduktion solcher Geräte.

Nach manchen Verbesserungen ergab sich eine weitere Steigerung der Leistungsfähigkeit von Funkanlagen durch die Löschfunken-Sendeanlage des dänischen Physikers Valdemar Poulsen (1869–1942), die die Firma Lorenz ab 1906 produzierte. Die bisherigen, gedämpfte Schwingungen erzeugenden Funkeninduktorsysteme konnten jetzt durch solche ersetzt werden, die mittels Hochfrequenz-Wechselstromgeneratoren ungedämpfte Schwingungen bereitstellten. Dies war eine wichtige Voraussetzung für den Übergang von der drahtlosen Telegrafie zur drahtlosen Telefonie. Lorenz baute Lichtbogensender als mobile Sende- und Empfangseinrichtungen für militärische Zwecke oder auch später für Küstenfunkstationen. Die erste deutsche Großfunkstelle für Überseeverkehr entstand 1906 in Nauen bei Berlin (das ‹Ohr der Welt›), eine weitere 1911 in Eilvese bei Hannover; beide gewährleisteten einen zuverlässigen Nachrichtenaustausch zwischen dem amerikanischen und europäischen Kontinent.

Die erste Sprachübertragung mit Hilfe elektromagnetischer Wellen gelang 1906 gleichzeitig in Amerika und Deutschland; 1910 ertönte erstmals ein Lied in drahtloser Übertragung aus den Funkempfängern, es war die Stimme des berühmten Sängers Caruso (1873–1921) aus der Metropolitan Opera in New York. Eine praktische Bedeutung erlangten jedoch all diese Versuche erst mit der Erfindung der Elektronenröhre (1906–1910), der gittergesteuerten Vakuumröhre, die die Entwicklung von Verstärkern für beliebige Signale gestattete (Abb. 92). Sie konnte zudem zur Erzeugung der für die drahtlose Übertragung von Sprache und Musik erforderlichen ungedämpften Schwingungen verwendet werden (Abb. 93).

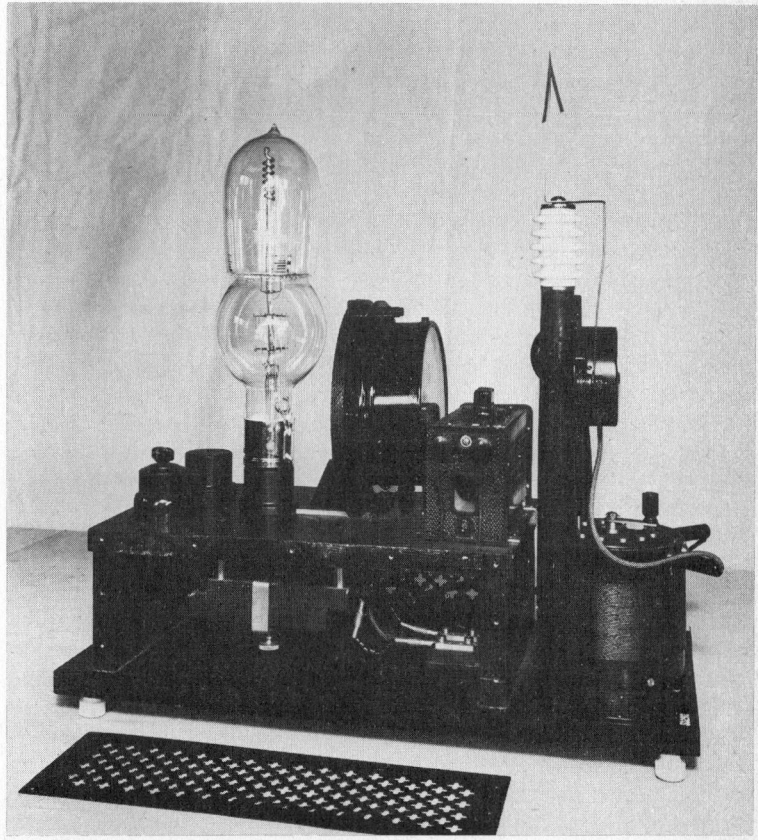

93: Erster Röhrensender mit Lieben-Röhre, womit Gespräche drahtlos von Nauen nach Berlin übertragen wurden, 1913.

Für die leitungsgebundene Fernsprechtechnik bedeutete die Elektronenröhre gleichzeitig eine Verbesserung der Übertragungstechnik, sowohl was die Übertragungsqualität über Entfernungen von über 1000 km anbetraf als auch quantitativ hinsichtlich der Auslastung von vorhandenen Fernsprechleitungen. Zwar waren mit Ende des vergangenen Jahrhunderts schon Versuche unternommen worden, durch geschickte Schaltungen zu einer besseren Leitungsausnutzung zu gelangen, doch erst jetzt eröffneten sich wirkungsvollere Verfahren. Zwischen Berlin und Hannover konnte 1918 erstmals eine Fernleitung eingerichtet werden, über die sich nicht nur ein Gespräch, sondern gleichzeitig noch zwei weitere Gespräche auf ein und derselben Leitung führen ließen. Das war dadurch möglich, daß man, wie heute vom Rundfunk her allgemein bekannt, die einzelnen Gespräche für die Übertragung in ihren Frequenzlagen gegeneinander verschob. Dieses Mehrfachnutzungsverfahren (Frequenzmultiplexverfahren) verbreitete sich als Trägerfrequenztechnik rasch über die Fernsprechnetze in aller Welt. Auf koaxialen Kabeln erlaubt diese Technik heute die gleichzeitige Übertragung von bis zu 10000 Sprachsignalen je Leitung.

Wesentliche Triebkräfte für die radiotelegrafischen und radiotelefonischen Weiterentwicklungen ergaben sich durch die militärische Verwendung im Ersten Weltkrieg, wo sich derartige Nachrichtenübermittlungen bei der Verständigung zwischen Flottenverbänden, aber auch zwischen Flugzeugen und Bodenstationen ‹hervorragend bewährten›. Der Einsatz in Luftfahrzeugen war es vornehmlich, der nach einer bedeutenden Verkleinerung und Gewichtsverminderung der Sende- und Empfangsgeräte verlangte. Erfahrungen mit Rundfunkanlagen in den Schützengräben an der deutsch-französischen Front zur Absicherung der strategisch wichtigen Verbindung zwischen der militärischen Führung und den Kampftruppen, motivierten nach Beendigung des Krieges die Anfänge eines zivilen Rundfunks. Während in den Vereinigten Staaten sehr schnell eine bedeutende Anzahl von Sendestationen aufgebaut wurde, weil der Sendebetrieb weder von einer Lizenz noch von einer bestimmten Sendefrequenzzuteilung abhängig war, kam es in Deutschland auf Grund der besonderen politischen Situation nur verzögert und erst ab 1920 zu den ersten Sende- und Empfangsversuchen für Rundfunk-Übertragungen. Die Militärstellen bestanden auf der Geheimhaltung der Nachrichtendienste durch die Reichspost, die keine Inbetriebnahme von privaten Funkempfängern erlaubte. Auf das beharrliche Drängen der einschlägigen Industrieunternehmen – Telefunken, Lorenz und Huth hatten im November 1922 eine Rundfunk GmbH gegründet – gestattete die Reichspost schließlich, in verschiedenen deutschen Städten auf Kosten der Firmen je einen Rundfunksender zu errichten. So wurden 1923/1924 die Sender Berlin, Leipzig, München, Frankfurt, Hamburg, Stuttgart, Breslau, Königsberg, Münster, Bremen und Hannover in Betrieb genommen, die täglich eine Stunde sendeten. 1924, im Jahr der ersten deutschen Funkausstellung der Funkindustrie, meldeten sich in Deutschland 500000 Radiohörer an, 1925 überschritt die Zahl der Rundfunkteilnehmer bereits die Millionengrenze und wuchs bis 1930 auf 3 Millionen an.

Gelangte schon ab 1932 der Rundfunk immer mehr in den Sog politischer Interessen, so wurde mit der Machtübernahme Adolf Hitlers der Rundfunk zu einem totalen Steuerungselement nationalsozialistischer Weltanschauung ausgebaut. Die vorhandenen Sender wurden zu ‹Reichssendern›, die dem ‹Reichsministerium für Volksaufklärung und Propaganda› unterstellt waren. Die Entwicklung eines billigen, leicht zu bedienenden Einheitsvolksempfängers (VE 301) durch die Industrie im Jahre 1933, mit der Folge breitester Rundfunkversorgung und einer damit einhergehenden weiteren Einflußmöglichkeit nationalsozialistischer Publizistik, gehört unmittelbar in diesen Zusammenhang. Das gilt auch für den beginnenden Fernsehrundfunk. Als erstes Land der Welt betrieb Deutschland mit dem Sender Berlin-Witzleben ab 22. 3. 1935 einen regelmäßigen und öffentlichen Fernseh-Programmdienst. 1938 beauftragte die Fernseh-Forschungsgesellschaft der Deutschen Reichspost die Firmen Fernseh GmbH, Loewe, Lorenz, TeKaDe und Telefunken, ein möglichst billiges und zuverlässiges, einfach zu bedienendes Einheitsfernsehgerät, den E 1 zu entwickeln. Mit Ausbruch des Zweiten Weltkrieges stagnierten jedoch diese Entwicklungen. Nach dem Krieg erfuhr diese Kommunikationstechnik sehr schnell eine außerordentliche Verbreitung. In den USA gab es 1951 bereits 15 Millionen Fernsehteilnehmer.

Heutige Kommunikationssysteme zeigen mehr und mehr die Tendenz, die bisher getrennt verlaufenden Entwicklungen von Telegrafie, Telefonie und Fernsehen zu umfassenden Nachrichtensystemen zusammenwachsen zu lassen. Der ab 1982 vorgesehene Bildschirmtext (bis 1986 rd. 1 Million Teilnehmer erwartet) und das Fernsehtelefon, das die Bundespost ab 1984 in Systemversuchen erproben will, sind hierfür zwei einleuchtende Beispiele: Handelt es sich im ersten Falle um eine Form der Textkommunikation, bei der Textnachrichten aus zentralen Datenbanken unter Nutzung des schmalbandigen Fernsprechnetzes auf Bildschirmen empfangen oder auch an andere Stationen übermittelt werden können – dabei kann es sich um einzelne Seiten eines Warenhauskatalogs, um Glückwunschtexte oder ähnliches handeln –, so geht es im zweiten um die akustische und gleichzeitig optische Kommunikation von beliebigen Teilnehmern in einem breitbandigen Vermittlungsnetz. Zukünftige Breitband-Übertragungswege, wie sie sich mit der Glasfaserleitungstechnik ergeben, und Breitband-Vermittlungen sind hierfür allerdings Voraussetzung. Über ein breitbandiges integriertes Glasfaser-Fernmelde-Ortsnetz (BIGFON), das noch in diesem Jahrzehnt erprobt werden soll, kann die Übertragung von Telefongesprächen, Daten und Texten, Ton- und Fernsehrundfunk sowie von Fernsehtelefongesprächen über nur eine Anschlußleitung vorgenommen werden. Diese sogenannte ‹Dienstintegration› faßt zukünftig sowohl die bisherige Sprachkommunikation mit Tele-

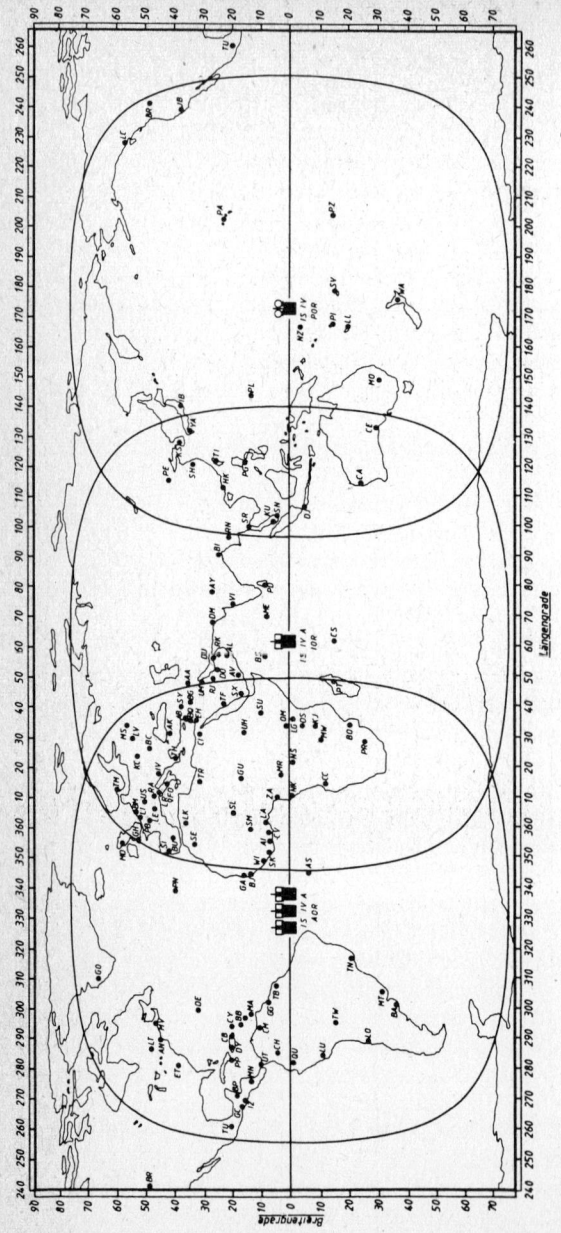

94: Intelsat-Fernmeldesatellitensystem mit den entsprechenden Erde-Funkstellen, 1981.

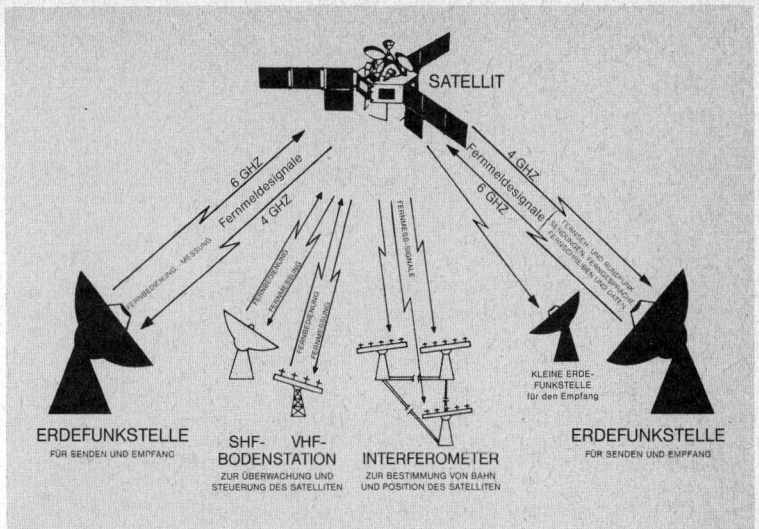

95: Prinzip von Nachrichtenübertragungen durch Satelliten.

fon und Hörrundfunk, die in Anfängen bei der Telegrafie vorliegende Textkommunikation, als auch die Text-Bild-Kommunikation mit Hilfe des Fernkopierers und die Datenkommunikation mit Fernverarbeitung und Austausch von Daten in ein Gesamtsystem zusammen.

Parallel zu den für die Telefonie vielfach genutzten Tiefseekabeln entwickelte sich in den beiden letzten Jahrzehnten eine Technik, die mit einem Schlage auch das interkontinentale Fernsehen möglich machte: der Satellitenfunk.

Am 6. April 1965 wurde der erste geostationäre Nachrichtensatellit Early Bird (Intelsat I) als Relaisstation zwischen Europa und Amerika in einer Höhe von 36000 km über dem Äquator installiert. Er war mit einer miniaturisierten Empfangs- und Sendeeinrichtung ausgerüstet, mit der Fernseh-, Telefon-, Fernschreib- und Datennachrichten von einem Kontinent zum anderen übertragen werden konnten. Die Übertragungskapazität umfaßte 240 Fernsprechkanäle oder ein Fernsehprogramm. Vorausgegangen waren Fernsehübertragungen über spezielle Fernsehsatelliten; die erste Fernsehübertragung von Amerika nach Europa fand am 11. Juli 1962 statt. Weitere, immer leistungsfähigere Nachrichtensatelliten folgten: 1967 Intelsat II, 1968 Intelsat III, 1971 Intelsat IV/IV A, 1980 Intelsat V. Ihre Relativpositionen zur Erde nicht verändernd, stehen sie inzwischen als weltweites Satelliten-

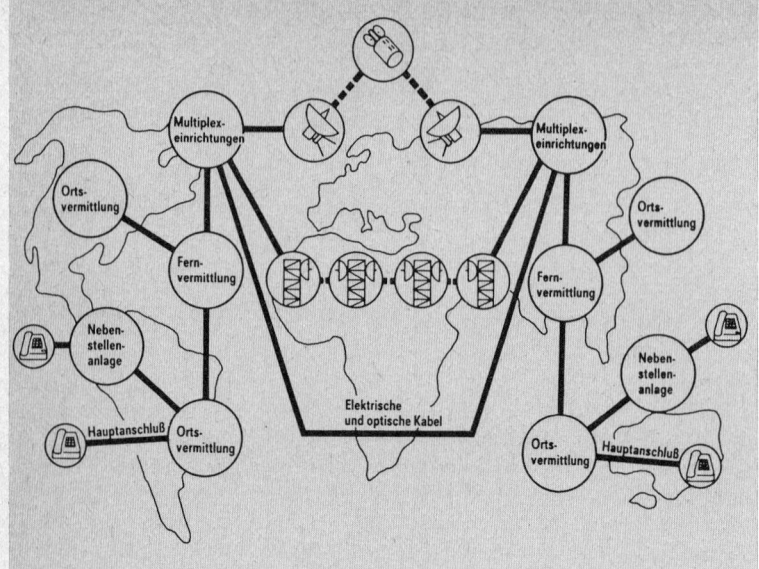

96: Prinzipieller Aufbau des weltweiten Fernmeldenetzes mit Vermittlungs- und Übertragungseinrichtungen und Übertragungsmedien.

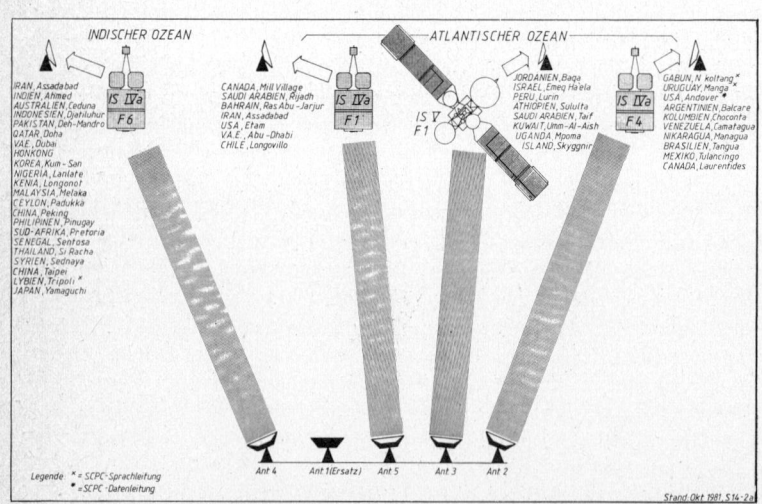

netz für jede Art von Nachrichtenaustausch über den Weltraum zur Verfügung (Abb. 94). Mittels Mikrowellen sind die Erde-Funkstellen in den einzelnen Ländern und Kontinenten mit den über dem Atlantik oder dem Pazifik installierten Satelliten und damit auch wieder untereinander verbunden (Abb. 95). Zusammen mit den Tiefseekabeln bilden sie ein weltweites Selbstwählfernsprechsystem, dessen Gesprächsausnutzung stetig ansteigt (Abb. 96). Allein 1979 betrug beispielsweise die internationale Steigerungsrate für Auslandsgespräche 17 Prozent gegenüber 10prozentigen Zuwachsraten bei Ortsgesprächen! Rund 50 Prozent des interkontinentalen Fernmeldeverkehrs laufen heute über Satellitverbindungen. In Betrieb sind derzeit annähernd 300 Antennen in rd. 270 Erde-Funkstellen in über 200 Ländern und Territorien. Eine neue Tele-Gesellschaft, die Intelsat (International Telecommunications Satellite Organisation), der annähernd 150 Länder und Fernmeldeverwaltungen angehören, koordiniert seit 1964 die Zusammenarbeit und die Bedarfszuteilung.

In Deutschland bewältigt diesen Richtfunkverkehr von Kontinent zu Kontinent die Erde-Funkstelle in Raisting beim Ammersee (siehe Titelbild), die inzwischen mit fünf Hohlspiegelantennen großer Empfangsstärke (Antennen 4 und 5 ab 1981) wie früher die Station Nauen unser ‹Ohr der Welt› ist. Als derzeit größte Erde-Funkstelle gewährleistet sie mit hochempfindlichen Verstärkern die Überbrückung der Satellitenentfernung von über 36000 km. Dabei liegen die Empfangssignale in der unvorstellbar geringen Größenordnung von einem Picowatt, also von einem billionstel Watt. Annähernd 2000 Fernsprech-, Fernschreib- und Datenkanäle stehen hier für eine weltweite Telekommunikation zur Verfügung. Die derzeit ausgebauten ständigen Verkehrsverbindungen zeigt Abb. 97. Über 12000 Telefongespräche oder zwei Farbfernsehsendungen gleichzeitig überträgt heute ein moderner kommerziell genutzter Nachrichtensatellit, wobei die Übertragungskapazitäten weiter zunehmen. So ist Intelsat VI für 1986 mit 80000 Sprechkreisen geplant. Diese Zunahme bedeutet auch, daß die Kosten je Fernsprechkanal beziehungsweise je Ferngespräch weiter sinken; ferner werden die Übertragungskosten erstmals nahezu unabhängig von der Entfernung. Weitere Telekommunikationssatelliten sind in Planung: ECSS für Europa, Arabat für die Staaten der Arabischen Liga, Insat für Indien, Andosat für die Andenstaaten Südamerikas u. a. Für den Schiffs- und Flugverkehr sind eigene Satellitenkommunikationssysteme geplant wie zum Beispiel Immarsat oder Aerosat.

Abschließend bleibt festzuhalten, daß die intensive Auseinandersetzung mit der elektrischen Telegrafie und Telefonie, besonders gegen Ende des 19. Jahrhunderts, erhebliche Auswirkungen auf eine Vielzahl von späteren technischen Entwicklungen hatte, Entwicklungen, die vielfach erst im 20. Jahr-

◄ 97: Satelliten-Fernmeldeverbindungen über die Erde-Funkstelle Raisting, 1981.

hundert ausreiften und sich durchsetzten. So wurden bedeutende Vorleistungen für die Bildübertragung schon 1867 durch die Kathodenstrahlröhre von Ferdinand Braun (1850–1918) und 1884 durch die Bildabtastung von Paul Nipkow (1860–1940) erbracht. Die Beschäftigung mit dem Fernsprecher war beispielsweise für Edison die Voraussetzung für den Bau des Phonographen von 1877, der 1887 von Emil Berliner (1851–1929) verbessert wurde, indem er die Walze durch eine rotierende Platte aus Zink ersetzte. Andere Verfahren der Schallaufzeichnung sind ebenfalls in diesem Zusammenhang zu sehen. Poulsen konnte 1898 die mechanischen Verfahren der Schallaufzeichnung und -wiedergabe durch ein Magnettonverfahren ergänzen, und Ruhmer fügte 1901, aufbauend auf älteren Vorschlägen, das Lichttonverfahren hinzu. Auch die Entwicklung der Datenverarbeitungstechnik ist vom erreichten elektrotechnischen Niveau der Fernmeldetechnik eindeutig beeinflußt, worauf in den nachfolgenden Kapiteln noch einzugehen ist.

Der Fernsprecher ...

… erspart uns das Schreiben, der Fernschreiber das Kuvertieren, der Fernseher das Lesen …

Bei so viel Einsparungen darf es nicht fernliegen, Erspartes gut anzulegen. Man kann es ja fernmündlich veranlassen.

Eine gute Kapitalanlage hält allerlei Übel fern.

Pfandbrief und Kommunalobligation

Meistgekaufte deutsche Wertpapiere - hoher Zinsertrag - schon ab 100 DM bei allen Banken und Sparkassen

Verbriefte Sicherheit

5. Rationalisierung «geistiger» Arbeitsleistungen
Automatisiertes Rechnen

Stand in den vorangegangenen Darstellungen der technische Wandel von Informationsübertragungssystemen im Mittelpunkt der Erörterung, so geht es nachfolgend um technische Informationsverarbeitung, eine in Beziehung zur Nachrichtentechnik im Prinzip eigenständige technische Entwicklung. Die Fähigkeit, Informationen in Form von Daten nach bestimmten Mustern miteinander zu verknüpfen, zu speichern und zu verarbeiten, das heißt, neue Informationen daraus zu machen, gehört mit zu den zentralen Leistungen heutiger informationstechnischer Systeme. Vorläufer dieser Systeme, wie etwa die mechanischen Rechenmaschinen, die im klassischen Sinn keine Maschinen darstellen, da sie nicht auf den Umsatz von Masse oder Energie abzielen, stellen erstmals die Rationalisierung mechanischer Arbeit in eine Beziehung zur Rationalisierung geistiger Arbeitsleistungen.

Anfänge jener Entwicklung liegen bereits in dem Bedürfnis der Menschen, Wahrnehmungen und Empfindungen in Sprache, Schrift und Zahlzeichen auszudrücken. Die Entwicklung der Schriftzeichen hatte für die Ausformung der Nachrichtentechnik eine wesentliche Bedeutung. Für die Datenverarbeitung sind es besonders die Zahlzeichen und Zahlsysteme, die technische Informationsverknüpfungssysteme erst möglich machten.

Zahlensysteme und Rechenbretter, Anfänge und alte Erfahrungen

Unser gebräuchliches Ziffernsystem mit dezimalen Stellenwerten gelangte erst im Mittelalter von Spanien, das in seiner geistigen Entwicklung wesentlich von den Arabern beeinflußt war, zu uns. Dabei hatte das Ziffernsystem schon nahezu die heutige Form. Ursprünglich sind unsere Zahlzeichen (Abb. 98) aus der indischen Brahmi-Zahlschrift hervorgegangen. Es ist zwar nicht so genau bekannt, wann Menschen begannen, mit Zahlen umzugehen, dennoch gilt als sicher, daß über Jahrtausende hinweg Menschen sich der Finger als naturgegebener Rechen- und Zählhilfsmittel bedienten, wie das heute noch bei vielen Naturvölkern zu beobachten ist. So mutet es nicht weiter verwunderlich an, daß sich mit den fünf Fingern der Hand oder den zehn

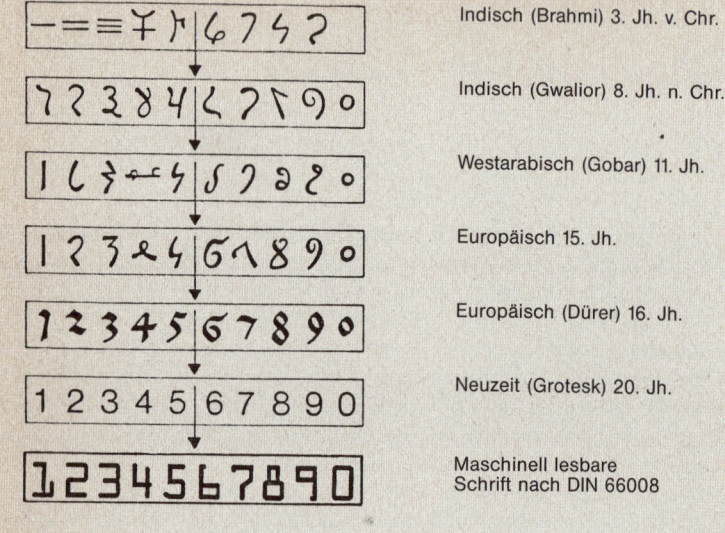

98: Entwicklung der Zahlzeichen über mehr als 2300 Jahre.

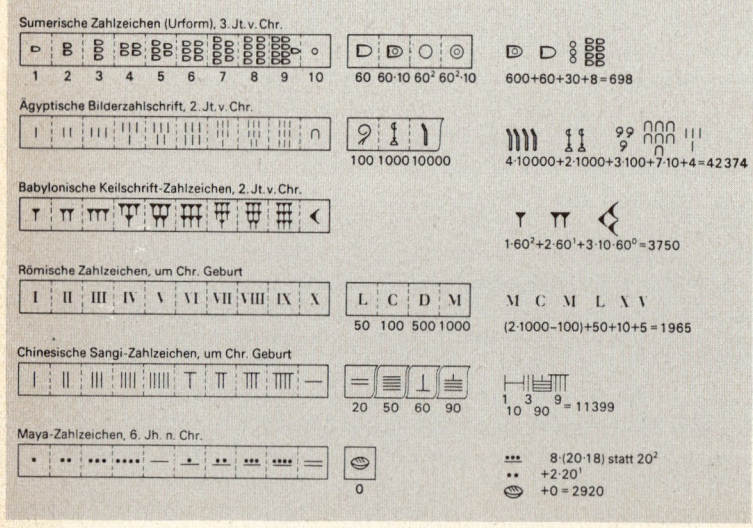

Ägyptische Bilderzahlschrift	Römische Zahlzeichen	Babylonische Keilschrift	Dual-System	Dezimal-System
Keine Stellenschreibweise		60^1 60^0	$2^{10}2^9 2^8 2^7 2^6 2^5 2^4 2^3 2^2 2^1 2^0$	$10^3 10^2 10^1 10^0$
			0	0
I	I	𒐕	1	1
II	II	𒐖	10	2
III	III	𒐗	11	3
IIII / I	IV	𒐘	100	4
III / II	V	𒐙	101	5
∩	X	⟨	1010	1 0
∩ III/I	XV	⟨ 𒐙	1111	1 5
∩∩	XX	⟨⟨	10100	2 0
∩∩∩ / ∩∩	L	⟨⟨⟨ / ⟨⟨	110010	5 0
∩∩∩ / ∩∩∩	LX	𒐕	111100	6 0
𖤉	C	𒐕 ⟨⟨⟨/⟨	1100100	1 0 0
𖤉𖤉𖤉 / 𖤉𖤉	D	𒐙𒐙𒐙 ⟨⟨	111110100	5 0 0
𒀭	M	⟨𒐙𒐙𒐙 ⟨⟨⟨/⟨	1111101000	1 0 0 0
𒀭 𖤉𖤉𖤉/𖤉𖤉 ∩∩∩ III/II	MCMLXV	⟨𒐕𒐕 ⟨⟨⟨/⟨ 𒐙	11110101101	1 9 6 5

100: Die Gegenüberstellung verschiedener Zahlensysteme läßt den Schreibaufwand erkennen, der nötig ist, um die Jahreszahl 1965 darzustellen. Besondere Bedeutung für die Verwirklichung elektrisch arbeitender Rechensysteme hat das Dualsystem. Es weist zwar gegenüber dem Dezimalsystem eine Vielzahl von Stellen auf, hat aber den großen Vorteil, daß nur zwei Werte, nämlich 0 und 1 pro Stelle zu unterscheiden sind. Beide Werte lassen sich technisch leicht realisieren, z. B. Stromfluß/kein Stromfluß.

Fingern beider Hände eine ‹natürliche Einteilung› ergab. Fünferstufungen verwendeten Römer, Chinesen und Mayas; die Zehnerstufung benutzten Ägypter und Babylonier (Abb. 99). Die römische V ist möglicherweise eine stilisierte Hand, die X die Darstellung zweier Hände. Dazu entsprachen die Zahlzeichen der verschiedenen Kulturkreise den zur Verfügung stehenden Hilfsmitteln, die ein Aufschreiben möglich machten. So verwendeten die Babylonier Ton als Schreibmaterial und kegelförmige beziehungsweise dreieckige Schreibgriffel. Die Ägypter meißelten ihre Zahlzeichen bis zur Verwendung des Papyrus in Form von Bilderschriften in Stein.

◂ 99: Die verschiedenen Kulturkreise und ihre Zahlzeichen und Zahlsysteme.

Das schwierigste Problem, das alle früheren Kulturvölker bei der Entwicklung ihrer Zahlsysteme hatten, war die Darstellung großer Zahlen. So enthält die Zahlschrift der Ägypter unterschiedliche Bilder für die Zehnerpotenzen, die dem Wert der darzustellenden Zahl entsprechend wiederholt wurden. Einen wesentlich anderen Aufbau zeigt das Stellenwert- oder Positionssystem der Babylonier, Mayas, Inder und Chinesen. Hier wird der Wert eines Zahlzeichens nicht allein durch die Ziffer, sondern auch durch die Stelle, an der sie innerhalb der Zahl auftritt, bestimmt. Versucht man einmal, in römischer Schreibweise notierte Zahlen zu addieren oder zu multiplizieren, wird unmittelbar einsichtig, welche Bedeutung die Einführung des Stellenwertes und der Ziffer Null haben mußte. Das römische Zahlensystem war daher für wissenschaftliche Berechnungen ungeeignet, ein vielleicht nicht uninteressanter Hinweis auf den Zusammenhang von geistesgeschichtlicher Entwicklung und früher begrifflicher Festlegung, wie hier der von Zahlen und Zahlensystemen. Die Bedeutung der Zahlensysteme mag mit der Übersicht in Abbildung 100 deutlich werden, die auch das heute in unseren elektronischen Datenverarbeitungsanlagen verwendete Dualsystem mit einbezieht. Dieses ist bereits von Gottfried Wilhelm Leibniz (1646–1716) beschrieben und systematisch betrachtet worden. Die Darstellung großer Zahlen im Dualsystem ist zwar recht aufwendig, doch bietet es den großen Vorteil, daß eben nur zwei Werte, nämlich 0 und 1 pro Stelle zu unterscheiden sind im Gegensatz zu den 10 des Dezimalsystems. Zwei Werte lassen sich technisch relativ einfach darstellen und verarbeiten.

Zahlendarstellung und Zahlensystem bilden wesentliche Voraussetzungen für jede Art Bemühung um eine Mechanisierung des Rechnens. Vielfache technische Hilfsmittel, die das Zählen und Rechnen erleichterten, sind schon sehr früh anzutreffen. Mit einfachen mechanischen Hilfsmitteln versuchte

101: Schatzmeister mit einem tributpflichtigen Untertan vor dem Rechentisch mit Rechensteinen, Darstellung auf einer antiken Vase mit Bildern aus dem Leben des Perserkönigs Darius, um 500 v. Chr.

102: Der in Trier gefundene römische Grabmalquader aus der Zeit der Flavier (Regierungszeit 69–96) zeigt eine Rechenszene mit dem Rechenbrett.

man, abstrakte Informationen darzustellen und zu manipulieren. In Form von Sklavenhänden, Holzkohlestäbchen, Körnern und Steinen wurden bestimmte Anzahlen von Menschen, Vieh oder Früchten abgebildet. Das lateinische Wort calculus, das die Wurzel unserer Worte Kalkül, Kalkulation bildet, heißt zu deutsch: kleiner Stein, Steinchen, Rechenstein.

Alte Darstellungen und Zeugnisse beschreiben vielfach Verwendungen von Körnern und Steinen auf Rechenbrettern, z. B. auf der griechischen Darius-Vase aus dem 4. Jahrhundert v. Chr. (Abb. 101), oder auch auf römischen Reliefs (Abb. 102). Die Rechenbretter der Römer und Griechen bestanden aus Holz-, Metall- oder Steintafeln, auf denen eingeritzte Striche Spalten markierten. Der Stellenwert der Spalten war durch jeweilige Überschriften gekennzeichnet. Ein waagerechter Strich unterteilte die Rechenfläche. Die Darstellung einer Zahl und die Ausführung einer Rechnung vollzog man durch entsprechendes Hin- und Herschieben der Steinchen. Mit den Rechengeräten geschickt und schnell umgehende Rechenmeister galten in allen Ländern der Antike als geachtete Persönlichkeiten.

Der römische Handabakus bestand aus einer nur postkartengroßen Bronzeplatte mit senkrecht verlaufenden Schlitzen, in denen sich kleine Rechen-

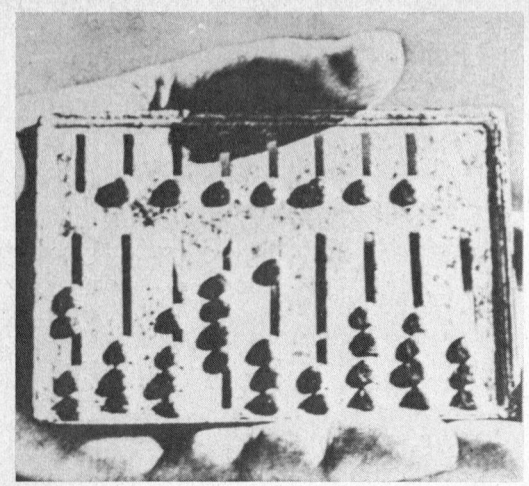

103: Original eines römischen Handabakus, Größe 11,5 x 7 cm.

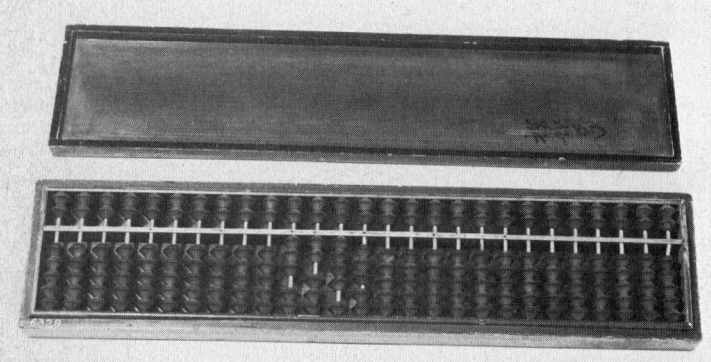

104: Original eines japanischen Soro-ban mit 27 senkrechten Stäbchen, die unbenannt sind. Die Kugeln unter dem Steg geben die Einer an, die darüber die Fünfer. Auf dem Soro-ban gelten nur die an den Steg gerückten Kugeln. In der Mitte ist die Zahl 324 eingestellt. Daß mit diesem Gerät erstaunliche Rechenleistungen zu erreichen sind, zeigt ein 1945 ausgetragener Wettkampf zwischen einem Japaner mit dem Soro-ban und einem Amerikaner mit einer elektrischen Rechenmaschine: Gegen alle Erwartungen gewann der Rechner mit dem Soro-ban beim Zusammenzählen von 50 vier- bis sechsstelligen Zahlen, beim Abziehen, Teilen und bei zusammengesetzten Aufgaben! Lediglich beim Multiplizieren war die damalige Rechenmaschine schneller. Schnelles Rechnen mit dem Soro-ban setzt aber Fingerfertigkeit und vor allem Kopfrechnen voraus.

steine, die ‹claviculi› (Nägelchen), unverlierbar aber verschiebbar befanden (Abb. 103). Zur Einstellung ganzer Zahlen dienten sieben der neun Schlitze, zwei Schlitze waren für gebrochene Zahlen vorgesehen. Oberhalb des Steges mit den Stellenmarkierungen befanden sich acht kleinere Schlitze zur Einstellung der fünfwertigen Zahlen V (= 5), L (= 50) usw. Erreichte man z. B. bei der Addition in der unteren Spalte den Wert 5, so waren die obere fünfwertige Kugel nach unten und die vier einwertigen Kugeln wieder in die Ausgangsstellung zu bringen. Dadurch kam man mit relativ wenigen Kugeln aus, konnte jedoch bis fast 10 000 000 rechnen. Zusätzlich ließen sich über weitere Rillen auch Gewichtseinheiten miteinander verrechnen. Für den täglichen Gebrauch erwies sich dieser Handabakus als äußerst nützlich, ein Taschenrechengerät, das überall mitzuführen und leicht zu bedienen war. Mit einiger

105: Rechenstube eines Kaufmanns, 1533. Zum Vergleich wird neben der mit Rechenpfennigen durchgeführten Rechnung ‹auff der Linihen› auf waagrecht angeordneten Linien mit den gerade aufkommenden indischen Zahlzeichen ‹mit der Federn› gerechnet, entsprechend unseren heutigen schriftlichen Rechenverfahren. Die erkennbaren senkrechten Münzstreifen deuten darauf hin, daß gerade Geldrechnungen durchgeführt werden (vgl. Abb. 106), d. h. Geldsorten (Gulden, Groschen, Pfennige o. ä.) ineinander verrechnet oder entsprechende Posten (Steuern, Abgaben) zusammengezählt oder abgezogen werden.

Item einer ist mir schuldig 396. fl. 8. gro. vnd 7. dl. hat daran geben 279. fl. 16. gro. 9. dl. Wie viel ist er noch schuldig? Machs also / leg auff das gelt das man schuldig ist / vnd nimb hin weg das gegeben ist. So bleibt ligen 116. fl. 12. gro. 10. dl. So viel ist er noch schuldig.

Ligt a´ so auff den Linien.

Schuldt.

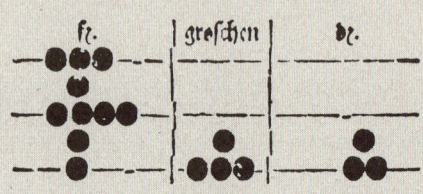

Hunderter
Fünfziger
Zehner
Fünfer
Einer

Daran bezahlt.

Hunderter
Fünfziger
Zehner
Fünfer
Einer

Rest noch.

Hunderter
Fünfziger
Zehner
Fünfer
Einer

Proba.

Wiltu probiren ob das recht sey / so leg die abgezogen zahl zur vberbleibenden / kompt wider die erste auffgelegte zahl / so ists recht.

Übung konnte man zu verblüffender Rechenleistung kommen. Die römische Regierung ordnete an, den Abakus bei sämtlichen öffentlichen Kassen, Behörden und Schulen zu verwenden.

Rechenbretter mit klaren Stellenanordnungen sind bis in unsere Tage noch in Ostasien, Indien und Rußland verbreitet. Heutige chinesische oder japanische Rechengeräte stimmen in der Grundidee mit dem antiken Abakus überein. Der chinesische Suan-pan läßt sich bis in das erste Jahrhundert vor Chr. zurückverfolgen. Ab dem 10. Jahrhundert tauchte er in abgeänderter Form auch in Japan als Soro-ban auf (Abb. 104).

Bis in das späte Mittelalter rechnete man in Mitteleuropa auf Rechenbrettern. Das mittelalterliche Rechenbrett stellt dabei eine Verbindung zwischen dem antiken Abakus und den im 13. Jahrhundert aufkommenden Formen des Rechnens auf Linien her (Darstellung z. B. bei Adam Riese, 1492–1559). Rechnete man mit dem Abakus noch in Zeilen (zwischen den Linien), so wurden jetzt die Linien selbst Träger der Rechenmarken, wie die Rechnungsauslegung des Kaufmanns an seiner Rechenbank erkennen läßt (Abb. 105). Die Durchführung der einzelnen Rechenoperationen wurde damit erheblich sicherer in der Handhabung und war für den damaligen Kaufmann für Geldumrechnungen besonders gut geeignet. Bei den bisher bekannten Rechenbrettern der Antike konnten die einzelnen Zahlenwerte nur untereinander dargestellt werden. Das Rechnen auf den Linien ermöglichte dagegen, Geldsorten, z. B. Gulden-, Groschen- und Pfennigwerte, nebeneinander in Spalten (Bankire) darzustellen und gleichzeitig miteinander zu verrechnen (Abb. 106).

Bis zum 16. Jahrhundert war dieses Rechnen auf den Linien in Europa verbreitet, wenn auch nur wenige Leute die Fähigkeit des Lesens und Schreibens oder gar des Rechnens besaßen. Rechnen blieb die Zunftkunst der Kaufleute. Rechnete man im Kontor mit Rechenbrettern auf Rechentischen, blieb auf dem Markt nach wie vor das Fingerrechnen vorherrschend.

Die Rechenkunst verbreiteten die Rechenmeister und die Rechenprofessoren der Universität. Die Dezimalbrüche setzten sich seit Simon Stevin

◄ 106: Beispiel einer Schuldverrechnung durch Rechnen mit Rechenpfennigen auf waagrecht angeordneten Linien aus einem Rechenbuch von Adam Riese (Ries), 1533.
Die Durchführung der Rechenoperation (Subtraktion) erfolgte ausschließlich durch Wegnehmen und Verschieben der Rechenpfennige auf dem Rechenbrett, worauf der Anleitungstext verweist. Die waagerechten Linien geben von unten nach oben die Zahlenwerte in der Zehner-Ordnung an. Ein Rechenpfennig gilt also auf der untersten Linie 1, auf der zweiten Linie 10 und auf der dritten 100, und zwar getrennt nach den Spalten für Gulden (linke Spalte), Groschen (mittlere Spalte) und Pfennigen (rechte Spalte). Der Zwischenraum (das Spatium) bündelte je 5 Einheiten der Linie darunter. Im abgebildeten Beispiel sind in der Schuldspalte also dargestellt: 396 Gulden $(1 + 5 + 40 + 50 + 300)$, 8 Groschen $(3 + 5)$ und 7 Pfennige $(2 + 5)$.

107: Kasten mit Rechenstäbchen des Schotten Napier, 1617. Original aus dem Kloster Andechs, mit dem dort wahrscheinlich noch Ende des 18. Jahrhunderts gerechnet wurde. Länge eines Stäbchens 8 cm.
Auf den schräg gegitterten Stäbchen sind jeweils die 9 ersten Vielfachen eines Einers aufgeschrieben, z. B. 4, 8, 12, 16, ... von 4. Will man 479 x 5 rechnen, setzt man sich die Zahl 479 aus den Stäbchen 4, 7, 9 zusammen und legt links den Leitstab mit den römischen Zahlen 1 bis 9 an. Nun kann man das Ergebnis 2395 unmittelbar bei der römischen V ablesen. Dabei zählt man die Zahlen im gleichen Schrägstreifen zusammen. Auch eine Rechnung wie 479 x 83 kann mühelos bewältigt werden, indem man die Teilprodukte abliest und addiert: 479 x 3 =   1437
                                         479 x 80 = 38320
                                         ─────────
                                                    39757

(1594) rasch durch. Als weiteres Hilfsmittel zur mechanischen Durchführung von Rechenoperationen, das im 17. Jahrhundert aufkam, sei noch der Rechenschieber erwähnt. Nachdem Napier 1614 mit seinem Hauptwerk ‹Mirifici Logarithmorum Canonis Descriptio› die logarithmische Rechentafel vorgelegt hatte, waren Operationen wie Multiplizieren und Dividieren durch einfaches Addieren beziehungsweise Subtrahieren von Hochzahlen (Exponenten) möglich. Mit der Addition logarithmischer Längen ergab sich dann die Idee des logarithmischen Rechenstabes, dessen heutige Form (mit beweglicher Zunge) bereits 1650 entstand. Napier selbst schlug in einer Abhandlung über Vereinfachungsmethoden des Rechnens quaderförmige Stäbchen aus Holz als Rechenhilfe vor, die später als Napiersche Rechenstäbe bekannt wurden: eine Einmaleinstafel, die für jede Zahl, für einen bestimmten Faktor direkt das Produkt liefert (Abb. 107).

Frühe Rechenmaschinen, Modelle mechanischer Bewältigung «geistiger» Arbeitsleistungen

Mit der zunehmenden Bedeutung der Naturwissenschaften zeigte sich im 16. und 17. Jahrhundert eine neue Belebung der Mathematik wie auch der Rechenkunst beziehungsweise der Rechentechnik. In seiner mechanistisch-ma-

108: Astronomische Standuhr, 1592.

thematischen Weltauffassung strebte das Barockzeitalter sowohl nach einheitlichen Denkformen von der Philosophie bis zur Technik, als auch nach einer Mechanisierung, welche sich spielerisch in Kunst- und Spielautomaten dokumentierte. Allerorten entstanden mechanische Gebilde, wie automatische Flötenspieler, Puppen zu Pferde, Paukenschläger, fliegende Sperlinge aus Holz, Automaten mit Vogelstimmen u. a., die man zum Staunen des jeweiligen Publikums vorführte. Die Gestalt des ‹Mechanicus› trat hervor, in dem sich in eigener Weise feinmechanisches Handwerk, Wissenschaft und Philosophie mischten. Nahezu jeder kleinere oder größere Hof des Barocks leistete sich ein ‹Mechanisches Cabinett› und einen ‹Hofmechanicus›. Mit dieser Mechanisierung ging die des Weltbildes einher; die Beschäftigung mit mechanischen Geräten wurde zu einer Art Theologie, insofern die mechanischen Modelle ‹Gottes Wunder in der Natur nachahmten›.

Das 17. Jahrhundert erscheint zugleich als Jahrhundert der Mechanistik und der Uhren, indem sogar der lebende Organismus als Maschine aufgefaßt und das Uhrwerk zum Bild des gesamten Kosmos erhoben wurde. Die Uhr, seit Peter Henlein (um 1480–1542) stetig vervollkommnet, erscheint als eine Schlüsselidee, mit der unzweifelhaft die Zahl verstärkt zu einem ordnenden Mittel nahezu aller Erscheinungen wird, die zeitlich abhängig sind. Als exaktes Meßgerät (Abb. 108) ermöglichte sie später eine kontinuierliche arbeitsteilige Produktion und standardisierte Produkte.

Die sich allmählich entwickelnden Manufakturen erstrebten nämlich bereits durch Arbeitsteilung eine Steigerung der Produktion. Die Mechanisierung der Arbeit nahm ihren Anfang. Die Arbeit des einzelnen verlor an Inhalt, wogegen die Quantität mehr und mehr als Maßstab der Arbeitsleistung galt. Die Rückführung aller Probleme auf meß- und zählbare Größen, etwa mit dem 16. Jahrhundert beginnend, wurde damit zugleich zu einer typischen Denkform. Gleichzeitig verlangte die sich entfaltende Warenproduktion zunehmend exaktes Messen und Zählen, sowohl des Geldes als auch der Waren. Der Wechsel von der Tauschwirtschaft zur Geldwirtschaft mit internationalem Kreditsystem erbrachte eine neue Beziehung, die sich in abstrakten Symbolen wie Geld, Wechsel und Rechnung ausdrückte und damit letztlich nur auf Zahlen beruhte. Der Prozeß der Wirtschaft erhielt einen neuen Ausdruck, der sich mehr und mehr mit ‹reinen Werten› in Gewinn- und Verlustlisten dokumentierte. Diese neue Richtung des Denkens konnte über den engeren Bereich ökonomischer Interessen hinaus nicht ohne Einfluß auf die benutzten Rechenmethoden und Rechentechniken bleiben.

So war es wohl auch diese allgemeine Denkbewegung jener Zeit, die erste Entwürfe zur maschinellen Abwicklung von Rechenoperationen begünstigte. Nicht Rechenpraktiker oder Mechaniker befaßten sich mit derartigen Entwicklungen, sondern universelle Gelehrte, Mathematiker und Theologen. Ein gutes Jahrhundert früher waren ähnliche Überlegungen offensichtlich nicht naheliegend. Leonardo da Vinci (1452–1519), das große Universal-

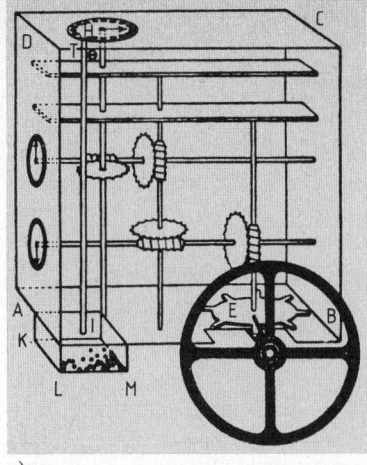 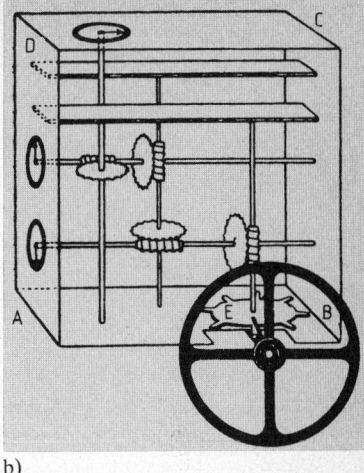

a)   b)

109: Antike Wegmesser, die (a) von Vitruvius, 1. Jahrhundert v. Chr., und (b) von Heron, 1. Jahrhundert n. Chr., beschrieben wurden.

a) In dem Kasten ABCD läuft parallel zum Boden das Rad E mit 8 Zähnen, in die ein Stift eingreift, der mit der Nabe des Wagenrades fest verbunden ist. Dreht sich das Wagenrad einmal, wird das Rad E um einen Zahn bewegt. Hat das nächste Zahnrad 30 Zähne, so markiert das zweite Schneckengetriebe eine Umdrehung, wenn sich das Wagenrad $8 \times 30 = 240$mal gedreht hat usw.

Das obere Rad, das die Summe aller Umdrehungen angibt, ist eine Lochscheibe H. In den Löchern sitzen Kugeln, von denen jeweils nach einer Meile (Weiterdrehung der Lochscheibe um 1 Loch) eine durch das Rohr TI in den Kasten KLMI fällt. Am Ende der Fahrt zählt man die Kugeln im Kasten und hat die Anzahl der Meilen.

b) Die Konstruktion von Heron gleicht der des Vitruvius mit dem Unterschied, daß die Lochscheibe durch eine Anzeige ersetzt ist. An den drei Zeigern an der Außenwand kann die Anzahl der Umdrehungen des Wagenrades genau abgelesen werden. Multipliziert mit dem bekannten Umfang des Rades ergibt sich exakt die zurückgelegte Wegstrecke. Heron erreicht mit seiner Konstruktion also eine höhere Genauigkeit bei der Wegmessung.

c) Zeichnung eines Wegmessers von Leonardo da Vinci nach der Beschreibung von Vitruv, um 1500.

genie, vollzog nicht den Zusammenhang von mathematischer Operation und mechanischem Zählvorgang mit bekannten Maschinenelementen, obwohl er mit dem Dezimalsystem rechnete und die Verwendung von Zählrädern in Wegmeßgeräten (sog. Hodometern) kannte, wie sie der römische Architekt Vitruvius (1. Jahrhundert v. Chr.) und der Mechaniker Heron von Alexandrien (1. Jahrhundert n. Chr.) beschrieben (Abb. 109). Als Maschinenelement war der Einzahn (als Nockenrad oder einarmiger Hebel) fast über 1800 Jahre aus vielen mechanischen Apparaturen und Geräten bekannt. Dennoch wurden diese Zusammenhänge, und zwar im wesentlichen unabhängig voneinander, erst in den mechanischen Rechenmaschinen von Wilhelm Schikkard (1592–1635) in Tübingen, Blaise Pascal (1623–1662) in Rouen und von Leibniz (1646–1716) in Mainz und später in Hannover verwirklicht. Sie führten arithmetische Operationen für die maschinelle Behandlung auf den Grundvorgang allen Rechnens, nämlich auf das Zählen, zurück, das sich mit den bereits bekannten Maschinenelementen bewerkstelligen ließ.

Schickard war Theologe und später Professor für Mathematik und Astronomie an der Universität Tübingen. Seine mechanische Rechenmaschine konnte nach älteren Dokumenten rekonstruiert werden. Die Rekonstruk-

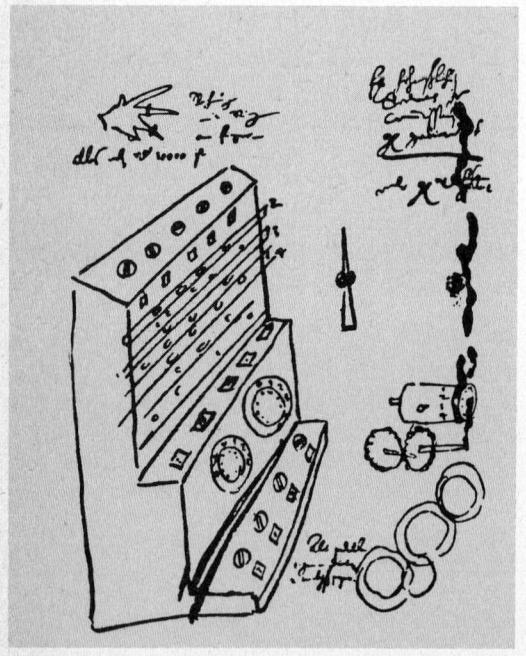

110: Erste Handskizze von Wilhelm Schickard für seinen Mechaniker über den Aufbau und die Wirkungsweise seiner Rechenmaschine, die er ‹Rechenuhr› nannte, 1623.

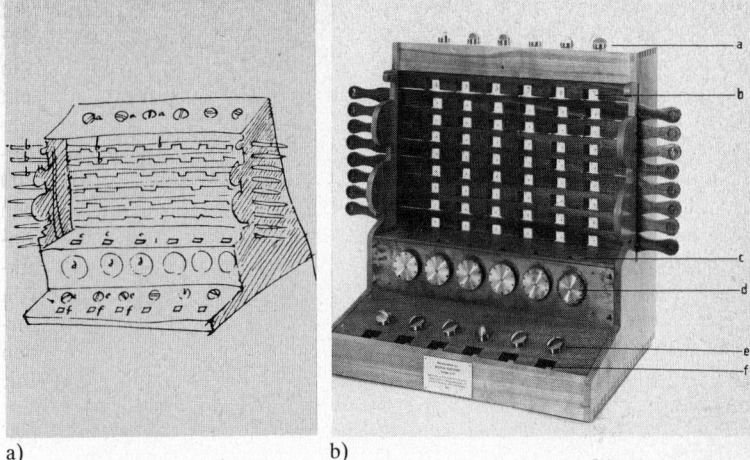

a) b)

111: a) Skizze Wilhelm Schickards von seiner Rechenmaschine, 1624, die im Nachlaß Keplers gefunden wurde.
b) Rekonstruktion der Rechenmaschine von Wilhelm Schickard, gebaut 1958–1960 in Tübingen. Die Bezeichnungen a–f beziehen sich auf den im Text zitierten Brief Schickards an Kepler vom 25. Februar 1624.

tion gelang auf Grund von Briefen Schickards an den mit ihm befreundeten Astronomen Kepler (1571–1630) und von einigen Handskizzen für den Mechaniker Pfister (Abb. 110). Am 20. September 1623 schreibt Schickard an Kepler, der sich ab 1620 der Berechnung neuer astronomischer Tafeln und Jahrbücher zuwandte:

«... Ferner dasselbe was Du rechnerisch gemacht hast, habe ich kürzlich auf mechanischem Wege versucht, und eine aus elf vollständigen und sechs verstümmelten Rädchen bestehende Maschine konstruiert, welche gegebene Zahlen augenblicklich automatisch zusammenrechnet: addiert, subtrahiert, multipliziert und dividiert. Du würdest hell auflachen, wenn Du da wärest und erlebtest, wie sie die Stellen links, wenn es über einen Zehner oder Hunderter weggeht, ganz selbst erhöht bzw. beim Subtrahieren ihnen etwas wegnimmt ...» (Graef, 1973, S. 11)

Schickard versuchte demnach, nach dem Digitalprinzip vorgehend, entsprechend den zehn Fingern und Ziffern zehnzähnige Zahnräder für die Darstellung der Zahlen zu verwenden. Die Funktion seiner Maschine beschreibt er in einem weiteren Brief an Kepler vom 25. Februar des darauffolgenden Jahres, zu dem die Skizze (Abb. 111) aus dem Nachlaß Keplers gehört:

«... aaa sind die Köpfchen aufrechter Zylinder, denen die Multiplikationen der Fingerzahlen aufgeschrieben sind, und sie schauen, soweit man ihrer bedarf, durch die ziehbaren Fensterchen bbb heraus. ddd haben innen fest angemachte Rädchen mit zehn Zähnen, die so ineinandergreifen, daß, wenn irgendein rechts stehendes zehnmal gedreht wird, das links anschließende einmal herumgeht, oder, wenn jenes hundertmal herumgeht, das dritte einmal vorwärts bewegt wird usw., und zwar nach derselben Richtung, was die Einfügung eines ähnlichen Rädchens erforderlich machte h (bezieht sich auf eine kleine, hier nicht wiedergegebene Randzeichnung). Randnote: Jedes Zwischenrädchen bewegt im verlangten Verhältnis alle linken, kein rechtes, was besondere Vorsicht verlangte. Die jeweilige Zahl wird in den Löchern ccc auf dem mittleren Brett sichtbar. Schließlich deutet e auf dem untersten Brett Wirbel und f in ähnlicher Weise Löcher zum Sichtbarmachen der Zahlen an, deren man während der Operation bedarf. Aber das kann man so hastig nicht schreiben. Leichter ist es am Objekt zu verstehen. Nun hatte ich für Dich bei dem hier ansässigen Johann Pfister ein Exemplar in Auftrag gegeben, dieses ist jedoch halbfertig zusammen mit anderen Sachen von mir, vor allem etlichen Kupferplatten, vor drei Tagen einer Feuerbrunst zum Opfer gefallen, die bei Nacht unversehens dort ausgebrochen ist... Diesen Verlust nehme ich sehr schwer, jetzt zumal, wo keine Zeit ist, rasch dafür Ersatz zu schaffen» (Graef, 1973, S. 12).

Die Handskizze, mit der vermutlich Schickard seinem Mechaniker Hinweise zur technischen Realisation gab (vgl. Abb. 110), verdeutlicht noch einmal die prinzipielle Funktion. Die Zählräder seiner mechanischen Rechenmaschine, Standardbausteine sämtlicher späterer Maschinen, bildeten die zentralen Elemente des Addier- und Subtrahierwerkes (Abb. 112): Jedes Zählrad A_1, A_2, A_3... ließ sich bei einem Umfang von 10 Zähnen p auf 10 diskrete Winkeleinstellungen je Umdrehung bringen. Nach einer Umdrehung um 360° in 10 Schritten kehrte es wieder in seine Ausgangsstellung zurück. Dabei drehte das Zählrad mit einem zusätzlichen Übertragungszahn d über ein Zwischenrad B_1, B_2, B_3... das nächste Zahnrad um einen Schritt weiter.

Damit ergab sich ein selbsttätiger Zehnerübertrag. Wichtig war dabei auch die Arretierung der Zahnräder in ihren jeweiligen Zählstellungen, die mittels Rastfedern l und Rastrollen g verblüffend einfach realisiert war. In Verbindung mit den versetzt angeordneten Zwischenrädern war so ein Zehnerübertrag gleichzeitig über alle sechs Stellen möglich, wie das zum Beispiel bei der Addition von 099999 + 1 erforderlich ist. Die ursprüngliche Maschine hatte 5, die späteren 6 Stellen und entsprechend 5 beziehungsweise 6 Zählräder (vgl. Abb. 110, 111a). Jedes Zählrad erhielt zur Anzeige eine Trommel mit den Zahlen 0 bis 9, die im darüberliegenden Fenster sichtbar waren.

Diese Anordnung machte sowohl Additionen als auch Subtraktionen möglich; je nachdem, wie man die Zählräder mit Hilfe eines Stichels bewegte (rechtsdrehend/linksdrehend), addierte oder subtrahierte das Werk. Wollte man beispielsweise 8 + 7 addieren, so stellte man die äußerste rechte Scheibe (Einerscheibe) um 8/10 einer vollen Umdrehung (bei Ausgangsstellung 0) im Uhrzeigersinn weiter. Damit ist der erste Summand im Einerzählwerk gespeichert. Beim Weiterdrehen um ⁷/₁₀ Drehung bewegt das Zwischenzahnrad das folgende Zählrad um ¹/₁₀ Drehung weiter. Es erscheint im Zehnerzählwerk eine 1 (bei Ausgangsstellung 0). Beim Weiterdrehen um ⁵/₁₀ der vollen

Umdrehung änderte sich nur noch die Einerziffer auf 5. Damit ist das Gesamtergebnis 15 angezeigt. Bei der Überschreitung der möglichen Kapazität des Gerätes (bei der Summe über 999 999, bei Subtraktionen unter 0) soll das Einerzählrad automatisch ein akustisches Signal ausgelöst haben. Bei Überschreitung des Zahlenbereichs war jeweils ein Ring an den Finger der Hand zu stecken, wie einer Bemerkung auf der Handskizze Schickards zu entnehmen ist (vgl. Abb. 110). Der Arbeitsbereich der Maschine erweiterte sich mit dieser Praxis erheblich.

Der obere Teil der Maschine, nach dem Prinzip der Napierschen Stäbe organisiert (Schickard korrespondierte mit Napier), nahm die Multiplizier- und Dividiereinrichtung auf, eine Reihe drehbar angeordneter Zylinder, einen pro Dezimalstelle, auf die die vollständigen Einmaleinstafeln aufgetragen waren. Horizontal angebrachte bewegliche Schieber (vgl. Abb. 111b) ließen die Teilprodukte mit dem am jeweiligen Schieber angebrachten Faktor direkt ablesen. Sollte beispielsweise 2456 mit 4 multipliziert werden, stellte man den Multiplikand 2456 an den drehbaren Zylindern ein und schob den

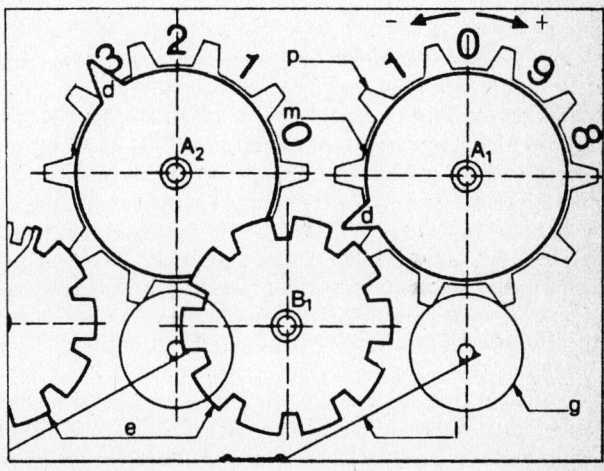

112: Prinzip des Zehnerübertrags bei der Rechenmaschine von Wilhelm Schickard.

Wird das Zählrad A_1 mit den 10 Zähnen p einmal gedreht, dreht sich die Scheibe m mit dem Übertragungszahn d mit. Der Übertragungszahn rückt die Scheibe e des Zwischenrades B_1 um eine Stelle weiter. Das dahinterliegende, nicht sichtbare Zahnrad überträgt die Bewegung auf das Zählrad A_2, das um einen Zahn weitergedreht wird und die nächste Zehnerstelle markiert. Die Feder l und die Rolle g arretieren das Zählrad A_1.

113: Nachbildung der Rechenmaschine von Blaise Pascal nach einem Original aus dem Jahr 1642.

4. Schieber nach links. Dadurch wurden die Produktzahlen für jede Stelle freigegeben: 24 für die erste Stelle, 20 für die zweite, 16 für die dritte und 08 für die vierte Stelle. Im darunterliegenden Addierwerk stellte man nun ein: 4 am ersten Zählrand, 2 + 0 am zweiten, 6 + 2 = 8 am dritten und 8 + 1 = 9 am vierten. Ohne Kopfzerbrechen erscheint das Ergebnis 2456 × 4 = 9824. Eine solche Kombination von verstellbarer Multiplikationstafel und Addierwerk hat es in der weiteren Geschichte der Rechenmaschine allerdings nicht mehr gegeben. Schickards Maschine arbeitete, wie die Rekonstruktionen und das Studium der historischen Quellen belegen, in wenigen Exemplaren selbst unter den damals beschränkten mechanischen Möglichkeiten einwandfrei, bei einem verblüffend geringen technischen Aufwand: 17 Zahnräder und 11 drehbare Teile im Addierwerk.

Mit dem Wüten der Pest und den Wirren des Dreißigjährigen Krieges, der Deutschland verödete und entvölkerte, gingen sowohl die vorhandenen Geräte als auch die entstandenen Pläne und Unterlagen verloren. Schickard selbst starb mit seiner gesamten Familie an den Folgen der Pesterkrankung. In der vom Krieg wenig betroffenen damaligen geistigen, kulturellen und politischen Metropole Paris hingegen führte 1643 der spätere Philosoph und Mathematiker Blaise Pascal (1623–1662), der gerade geboren wurde, als in Württemberg die Schickardsche Maschine entstand, zum Staunen der ganzen Welt ebenfalls eine Rechenmaschine vor (Abb. 113). Erlauchtes Publikum drängte sich zu der Vorführung im Luxemburgischen Hof. Die Schwester des Neunzehnjährigen schrieb später:

«Dieses Werk wurde als Naturwunder angesehen, weil dadurch eine Wissenschaft, die ganz und gar im Geiste wohnt, in eine Maschine eingefangen wurde, und weil damit die Mittel gefunden waren, alle Operationen dieser Wissenschaft mit absoluter Sicherheit auszuführen, ohne die Vernunft zu benötigen» (Freytag Löringhoff, 1964, S. 45).

Dabei verfügte das staunenswerte Kunstwerk nur über ein Addierwerk. Zum Subtrahieren mußte mit komplementären Zahlen gearbeitet und bei höheren Operationen im Kopf oder auf dem Papier mitgerechnet werden. Infolge einer recht komplizierten, aufwendigen Zehnerübertragung arbeiteten die hergestellten Modelle nicht gerade zuverlässig. Pascal verwendete, wie aus der zeitgenössischen Darstellung in der berühmten französischen Encyclopédie (von Diderot und d'Alembert 1751 begonnen) ersichtlich ist (Abb. 114), statt des bei Schickard eingefügten Zwischenrades einen relativ komplizier-

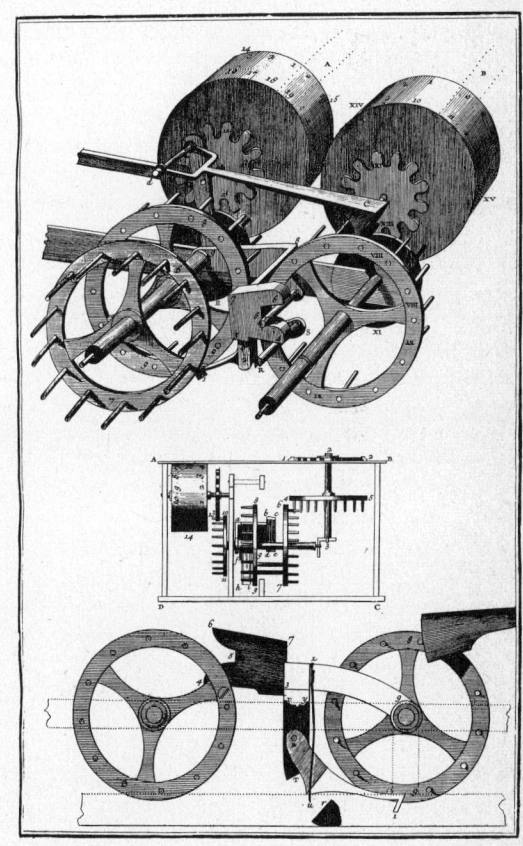

114: Darstellung der im Rechenwerk der Rechenmaschine von Blaise Pascal recht aufwendigen Mechanik zur Verwirklichung des Zehnerübertrags.

ten Hebelmechanismus, den sogenannten ‹sautoir›, der in einer Drehrichtung den Übertrag realisierte. Diese Funktion war aber abhängig von der Schwerkraft, so daß die Maschine nur bei waagerechter Lage voll funktionsfähig sein konnte. Ein zu schnelles Drehen an einer Scheibe führte häufig zu unerklärlichen Rechenfehlern, wie Versuche mit den noch vorhandenen Modellen von Pascal ergaben. Die Prinzipdarstellung (Abb. 115) verdeutlicht noch einmal den Mechanismus der Zahlenwalzen. Die Drehung der Wählscheibe auf dem Deckel des Gehäuses (vgl. Abb. 113, 114) wird über die Wellen A_1, A_2 ... auf die Zifferwalze übertragen. Die auf diesen Wellen befestigten Stirnräder B_1, B_2 ... dienen der Zehnerübertragung. Gegen Ende einer vollen Umdrehung des Rades B_1 beispielsweise greifen nämlich die daran befestigten zwei Stifte d_1 in die zwei Zähne des Hebels C_1 ein, dessen Drehpunkt die Welle A_2 ist, und heben diesen an. Hat B_1 eine volle Umdrehung (10 Einerschritte) erreicht, lassen die sich weiterdrehenden Stifte d_1 den Hebel C_1 wieder los, worauf dieser wieder herunterfällt. Eine am selben Hebel dahinterliegende Klinke treibt das Stiftrad B_2 ratschenartig um einen Schritt weiter. Die Klinke H_1 verhindert dabei eine Drehung von B_2 in die verkehrte Richtung und dient damit gleichzeitig der Arretierung der Zahlenwalzen F in der Ablesestellung. Zum Subtrahieren verschob man die Abdeckplatte G und drehte den komplementären Wert ein, was wie bei jeder anderen Einstellung mit einem Zahlengriffel geschah.

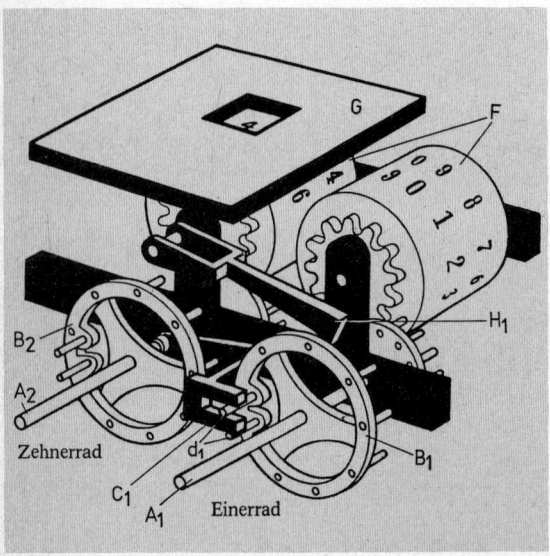

115: Prinzip des Zehnerübertrags bei der Rechenmaschine von Blaise Pascal. Das Einerrad B_1 hat eine volle Umdrehung (10 Einerschritte) gemacht. Nun greifen die Stifte d_1 in den Hebel C_1, heben ihn hoch und drehen damit das Zehnerrad B_2 um eine Stelle weiter. Die Klinke H_1 dient zur Arretierung der Zahlenwalzen F.

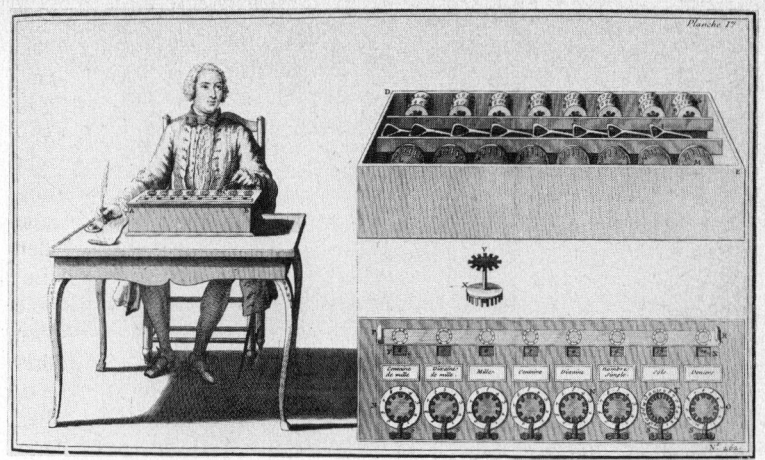

116: Mechanisiertes Rechnen mit der Rechenmaschine von Blaise Pascal, 1735. Wenn auch mit Hilfe dieser Rechenmaschine relativ schnell Additionsrechnungen ausgeführt werden konnten, war jedoch schon die Subtraktion, bei der mit Komplimentärwerten gerechnet werden mußte, nicht mehr so einfach. Umfangreiche Schreibarbeiten zur Notierung von Zwischenergebnissen waren unvermeidlich. Multiplikation und Division mußten ohnehin durch schriftliche Rechnungen erfolgen. Das Bedienfeld, mit seiner Ausrichtung auf die damalige Goldwährung, verweist auf die anwendungsorientierte Konstruktion der Pascalschen Maschine. Sie wurde ausschließlich für Geldadditionen, für börsenmäßige Geldverrechnungen konzipiert.

Das Arbeitsprinzip ist damit ähnlich dem von Schickard, jedoch ohne umkehrbaren Zehnerübertrag. Bei der Subtraktion bedeutet das, mit Komplementärwerten zu rechnen, was sicher umständlich war und neben der mechanisierten Rechenarbeit stets zusätzlichen Schreibaufwand erforderte (Abb. 116). Dazu erstreckte sich der Zehnerübertrag bei den meisten seiner Maschinen lediglich auf zwei bis drei Stellen. Der Preis dieser Zweispeziesmaschine erschien mit 100 Pfund pro Exemplar, gemessen an der Leistungsfähigkeit der damaligen Feinmechanik, recht hoch. Pascal ließ aber mehrere Maschinen fertigen. Eine widmete er dem französischen Kanzler, um damit den Schutz seiner Erfindung zu erreichen, nachdem er erfahren hatte, daß ein Mechaniker in Rouen versuchte, seine Maschine nachzubauen. In seinem Begleitbrief an den Kanzler Pierre Séguier beschreibt er die ‹Aufgabe› der Maschine:

«Wenn das Publikum einigen Nutzen von der Erfindung hat, die ich erdacht habe zur Ausführung aller Rechnungsarten auf eine ebenso neue als bequeme Art, so wird es mehr Eurer Herrlichkeit verpflichtet sein als meiner schwachen Bemühung... Als mich die Weitschweifigkeiten und Schwierigkeiten der gewöhnlichen Mittel veranlaßt hatten, an einige geeignetere und leichtere Mittel zu denken, um mir die großen Rechnungen zu erleichtern, mit denen ich seit einigen Jahren bezüglich der Verwaltungsangelegenheiten beschäftigt war, mit welchem Sie meinen Vater im Dienste Seiner Majestät in der Haute Normandie beehrt haben, verwandte ich bei dieser Untersuchung jene Kenntnis, die mir Neigung und Arbeit bei meinen ersten Studien in der Mathematik erwerben ließen, ... und dachte nur an die Konstruktion dieser kleinen Maschine, die ich Euch, Monseigneur, vorzulegen gewagt habe, nachdem ich sie in den Stand gesetzt hatte, wie es beabsichtigt war, für sich allein, ohne daß irgendeine geistige Arbeit nötig ist, die Operationen aller Teile der Arithmetik durchzuführen» (Schranz, 1952, S. 33).

Gedächtnis und Denktätigkeiten, ‹geistige› Arbeitsleistungen sollten durch eine mechanische Vorrichtung ersetzt werden, das ist die zentrale Aufgabe, die Pascal hier erstmals formulierte. Sein Vater war zu jener Zeit in Rouen als Verwaltungsbeamter tätig. Seine Aufgabe, die vornehmlich darin bestand, Steuern einzuziehen, war ihm, dem Opponenten der Regierung, vom mächtigen Kardinal Richelieu am Hof Ludwigs XIII. persönlich übertragen worden, sicher auch in der Absicht, ihn damit von Paris in die Provinz zu versetzen. Seine Tätigkeit muß in direktem Zusammenhang mit dem Anwachsen der Rechenarbeiten im entstehenden merkantilistischen Staatsgefüge, dem Steuerstaat selbst, gesehen werden. Es war eine Arbeit, bei der er tagsüber und oft bis in die Nacht hinein rechnen mußte. Die Arbeit war offensichtlich einträglich, aber beschwerlich und eintönig. Speziell für die Übernahme dieser Tätigkeit seines Vaters, nämlich der Addition von Geldbeträgen, der börsenmäßigen Geldverrechnung, plante Pascal anwendungsorientiert seine Maschine: Die beiden rechten Ziffernreihen richtete er (vgl. Abb. 116) beispielsweise für Deniers (12 d = 1 sol) und Sols (20 sols = 1 Livre) der damaligen Goldwährung mit 12 bzw. 20 Zählradzähnen ein. Entsprechend waren in der Maschine Zehner-, Zwölfer- und auch Zwanziger-Übertragungen vorhanden. Obschon es Pascal verstand, seine Maschine überall zu propagieren – er verschickte Modelle an verschiedene Königshäuser und übernahm 1648 ein königliches Privileg, das ihm die alleinigen Rechte für die Herstellung und den Verkauf gesichert hätte –, war niemand bereit, Kapital für eine umfangreichere Produktion über die ca. zehn Versuchsmodelle hinaus zu investieren. Wohl aber gab es eine Reihe von Mechanikern und Gelehrten, die versuchten, seine Modelle nachzubauen oder zu verbessern oder die sich angeregt fühlten, eigene Entwicklungsvorschläge zu publizieren.

Zunächst unabhängig von Pascal befaßte sich auch der Philosoph, Mathematiker, Physiker, Jurist und politische Schriftsteller Gottfried Wilhelm Leibniz (1646–1716) mit der Idee der maschinellen Ausführung von Rechenoperationen. Im März 1672 kam er nach Paris und wurde bei den dortigen Mechanikern auch mit der Pascalschen Maschine bekannt. Jedoch schon 1671 schrieb er aus Mainz an den Herzog Friedrich von Hannover:

«In Mathematicis und Mechanicis habe ich vermittels artis combinatoriae einige dinge gefunden die in praxi vitae von nicht geringer importanz zu achten, und erstlich in Arithmeticis eine Machine, so ich eine Lebendige Rechenbanck (d. i. ein Rechentisch) nenne, dieweil dadurch zu wege gebracht wird, daß alle zahlen sich selbst rechnen, addiren subtrahiren multiplizieren dividieren ...» (Graef, 1973, S. 25)

Leibniz beabsichtigte also mit seiner Idee von vornherein, eine Maschine für alle vier Grundrechnungsarten zu verwirklichen, und zwar mit einem ‹Instrumentum Panarithmicon›, einer ‹Lebendigen Rechenbank›. Aus seinen Handschriften geht hervor, daß ihn in der Grundidee die bekannten mechanischen Zählwerke inspirierten, Instrumente, mit deren Hilfe man ‹seine eigenen Schritte ohne zu denken zählen kann›. Nach vielen vorausgegangenen Überlegungen und Entwürfen auf dem Papier, führte er am 1. Februar 1673 auf einer Sitzung der Royal Society in London ein erstes noch aus Holz gebautes Modell einer Rechenmaschine für alle vier Grundrechnungsarten vor. Seine Demonstration zeigte erstmals ein Maschinensystem, das addieren, subtrahieren, multiplizieren und dividieren konnte. Seine Erfindung machte solchen Eindruck, daß man ihm unmittelbar die Mitgliedschaft der Royal Society verlieh. Nach der überzeugenden Prinzipdarstellung versprach er, eine fertige Maschine nachzuliefern. 1675 konnte er der Académie Royale des Sciences zu Paris eine erste Machina Arithmetica vorführen (Abb. 117), worauf man dort gleich zwei Exemplare bestellte. Bis zu seinem Tode arbeitete Leibniz mit seinen Mechanikern an der Maschine, um ein sicheres Funktionieren zu erreichen, was ihn den damals sehr hohen Geldbetrag von 24000 Talern gekostet haben soll. Abgesehen von einer Gebrauchsanweisung und

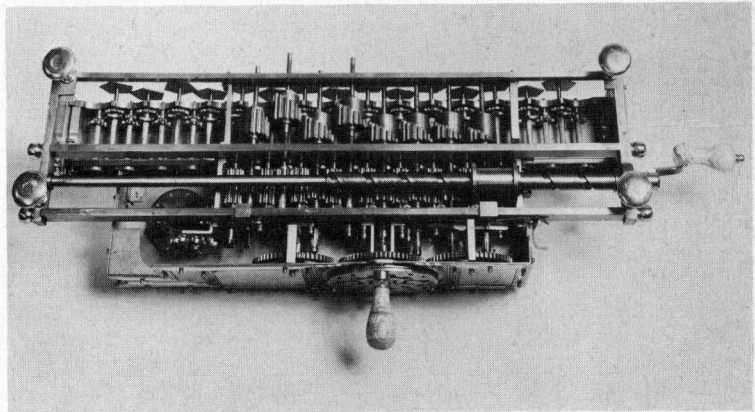

117: Nachbildung der Rechenmaschine von Gottfried Wilhelm Leibniz nach dem Original von 1694. Einblick von unten auf den deutlich erkennbaren Handkurbelantrieb und die verschiebbaren Staffelwalzen.

der Außenansicht, sah er von einer Veröffentlichung ab, offensichtlich aus Sorge vor Nachahmungen.

Bei der Konstruktion seiner Rechenmaschine ging Leibniz von dem Leitgedanken aus, die Multiplikation durch wiederholte Addition und die Division durch wiederholte Subtraktion auszuführen. Daher kam es ihm zunächst darauf an, die Addition und Subtraktion möglichst völlig zu mechanisieren: Zwischen Einstell- und Resultatwerk fügte er ein Betrag-Schaltwerk, das in verschiedenster Form später Bestandteil nahezu jeder mechanischen Rechenmaschine werden sollte. Für dieses Betrag-Schaltwerk, mit dem sich sämtliche eingestellten Zahlenwerte mit nur einer Kurbeldrehung in das Resultatwerk übertragen ließen, mußte jedoch ein neues Maschinenelement erfunden werden, das es erlaubte, die wirksame Zähnezahl zwischen 0 und 9 zu variieren. In den meisten späteren mechanischen Maschinen findet sich dieses von Leibniz erstmals verwendete neue Element, die Staffelwalze, wieder. Zu jeder Stelle des Einstellwerks gehört eine solche Staffelwalze. Diese längsverschieblich gelagerte Walze (Abb. 118) ist über eine Zahnstange entsprechend der eingestellten Ziffer vom Einstellrad E zu bewegen, so daß die gewünschte Anzahl von Zähnen für jede Stelle bereitsteht. Alle Staffelwalzen ließen sich nun durch eine gewöhnliche Zahnradübertragung über eine Welle mit einer vorneliegenden Handkurbel (Magna Rota) H betätigen (Abb. 119, 120). Das bedeutet, daß der gesamte eingestellte Zahlenwert durch einfaches Betätigen der Handkurbel in das Zähl- und Rechenwerk übertragen werden konnte; stellte man einen zweiten Zahlenwert ein, ließ er sich durch Kurbeldrehung zum ersten addieren beziehungsweise durch Rückwärtsdrehen subtrahieren.

Die Maschine erhielt damit einen zentralen Antrieb, der ein Rechnen ‹im Handumdrehen› gestattete, ein weiteres Merkmal späterer mechanischer Tischrechenmaschinen. Sollte nun aber eine Zahl des Einstellwerkes mit einer anderen, zum Beispiel 3, multipliziert werden, bedeutete das lediglich, den eingestellten Betrag im Einstellwerk durch drei Kurbeldrehungen hintereinander in das Resultatwerk zu übertragen, d. h. fortlaufend zu addieren. Damit man nun nicht die einzelnen Umdrehungen für den jeweiligen Faktor zu zählen brauchte, fügte Leibniz ein einstelliges Umdrehungszählwerk (vgl. Abb. 119), als ‹Rota Majuscula› bezeichnet, mit einem versetzbaren Anschlagstift für die gewünschte Ziffer des Zählrades ein. Jetzt konnte ohne besondere Aufmerksamkeit gekurbelt werden, bis die Maschine selbsttätig arretierte. Wurde der Drehsinn des Kurbelantriebs umgekehrt, ließ sich auch die Division in eine mechanische Subtraktion umkehren.

Eine weitere, dritte Grundidee jedoch brachte die Maschine erst zu ihrer prinzipiellen Leistungsfähigkeit. Wenn beide Faktoren eines Produktes mehrstellig sind, z. B. bei einer Multiplikation von 4870×242, müßte die Kurbel des Umdrehungszählwerkes 242mal gedreht werden, was einen enormen Aufwand darstellte. Um dieses Problem zu lösen, folgte Leibniz dem

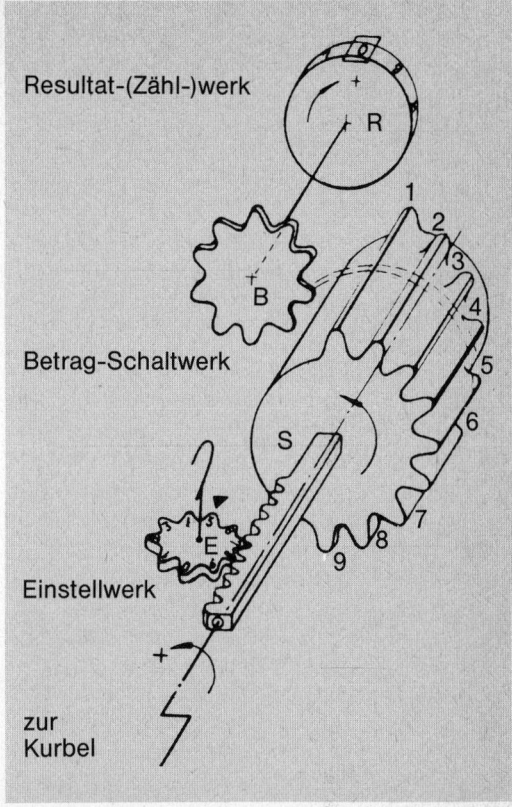

118: Staffelwalzenprinzip bei der Rechenmaschine von Gottfried Wilhelm Leibniz. Dargestellt ist eine vollständige Stelle der Staffelwalzenmaschine.
Mit dem Einstellrad E des Einstellwerkes wird die zu verrechnende Ziffer, z. B. 8, eingestellt. Das führt zu einer Längsverschiebung der Staffelwalze S, die bei einer Umdrehung das Zahnrad B des Betragsschaltwerkes um jene 8 Zahnschritte verdreht, die im Einstellwerk vorgewählt wurden. Gleichzeitig überträgt sie den Betrag in das Resultatwerk R. Im ‹Handumdrehen› konnten so erstmals Zahlenwerte miteinander verrechnet werden, ohne daß sie immer wieder neu einzustellen waren. Eine einfache Handkurbelumdrehung bewirkte sowohl die Eingabe eines vorgewählten Zahlenwertes in das Resultatwerk R als auch die eigentliche mathematische Operation (Addition/Subtraktion). Mehrfache Kurbeldrehungen ergaben so leicht mehrfache Additionen/Subtraktionen, ohne daß die Zahlenwerte neu einzustellen waren: ein weiterer Schritt in der Mechanisierung des Rechnens.

bekannten Verfahren der schriftlichen Multiplikation, bei dem das Produkt wie folgt gebildet wird:

Zuerst wird 4870 mit der Einerstelle (2) multipliziert:

$$\frac{4870 \times 242}{9740}$$

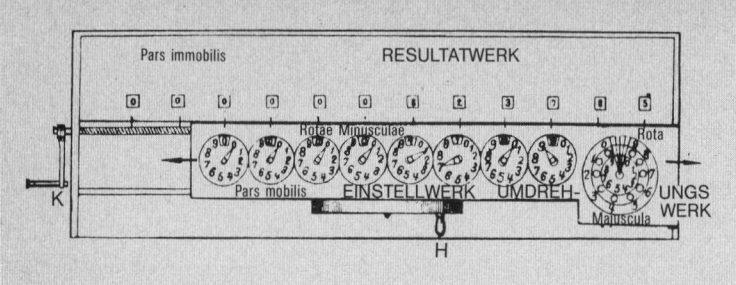

119: Schematischer Aufbau der Rechenmaschine von Gottfried Wilhelm Leibniz mit den Bezeichnungen des Erfinders. Durch Drehen der Kurbel H wird addiert und multipliziert bzw. durch Umkehren der Drehrichtung subtrahiert oder dividiert. Die Kurbel K dient zur Stellenverschiebung (wichtig bei der Multiplikation und Division): Über eine Spindel läßt sich das Einstellwerk gegenüber dem Resultatwerk verschieben.

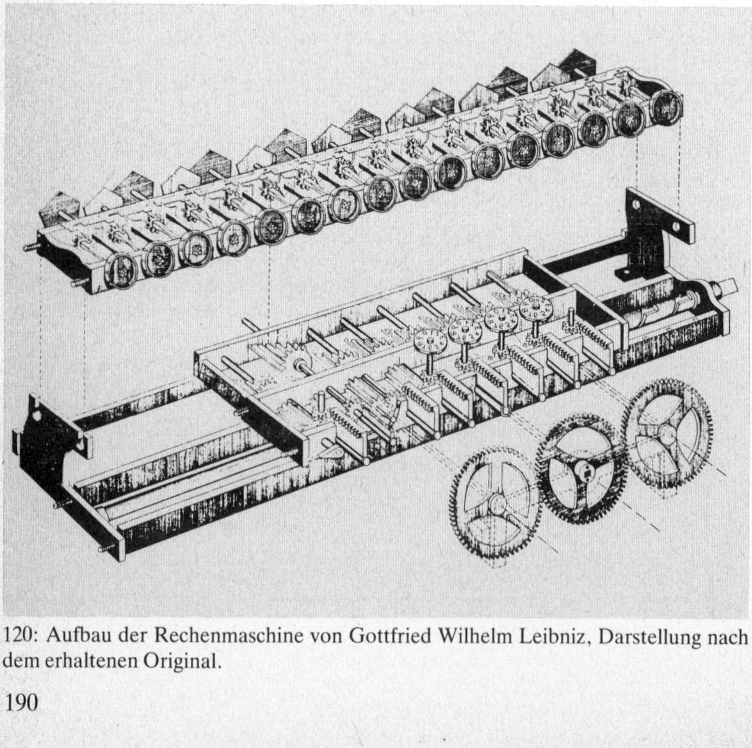

120: Aufbau der Rechenmaschine von Gottfried Wilhelm Leibniz, Darstellung nach dem erhaltenen Original.

dann weiter das zweite Teilprodukt mit der Zehnerstelle (4), wobei eine Stelle eingerückt wird:

$$\frac{4870 \times 242}{\begin{array}{r}9740\\19\,480\end{array}}$$

und weiter:

$$\frac{4870 \times 242}{\begin{array}{r}9740\\19\,480\\9740\end{array}}$$

Maschinell löste er dies, indem er das gesamte Einstellwerk gegenüber dem Resultatwerk verschiebbar auslegte, bewegt über eine seitliche Kurbel K mit einer längsgeführten Zugspindel. Nun waren nur zwei Umdrehungen für die Einerstelle nötig, danach wurde das Resultatwerk um eine Stelle verschoben, es folgten vier Umdrehungen für die Zehnerstelle und nach weiterer Verschiebung des Resultatswerkes um eine Stelle folgten zwei Umdrehungen für die Hunderterstelle. Mit nur acht Umdrehungen der Kurbel und zwei Verschiebungen des Resultatwerkes ließ sich so eine Multiplikation mit dem Faktor 242 ausführen.

Obwohl nur mit einem einstelligen Umdrehungszählwerk ausgerüstet, konnten nun auch Multiplikationen/Divisionen mit mehrstelligen Faktoren/ Quotienten ausgeführt werden. Damit ist erstmals eine wirkliche Vierspeziesrechenmaschine realisiert, bei einer Kapazität von 8/1/16, nämlich 8 Stellen im Einstellwerk, 1 im Umdrehungs- und 16 im Resultatwerk. Wie Schikkard und Pascal hatte allerdings auch Leibniz mit den damaligen begrenzten feinmechanischen Möglichkeiten seine Schwierigkeiten, besonders was die Fertigungstoleranzen anbetrifft, wovon Briefe an verschiedene Mechaniker hinreichend Zeugnis geben. Immer wieder traten mechanische Probleme auf. Das galt in besonderer Weise für die Realisierung des Zehnerübertrags. Die hierauf bezogenen Schwierigkeiten scheinen nie völlig gemeistert worden zu sein. Spätere Überprüfungen der vorhandenen Ausführungen ließen Zweifel aufkommen, ob der Zehnerübertrag über alle Stellen hinweg jemals einwandfrei funktionierte.

Von einer ersten brauchbaren, für alle vier Rechnungsarten geeigneten Maschine berichtete 1779 der ‹Teutsche Merkur›. Dem württembergischen Pfarrer Philipp Matthäus Hahn (1739–1790), einem hervorragenden Uhrmacher und Verfertiger astronomischer Geräte, war es gelungen, eine dosenförmige Rechenmaschine zu erstellen, die ebenfalls die Leibnizschen Staffel-

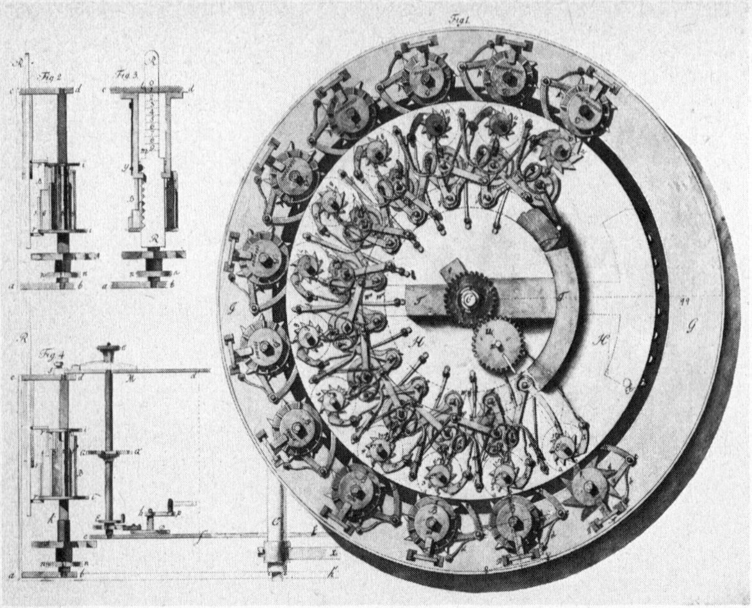

121: Aufbau der dosenförmigen Rechenmaschine von Philipp Matthäus Hahn in kreisförmiger Anordnung der Zählwerke um eine Antriebskurbel, 1779.

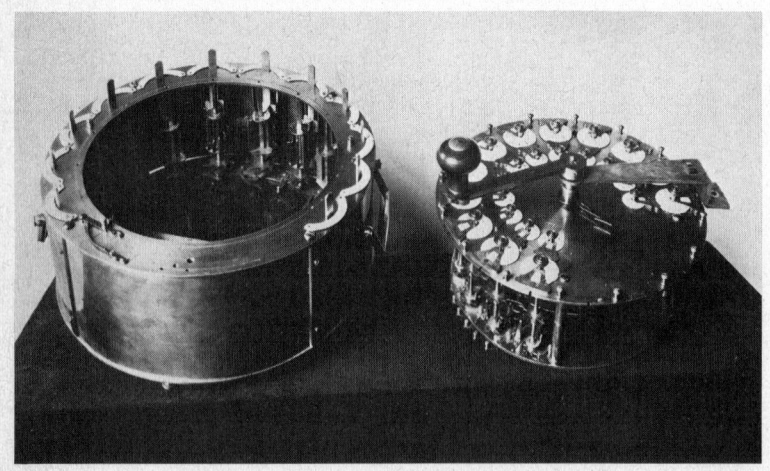

122: Dosenförmige Rechenmaschine von Philipp Matthäus Hahn mit zentralem Handkurbelantrieb, gebaut von Schuster 1789 bis 1792.

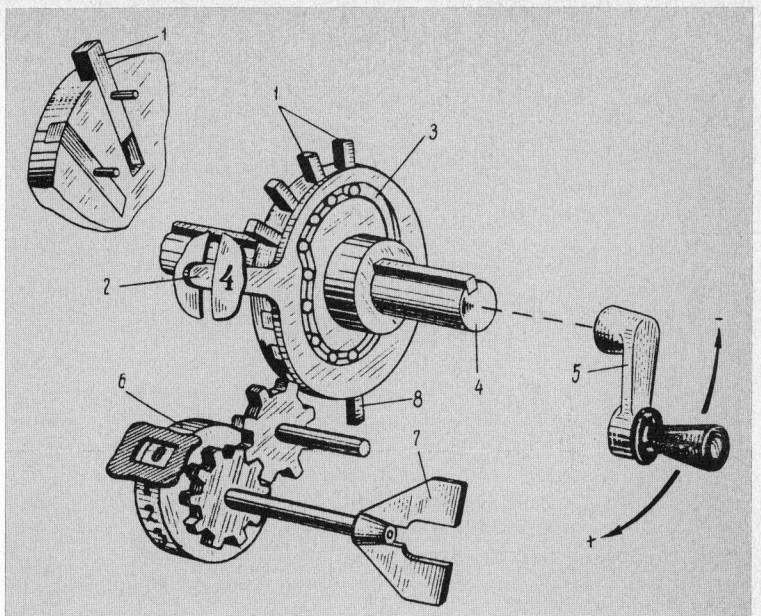

123: Prinzip einer Sprossenradmaschine (Odhnersches Sprossenrad):
1 Sprossen (Stifte); 2 Handgriff zur Einstellung der Zahlen; 3 Verstellnut, die die Sprossen bei Drehung des Handgriffs radial verschiebt; 4 Welle; 5 Handkurbel; 6 Zählwerk (bei Drehung der Kurbel dreht sich das Zählwerk um die Anzahl der Zähne, die der Anzahl der verstellten Stifte entspricht; bei mehrfacher Umdrehung wird im Zählwerk das Produkt erzeugt); 7 Löschhebel; 8 zusätzliche Sprosse für den Übertrag in die benachbarte linke Stelle bei Überfüllung des Zählwerkes.

walzen aufwies (Abb. 121, 122). Mehrere Maschinen dieses Typs sind bis heute erhalten und befinden sich in gebrauchsfähigem Zustand. Ähnliche Rechenmaschinen wurden von Jakob Leupold (1674–1727) und Antonius Braun (1685–1727) entwickelt. Vereinzelte zwischenzeitliche Versuche der Konstruktion von mechanischen Rechenmaschinen an anderen Orten scheiterten meist ebenfalls an mechanischen Unzulänglichkeiten. Zwischen Idee und konstruktiver Möglichkeit klafften noch große Lücken. Von Giovanni Poleni (1683–1761), Astronom und Mathematikprofessor an der Universität in Padua, dem Erfinder einer Sprossenradmaschine (1709), einer Maschine mit Zahnrädern mit beweglichen Zähnen, die sich durch Drehen einer Konusscheibe herausschieben ließen, wird beispielsweise berichtet, daß er nach andauernden Mißerfolgen seine Maschine selbst zerstörte. Abbildung 123 gibt eine andere, aus Rußland stammende Sprossenradentwicklung wieder.

Rückschauend läßt sich feststellen, daß die wesentlichen Prinzipien für die Durchführung mathematischer Operationen mit Maschinen bereits im 17. Jahrhundert gegeben waren: Das ist insbesondere die zyklische Bewegung des Zählrades mit Rückkehr in die Nullage. Hinzu kommt, als logische Konsequenz des Stellenwertsystems, die Schlüsselerfindung des untersetzenden und durchlaufenden Zehnerübertrags. Darüber hinaus realisieren die vorhandenen Modelle die Speicherung von Informationen in Form diskreter Winkel und Längenabstände, wie auch Verzweigungen von eingegebenen Informationen (die Winkeldrehung eines Rades kann über eine Welle an eine andere Stelle weitergegeben werden).

Obwohl also die produktionstechnischen und produktionsorganisatorischen Voraussetzungen für die Herstellung von Rechenmaschinen, zumindest in den fortgeschrittenen Ländern, im 17./18. Jahrhundert gegeben waren, gerieten die Überlegungen und Modelle zur Mechanisierung des Rechnens, wie sie überzeugend bei Schickard, Pascal, Leibniz, aber auch Poleni, Hahn und anderen zu finden sind, doch in Vergessenheit. Keine der Maschinen fand einen Produzenten. Die vorhandenen Modelle verschwanden unbeachtet in den höfischen Sammlungen, wie viele andere instrumentelle und kostbare technische Neuheiten der damaligen Zeit.

Was das Tempo der Erledigung der Verwaltungsarbeiten und damit der Rechenarbeiten in den Büros des absolutistisch-merkantilistischen Staatsapparates anbetrifft, stand dieser offensichtlich weder unter Zeitdruck, noch kannte er einen Arbeitskräftemangel. Vor der industriellen Revolution bestand besonders auch im territorialstaatlichen Absolutismus Deutschlands anscheinend kein Bedürfnis nach arbeitssparenden Rechenerleichterungen. Die ökonomische Grundlage war weiterhin die auf Gutswesen und Leibeigenschaft basierende Landwirtschaft; die wenigen Manufakturen dienten ausschließlich dem Landesfürsten. Nur diejenigen Gewerbezweige erstarkten, die das Heer versorgten und der Kriegsrüstung nutzten. Dazu kam, daß die Leistungsfähigkeit und Zuverlässigkeit der Rechenmaschinen noch zu wenig überzeugte, ihre Herstellungskosten bei handwerklicher Fertigung noch zu hoch waren, so daß ein Rationalisierungsdenken in diesem Bereich kaum herausgefordert wurde. Dies weisen auch die Zeugnisse der Erfinder selbst aus, die eher pädagogische, mathematische und theoretische Interessen als Motive nennen, weniger jedoch anwendungsorientierte. Auch der außerordentliche Fortschritt der mathematischen Wissenschaften, die gerade in diesem Zeitabschnitt durch neue Erkenntnisse bedeutende Bereicherung erfuhren, blieb ohne Einfluß auf eine anwendungsbezogene Motivation. Erst mit der industriellen Revolution, mit der gesellschaftlichen Arbeitsteilung und der Entwicklung des Kapitalismus wuchs ein größer werdender Bedarf an Rechenmaschinen heran.

Rechenmaschinen und aufkommender Industriekapitalismus

Mit Beginn des 19. Jahrhunderts ist die erste serienmäßige Herstellung von Rechenmaschinen festzustellen. Als Charles Xavier Thomas (1785–1870) in Frankreich daranging, eine Rechenmaschinenproduktion größeren Stils zu organisieren, dachte er nicht im mindesten an irgendwelche Belange der Mathematik oder anderer Wissenschaften. Als Chef zweier Versicherungsgesellschaften, nach englischen Vorbildern von ihm selbst gegründet, nahmen ihn völlig andere Fragen in Anspruch. Als Unternehmer der Versicherungsbranche, die zu jener Zeit sehr in Aufschwung kam, beschäftigte er eine Vielzahl von Rechnern, die einen erheblichen Teil der Gesamtpersonalkosten seines Unternehmens verursachten. Rationalisierungsüberlegungen zur Einsparung von Arbeitskräften bezogen sich zunächst auf seinen eigenen Betrieb und veranlaßten ihn, die Mechanisierung der ständig wiederkehrenden mathematischen Operationen mit Hilfe von Maschinen vorzusehen.

Am 18. November 1820 wurde ihm ein französisches Patent auf eine Rechenmaschine erteilt, die sich zwar im Prinzip wenig von den Geräten des 17. Jahrhunderts, wohl aber in der Präzision und damit in der Funktion und Leistungsfähigkeit erheblich unterschied. Mit unternehmerischem Weitblick gründete Thomas' unmittelbar nach der Patenterteilung entsprechende feinmechanische Werkstätten, die sich bis in die siebziger Jahre im Hause der Versicherungsgesellschaft selbst befanden. Nahezu über ein halbes Jahrhundert war Thomas' Arithmometer die einzige in arbeitsteiliger industrieller Produktion hergestellte Rechenmaschine. Während Hahn und Leibniz ihre Erfindung nur auf Drängen Dritter und nur äußerlich beschrieben, wurde Thomas durch die Patenterteilung ein Erfinderschutz zuteil. Für das ganze Deutsche Reich war dies um 1800 noch nicht möglich, im Gegensatz zu England und Frankreich, wo das Privilegienwesen (Patentrechte) sich schon recht früh entfaltet hatte. Das erste deutsche Reichspatent stammt erst aus dem Jahre 1877.

Abbildung 124 zeigt eine Thomassche Rechenmaschine um 1850. Deutlich erkennbar sind die acht Schiebeschlitze des Einstellwerkes, der Multiplikationsschieber, der durch Anheben stellenweise seitlich verschoben werden konnte, und die Antriebskurbel. Gegenüber dem ursprünglichen Gerät von 1820 fallen einige Verbesserungen auf. Für seine erste Rechenmaschine benutzte Thomas einen Federbandaufzug als Antrieb, seine zweite erhielt eine Antriebskurbel. Um neben der Addition/Multiplikation auch die Subtraktion/Division mühelos durchzuführen, liefen bei dem ersten Modell rote (−) und schwarze (+) Scheiben komplettär unter einem Doppelschauloch entsprechend der Operation vorbei. Die spätere Ausführung bekam für den Übergang von Addition/Multiplikation zur Subtraktion/Division ein Wendegetriebe, das auf einen Hebeldruck hin die Drehrichtung automatisch umkehrte. Die ursprünglichen sechs Resultatstellen wurden erheblich erwei-

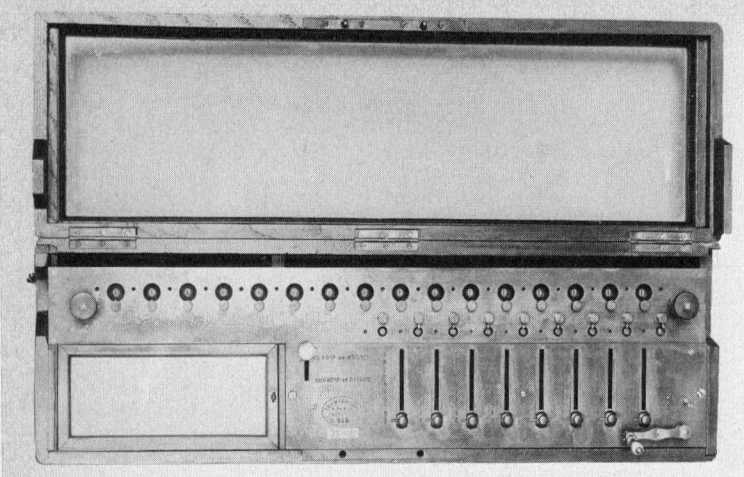

124: Rechenmaschine von Charles Yavier Thomas ohne Umdrehungszählwerk, um 1850.
Im unteren Teil sind deutlich die Schiebeschlitze für die acht Stellen des Einstellwerkes (zur Verschiebung der Staffelwalze), die Antriebskurbel und der Einsteller für die Addition/Multiplikation und Subtraktion/Division (für die Umstellung des Wendegetriebes) zu erkennen. Im oberen Teil befinden sich die Schaulöcher für die Anzeige der 16 Resultatstellen. Unter oder über den Schaulöchern sind jeweils die Drehknöpfe für die Zurückstellung (0-Stellung) der Einzelstellen angebracht.

tert. Insgesamt zeigt die Maschinenkonstruktion (Abb. 125) sehr große Ähnlichkeit mit den Modellen des vorhergehenden Jahrhunderts: Man findet die Handkurbel wieder, wie auch die Leibnizsche Staffelwalze; das Prinzip des automatischen Zehnerübertrags ist übernommen und auch die Verschiebbarkeit des Eingabewerkes gegenüber dem Resultatschaltwerk zur Stellenverschiebung. Später verbesserte Thomas seine Rechenmaschine mit einer Nullstellungsvorrichtung für das Resultat- und Umdrehungszählwerk (zuvor mußten alle benutzten Zahlenscheiben einzeln über einen Drehknopf auf Null gestellt werden). Die folgenden, immer weiter verbesserten Maschinen, die bereits mit 16- bis 20stelligen Resultatwerken arbeiteten, erfuhren nur noch Detailverbesserungen wie Sicherungen für die Einstellschieber durch kleine Federn oder Anordnungen, die das Schleudermoment bei der Zehnerübertragung ausschalteten.

Gelegentlich einer Ausstellung in South Kensington im Jahre 1876, die auch die Hahnsche Maschine zeigte, beschreibt der Ausstellungskatalog:

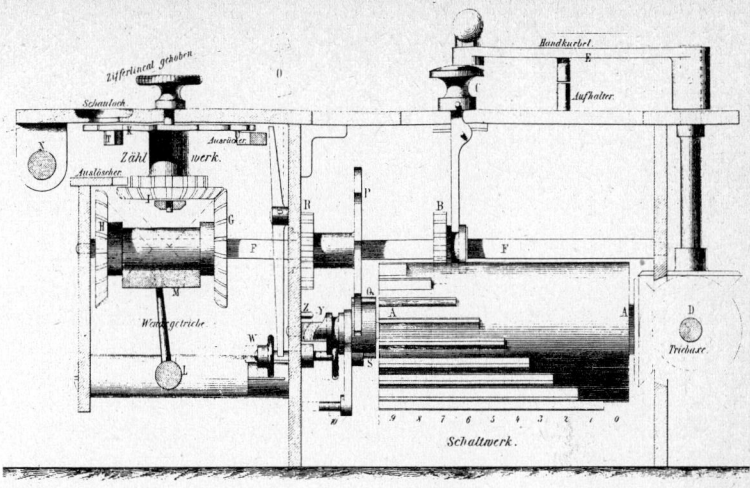

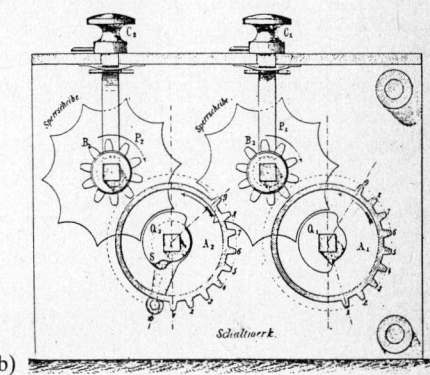

125: Längsschnitt (a) und Querschnitt (b) durch die Rechenmaschine ohne Umdrehungszählwerk von Charles Xavier Thomas mit deutlich erkennbarem Handkurbelantrieb mit Triebachse, Wendegetriebe, Zählwerk und Staffelwalzenschaltwerk (a). Der Querschnitt durch das Staffelwalzenschaltwerk der Rechenmaschine (b) zeigt Einsteller, Sperrscheiben und Staffelwalzen.

«Das vorliegende Exemplar zeigt bis ins einzelne die Einrichtung der jetzt gebräuchlichen Thomasschen Rechenmaschine mit dem Unterschiede, daß bei Thomas die Zahlen geradlinig, bei Hahn im Kreise angeordnet sind. Höchst wahrscheinlich ist ein Exemplar Muster für die Thomassche Rechenmaschine gewesen» (Martin, 1925, S. 54).

Hiermit wird deutlich, daß Thomas seine Maschinen nach vorhandenen Ideen und Erfahrungen im Gegensatz etwa zu Schickard, Pascal oder Leibniz und Hahn in einer Zeit produzierte, in der ein größeres Interesse an solchen Rechenmaschinen aufkam. Dieses entsprang dem weiteren Aufblühen der Gewerbe- und Manufakturbetriebe wie auch der beginnenden Industrialisierung. Auch mit der sich entfaltenden Wissenschaft ergaben sich weitere Bedürfnisse des Rechnens, der

«geistigen Handlangerei großer Zahlenrechnungen, wie sie der Maschinen-, Bau-, Berg- und Militäringenieur ... der Steuer- und Finanzbeamte und andere mehr viele Stunden, Tage, Wochen, Monate lang auszuführen» (Reuleaux, 1862, S. 182) hatten.

Nach wie vor kam jedoch der größte Bedarf an Rechenerleichterung im 19. Jahrhundert aus dem Versicherungswesen, aus den Handels- und Bankhäusern und den Kontoren der Fabriken.

Die maschinelle Rechentechnik jener Zeit war somit wesentlich eine Reaktion auf die Anforderungen der industriellen Produktion, wo es darauf ankam, die immer umfangreicheren technischen und wirtschaftlichen Informationen laufend zu erfassen und zu verarbeiten. Die Voraussetzungen dazu hatte allerdings erst die Mechanisierung der Produktion geschaffen, insofern sie die industrielle Anfertigung der notwendigen Bauteile wie Zahnräder, Staffelwalzen u. a. mit der erforderlichen Genauigkeit ermöglichte, wovon die einwandfreie Funktion der Maschinen wesentlich abhing.

Bis zum Jahre 1878 vertrieben die Thomas-Werkstätten rund 1500 Arithmometer in die verschiedensten Länder, besonders aber in die USA und nach England. Die jährlichen Fertigungszahlen steigerten sich dabei von 15 in den zwanziger Jahren des 19. Jahrhunderts bis zu 100 Stück in den fünfziger Jahren. Von diesen Maschinen waren über 700 achtstellig, annähernd 150 aber bereits zehn- und mehrstellig. Die Steigerung der Produktion, die gleichzeitig die ‹Weltproduktion› an Rechenmaschinen angibt, zeigt Abbildung 126a. Vergleicht man hiermit die Zunahme der maximal zu verarbeitenden Stellen in dieser Zeit (Abb. 126b), so ergibt sich, daß gleichzeitig mit der Erhöhung der Stellenkapazität auch der Umsatz stieg. Die Erweiterung der Stellenanzahl erhöhte die ökonomische Wirkung und damit die Verbesserung der Arbeitsproduktivität. Hinzu kam die gesteigerte Rechengeschwindigkeit. Das erste Arithmometer (1820) multiplizierte zwei achtstellige Zahlen in 18 Sekunden, die Division einer sechzehnstelligen durch eine achtstellige Zahl brauchte 24 Sekunden, bei einer erheblich geringeren Fehlerhäufigkeit als bei manuell durchgeführten Rechnungen. Diese überzeugenden Leistungen der Thomasschen Maschine, nämlich fehlerfrei und schnell zu rechnen, nahmen mit der steigenden Kapazität und den damit einhergehenden technischen Verbesserungen weiter zu.

Obwohl Thomas alle damaligen Möglichkeiten der Publikation nutzte, fand er nicht überall ein Echo. So wurde zum Beispiel die 1822 angekündigte deutsche Beschreibung der ‹neuesten Maschine des Chevalier Thomas zu Colmar› von einem polytechnischen Journal mit folgender Begründung wieder zurückgezogen:

«So sehr wahr es auch immer sein mag, daß ... jede Rechnung sich durch Maschinen sicherer und schneller als durch die besten Rechenmeister durchführen läßt, und daß,

126: Produktion der Rechenmaschine von Charles Xavier Thomas in Paris:
a) Jährliche Produktion an Rechenmaschinen,
b) Anstieg der maximalen Stellenkapazität der verschiedenen Modelle.

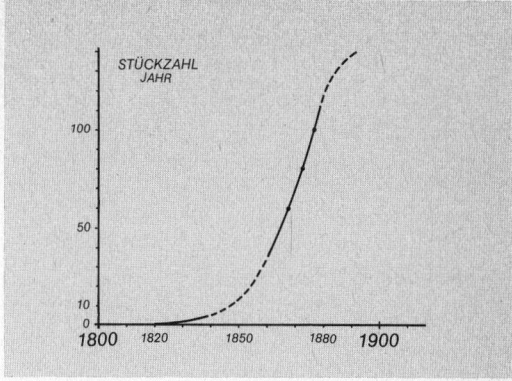
a)

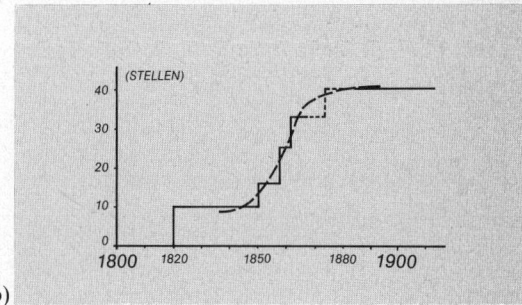
b)

so sehr man auch den menschlichen Geist in den Feinheiten der Arithmetik zu bewundern pflegt, dieses ganze hohe und tiefe Denken nichts anderes als bloß mechanisches Spiel ist, das jede hölzerne Maschine noch weit leichter und besser betreiben kann, als der verständigste Mensch; so werden doch der Einführung der Rechenmaschinen lange noch Vorurteile und Hindernisse aller Art bei uns im Wege stehen» (Dinglers Polytechnisches Journal, Bd. 11, 1823, S. 5).

Das Rationalisierungsinteresse scheint in Deutschland zu jener Zeit noch nicht sehr groß gewesen zu sein. Ab 1850 jedoch führten insbesondere die Veränderungen auf dem Arbeitsmarkt zu einer neuen Situation: Es vergrößerte sich das Interesse, Arbeitskräfte zu sparen. In Frankreich beispielsweise, wo 40 % der Rechenmaschinen abgesetzt wurden, stiegen die Löhne ab 1850, bei einer zugrundegelegten Indexziffer, von 51 auf 82 im Jahre 1880, die Reallöhne von 59,5 auf den Wert 74,5 (Tyszka, 1914, S. 64).

Mit dem Wachsen des Interesses an der Thomasschen Maschine wurden dem Erfinder zahlreiche Ehrungen zuteil. Die ‹Société d'Encouragement de l'Industrie Nationale›, die ‹Aufmunterungsgesellschaft› (Reuleaux), verlieh ihm die Goldmedaille. Er wurde Mitglied der Ehrenlegion und erhielt von

Fürsten und Königen, ja 1853 selbst vom Papst hohe Auszeichnungen, Reuleaux lobte 1862 Thomas' Rechenmaschine enthusiastisch als Erfindung, ‹welche die Sklaverei des Rechnens zu brechen gekommen ist›, und empfiehlt sie auch der Aufmerksamkeit der deutschen Rechner, die sie bis dahin sonderbarerweise noch kaum erreicht habe.

Im Besitz eines Monopols konnte Thomas über Jahrzehnte den Preis seiner Maschine diktieren. Für das Modell von 1862, eines Exemplars mit acht Stellen im Einstellwerk, neun im Umdrehungszählwerk und sechzehn im Resultatwerk, betrug der Preis 400 FF. Er wurde bereits von Zeitgenossen als viel zu hoch eingeschätzt:

«Betrachtet man sich ... den inneren Mechanismus der Rechenmaschine etwas näher und zieht in Erwägung, daß das Werk aus einzelnen vielfach sich wiederholenden gleichen Organen zusammengesetzt ist, welche sich leicht fabrikmäßig herstellen lassen, so sollte man denken, daß sie wohl um die Hälfte ihres seitherigen Preises ausgeführt werden könnte» (Reuleaux, 1862, S. 208).

Ein gelernter Arbeiter verdiente um diese Zeit in Paris durchschnittlich in einem Jahr 790 FF.

Der wirtschaftliche Erfolg der Rechenmaschine von Thomas induzierte die Entfaltung eines neuen Industriezweiges, der Büromaschinentechnik. Eine ganze Reihe von Erfindern und Konstrukteuren sah sich plötzlich motiviert, ebenfalls Lösungen für mechanische Rechenmaschinen vorzuschlagen. Den Anstoß zur deutschen Rechenmaschinenindustrie gab Arthur Burkhardt (gest. 1918), der von der Thomasschen Maschine ausging, diese aber weiter verbesserte bis hin zur Knopftastatur, einem zweiten Resultatwerk, und elektrischem Antrieb. Er produzierte von 1878 bis 1914 in Glashütte/Sachsen das Burkhardt-Arithmometer. Wenn auch die deutschen Maschinen nach anfänglichem Zögern relativ schnell Eingang in kaufmännische Betriebe, Fabrikbetriebe, Banken und Versicherungen fanden, so erfolgte der eigentliche Durchbruch der Rechenmaschine als Büromaschine damals in den USA. Eine bedeutende Rolle spielte hierbei das Comptometer von Dorr E. Felt.

Felt entwickelte 1885 eine Addiermaschine, welche durch die entscheidenden Merkmale Präzision, einfache Bedienung, Schnelligkeit und geringe Größe neben großer Zuverlässigkeit und Unverwüstlichkeit gekennzeichnet war. Die Firma Felt & Tarrant produzierte diese Maschine mit großem Erfolg von 1887 bis 1909. Selbst das Statistische Bundesamt benutzte sie. Wesentlich für diesen Erfolg war neben der Verkaufsstrategie des Unternehmens (Einführung über ‹Comptometer-Schulen›) die hohe Rationalisierungswirkung des Gerätes im Büro. Die Handhabung der Maschine war schon weitgehend optimal ausgelegt: Auf ihrer Tastatur konnte ‹blind› gerechnet werden, sämtliche Funktionen ließen sich mit einer Hand bedienen. Das bedeutete eine Verdreifachung der Rechengeschwindigkeit gegenüber Maschinen mit Hebeleinstellung. 1884 stellte der Buchhalter William Seward Burroughs (1855 bis 1898) das erste Modell einer druckenden Volltastatur-Addiermaschine vor. Zwei Jahre später wurde die American Arithmometer Company gegründet, die ab 1890 einen sprunghaften Absatz erzielte und sich zu einem bahnbrechenden Unternehmen auch in der Geschichte der Betriebsorganisation (Abb. 127) entwickelte. Ihre Verkaufsorganisation dehnte sie bei ständiger Erweiterung des Produktionsprogramms auf die gesamte industrielle Welt aus.

Das Unternehmen blieb nicht ohne Konkurrenz. 1902 entstand die Dalton-Addiermaschinen-Gesellschaft, die mit einer eigenen Entwicklung und einem Vertrieb nach dem Muster ‹Vorführen im Gebrauch› große Erfolge hatte und später in die Firma Remington-Rand überging, einen Konzern, der seit Beginn des Jahrhunderts eine Vielzahl von Unternehmen der Rechen- und Schreibmaschinenbranche in einer einzigen Produktions- und Verbundorganisation zusammenfaßte, die sich neuartiger Werbepraktiken bediente und sich außerdem durch einen weltweiten Kundendienst auszeichnete. Die Konkurrenz durch die Produkte der vielen kleineren inzwischen in Europa entstandenen Rechenmaschinenhersteller wuchs laufend. Amerikas Unternehmen konnten jedoch bis heute die Vorherrschaft in dieser Branche behaupten.

Mit der Einführung des elektrischen Antriebs erhielten die in die Arbeitsorganisation des Büros vordringenden Rechenmaschinen mehr und mehr

127: Montagesaal für Bürorechenmaschinen, um 1920.

den Charakter von Automaten. Für die richtige Einschätzung der Auswirkung auf die Arbeit im Büro ist zu beachten, daß herkömmliche Büroarbeit in der Verwaltung zu ca. 60% Rechenleistungen ausmacht, 80% davon sind reine Additionsvorgänge. Mit dem Aufkommen der Addier- und Rechenmaschine tritt in das Büro ein Rationalisierungsinstrument ein, das arbeitsorganisatorisch vom einfachen Hilfsinstrument bis zum spezialisierten Maschinenarbeitsplatz reicht. Da die Arbeit mit dieser Maschine erst dann den größten Effekt erzielt, wenn ein bestimmter Umfang von Daten nacheinander bearbeitet werden kann, müssen für den Maschineneinsatz bereits bei der Arbeitsvorbereitung entsprechende Rationalisierungsüberlegungen einsetzen. Mit dieser Konzentration bestimmter Arbeiten auf den Maschineneinsatz begann die Arbeitsteilung im Büro. Neue Berufe sollten entstehen. Ein britischer Maschinenproduzent machte in den zwanziger Jahren unseres Jahrhunderts folgende Rechnung auf:

«Die Anwendung irgendeiner gewöhnlichen Rechenmaschine zeigt, daß eine betriebliche Kostenersparnis gegenüber dem Rechnen mit Papier und Bleistift anfällt. In den Händen eines fähigen Maschinisten kann die Rechenmaschine die Arbeit von drei Angestellten bewältigen – was eine Einsparung an Löhnen zwischen 60 und 70% darstellt» (Foster, 1929, S. 1).

Doch der Versuch, den Beruf des Maschinenrechners als Spezialberuf in das Büro einzuführen, scheiterte zunächst. Die Rechenmaschine blieb ein Hilfsinstrument des Büros, das sich – durch große Beweglichkeit ausgezeichnet – nicht an einen zentralen Arbeitsplatz fixieren ließ.

Rechenautomaten, Ideen und Realisationen

Entsprechend dem Werbe- und Verkaufsinteresse bot man die Addier- und Rechenmaschine um die Jahrhundertwende als automatische Maschine an, die für die verschiedenen Funktionen und Arbeitsvorgänge im Büro eingesetzt werden kann. Arbeitssoziologisch können die Maschinen zwar als instrumentelle Automaten angesehen werden, betrachtet man aber ihre Leistung, so ist die Bezeichnung ‹Automat› nur bedingt richtig: Selbsttätig erledigen jene Maschinen nur die arithmetische Operation. Das Programm für die Durchführung der einzelnen mathematischen Operationen liegt bei dem Menschen, der mit der Maschine arbeitet und in sie geistig und manuell eingreift. Reihenprozesse müssen mit ihnen Programmschritt für Programmschritt abgearbeitet werden. Die von ihr ausgehende Rationalisierungswirkung hing damit in hohem Maße von der Fähigkeit und Fertigkeit desjenigen ab, der sie bediente.

Überlegungen zu programmgesteuerten Rechenautomaten fanden sich erstmals bei Charles Babbage (1792–1871), der versuchte, umfangreiche

128: Teilstück der ‹Difference Engine› von Charles Babbage, 1862. Schon dieser Teil der Rechenmaschine läßt einen komplizierten Aufbau erkennen, dem die damaligen Feinmechaniker nicht gewachsen waren.

Rechnungen in eine Folge von Elementarschritten aufzulösen, um sie anschließend von einer Maschine, einem Rechenautomaten, nacheinander abarbeiten zu lassen. Dieser Automat sollte zur möglichst einfachen und kostensparenden Überprüfung und Fehlerbeseitigung der für England so wichtigen astronomischen und nautischen Tabellen dienen. Nachdem Babbage 1822 ein Anschauungsmodell hergestellt hatte, das er der Royal Society vorführte, 150 Jahre nachdem Leibniz hier seine erfolgreiche Premiere hatte, unterstützte die britische Regierung ohne Zögern die Entwicklung einer größeren Maschine. Gemessen an der Höhe des bewilligten Betrages von £ 17 000 war man offensichtlich von vornherein vom Nutzen dieser Maschine überzeugt.

Babbage kannte das dekadische Zählrad ebenso wie die von dem Franzosen Joseph-Marie Jacquard (1752–1834) für die Steuerung seines Musterwebstuhles benutzte Lochkarte. Letztere versuchte er, zu einem Lochkartenband aneinandergereiht, zur Programmsteuerung seines Rechenautomaten, den er ‹Difference Engine› nannte, zu verwenden. Die Speichermöglichkeit der Lochkarte für ein Rechenprogramm schätzte er offensichtlich von Anfang an hoch ein. Verfügte sein vorgestelltes kleines Arbeitsmodell über acht Dezimalstellen, so war die größere Maschine dazu bestimmt, 20 Dezimalstellen zu verarbeiten. Diese Maschine sollte jedoch nur in Teilstücken (Abb. 128), nie aber völlig fertig werden. Auch Babbage scheiterte, wie viele Rechenmaschinenkonstrukteure vor ihm, an der feinmechanischen Herstellung. Die von ihm ersonnenen komplizierten Zahnradgetriebe mit über zwanzig ineinandergreifenden, reibungslos arbeitenden Zahnrädern ließen sich selbst mit damaligem handwerklichen Können und handwerklicher Kunstfertigkeit nicht realisieren. In gesteigertem Maß galt das für den nachfolgenden Entwurf seiner umfassenden ‹Analytical Engine› (1833). Der mit vielen Hunderten von Zeichnungen und viel Akribie geplante Rechenautomat wies jedoch schon alle Baugruppen und Grundprinzipien unserer heutigen Rechenautomaten auf: Als digitaler Rechenautomat verfügt Babbages Maschine über einen Zahlenspeicher (store) für 1000 fünfzigstellige Dezimalzahlen mit 50 000 Ziffernrädern und die Ausgangs-, Zwischen- und Endwerte der Rechnung, ein Rechenwerk (mill) und die Steuereinheit zur Steuerung des gesamten Programmablaufs (control), einschließlich der Rechenoperationen und des Datentransportes.

Babbages Vorstellungen hinsichtlich der automatischen Bearbeitung von Rechenvorgängen waren auch sonst sehr konkret. So dachte er bereits an logische Programmverzweigungen und das Durchlaufen von Programmschleifen, Programmwiederholungen bzw. Überspringen von Programmteilen mittels Steuerungsanordnungen, die eine zyklische Bewältigung von Rechenprozessen ermöglicht hätten. Für die Datenausgabe waren Resultatdrucker und Kartenlocher vorgesehen. Für den Zehnerübertrag plante er an Stelle des ‹durchlaufenden Übertrags›, wie man ihn seit Pascal und Leibniz kannte, einen parallelen, mechanischen Übertrag (anticipatory carry), wie er im Prinzip in heutigen elektronischen Rechenautomaten verwendet wird. Was die Rechengeschwindigkeit angeht, berechnete Babbage für die Addition fünfzigstelliger Zahlen einen Wert von einer Sekunde, für eine Multiplikation zweier fünfzigstelliger Zahlen eine Minute, für die Division eines hundertstelligen Dividenden durch einen fünfzigstelligen Divisor ebenfalls eine Minute. Begeistert schrieb er 1835 an einen Freund:

«Ich bin selbst darüber erstaunt, welche rechnerischen Leistungen die von mir ersonnene analytische Maschine vollbringen würde. Sie soll 100 Variable, also 100 Zahlen, mit je 24 Stellen aufnehmen, aus denen durch Addition, Subtraktion, Multiplikation, Division, Wurzelziehen und Potenzieren jede beliebige Funktion gebildet werden kann. Die Maschine wird in diesen Funktionen nacheinander die Zahlenwerte der Unbekannten ermitteln, wobei sie immer ein einmal ermitteltes Zwischen-Ergebnis an der richtigen Stelle einfügt und dann den Rechengang wiederholt» (Gerwin, 1964, S. 44).

Seine Hoffnungen haben sich zu seinen Lebzeiten nicht erfüllt. Zwar war die Idee des Universalrechners geboren, doch niemand mochte seinen mechanisch arbeitenden, programmgesteuerten Rechenautomaten herstellen, obwohl sich Babbage über alle Zeichnungen, Entwürfe und Versuche hinaus auch bereits Gedanken über die im Zusammenhang mit der Maschinenverwendung stehenden ökonomischen Prinzipien machte. In seinem 1832 veröffentlichten vielbeachteten Buch ‹On the Economy of Machinery and Manufactures› verweist er als erster darauf, daß sich das Prinzip der Arbeitsteilung mit gleichem Erfolg auf geistige wie auf mechanische Arbeitsverrichtungen anwenden läßt, bei gleicher prinzipiell zu erzielender Kostenersparnis. Doch seine Ideen stießen bei seinen Zeitgenossen nur auf ein mitleidiges Lächeln.

Fast ein Jahrhundert später wurde der erste betriebsfähige programmgesteuerte Rechner gebaut. Ab 1936 begann nämlich der deutsche Bauingenieur Konrad Zuse (geb. 1910) einen solchen Automaten zu konzipieren, obschon man ihn, bei dem damaligen hohen Stand der mechanischen Rechenmaschinentechnik, mit der Bemerkung warnte: ‹Auf dem Gebiet der Rechenmaschine ist nichts mehr zu erfinden!› Die erfolgversprechenden Experimente Zuses führten zu seiner Befreiung vom Militärdienst (inzwischen war der Zweite Weltkrieg ausgebrochen), nachdem sich die Henschel-Flugzeugwerke, die sich mit der Entwicklung ferngesteuerter Bomben befaßten, vom Nutzen der Zuseschen Überlegungen hatten überzeugen lassen. Nach Vorführung eines einfachen ersten Demonstrationsmodells finanzierte die Deutsche Versuchsanstalt für Luftfahrt (DVL), Berlin, die sich für eine beschleunigte Ausführung ihrer umfangreichen aerodynamischen Berechnungen für Militärflugzeuge interessierte, teilweise den Bau eines weiteren größeren Gerätes. Später folgten Aufträge des Reichsluftfahrtministeriums, die sich auf die Berechnung, Erprobung und Überprüfung von ferngesteuerten Flugkörpern bezogen. Alle wesentlichen Arbeiten liefen während des Krieges, waren durch Rüstungsaufträge gedeckt und somit geheim.

So entstand nach den anfänglich mechanisch funktionierenden Modellen 1941 die Anlage ‹Z 3› (Abb. 129), die rd. 2600 elektrische Relais enthielt. Z 3 arbeitete mit Relaisspeichern für 64 Zahlen zu 22 Dualstellen, die etwa 7 Dezimalstellen entsprechen; sie war durch Lochfilm gesteuert und mit einem Lampenfeld zur Anzeige der Ergebnisse und einem Tastenfeld zur Eingabe der Zahlenwerte ausgerüstet; darüber hinaus besaß sie eine Gleitkommaeinrichtung. 1941 nahm die Deutsche Versuchsanstalt für Luftfahrt diese Anlage in Betrieb: der erste frei programmierbare Rechner, der wirklich funktionierte. Die elektromechanischen Grundelemente übernahm Zuse aus der zu diesem Zeitpunkt recht weit entwickelten Nachrichtentechnik. Zuse war bekannt, daß sich mittels Relais sehr komplexe Schaltungsanordnungen aufbauen und durch geeignete Zusammenschaltung von Relaiskontakten auch logische Schaltverbindungen leicht herstellen ließen.

Wenn auch die Anlage von Zuse in ihrer prinzipiellen Grundkonzeption der von Babbage entsprach, war neu, daß dieser Rechenautomat allein in Binärwerten, also in einem Ziffernsystem arbeitete, das nur die Werte ‹Null› und ‹Eins› kennt. Alle Zahlen wurden als Dualzahlen (vgl. Abb. 100) ausgedrückt und selbsttätig in die üblichen Dezimalzahlen umgesetzt. Durch den Einsatz der Dualzahlen stieg die Anzahl der benötigen Stellen zwar auf rund das Dreieinhalbfache an, doch brachte die Einführung des Binärsystems den Vorteil, nur noch zwei Ziffernwerte darstellen zu müssen, was sich durch bistabile elektrische Bauelemente gut erreichen ließ. Obschon die Dualzahlen seit Leibniz in der Mathematik bekannt sind, wies Zuse erstmals die Überlegenheit dieses Zahlensystems für die praktische Ausführung eines Rechenautomaten nach. Die konstruktiven Vorteile gegenüber einer Dezimalauslegung, wie einfachere Struktur der Rechenelemente und Speicherwerke und anderes mehr, traten hier unmittelbar in Erscheinung. Erstmalig realisierte Zuse des weiteren Rechenoperationen mit Hilfe logischer Grundverknüpfungen Und, Oder und Negation, Rechenoperationen, die die Erfinder der Rechenmaschinen des 17. Jahrhunderts mit Zählrädern ausführten. Logische Operationen dienten gleichzeitig auch der Speicherung und der Ablaufsteuerung.

Mit Hilfe der Algebra von George Boole (1815–1864) entwickelte Zuse darüber hinaus einen Plankalkül für die Konstruktion von Schaltungsaufbauten mit bestimmten Anforderungen. Schaltungen wurden damit prinzipiell

129: ‹Z 3› von Konrad Zuse, der erste betriebsfähige, elektromechanisch arbeitende, frei programmierbare Rechenautomat der Welt, 1941 (Rekonstruktion).

berechenbar. Neben der erwähnten Programmsteuerung durch Lochstreifen gehörte zu den wesentlichen Merkmalen der Anlagenkonzeption das Rechenwerk, die Steuerungseinheit, das Speicherwerk und die verschiedenen Ein- und Ausgabeeinheiten. Festeingebaute Arbeitsabläufe ließen sich durch Tastendruck abrufen. Als bedeutsam für die programmtechnischen Verfeinerungen erwiesen sich dabei Zuses Einsichten, daß die eingegebenen und gespeicherten Daten wie auch die Steuerungsbefehle als Informationen in gleicher Weise zu behandeln sind, Einsichten, die unabhängig davon auch 1948 Claude Shannon (geb. 1916) und 1948 Norbert Wiener (1894–1964) ihren Theorien zur Information und zur Kybernetik zugrunde legten: Befehle und Zahlen können im gleichen Speicher stehen, der Programmablauf kann vom Ergebnis der Rechenoperation bestimmt werden, Teile von Befehlen (‹Adressen›) können durch Rechnung automatisch ermittelt werden, Befehlsfolgen lassen sich durch logische Rechenoperationen maschinell erstellen und anderes mehr. Zuses ‹Z 3› konnte über die Grundoperationen Addieren, Subtrahieren, Multiplizieren, Dividieren auch Programmabläufe für das Radizieren wie auch, entsprechend den Interessen der Auftraggeber, Spezialprogramme der Aerodynamik durchführen, und zwar in einer Sekunde 15 bis 20 arithmetische Operationen. Eine Multiplikation über sieben Dezimalstellen dauerte 4 bis 5 Sekunden.

‹Z 3› war der Beginn einer ganzen Reihe immer vollkommener entwickelter Rechner, die, im Gegensatz zu den Entwürfen von Babbage, Zuse zu wirtschaftlichem Erfolg und zahlreichen Ehrungen führten. Die Arbeiten Zuses, wie auch die seiner Nachfolger, zur Entwicklung eines programmgesteuerten Rechenautomaten waren primär praktisch orientiert. Die Arbeitsproduktivität für technische Güter hatte sich gegenüber der Verarbeitung von Informationen dermaßen schnell entfaltet, daß diese Tatsache als eine ‹Initialzündung› für die weitere Entwicklung informationsverarbeitender Maschinen angenommen werden kann. Tatsächlich baute zu gleicher Zeit wie Zuse, aber unabhängig von ihm, in den Vereinigten Staaten an der Harvard University der Mathematiker Howard Aiken (1900–1973) den elektromechanischen Rechner ‹Mark I›, dessen zentrales Schaltelement ein elektromechanischer Drehwähler der Fernmeldetechnik war (1944). Alle Teile, zumeist Standardbauteile aus Lochkartenmaschinen, stammten aus der Produktion der diese Entwicklung fördernden Firmen IBM und Western Electric.

Das erste und umfangreichste Rechengerät mit *elektronischen* Bauteilen wurde 1946 in den USA unter Verwendung von 18000 Elektronenröhren fertiggestellt. Sein Gesamtgewicht betrug 30 t, es bestand aus insgesamt etwa 500000 Bauteilen und hatte einen Anschlußwert von 175 kw (Abb. 130). Diese ‹Eniac› arbeitete mit 2000fach kürzeren Rechenzeiten als ‹Mark I›. Militärische Interessen bestimmten besonders auch in den USA die intensive Arbeit an der Konstruktion elektronischer Großrechenanlagen. Auf der

130: ‹Eniac›, der erste arbeitsfähige elektronische Rechenautomat, 1946, USA. Die Verwendung von Elektronenröhren bedeutete einen erheblichen räumlichen Aufwand. Das Gesamtgewicht dieses Rechners betrug 30 t.

‹Eniac› wurden beispielsweise ab Herbst 1945 die entscheidenden Berechnungen zur Weiterentwicklung der Atombombe durchgeführt. Mußten die Programme auf der ‹Eniac› jedoch noch gestöpselt werden (‹verdrahtetes Programm›), waren die Maschinen von Zuse bereits frei programmierbar und damit erheblich flexibler.

Nachdem in den fünfziger Jahren die industrielle Herstellung von Rechenanlagen auf breitester Basis begonnen hatte, einschließlich der entsprechenden Peripheriegeräte, wie Magnettrommel-, Magnetband- und Magnetplattenwerken, zeigte sich eine weitere Steigerung der Leistungsfähigkeit in der sogenannten II. Generation der Rechenanlagen mit der Verwendung von Transistoren* (ab 1957), welche die Gesamtaufbauten viel kompakter und damit kleiner machten und die Rechenleistung um eine weitere Größenord-

---

* Transistoren sind Halbleiterbauelemente, die wie zuvor die Elektronenröhre elektrische Ströme und Spannungen verstärken, steuern oder schalten können. Der dieser Wirkungsweise zugrunde liegende sogenannte Transistoreffekt wurde in den 40er Jahren entdeckt. Im Zuge später erfolgter Miniaturisierung konnten diese aktiven elektronischen Bauteile zu Funktionsblöcken, sogenannten Integrierten Schaltungen (ICs) auf einem einzigen Siliziumplättchen (sogenannten Chips) mit weiteren passiven Bauelementen (Widerstände, Kondensatoren u. a.) zu voll betriebsbereiten Grundschaltungen wie Verstärker, Zähler, Addierer usw. zusammengefaßt werden. Die weitere Integration (large scale integration) führte ab etwa 1970 zum Mikroprozessor, einer kompletten Rechnerschaltung auf einem Chip, die gemäß den Instruktionen eines Programms gesteuert, für neue Aufgabenstellungen aber auch verändert werden kann.

131: Die Strukturen der modernen Bauelemente eines Mikrocomputers kann man sogar in mehrfacher Vergrößerung nur erahnen. Sie besitzen eine Feinheit, die im Tausenstelmillimeterbereich liegt.

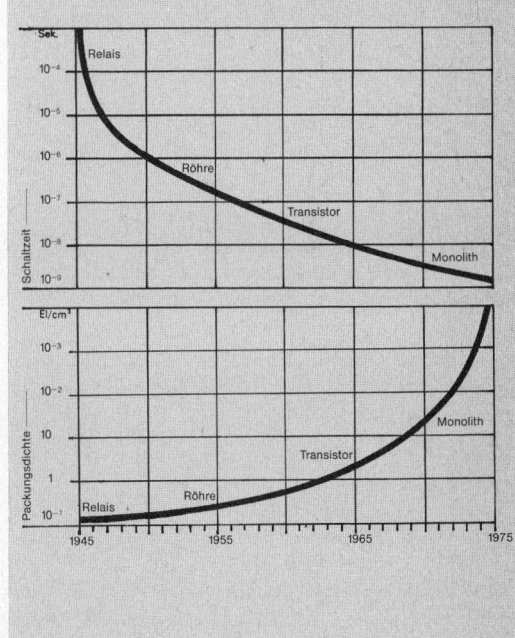

132: Entwicklung von Packungsdichte und Schaltzeit bei Rechenelementen bis 1975.

nung auf 100000 Additionen pro Sekunde steigerten (1955 erster Transistor-Rechner ‹Tradic› der Bell Telephone Laboratories, USA). Mit geringer werdendem Kosten- und Zeitaufwand ließen sich nun auch sehr umfangreiche Rechenprojekte bewältigen. In Europa brachte die Firma Siemens mit ihrem ‹2002› als erste einen volltransistorierten Rechner auf den Markt (1956 Fertigstellung des Prototyps, 1957 Beginn der Serienproduktion). Transistorbaueinheiten und später integrierte Halbleiterbauelemente führten zu weiteren Leistungssteigerungen, die einzelne Rechenoperationen in ‹Nanosekunden›, das heißt Milliardstelsekunden möglich machen (1958 erster integrierter Schaltkreis von Jack S. Kilby, USA; 1971 erster Mikroprozessor der Firma Intel, USA). Rechner mit mikrominiaturisierten Schaltelementen werden bereits zu einer III. Rechnergeneration gerechnet. Fortschritte in der Herstellungstechnologie ermöglichten es mit der Mikroelektronik, hochintegrierte Logikschaltungen auszuführen. Bauelemente auf einer Fläche von wenigen Quadratmillimetern verwirklichen jetzt technische Rechenleistungen, für die zum Beispiel ‹Mark I› noch Tonnen von Bauelementen, kilometerlange Leitungen und ganze Räume benötigte. Dabei ist nur ein Bruchteil des Energieaufwandes erforderlich bei gleichzeitig 10000facher Leistungssteigerung (Abb. 131). Neben diesem Miniaturisierungstrend elektronischer Schaltelemente (Abb. 132), der eine weitere Verminderung der Verlustlei-

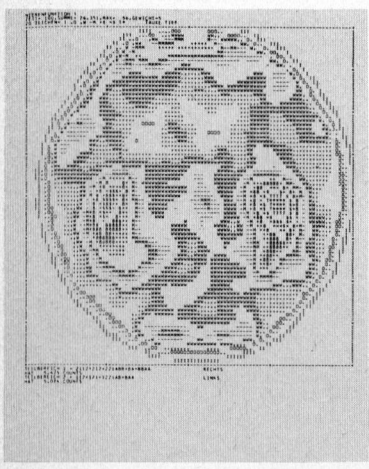
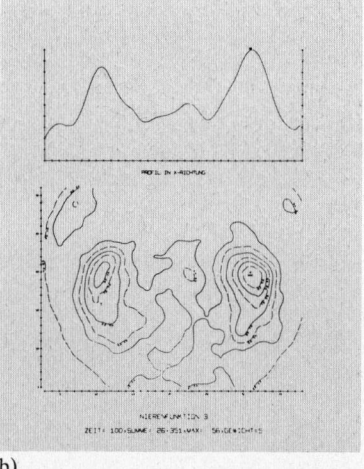

b)

133: Rechneranwendung in der Medizin bei einer Lokalisationsdiagnose: Darstellung von Untersuchungsergebnissen in einem Nierenfunktion-Szintigramm (a) als Druckkerausgabe und (b) als Plotterausgabe aus dem Computer (Plotter = Zeichengerät).

stungen, eine Verbesserung der Betriebssicherheit und Senkung der Herstellungskosten mit sich brachte, vollzog sich gleichzeitig eine Verbesserung und Fortentwicklung auch der Programmierverfahren. Hierzu trugen Theoretiker wie u. a. J. Neumann (1903–1957) wesentlich mit bei.

Heutige elektronische Rechner finden längst nicht mehr nur noch Verwendung zur Lösung numerischer Probleme (Abb. 133). Rechenautomaten entwickelten sich vielmehr zu relativ umfassenden informationstechnischen Systemen, unter anderem als Prozeßrechner, die verschiedene Arbeitsprozesse gleichzeitig abwickeln und dabei von anderen Maschinensystemen oder auch von Menschen zu beeinflussen sind. Mit der weiteren Ausbreitung dieser Technik ergaben sich massive Auswirkungen auf die verschiedensten Bereiche gesellschaftlicher Arbeit, sowohl in der Produktion als auch im klassischen Gebiet der Rechenmaschine, nämlich in Büro und Verwaltung. Denn überall dort, wo Informationen alphanumerisch in Buchstaben und Ziffern dargestellt werden können, lassen sich diese universellen Maschinensysteme prinzipiell zur Automatisierung ‹geistiger› Arbeit heranziehen.

6. Automatisierung von Büro und Verwaltung
Datenverarbeitung mit Lochkarten

Lochkartenmaschinen, erste Datenverarbeitungssysteme

Die Einführung der Lochkartentechnik, zunächst nur Vorstufe der Rechenautomaten, ist der bedeutendste Schritt der Entwicklung zur automatischen Datenverarbeitung. Sie ist zugleich der wichtigste Schritt in der Mechanisierung des Büros: Mit dieser Technik eröffnete sich erstmals die Möglichkeit, verschiedene Teilsysteme, wie z. B. Zähl- und Rechenmaschinen, Karteisysteme usw., in verschiedener Weise zu einem Gesamtsystem miteinander zu kombinieren. Im Bereich der Fertigung hatte Automation bisher zum Ziel, menschliche Arbeitskraft, besonders in den Funktionen der Bedienung, Steuerung und Überwachung von Maschinen sowie zur Kontrolle der Produkte, zu ersetzen, so daß manuelle Eingriffe unnötig werden. Auf die Büroarbeit im weitesten Sinne angewendet, bedeutet Automation, Menschen bei der Verarbeitung von Informationen zu ersetzen. Auf einer komplexen Stufe gelang dieses erstmals mit Lochkartenmaschinen. Mit ihrer Erfindung und Einführung zeigte sich in der Geschichte des Büros erstmals ausgeprägt die Wirkung technikbestimmter Arbeitsorganisation. War die Organisation der Büroarbeit vorher im Unterschied zur Arbeit in der Produktion stets ausgesprochen sozial, also nicht maschinenbestimmt, so ergab sich mit dem Einsatz der Lochkartenmaschinen hier ein erster massiver Einbruch. Die neue Technik stellte einen anderen Typus von Büromaschine dar als etwa die gleichzeitig im Büro auftauchenden Schreib- oder Rechenmaschinen. Von ihrer prinzipiellen Wirkungsweise her ist sie mit diesen nicht vergleichbar. Als ihr Erfinder muß der Amerikaner Herman Hollerith (1860–1929) angesehen werden, der 1889 ein amerikanisches Patent erhielt mit dem Titel ‹Art of Compiling Statistics›. Beim Einsatz seiner Lochkartenmaschine ein Jahr später bei der 11. Volkszählung der Vereinigten Staaten von Amerika zeichnete sich bereits der Durchbruch dieses Verfahrens ab. Dabei stand noch nicht so sehr die Verknüpfung der Daten im Mittelpunkt, als vielmehr der Informationsträger und seine flexible Handhabung. Mit der elektrischen Ausführung der Systeme begann dann eine ‹zweite Generation› der Datenverarbeitungstechnik, die erst um die Mitte unseres Jahrhunderts von der ‹Elektronischen Datenverarbeitung› (EDV) abgelöst werden sollte. Waren zwar einzelne Techniken wie die, Zahlenwerte zu verknüpfen, bisher schon bekannt, so wurden sie hier über die Lochkarte in Verbindung mit einem elektrischen Abtastsystem erstmalig in ein leistungsfähiges Gesamtsystem integriert.

Nicht neu dagegen war die Überlegung, Lochkarten als Informationsträger zur Steuerung von Maschinen zu benutzen. In der Form von Holzbrettchen, die an bestimmten Stellen Löcher zur Auslösung von Steuerungsfunktionen aufwiesen, aufgereiht an einem fortlaufenden Band, verwendete sie schon 1728 der französische Mechaniker Falcon für seine Webstuhlsteuerung. Richtig zum Einsatz kam diese Technik 1805, als Jacquard in Lyon einen ersten automatischen Webstuhl herstellte (Abb. 134). Pappkarten mit Löchern ließ er auf einem Prisma an den Steuerungsnadeln für die Kettfäden des Webstuhls vorbeilaufen, so daß jeweils die Nadeln, die eine Anhebung der Kettfäden für eine bestimmte Mustererzeugung bewirkten, die Karten

134: Mechanische Lochkartensteuerung eines Jacquard-Musterwebstuhles, 1805.
Der Bewegungsablauf für das Webmuster läßt sich durch Einsetzen eines anderen Satzes gelochter Karten mühelos ändern.

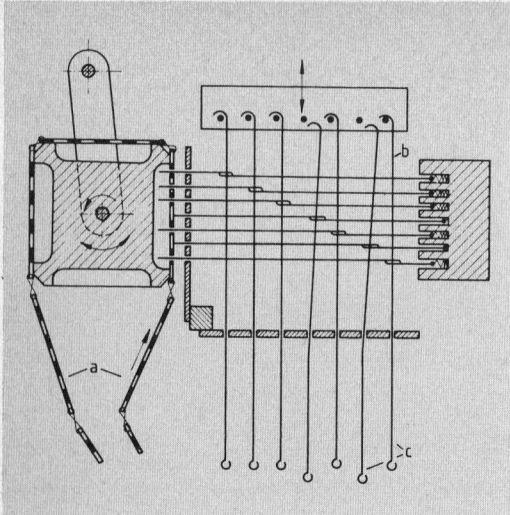

135: Prinzip der Lochkartensteuerung des Jacquard-Musterwebstuhles: a) Lochkarten; b) federnde Abtastnadeln; c) Haken für die einzelnen Kettfäden.

durchdringen konnten (Abb. 135). Mit Jacquard begann die Ausdehnung der französischen Textilindustrie, denn mit der Programmsteuerung des Webstuhls ließen sich jetzt rasch auch die kompliziertesten Musterwebungen durchführen. Angelernte Hilfskräfte produzierten nun an diesen Webstühlen in relativ kurzer Zeit anspruchsvolle Webstücke bei gleichbleibender Güte und Qualität in großen Mengen; Produktionsleistungen, die erfahrene Weber auch nicht annähernd erreichten. Der Automatisierung der Webstuhlsteuerung kam daher eine nicht zu unterschätzende Bedeutung zu, die in ihrem Gefolge erstmals die allgemeine Problematik erkennen ließ, die mit dem Übergang zu industriellen Produktionsweisen einherging.

Lochkarten beziehungsweise Lochbänder fanden im 19. Jahrhundert indes auch an anderer Stelle als Informationsspeichermedien oder Steuerungsinstrumente bei den verschiedensten technischen Geräten und Einrichtungen Verwendung. Dazu gehörten beispielsweise auch die zu jener Zeit vielbeachteten lochstreifengesteuerten Musikautomaten und Glockenspiele. Auch Babbage experimentierte mit Lochkarten für die Steuerung seiner ‹analytical machine›. Holleriths Bestreben ging nun dahin, dieses Speichermedium als Informationsträger bei der Behandlung statistischer Aufgaben zu verwenden, wesentlich zum Sortieren und Zählen angefallener Daten. Die bekannte mechanische Abtastung sollte jedoch durch Einsatz elektrischer Abtastsysteme ersetzt werden, was für diese Zeit eine echte Neuigkeit war: Erstmalig erfolgte die Darstellung von Daten beziehungsweise Zahlenwerten elek-

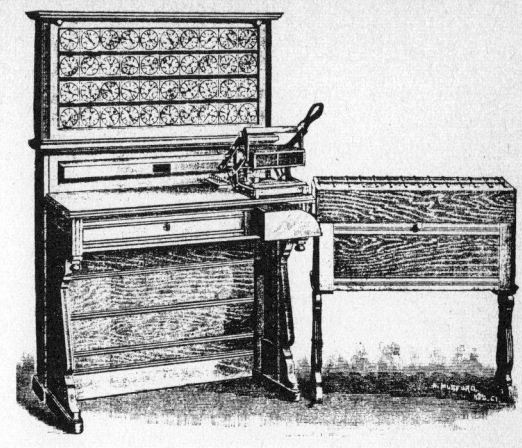

136: Hollerithmaschine mit Kontaktpresse, Zählwerken und Sortierkasten. Diese Maschine wurde bei der Volkszählung 1890 in der amerikanischen Zensusbehörde verwendet.

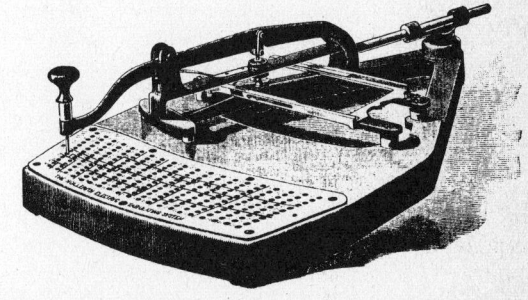

137: Apparatur zur Lochung der Lochkarten nach Hollerith, wie sie bei der Datenerfassung in der amerikanischen Zensusbehörde eingesetzt wurden, 1890.

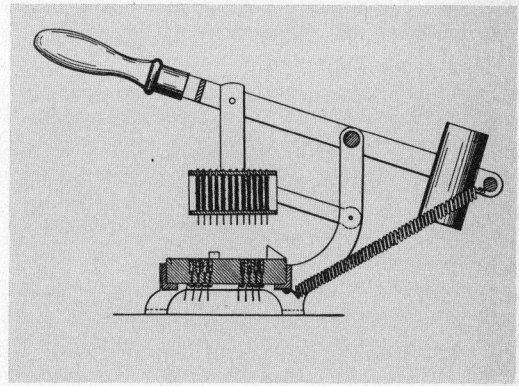

138: Darstellung der Wirkungsweise des Kartenlesers der Hollerithmaschine nach der ersten deutschen Patentschrift von 1889.

trisch, ihre Verknüpfung elektromechanisch. Es entstand damit bereits eine Datenverarbeitung hoher Präzision und hoher Geschwindigkeit. Wohl waren seit Schickard, Pascal und Leibniz die Grundideen des automatisierten Rechnens längst bekannt wie ebenso die von Hollerith benutzten physikalischen Erscheinungen der Elektrizität. Auch lagen reichliche Erfahrungen der Feinmechanik und Elektrotechnik, besonders aus dem Bereich der Fernmeldetechnik vor. Dennoch kam es erst um 1880 zu eben dieser Entwicklung, die die Lochkarte sowohl als Informationsspeicher als auch als Steuerungsinstrument in einen Zusammenhang mit elektromechanisch steuerbaren Zähl-, Additions- und Sortierwerken brachte, in der Absicht, große Datenmengen zu statistischen Zwecken zu verarbeiten.

Die von Hollerith geplante und gefertigte Gesamtanlage (Abb. 136), wie sie bei der 11. großen amerikanischen Volkszählung von 1890 Verwendung fand, entspricht in Aufbau und Konzeption der amerikanischen Patentschrift, was unmittelbar auch auf die Praktikabilität der dort dokumentierten Idee verweist. Im wesentlichen besteht die Hollerithmaschine aus drei Teilsystemen, der ‹Kontaktpresse›, den ‹Zählwerken› und dem ‹Sortierkasten›. Dazu gehörte des weiteren eine Relaiseinrichtung (in die Tischanlage eingebaut), eine Batterie zur Stromversorgung und eine Locheinrichtung zur Lochung der einzelnen Karten. Die statistische Auswertung der Zähldaten, auf einzelnen Zählkarten erfaßt, erforderte zunächst, die zu zählenden Angaben in Lochschrift auf Individualkarten zu übertragen. Dies geschah manuell mit Hilfe eines der Schreibmaschine ähnlichen ‹Lochapparates› (Abb. 137). Erst die so aufbereiteten und gesammelten Daten ließen sich mit der Maschine weiterverarbeiten, und zwar mittels Kontaktpresse, Zählwerken und Sortiereinrichtung.

Dazu legte man die einzelnen gelochten Karten in die Kontaktpresse (Abb. 138). Das bewegliche Oberteil der Presse enthält eine bestimmte Anzahl von federnd gelagerten Abfühlstiften, die bei der Abwärtsbewegung des Stiftkastens durch die in den Karten vorhandenen Löcher hindurchtreten und unterhalb der Zählkarte in mit Quecksilber gefüllte Näpfchen eintauchen. So werden Stromkreise für die Schaltmagnete der elektrischen Zählwerke hergestellt (Abb. 139). Je nach Vorhandensein bestimmter Löcher in den Karten schaltet das zugehörige elektromechanische Zählwerk um einen Schritt weiter. Andere Abfühlstifte steuern gleichzeitig den Sortierkasten. Das einer bestimmten Rubrik der Zählkarte zugeordnete Fach öffnet sich damit automatisch, so daß die jeweils gerade ausgewertete Karte im passenden Sortierfach abgelegt werden kann. Die Fächer des Kastens waren mit einer Klappe versehen, die sich mittels einer Feder öffnete, sobald der jeder Klappe zugeordnete Elektromagnet beim Abfühlen der Löcher einer Zählkarte eine elektrische Erregung erfuhr. Damit bestand auch die Möglichkeit, Lochkarten gleichzeitig mit dem Auszählen nach gewissen Gesichtspunkten zu sortieren. Am Ende eines Kartendurchgangs las man die Zählergebnisse

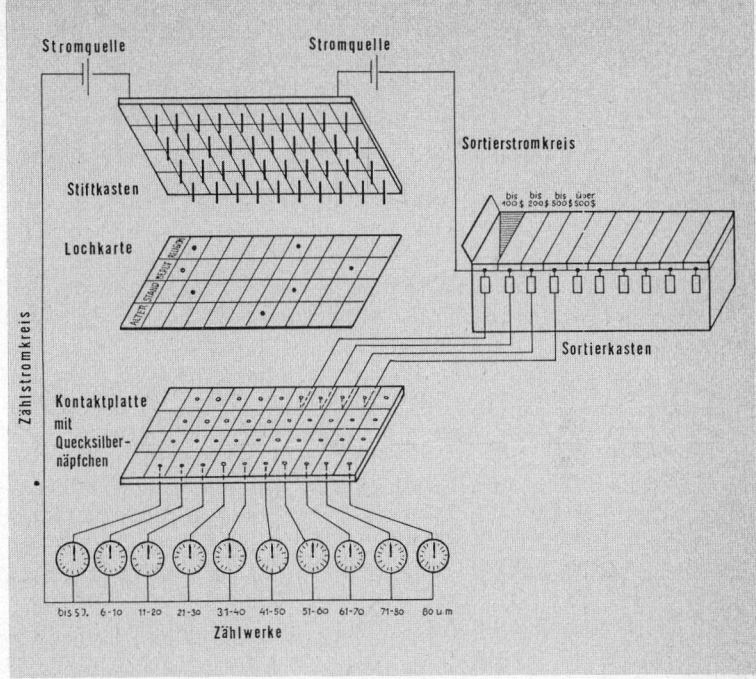

139: Prinzip der elektrischen Wirkungsweise der Hollerithmaschine von 1890 mit Kontaktpresse, Zählwerken und Sortierkasten.

an den jeweiligen Zählwerken ab, die im Einzelfall bis zu 10000 Einzeldaten registrieren konnten. In weiteren Durchläufen ließen sich die in der Sortiereinrichtung entstehenden Kartenstapel nach anderen Kategorien als zuvor erneut auswerten, wobei wiederum die Möglichkeit des Auszählens bestand. Ein Arbeitsdurchgang ermöglichte die Auswertung so vieler Kartenmerkmale, wie Kontaktnadelplätze auf der Lochkarte bestanden.

Der Leiter des österreichischen Volkszählungsbüros von 1890 beschreibt das so:

«Wenn ein gewisses Quantum von Zählkarten durch die Maschine geführt worden ist, so geben die Zählwerke, welche mit den einzelnen Löchern elektrisch in Verbindung stehen, an, wie oft in der Gesamtheit jene Eigenschaften oder Thatsachen vorgekommen sind, welchem die an bestimmten Stellen der Karte angebrachten Löcher und die vermöge derselben geschlossenen Stromkreise entsprechen. Es bedarf keiner weiteren Ausführungen, dass so viele differente Momente ausgezählt werden können, als Nadeln, Quecksilbercylinder und Zählwerke vorhanden sind, und dass es dabei gleichgültig ist, ob diese Momente gleichartig oder völlig disparater Natur sind. Enthalten z. B. die Zählkarten die Individualergebnisse einer Volkszählung, könnten durch 31 Zählwerke die Verteilung der beiden Geschlechter, von 4 Familienstandskategorien, von 12 Glaubensbekenntnissen, von 3 Stufen des Bildungsgrades und von 10 Altersklassen mit einem Schlage ausgezählt werden, während hierfür sonst 5malige Umgruppierungen und Auszählungen des Materials erforderlich wäre. Darin nun, daß das Material gleichzeitig nach den verschiedensten Gesichtspunkten ausgezählt werden kann, ist die Überlegenheit der Maschine gegenüber jedem anderen Aufbereitungsverfahren begründet» (Rauchberg, 1892, S. 81).

Andererseits ließen sich auch beliebige Kombinationen von auf den Karten erfaßten Daten durch logische Verknüpfung über die Relaissätze (Abb. 140) herstellen. Für die Volkszählung in Österreich konkretisierte sich dies wie folgt:

«Nehmen wir an, es handle sich um die Kombination der zehnjährigen Altersklassen mit den Familienstands-Kategorien. Es ist gleichzeitig zu ermitteln, wie viele Personen innerhalb des durch gelochte Zählkarten repräsentierten Bevölkerungskomplexes, 0–10, 10–20, 20–30 usw. Jahre alt und wie viele innerhalb einer jeden dieser Altersklassen ledig, verheiratet, verwitwet oder geschieden sind. Zu diesem Ende sind 40 kleine Relais erforderlich (10 Altersklassen × 4 Familienstands-Kategorien). Durch die Ankerhebel dieser Relais wird der Strom geleitet, welcher den Löchern für die 10jährigen Altersklassen entspricht, und zwar geht der Strom für jede Altersklasse durch je 4 Relais, bzw. durch deren Ankerhebel. Wenn die Anker durch die Elektromagnete der Induktionsspulen nicht angezogen sind, so ist der Strom nicht angeschlossen, da die Ankerhebel durch feine Spiralfedern von ihren Kontaktstellen getrennt gehalten werden. Wird also eine gewisse Altersklasse durch die Lochung registriert, so besteht zwar in 4 Relais die Neigung oder die Möglichkeit, einen Strom zu schließen,

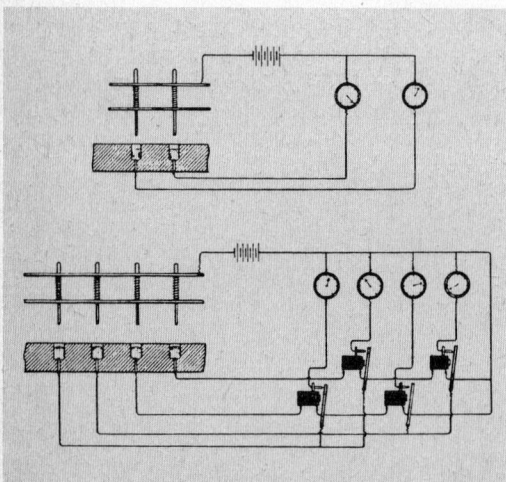

140: Relaisschaltung zur Auswertung von Lochkarten nach Merkmalkombinationen (Datenverknüpfung) für eine Hollerithmaschine mit Kartenleser und Zählwerken, aus der deutschen Patentschrift von 1889.

aber der Strom wird in der Wirkung nur in jenem Relais geschlossen, dessen Anker durch den Elektromagneten angezogen wird. Hier treten nun aber die Löcher bzw. die Ströme in Thätigkeit, welche die Familienstands-Kategorien repräsentieren. Diese Ströme werden durch die Induktionsspulen der Relais geführt. Der Strom einer jeden der vier Familienstands-Kategorien geht durch die Induktionsspulen von 10 Relais, welche somit in vier Gruppen zerfallen. So oft eine Familienstands-Kategorie registriert wird, werden demnach die Anker von 10 Relais angezogen. Dadurch für sich allein wird jedoch noch kein auf die Zählwerke einwirkender Strom geschlossen: es ist nur die Möglichkeit gegeben, daß ein solcher durch die Berührung der Relais-Anker mit den korrespondierenden Kontaktstellen geschlossen wurde. Dies ist nun bloss bei jenem einzigen von den Relais der betreffenden Gruppe der Fall, durch dessen Anker der Strom geht, welcher der Altersklasse entspricht, und nur das aus diesem Relais entsprechende Zählwerk wird in Bewegung versetzt» (Rauchberg, 1892, S. 82f).

Hollerith-Systeme der beschriebenen Art ermöglichten, bei der amerikanischen Behörde für die Volkszählung (Zensusbehörde) eingesetzt, erstmals die Ermittlung der Bevölkerungszahl der USA bereits nach Ablauf eines Monats, wohingegen früher die manuelle Auswertung Jahre in Anspruch genommen hatte. Annähernd 63 Millionen Lochkarten mit durchschnittlich 18 bis 20 Lochungen pro Karten waren dazu zu bearbeiten, das bedeutete also die Auszählung von ca. 1,3 Milliarden Lochungen. Dennoch reduzierte sich der Gesamtzeitaufwand um 60 Prozent bei zunehmend differenzierterer Auswertung. Die Fehlerquote erwies sich als äußerst gering, die Gesamtkosten der statistischen Auswertung reduzierten sich um mehrere 100 000 Dollar. Diese Ergebnisse fanden weltweite Beachtung; man sprach bereits von einem ‹statistical computer›. Der Einzug der Datenverarbeitungsanlagen in die Büros und Verwaltungen der ganzen Welt nahm seinen Anfang.

Die Hollerithsche Lochkartentechnik erfuhr als Datenverarbeitungstechnik gleichzeitig Schritt für Schritt einen Ausbau auf industrieller Basis, angefangen von der Einführung einer automatischen Kartenzuführung (1902), eines Printing Tabulators (1913), über die Verwendung eines echten Addierwerkes beim Accumulating Tabulator (1913) und Stecktafeln (Panneau) zur variablen Programmierung (1921) wie auch die Einführung alphanumerischer Lochkartenmaschinen (1931) bis hin zur Ausrüstung von Lochkartenmaschinen mit elektronischen Rechenwerken (1946). Nur die wichtigsten Positionen sind damit bezeichnet. Allein bis 1925 betrug die Gesamtzahl der auf das Lochkartenverfahren angemeldeten Patente bereits 500, bezogen auf 350 verschiedene Einzelerfindungen. Dabei hatte Hollerith eigentlich nicht von Anfang an eine ausschließlich elektrische Lösung der mechanisierten Datenerfassung im Auge. Das zeigen seine Überlegungen und Versuche, andere technische Alternativen (auf rein mechanischer oder elektropneumatischer Basis) für eine solche Maschine zu projektieren (Abb. 141a, b).

Schon bald nach dem ersten Großeinsatz war es möglich, die Lochkarte zur Erledigung sämtlicher Vorgänge in der Verwaltung einzusetzen, die auf der Sortierung, Zählung und Addition von Werten und Mengen beruhten.

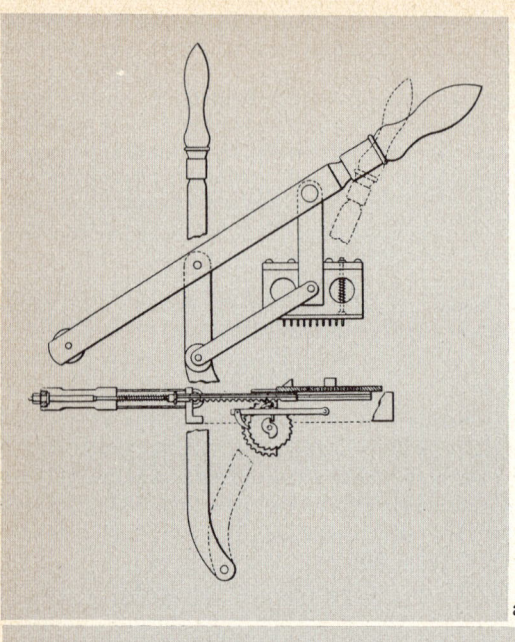

141: Verschiedene Lösungen von Hermann Hollerith zur mechanisierten Datenerfassung:
a) Prinzipdarstellung der Konstruktion eines rein mechanisch arbeitenden Lochkartenlesers.
b) Prinzipdarstellung der Konstruktion einer pneumatisch-elektrischen Lochkartenmaschine.

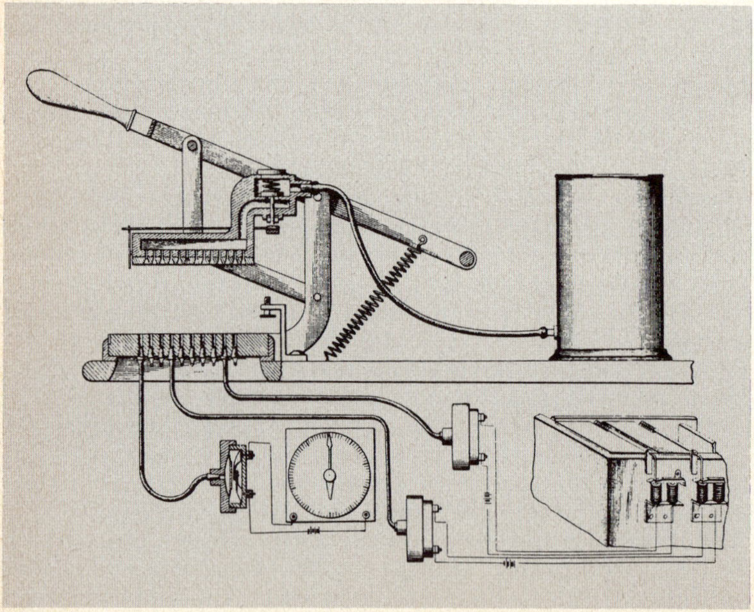

Zentrale Maschinen blieben der Kartenlocher, die Sortiermaschine (mit Arbeitsgeschwindigkeiten von 120000 Karten pro Stunde) und die Tabelliermaschine mit mehreren Rechen- und Schreibwerken (mit Arbeitsgeschwindigkeiten von 10000 Karten pro Stunde). Dabei stellten Hollerithmaschinen, jedenfalls bis 1946, noch keine Rechenanlagen in unserem heutigen Sinne dar. Sie trugen jedoch schon wesentliche Merkmale, wie sie für jede automatisierte Datenverarbeitung typisch sind: Da ist zum einen das informationsverarbeitende System selbst mit seinen Teilsystemen, das Dateneingabesystem, wie Zähl- und Rechenwerke, das Datenausgabesystem, wie Zählwerksanzeige oder Sortierapparat. Typisch ist auch bereits die Konfiguration, das heißt das spezifische Zusammenwirken von Arbeitsspeichern, Rechenwerken und Peripheriegeräten, wie auch die Grundfunktionen Datenspeicherung, Datenverknüpfung, Datenein- und -ausgabe (Abb. 142). Da ist des weiteren die entwicklungsbestimmende digitale Darstellung und Verarbeitung (Verknüpfung) von Informationen elektrischer Schaltsysteme. Gleichzeitig lassen sich mit der Verwendung dieser Maschinensysteme erstmals Erscheinungen ausmachen, die für die Einbindung eines automatisierten Datenverarbeitungssystems in soziotechnische Zusammenhänge, wie hier in Büro und Verwaltung, typisch sind. Bereits hier deuten sich Probleme

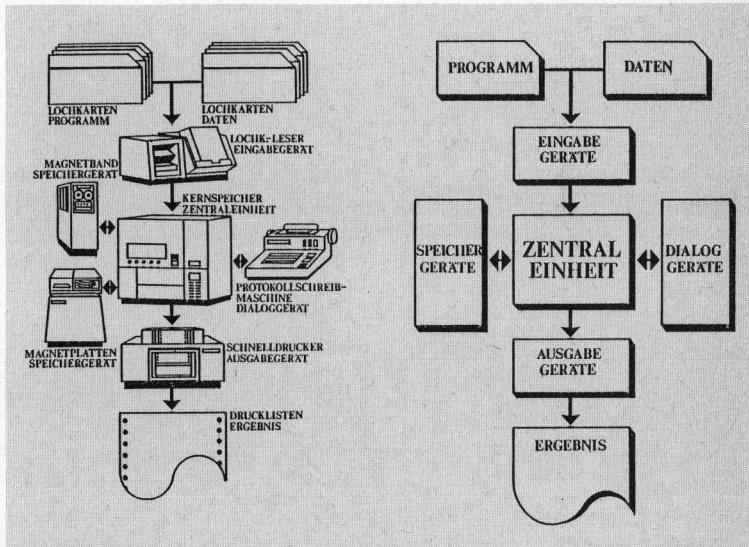

142: Prinzipielle Struktur heutiger elektronischer Datenverarbeitungssysteme. Lochkartengeräte finden als ‹Peripherieeinheiten› Verwendung.

an, wie sie sich in jüngster Zeit als Gegenstand gesellschaftspolitischer Auseinandersetzungen aufdrängen, bis hin zu Fragestellungen wie die der Verarbeitung personenbezogener Daten in Datenbanken und internationalen Datenverbundsystemen.

Rationalisierte Informationsverarbeitung, wirtschaftliche und politische Durchsetzungsbedingungen

Die Erfindung des Hollerith-Systems und die Einführung von Büromaschinen muß besonders vor dem Hintergrund der Entwicklung des amerikanischen Wirtschaftssystems, einer Form des modernen Frühkapitalismus, gesehen werden. Der Zeitraum ab 1860/70 ist in den USA als Ära rastloser Entwicklung gekennzeichnet, bei sprunghaft steigenden Bevölkerungszahlen (von 34 Millionen auf annähernd 100 Millionen), zunehmender Technisierung, Massenproduktion und Entstehung großer wirtschaftlicher Einheiten. Diese Zeit ist die Ära der sich ausbreitenden Aktiengesellschaften und der Konzentration wirtschaftlicher Macht in den Händen von Banken und anderen Trägern großer Vermögen als bestimmenden Teilen des Industrialisierungsprozesses. Die Größe des amerikanischen Wirtschaftsraumes wie auch die Größe der Rohstoffvorkommen ergaben dabei einen Trend zur Entwicklung von Riesenunternehmen. So entstanden die großen Konzerne, Monopole und Trusts oder Quasimonopole, die beispielsweise sowohl den Rohstoffmarkt für Silber, Nickel, Leder und Salz als auch gleichzeitig den Markt für Kekse und Süßwaren, Tabak, Gummi und Zucker beherrschten. Bis zur Jahrhundertwende gingen annähernd 5000 selbständige Betriebe in rd. 300 Industrietrusts auf. Eine Vermögenskonzentration in den Händen weniger großer Familien, die ihren Einfluß vom einzelnen Rathaus bis zum Weißen Haus geltend machten, war die Konsequenz dieses Weges zum ‹Big business›. Ein 8 Millionen km² großer, relativ homogener Binnenmarkt, den keine Zollgrenzen und unterschiedliche Rechtsnormen zerteilten, erwies sich als *die* Basis für diese Entwicklung.

Dabei stützte sich die amerikanische Industrie auf ein Bevölkerungspotential, das in seiner Traditionslosigkeit einer umfassenden Technisierung der Betriebe kaum Widerstände entgegenbrachte und auf eine besondere Form von Pragmatismus und Wissenschaftsgläubigkeit, die auch als eine wichtige Bedingung für die führende Rolle der USA in der Büroautomatisierung anzusehen ist. Das großzügige Patentsystem (ab 1790) stimulierte zudem ohne Zweifel die Erfindertätigkeit: Etwa 35000 amerikanische Patente wurden allein bis zum Jahr 1900 angemeldet. Dabei bezogen sich die meisten Patente auf die industrielle Fertigung und dort auf die Reduzierung von Kosten für Arbeitskräfte. Noch verblieb ein empfindlicher Arbeitskräfteman-

143: Die Buchhaltung um das Jahr 1890 in einem amerikanischen Handelsbüro an der Grenze manueller Bearbeitung.

gel, wie er in bürokratischen Staaten, etwa solchen merkantilistischer Prägung, als unbekannt galt. Dort herrschte, was die Verwaltungsarbeit und das Tempo ihrer Erledigung anbetrifft, noch kein großer Zeitdruck. Im amerikanischen Handel, in den amerikanischen Bankhäusern, Kontoren und Produktionsbetrieben dagegen war das anders. Der Trend zur großbetrieblichen Unternehmensform, die sich ausdehnenden Märkte, der sich damit einstellende Leistungswettbewerb und Konkurrenzkampf, der Zwang zur Steigerung der Produktivität und zur Verbesserung der Verkaufsmethoden und des Absatzes verlangten zunehmend die Rationalisierung der menschlichen Arbeit auch im Büro. Der Rückgriff auf das Arbeitspotential der Einwanderer und auf Frauen und Kinder reichte nicht aus.

Die Arbeitsintensivierung (insbesondere in den achtziger Jahren), der Ausbau eines funktionierenden Verkehrssystems (Eisenbahnverbindung Atlantik–San Francisco, 1869) wie auch der schnelle und intensive Ausbau des Telegrafen- und Fernsprechwesens sind eindeutige Folgewirkungen dieser rastlosen Verwertungsbewegung des Kapitals. In den Großunternehmen erforderte die Handhabung von Informationen mit dem wachsenden Umfang des Handels zunehmend einen recht intensiven Einsatz von Personal und Aufwand an Arbeitsorganisation (Abb. 143). Sowohl in der Betriebs- als

144: Werbung für den Einsatz des Hollerith-Systems in der betrieblichen Verwaltung um 1920.

auch in der Staatsverwaltung gewann die schnelle und sichere statistische Erfassung von Daten und deren Analyse als wirksames Instrument der Steuerung und Kontrolle an Bedeutung (Abb. 144). Der Umfang an Fakten und Zahlen, welche die Abwicklung von Produktion, Handel und Dienstleistung betrafen, wuchs von Jahr zu Jahr. Allein 1891 fanden drei internationale Kongresse zur Statistik statt. Die Fixierung und die Produktion von Informationen galt schon bald als unbezweifelter ‹technischer Fortschritt›. An der Entwicklung des amerikanischen Zensus, der schon keine Volkszählung im üblichen Sinn, sondern mehr eine Erhebung einer Vielzahl wirtschaftlicher und politisch relevanter Daten darstellte, ist das besonders gut ablesbar.

Kam die erste Volkszählung von 1790 noch mit sechs Erhebungsfragen zur Bevölkerung aus, so wurden diese allein bis 1850 auf das Fünffache vermehrt. Alle zehn Jahre gab es diese Zählung, die ‹Inventur der Amerikaner›

(Abb. 145), als Basis für die Repräsentation im Kongreß. Der Aufwand an Organisation, an eingesetzten Angestellten und an Arbeitszeit nahm ständig zu. Die endgültige Auswertung der Ergebnisse des 1880er Zensus konnte daher erst nach einem Zeitraum von sieben Jahren bewältigt, das heißt erst 1887 mitgeteilt werden. Dabei entwickelte sich die US-Zensusbehörde zu einem relativ komplexen Unternehmen, das mit teuren Arbeitskräften und einem begrenzten Etat rechnen mußte. Die erhobenen Massendaten umfaßten einfache Personenmerkmale wie Geschlecht, Beruf, Einkommen, Sozialdaten, Kriminalität, Daten spezieller gesellschaftlicher Klassen, Sterblichkeit wie auch Daten zur Erziehung und Kirche, Besteuerung, Landwirtschaft, Bergbau, Handwerk, Industrie, Fischerei, Verkehr, Versicherung, sortiert nach geographischen Regionen und anderen Merkmalen. Ständig wurden weitere detaillierte Aufschlüsselungen gefordert (Abb. 146). So kennzeichnet die 11., mit Hollerith-Maschinen bearbeitete Volkszählung von 1890 gegenüber der von 1880 eine erheblich differenziertere Auswertung bei einer um vieles höheren Merkmalbearbeitung. Entsprechend stellt sich der Umfang der Ergebnisse der Zählung von 1880 mit 196 Seiten und der von

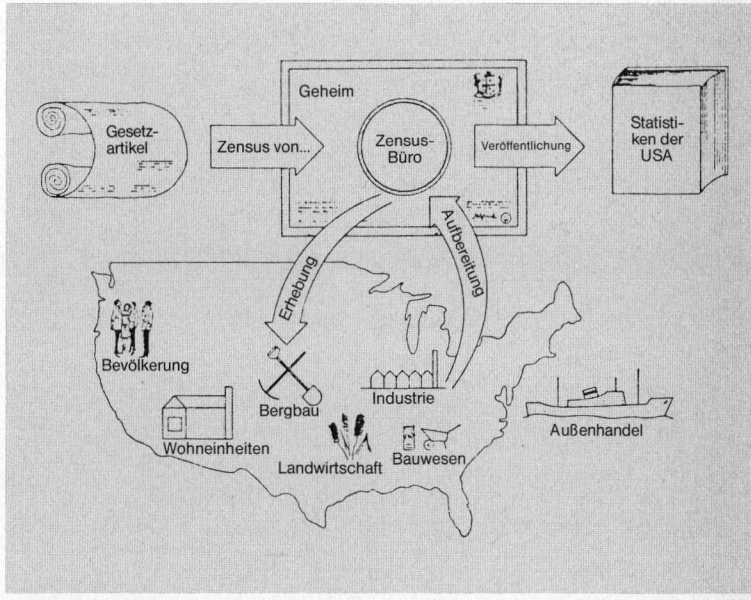

145: Basisprofil des amerikanischen Bureau of the Census, das zur Bewältigung von anfallenden Massendaten in einem Großeinsatz erstmals Datenverarbeitungsmaschinen erprobte, 1890.

1890 mit 2378 Seiten dar. Abgesehen von gelegentlichen Einwendungen gab es seinerzeit an keiner Stelle öffentlich geäußerte Bedenken gegen diese immense Erhebung und Verarbeitung personenbezogener Daten.

Die Tatsache, daß die Lochkartentechnik sich schon kurz nach der Patentierung auf breiter Basis in den USA und in ganz Europa durchsetzte, kann nicht ohne Betrachtung der Person Holleriths verstanden werden. Als zentrale Idee leitete ihn die Absicht, ein Maschinensystem zu entwickeln, das die anschwellende Masse von Daten und Informationen schneller, fehlerfreier und ökonomischer bewältigen konnte. Der Einfluß, der von ihm auf die gesamte Entwicklung ausging, ist nur zu einem Teil damit beschrieben, daß Hollerith von Haus aus Ingenieur war, der im Rahmen seines Bergbaustudiums schon sehr früh ein ausgesprochenes Interesse an der Elektrotechnik entwickelt hatte. Als wesentliche weitere Merkmale sind die anzusehen, die mit seiner Tätigkeit als Statistiker im Zensusbüro und als Beamter im Patentamt zusammenhängen. Nach seinem Hochschulabschluß (1879) als ‹Ingenieur of mines› war Hollerith als Statistiker im Zensusoffice tätig, das sich gerade mit der Vorbereitung des 10. US-Zensus (1880) im Aufgabenbereich ‹Vitalstatistics› (Erfassung und Auswertung sämtlicher persönlicher Daten von der Geburt bis zum Tod) befaßte. Hier wurde er mit den spezifischen Problemen der Bearbeitung von manuell, zentral verarbeiteten Daten und dem Interesse der Bundesverwaltungen an einer weiteren Mechanisierung zum erstenmal konfrontiert. Nachdem er zwischenzeitlich am Massachu-

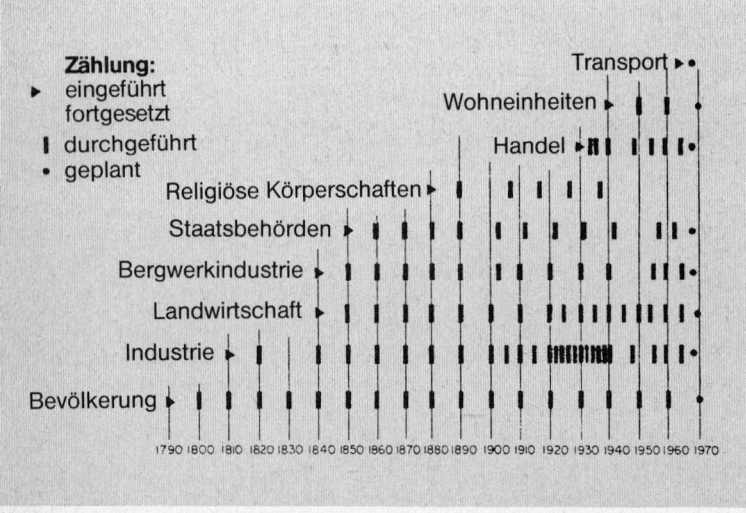

146: Entwicklung der Datenerhebung der amerikanischen Zensusbehörde.

Verfahren	Bearbeitung (h)
Datenübertragung – Transkription –	
HOLLERITH (Lochkarten)	72,27'
HUNT (Papierzettel/slips)	144,25'
PIDGIN (Papierzettel/chips)	110,56'
Datenauswertung – Tabulation –	
HOLLERITH (maschinell)	5,28'
HUNT (manuelles Sortieren)	55,22'
PIDGIN (manuelles Sortieren)	44,41'

147: Hollerith-Verfahren im Vergleichswettbewerb gegenüber konkurrierenden anderen nicht maschinellen Verfahren, veranstaltet von der US-Zensusbehörde 1890 (ausgewertet wurden personenbezogene Daten von 10 491 Personen).

setts Institute of Technology erste Versuche für eine mechanische Bewältigung der für die Bevölkerungsstatistik anfallenden Daten durchgeführt hatte (1882–1883), nahm er in Washington eine Stelle im dortigen Patentamt an (bis 1890). Als ‹Expert and Solicitor of Patents› stand Hollerith hier das gesamte damalige technologische Wissen zur Verfügung. In dieser Zeit entstand seine erste ‹Census-Machine›. Im September 1884 meldete er drei diesbezügliche Patente an, die am 8. 1. 1889 rechtskräftig erteilt wurden.

Als Patentingenieur kannte Hollerith das US-Patentrecht sehr genau. Die intelligente Abfassung seiner Patente, die jede zukünftige Konkurrenzentwicklung von vornherein ausschloß, hatte, wie sich später zeigte, einen nicht unerheblichen Einfluß auf die kommerzielle Entwicklung der erfolgreichen Hollerith-Maschinenproduktion und ihres Absatzes. Andere Hersteller mußten jeweils Lizenzen beantragen. 1884 plante er bereits ein genau kalkuliertes Budget (Kosten für die erste Maschine ca. 1500 Dollar, Patentkosten 175 Dollar, Auslandspatente 500 Dollar, Drucksachen/Werbung 200 Dollar). 1887 fertigte er die erste Statistikmaschine als Versuchsmodell, die, in kommunalen Verwaltungen erprobt, einige Publizität erreichte. Der eigentliche Durchbruch gelang jedoch erst mit dem Auftrag für den Großeinsatz des 1890er Zensus, wo sich Hollerith mit seinem Verfahren gegenüber zwei anderen manuellen mit Abstand durchsetzte (Abb. 147). Die Leistungsfähigkeit des nahezu ausgereiften Hollerith-Systems überzeugte selbst seine hartnäckigsten Gegner, nachdem bei einem Einsatz von 43 Zählmaschinen (mit je einer Person Bedienung) bereits nach vier Wochen die ersten Ergebnisse vorlagen. In den damaligen Publikationsorganen fand diese Volkszählung eine starke Beachtung. Der ‹Scientific American› brachte einen ausführlichen, reich illustrierten Bericht über die Hollerith-Maschine (vgl. Abb. 154, 156, 157, 158). Auch die New Yorker elektrotechnische Zeitschrift berichtete unter dem euphorischen Titel ‹Counting a Nation by Electricity› (Elektrische Auszählung einer Nation). Eine weltweite Publizität ergab sich plötzlich.

Als guter Geschäftsmann stellte Hollerith seine Entwicklung von Anfang an in ein günstiges Angebot: Demonstration der Leistungsfähigkeit, sofort lieferbare ‹Volkszählungsmaschinen›, Maschinenvermietung (Leasing), vertraglich vereinbarte Entschädigung bei Maschinenausfall, Belieferung mit Lochkarten, ein eigener spezieller Service als Teil des ‹Hollerith-Systems› und nicht zuletzt ‹Public Relations›. Auf zahlreichen Reisen führte er seine Systeme überall im Ausland vor, hielt Vorträge vor wissenschaftlichen Organisationen und verhandelte mit den Regierungen verschiedener Länder, besonders in Europa. Für seine Verdienste erhielt er zahlreiche Ehrungen: In den USA bekam er 1890 die Elliott-Cresson-Medaille für die größte Erfindung des Jahres; im selben Jahr verlieh man ihm die Ehrendoktorwürde der Columbia University, und in Paris bekam er auf der Weltausstellung 1889 die Goldmedaille. Die besondere unternehmerische Qualifikation von Hermann Hollerith kommt auch in seinem ausgesprochen exakten Entwicklungstiming zum Ausdruck: Problemstudien (Anfang der achtziger Jahre), Grobplanung (bis 1883), Finanzierung und Patentierung (1884), erster praktischer Einsatz (1887/88), Großeinsatz (1890). 1896 gründete er folgerichtig ein eigenes Unternehmen, die ‹Tabulating Machine Company›, in der er als Kapitaleigner, aber auch als Manager fungierte. Bis 1911 stand die Gesellschaft unter seiner Leitung. Zu diesem Zeitpunkt verschmolz das Unternehmen mit zwei anderen branchenähnlichen Firmen zur ‹Computing Tabulating Recording Company›, die ab 1924 als IBM (International Business Machines Corporation) firmierte. Eine deutsche Tochtergesellschaft, die Dehomag (Deutsche Hollerith Maschinen Gesellschaft) ging 1949 ebenfalls in der IBM auf. Heute ist die IBM das marktbeherrschende Datenverarbeitungsunternehmen (Abb. 148), das über ein halbes Jahrhundert den unaufhaltsamen Einsatz der Maschinen in Büro und Verwaltung mitbestimmte.

Die erwähnten Auslandsaktivitäten Holleriths, seine zahlreichen Reisen, verbunden mit Vorträgen auf internationalen Statistikerkongressen, trugen dazu bei, daß bereits 1890 die Volkszählung in Österreich mit Hollerith-Maschinen durchgeführt wurde und 1891 Norwegen und Kanada, 1893 Italien mit Hollerith-Systemen arbeiteten. Rußland verwendete 1897, die Philippinen 1904 die Hollerith-Maschinen für ihre Zählungen. In den ersten Jahren war es der Erfinder selbst, der die Verhandlungen führte und auch die Installationen an Ort und Stelle vornahm. Die meisten der Anlagen stellte er in eigenen Werkstätten in Washington her; viele Teile, wie z. B. die elektrischen Bauteile und Batterien, bezog Hollerith unter beträchtlichem Zeitgewinn

148: a) Entwicklung des multinationalen Datenverarbeitungskonzerns IBM.
b) Die gegenwärtig größten Datenverarbeitungskonzerne der Welt mit ihren Jahresumsätzen in Millionen Dollar, 1976.

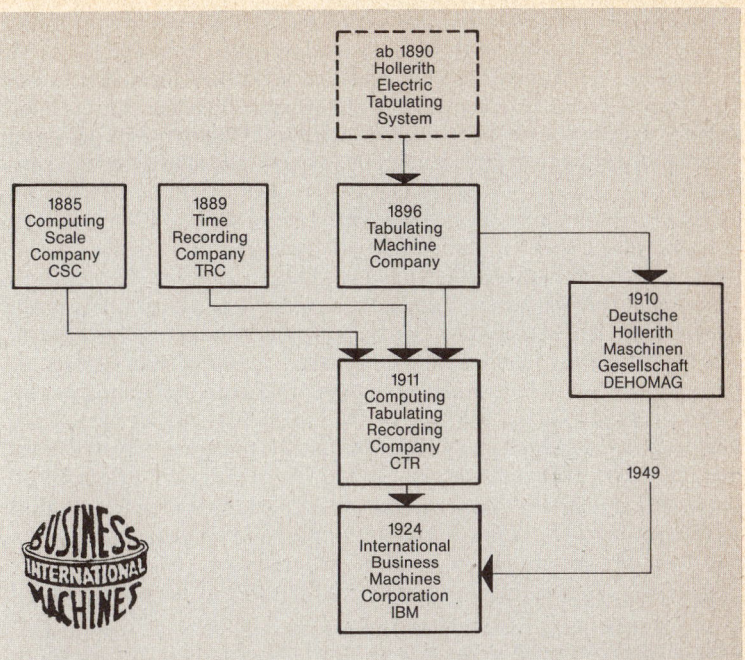

USA	Umsatz	Japan	Umsatz
IBM	16300	FUJITSU–HITACHI	1410
BURROUGHS	1630	NEC–TOSHIBA	640
UNIVAC	1430	MITSUBISHI–OKI	290
HIS	910	Europa	Umsatz
CDC	1330	CII–HB	660
NCR	1100	ICL	540
DEC	740	SIEMENS	530

von Zulieferfirmen. Nach anfänglichen Schwierigkeiten mit der Papierqualität der Lochkarten (das im Handel erhältliche Papier erwies sich für die Maschine als zu weich, was zu einem schnellen Verschleiß der Karten und zur Verstopfung der Quecksilberbehälter des Kontaktapparates führte) produzierte er diese dann selbst. Mit der industriellen Produktion der Lochkartensysteme begann deren Einführung in Büro und Verwaltung auf breitester Basis.

Der eigentliche große geschäftliche Erfolg kam ab etwa 1914. Das Rechnungswesen der meisten Firmen war vor dieser Zeit offensichtlich noch zu wenig ausgebildet, um Maschinen mit so hoher Produktivität zu benötigen. Das Preußische Statistische Landesamt beispielsweise kannte längst noch keinen so großen statistischen Datenanfall, außerdem gab es hier reichlich Arbeitskräfte bei relativ niedrigem Lohnniveau, so daß man sich im Vergleich zu anderen Ländern verhältnismäßig spät zur Verwendung von Maschinen entschloß. Die Zählung von 1895 in Preußen ließ sich manuell noch innerhalb von drei Monaten auswerten, unter Beteiligung von 1000 Personen, dazu fast 1000 weiteren mithelfenden Angehörigen in häuslicher Akkordarbeit. Die Kosten lagen unter denen, die die Miete im Angebot Holleriths ausmachte. Die dafür zuständige Behörde begründete die Ablehnung der Hollerithschen Maschine am 5. Mai 1896:

«Wenn unsere Reichsregierung heut zu Tage mit allen Kräften darauf denkt und dahin zu wirken sucht, dass man nach Möglichkeit derartigen Opfern der Arbeitslosigkeit hilft – wir haben Arbeiterversicherung, wir haben alles mögliche – dann scheint es mir auch unserer Pflicht entgegen zu sein, eine mechanische Maschine Menschen vorzuziehen und vielleicht eines entbehrlichen Mehrgewinnes an gewissen Einzelheiten und Kombinationen wegen, eine sehr bedeutende Summe jährlich nicht in der Weise zu verwenden, wie sie von jenen sozialpolitischen Gesichtspunkten aus verwendet werden müsste. Das, meine Herren, ist der Hauptgrund, warum ich die elektrische Zählmaschine bisher noch nicht angeschafft habe, abgesehen von jener Fehlerquelle, die in der Durchlochungsarbeit liegt, und der mangelnden Gewissheit darüber, ob denn nicht doch die Sicherheit der Maschine hinter derjenigen meines menschlichen, denkenden Materials zurückbleibt und für alle Arbeiten, bei welchen ein Denkprozess erforderlich ist, zurückbleiben muß. Außerdem, was die Zeit anbelangt, bin ich oder ist das von mir geleitete Bureau so ziemlich immer das erste gewesen, welches die vorläufigen und endgültigen Ergebnisse großer Erhebungen hat vorlegen können ... Eine so hohe Jahresmiete wie die Amerikaner kann und will ich nicht bezahlen; mit etwas über eine halbe Millionen Mark mache ich ja in Preussen die Volkszählung mit allem, was darum und daran hängt, fix und fertig» (Polytechnisches Zentralblatt, 16. 3. 1896, S. 124).

Doch auch in Preußen wurde die Einführung von Lochkartenmaschinen in Fachkreisen weiter heftig diskutiert. Am 7. Februar 1911 führte die Dehomag im Reichstagsgebäude in Berlin ihr System vor (Abb. 149), nachdem Württemberg schon 1910 seine Volkszählung mit Maschinen der Dehomag durchgeführt hatte. Bald bedienten sich dann auch das Preußische und Säch-

149: Bericht der Berliner Börsenzeitung über die Vorstellung des Hollerith-Systems im Reichstagsgebäude vom 8. Februar 1911.

— Im Reichstagsgebäude fand gestern die Vorführung der Dr. Hollerithschen elektrischen Sortier- und Zählmaschine statt. Diese Vorführung erfolgte auf Wunsch einiger Reichstagsabgeordneter und Ministerien, da bereits in diesem Etat die Summe von 10 000 Mk. für Versuche mit der Maschine eingestellt sind. Das Prinzip läßt sich kurz etwa folgendermaßen schildern: Jeder Vorfall geschäftlicher oder behördlicher Natur, der späterhin in irgend einer Gruppierung statistisch verarbeitet werden soll, erhält eine gesonderte Karte, aus der die betreffenden Angaben, in eine Zahlenchiffre übersetzt, aufgedruckt wird. Dieser Vorfall wird in der Zahlenübersetzung auf einer kleinen, schreibmaschinenähnlichen Lochmaschine gelocht. Mit dieser Karte liegt also ein für allemal die Grundlage der ganzen Statistik fest. Die Karten gelangen alsdann in ihrer Gesamtheit in die Sortiermaschine, die durch Einstellen eines entsprechenden Stiftes die Karte in die betreffende Gruppe ordnet. Die einzelnen daraus gewonnenen Gruppen werden dann durch sogenannte Stoppkarten getrennt in die Additionsmaschine geführt, die mit einer Geschwindigkeit von etwa 10- bis 12 000 pro Stunde die Addition sowohl der Stücke als auch der eventuell in Betracht kommenden Beträge oder Werte aufaddiert. Natürlich können die Karten nach verschiedenen Gesichtspunkten abermals umsortiert und aufaddiert werden. Im allgemeinen kann man behaupten, daß mit Hülfe dieser Maschinen die Statistik in einem Zehntel der Zeit und mit einem Drittel der Kosten durchgeführt wird. Besonders wichtig ist dabei die absolute Zuverlässigkeit und Genauigkeit der Maschine. Im Laufe des heutigen Tages wohnten eine Reihe von Vertretern mehrerer Reichsämter und preußischer Ministerien der Vorführung bei. Schatzsekretär Wermuth war persönlich erschienen und ließ sich die Maschine genau erklären. Schon in allerkürzester Zeit sollen die Versuche zur Aufnahme der Handelsstatistik mit Hilfe dieser Maschine begonnen werden. Bereits jetzt werden in Württemberg, Baden, Elsaß-Lothringen, Sachsen und teilweise in der Stadt Berlin die Ergebnisse der letzten Volkszählung auf diese Weise festgestellt. Von besonderer Bedeutung ist die Maschine für die umfangreichen Statistiken der Industrie und hat z. B. bereits Eingang gefunden in den Elberfelder Farbenfabriken und in den Berliner Elektrizitätswerken, welch letztere ihre eigenen Maschinen zu der Vorführung im Reichstag zur Verfügung gestellt haben.

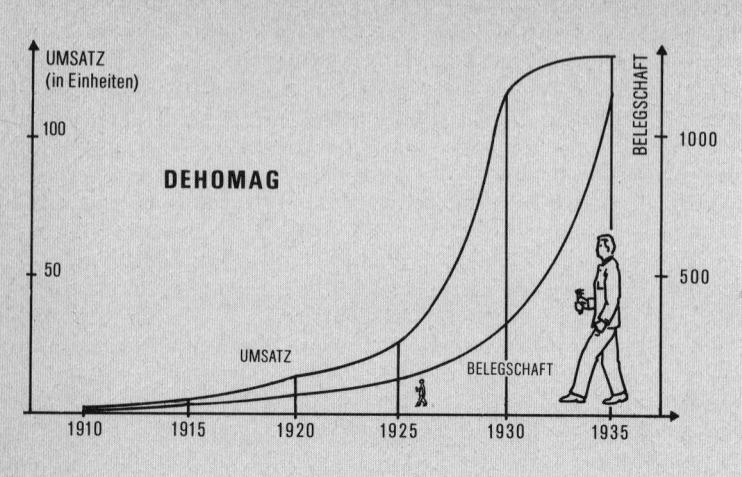

150: Entwicklung der Deutschen Hollerith Maschinen Gesellschaft, Umsatz- und Beschäftigungszahlen bis 1935.

sische Statistische Landesamt, die Kaiserliche Werft wie auch die Reichsversicherungsanstalt des Lochkartenverfahrens. Verschiedene Großunternehmen stellten zur Verbesserung ihrer Verkaufsmethoden und Absatzstatistiken auf Lochkartentechnik um. Hierzu gehörten die Chemischen Werke in Leverkusen und Ludwigshafen, die AEG, die Siemens-Schuckert-Werke und Osram in Berlin, wie auch Brown-Boveri und die BASF in Mannheim und Ludwigshafen. Bei Ausbruch des Ersten Weltkrieges verfügten in Deutschland bereits 44 Großbetriebe über Hollerith-Anlagen.

Mit der Bildung der Kriegs- und Planwirtschaften im Ersten Weltkrieg ergaben sich neue Aufgaben der Verwaltung. Die Anwendungsgebiete in der Kriegswirtschaft waren sehr umfangreich. Da aber nicht genügend Anlagen zur Verfügung standen, mußte die Anwendung des Lochkarten-Verfahrens zunächst auf die wichtigsten kriegswirtschaftlichen Gebiete beschränkt bleiben:

«Unsere Maschinen wurden im Interesse der Landesverteidigung den nicht oder weniger kriegswichtigen Unternehmen entzogen. Sie dienten der Überwachung einer gleichmäßigen und gerechten Verteilung vorhandener Rohstoffe und Materialien bei den verschiedensten Kriegsgesellschaften» (Festschrift der Dehomag, 1935, S. 10).

Umfangreiche Bestandserhebungen der Kriegsbewirtschaftung, auch die Verteilung von Lebensmitteln verlangten nach wirksamen Hilfsmitteln zur Informationsverarbeitung. Kriegswichtige und Rüstungsbetriebe führten das Lochkartenverfahren ein. Bestehende Hollerith-Abteilungen wurden zum Teil als kriegswichtige Betriebe beschlagnahmt. Der Dehomag kam damit eine besondere Bedeutung zu. In der Nachkriegszeit hielt der positive Umsatztrend an, bedingt durch den verschärften Zwang zur Kostenkalkulation und durch den Ausbau der industriellen Buchführung. Die allgemeine Rationalisierungsbewegung der zwanziger Jahre in Deutschland unterstützte diesen Trend (Abb. 150).

Nach einer kurzen Zeit der Stagnation, bedingt durch die Weltwirtschaftskrise, kam es bei der Dehomag zu einer sprunghaften Expansion des Umsatzes an Hollerith-Maschinen und damit zu einer verstärkten Eigenproduktion unter der Maßgabe, eine gewisse Unabhängigkeit vom Ausland zu erreichen. Eine eigene Entwicklung, die schreibende Tabelliermaschine (D 11), konnte bald darauf angeboten werden (1936). Bisher hatte die Dehomag lediglich die Montage importierter Teile und den Vertrieb in Deutschland besorgt. Die Montage der deutschen Eigenproduktion in Berlin (Abb. 151) wird in der Firmenveröffentlichung so beschrieben:

«Die Tabelliermaschine gelangt in die Werkstatt für elektrische Ausrüstung, eine Klinik, in der Ärzte in weißen Kitteln ihr das Gehirn einsetzen. Die künftige Aufgabe der Maschine soll sein: Lesen, Rechnen und Schreiben, oder, wie ein Freund der Hollerith-Maschinen einmal äußerte, Volksschulbildung beweisen. Zunächst ist der Einbau

151: Montage der Tabelliermaschinen von Hermann Hollerith, Berlin 1935.

der einzelnen Elemente in die dafür bestimmten Rahmen notwendig, wie Relais, Spulen, Widerstände. Ihnen folgen Nocken und Schalter ... Für jede Maschine liegen die fertig gebundenen Kabelstränge bereit, die bis zu 5000 m Kabel enthalten. 2000 Anschlußstellen sind richtig zu verbinden ... Nach sorgfältiger Einstellung der Nocken können die Zähler aufgesetzt, Kartenkopf und Bürsten justiert werden. Als letzte Arbeit, wiederum begleitet von genauester Justage, erfolgt der Anbau des Schreibwerkes und des Papierwagens. Vorsichtig und manchmal mißtrauisch wird das Wunderwerk mit seinem elektrischen Gehirn vor die ersten Aufgaben gestellt. Von einfacher Addition geht es über Gruppenkontrolle, wahlweise Steuerung von Beträgen aus gleichen Kartenfeldern in verschiedene Zählwerke als Soll- oder Habenposten, zu Saldierungsarbeiten und zur Zinsrechnung. Das Zeugnis der Maschinenabnahmestelle bestätigt die bestandene Reifeprüfung» (Festschrift der Dehomag, 1935, S. 44).

1936 wurde in Sindelfingen eine weitere Druckerei für Lochkarten in Betrieb genommen, um die ‹Schlagkraft der Kartenproduktion› zu erhöhen.

Ein besonderes Interesse an Lochkartenmaschinen entstand mit dem zentralistischen Wirtschafts- und militärstaatlichen Gefüge des Nationalsozialismus. Straffe staatliche Machtverwaltung konnte mit Hilfe dieser zentralistisch arbeitenden Datenverarbeitungssysteme, die erstmals eine Massenerfassung und -verarbeitung von Daten erlaubten, ihre Kontrolle und ihren Machteinfluß um ein erhebliches verstärken. Die nationalsozialistische Führung zeigte verständlicherweise ein ausgeprägtes Interesse an statistisch erfaßbaren Daten. Bereits mit der Machtübernahme (1933) wurde eine allgemeine ‹Volks-, Berufs- und Betriebszählung› angekündigt, die als ‹Inventuraufnahme eines Volkes› mit Hollerith-Maschinen durchgeführt wurde. Für den großen Verwaltungsapparat der NSDAP sah man Lochkartensysteme als besonders geeignet an, Beobachtungen über ‹Bestand und Bewegung der Parteimitglieder, deren Ausgliederung nach Alter, Geschlecht und Beruf, ferner über Personalverhältnisse der SA, SS, HJ, Jungvolk, Frauenschaft, Studentenschaft› zu analysieren. So lag 1936 zum erstenmal eine äußerst differenzierte Kriminalitätsstatistik vor. Das statistische Reichsamt verfügte bald über den größten zentralen Hollerith-Maschinenpark Deutschlands. Ergebnisse von Zählaktionen konnten mit großer Genauigkeit und differenzierter Gliederung schon wenige Monate nach der durchgeführten Zählung der Staatsführung angeboten werden.

Welches Potential mit der maschinellen Verarbeitung personenbezogener Massendaten für die Verwaltungen bereitstand, zeigt bereits eine Zählkarte der amerikanischen Zensusbehörde von 1900 (Abb. 152). Sie gibt mit den eingelochten Daten folgende Auskünfte über eine Person: Männliche Person mit weißer Hautfarbe, verheiratet (länger als 1 Jahr), Ausländer, in England geboren, beide Elternteile ebenfalls Engländer, seit 10 Jahren eingebürgerter Amerikaner, von Beruf Lehrer, zum Zeitpunkt der Erhebung nicht arbeitslos, kann lesen, schreiben und beherrscht die englische Sprache, wohnt derzeit im 30. Bezirk des 8. Kommunalaufsichtsbezirks von New York.

Für sämtliche Bürger der Vereinigten Staaten von Amerika lag bereits mit

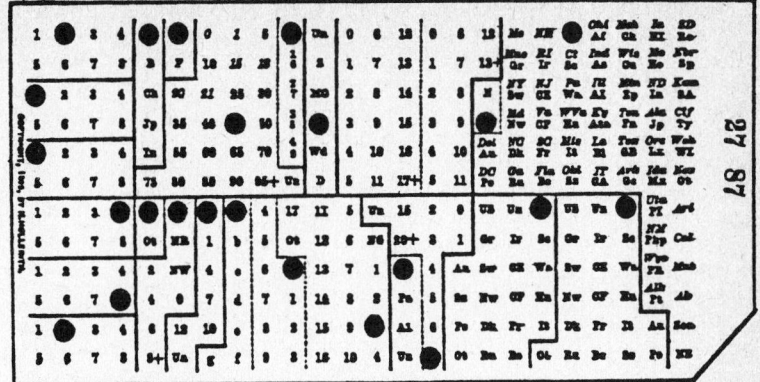

152: Lochkarte zur Verarbeitung personenbezogener Daten mit Hollerithmaschinen, US-Zensusbehörde, 1900.

der Zählung von 1890 ein derartiger Umfang personenbezogener Daten vor, überreiches Datenmaterial, das sich mit Hilfe dieser Büromaschinentechnik schnellstens, entsprechend wechselnder Interessenlagen und Fragestellungen, auswerten ließ. Die Möglichkeiten steigerten sich um ein Mehrfaches, als auch die Speicherkapazität der Einzelkarte erweitert werden konnte. Sah die abgebildete Lochkarte des US-Zensus 288 Lochpositionen für die Speicherung der Personenmerkmale einer Person vor, konnte bei der Württembergischen Volkszählung 1910 mit 340 Lochungen, der Volks- und Berufszählung des Dritten Reiches 1933 mit 600 Lochungen, bei der Volks- und Berufszählung der Bundesrepublik 1961 jedoch bereits mit 960 Lochungen je Person und Karte gearbeitet werden, was auch eine außerordentliche Erweiterung der erhebbaren personenbezogenen Merkmale bedeutete (Abb. 153).

Mit Beginn des Zweiten Weltkrieges wurden erneut zwangsweise Lochkartenmaschinen kriegswichtigen Betrieben sowie auch der Wehrmacht selbst zugeführt. Die Dehomag verfügte 1939 über 1500 Maschinensätze und 20 Geschäftsstellen mit 719 Beschäftigten. Zur gleichen Zeit unterstützte die IBM mit ihren Systemen die militärischen Operationen der US-Regierung.

Bestandsrechnungen, Betriebsabrechnungen, Verkaufsabrechnungen einschließlich Rechnungsschreiben sowie alle Arten von Buchungen waren lange Zeit die wichtigsten Arbeitsgebiete in der Industrie, im Handel, bei Banken und Versicherungen, aber auch bei Staats-, Landes- und Kommunalbehörden, wo sehr enge Verbindungen zu Verwaltungsaufgaben und Dienstleistungen aller Art hinzukamen. So konnte von einer Sättigung des Marktes, bezogen auf Lochkarten- und Datenverarbeitungssysteme in den industrialisierten Ländern, noch lange keine Rede sein. Bis in die sechziger Jahre hin-

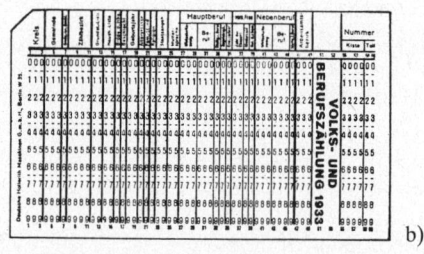

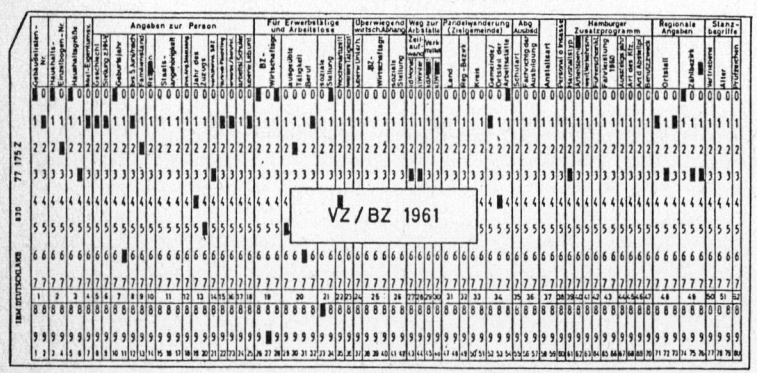

153: Erweiterung der mit Lochkarten erhebbaren, personenbezogenen Merkmale bei Volkszählungen (alle Karten haben im Original die gleiche Breite):
a) Lochkarte der württembergischen Volkszählung von 1910 mit 340 Lochungen,
b) Karte der Volks- und Berufszählung 1933 mit 600 Lochpositionen,
c) Karte der Volks- und Berufszählung der Bundesrepublik von 1961 mit 960 möglichen Lochpositionen.

ein bildete die Gruppe der Lochkartenmaschinen die Grundlage des gesamten Produktions- und Vertriebsprogramms der IBM.

In der Geschichte der Marktwirtschaft gilt das Aufkommen des Industriezweiges der Informationsverarbeitung als ein besonderes Phänomen. Die schon von Hollerith erfolgreich praktizierte Geschäftspolitik, die nicht auf Verkauf, sondern auf Vermietung beruht und damit das Unternehmen gleichzeitig zum Eigentümer des jeweils installierten Maschinenparks werden läßt, gehört bis heute zur Praxis des Konzerns IBM, der über 60 % der in fünf Erdteilen aufgestellten Datenverarbeitungsanlagen kontrolliert. Die Tatsache ihrer frühen Führungsposition ist eine ganz entscheidende Erklärung für ihren Markterfolg. Hinzu kommen spezifische Verkaufsstrategien (u. a. Einrichtung von Kundenschulungen) und ein straff organisiertes Management. Das wirtschaftliche Gewicht dieses Unternehmens ist inzwischen größer als das eines gesamten Landes wie etwa Finnlands oder Ägyptens. Damit wuchs auch das politische Gewicht, das mit der weltweiten geographischen Verbreitung inzwischen in vieler Hinsicht stärker erscheint als das der meisten mittleren Staaten. Einige wenige Konzerne der Datenverarbeitungstechnik expandieren derzeit durch Konzentration weiterer branchenverwandter Bereiche, wie zum Beispiel der Nachrichtentechnik, zu den supranationalen Machtgiganten eines informationstechnologischen Zeitalters, die stark und gut genug organisiert sind, sich gegebenenfalls auch gegen nationalstaatliche Interessen durchzusetzen.

Dabei ist nicht zu übersehen: Eine der bedeutendsten Pionierfiguren des IBM-Imperiums war Hollerith, der noch bis 1921 als dessen beratender Ingenieur fungierte. .

Lochkartentechnik verändert die Arbeit im Büro

Bemerkenswert bleibt nach der dargestellten Entwicklung, sieht man von wenigen kaum zur Kenntnis genommenen Äußerungen ab, daß seitens der Büroangestellten und -arbeiter um die Jahrhundertwende kaum Befürchtungen aufkamen, demnächst von ihrem Arbeitsplatz durch Maschinen verdrängt zu werden. Dabei trat doch im Gefolge der Einführung der Lochkartentechnik ein entscheidender Wandel der Arbeitsformen und der Arbeitsteilung wie auch eine erhebliche Veränderung der Aufgaben des Büros auf; ‹Büro› hier verstanden als eine Organisation von Mitteln und Menschen zum Zwecke der Bearbeitung von Daten und Informationen. Ähnelte das Büro mit Beginn der Industrialisierung – das ‹Fabrikkontor› – noch lange einem kleinen Handwerksbetrieb mit klarer hierarchischer Ordnung, so vollzog sich ab 1890 eine große Wandlung. Zum einen war es der Trend zum Großbetrieb, der im Bürosektor der Industrie ein Anwachsen der Verwaltungsaufgaben bewirkte, zum anderen begannen sich die Tätigkeiten innerhalb des Büros mit dessen Rationalisierung durch die Lochkartentechnik bedeutend zu spezialisieren. Zwei grundsätzlich verschiedene Arbeitsfunktionen zeigten sich zunächst mit der Verwendung von Hollerith-Maschinen: die der Datenerfassung an einem Locherplatz und die der maschinellen Datenverarbeitung mit der Tabellier- oder Zählmaschine im Tabelliersaal.

Am Locherarbeitsplatz von 1890 – die Lochabteilung war die weitaus größte Abteilung innerhalb des Hollerith-Betriebes – hatte der Büroangestellte die Ur-materialien, bei der Volkszählung ausgefüllte Zählkarten, links vor sich liegen (Abb. 154). Er führte nacheinander für jede Person eine Zählkarte in den Rahmen der Lochmaschine, drückte den Stift in je ein Loch des vorgedruckten Schemas, welches den Individualangaben der betreffenden Person entsprach und schob die fertig gelochte Kartensammlung auf die rechte Seite seines Arbeitsplatzes. Bei dieser Tätigkeit erwartete man eine durchschnittliche Arbeitsleistung von 90 Karten pro Stunde mit möglichen Spitzenleistungen von 140 bis 200 Karten. Bei der Aufbereitung der österreichischen Zählung von 1890 legte die Behörde eine minimale Leistung von 600 Karten täglich, bei neunstündiger Arbeitszeit, für die Arbeitslöhne zugrunde. Der Lohn betrug 25 Kr. pro 100 Karten. Diese arbeitsteiligen Leistungen waren natürlich nur erreichbar, wenn der Angestellte von jeder weiteren Kontrolltätigkeit freigehalten wurde, das heißt, wenn er lediglich Rubrik für Rubrik der Ur-materialien zu übertragen hatte. Für die Locharbeiten konnten Arbeitskräfte eingesetzt werden, die beispielsweise unfähig waren, schriftliche Arbeiten auszuführen. Im Bericht über die württembergische Volkszählung heißt es dazu:

«Diese Arbeit erfordert eine gewisse Handfertigkeit und Geschicklichkeit; sie wurde von Hilfsarbeiterinnen in der Hauptsache nach einem Akkordsystem, bei welchem achtstündige Arbeitszeiten zugrundegelegt waren, bewältigt» (Losch, 1911, S. 185).

Mit der Einführung elektromagnetischer Locher, ab 1902 auch mit automatischer Kartenzuführung, ließ sich diese Arbeitsleistung noch einmal erheblich steigern, so daß von einer durchschnittlichen Bearbeitungsleistung von 250 Karten pro Stunde und Arbeitsplatz ausgegangen werden konnte. Ein nicht unerheblicher Faktor bei der Leistungsbewertung war außer der Anzahl der gelochten Karten das fehlerfreie Übertragen. Fehlleistungen, die sich durch Stichproben und später auch durch besondere Prüfgeräte ermitteln ließen, rechnete man vielfach durch Lohnabzüge auf. Hin und wieder weigerten sich insbesondere Anfänger, unter solchen Arbeitsbedingungen im Büro zu arbeiten. Da größte Konzentration der Locherinnen die geringsten Fehlleistungen und die höchsten Lochleistungen brachte, durfte an den in größeren Sälen zusammengefaßten Arbeitsplätzen nicht gesprochen werden, was ein Lochsaalleiter schärfstens kontrollierte.

Über die Locharbeit wird vom österreichischen Volkszählungsbüro berichtet:

154: Locherarbeitsplatz zur Datenerfassung auf Lochkarten von 1890 in der amerikanischen Zensusbehörde.

«Sobald es gelungen ist, die Locher davon zu überzeugen, daß kein Fehler unentdeckt bleibt, und daß jede Schuld im Bureau sich rächt, hören die Fehler von selbst auf. Für die Kontrolle der Auszeichnung und Lochung wurden mehr als 10 % des bezüglichen Gesamtaufwandes verausgabt. Dafür dürfte die Übertragung auch ziemlich fehlerlos bewirkt worden sein ... Die Lochung ist aber bei der Maschinentechnik das einzige Arbeitsstadium, bei welchem Fehler überhaupt vorkommen können. Bei länger andauernden Arbeiten verdient der Zeitlohn vor dem Akkordlohn jedenfalls den Vorzug. Man kann dann den Eifer durch ein Prämiensystem oder durch die Abstufungen des Gehalts und die Versetzung in eine höhere Gehaltsstufe bei dauernder höherer Leistung anspornen, und dabei doch die Kontrolle sparen. Aber bei einem rasch zusammengerafften Personale, welches weiss, dass die Beschäftigung höchstens nach Monaten zählt, verfangen derartige Mittel nicht. Da gilt es, das Selbstinteresse am kräftigsten anzureizen, jedem Mißbrauch aber durch strenge Kontrollen vorzubeugen. Auch hierin besteht ein erheblicher Unterschied zwischen handschriftlich und durch Lochung angefertigten Karten. Letztere bieten jedoch den Vorzug, daß sie gewisse rein mechanische Kontrollen ermöglichen» (Rauchberg, 1896, S. 140).

Größere Fehlleistungen führten zu Geldstrafen, zur Annullierung der gesamten Arbeit oder zur sofortigen Entlassung. Nur durch äußerste Strenge, welche die sofortige Entlassung als hauptsächlichste Strafe anwandte, konnte die Ordnung aufrechterhalten werden. So erklärt sich der große Wechsel im Personal.

«Bei einem Maximalstand von 448 Mann sind 716 verschiedene Personen durch das Bureau gegangen», heißt es dazu in dem statistischen Fachbericht (Rauchberg, 1896, S. 136).

Nach je zwei Stunden konzentrierter Arbeit im Lochsaal war in der Regel eine zehnminütige Pause eingesetzt. Bei Volkszählungen wurde dazu auch häufig in Nachtschichten gearbeitet (30 Kr. pro 100 Karten).

So hatte auch das Büro und die Verwaltung ein strenges System der Leistungsbewertung erreicht, wie es zuvor nur die Fertigung kannte. Angestelltentätigkeiten, die bisher als geistige Tätigkeiten nicht meßbar waren, ließen sich im Zusammenhang mit dieser neuen Bürotechnologie plötzlich beschreiben. Als Konsequenz folgten Leistungskontrollsysteme, verknüpft mit Leistungsanreizen. Abbildung 155 zeigt die Ergebnisse eines 1925 durchgeführ-

Gruppe	1 = Handlocher 2 = Magnetlocher	Nummer der Teilnehmerin	Preis	1. Stunde Karten insgesamt gelocht	davon fehlerhaft gelocht	2. Stunde Karten insgesamt gelocht	davon fehlerhaft gelocht	Bewertete Gesamtmenge, abzügl. der fehlerhaft. Karten	Zahl der Tastenanschläge
1	2	29	1	239	008	260	020	471	22 455
1	2	20	2	210	008	260	004	458	21 150
1	2	16	3	222	013	244	006	447	20 970
1	2	18	4	216	004	234	010	436	20 250
1	1	11	5	205	005	240	006	434	20 025
1	1	12	0	213	025	238	038	388	20 295
1	1	23	0	203	028	216	014	377	18 855
1	2	19	0	193	011	194	008	368	17 415
1	1	17	0	180	011	202	004	367	17 190
1	1	22	0	201	027	182	008	348	17 235
1	1	13	0	188	010	154	004	328	15 390
1	1	31	0	191	037	196	046	304	17 415
2	2	34	1	258	000	280	002	536	24 210
2	1	33	2	229	007	262	014	470	22 095
2	2	21	3	200	009	222	006	407	18 990
2	1	30	4	209	006	208	006	405	18 765
2	2	35	0	198	003	194	008	381	17 640
2	1	32	0	198	012	198	006	378	17 820
2	2	25	0	176	045	226	038	318	18 090
2	1	24	0	130	027	164	022	245	13 230
3	2	28	1	168	010	180	014	324	15 660
3	1	15	2	136	005	146	008	271	12 690
3	1	26	3	136	008	162	022	268	13 410
3	2	27	0	125	015	154	028	236	12 555
3	1	14	0	112	027	126	038	172	10 710
Insgesamt:				4736	361	5142	380	9137	444 510

155: Leistungsergebnisse eines Wettbewerbs für Locherinnen eines Großbetriebes mit Hollerithabteilung in Deutschland, 1925.

ten Leistungswettbewerbs (keine Dauerleistung) für Locherinnen, und zwar für solche, die länger als 1 Jahr (1), länger als 6 Monate (2) arbeiteten und Anfängern (3) an Handlochern und Magnetlochern.

Die Arbeit an der Kontaktpresse (1890) verlief wie folgt (Abb. 156):

«Vor dem Tische nimmt der Arbeiter Platz und schichtet den gelochten Kartenvorrat zur Linken des Kontaktapparates auf. Mit der linken Hand wird jede Karte in den Kontaktapparat eingeführt, mit der rechten der Hebel herabgedrückt und nach gegebenem Kontakt wieder losgelassen, worauf er automatisch in die Höhe schnellt. Sodann wird die Karte mit der rechten Hand von der Kontaktplatte abgehoben und in jenes Fach der Sortierbüchse geworfen, welches sich infolge des Kontaktes geöffnet hat. Fast mit der gleichen Handbewegung wird die Deckelklappe dieses Faches geschlossen. Während die rechte Hand dies besorgt, führt die linke die nächste Karte in den Kontaktapparat ein. Nach sehr kurzer Übung vollzieht sich diese Operation gleichsam automatisch, und es können durchschnittlich 20 – 25 Karten in der Minute erledigt werden» (Rauchberg, 1892, S. 85f).

Bevor man mit der maschinellen Bearbeitung der Daten beginnen konnte, mußte, entsprechend den spezifischen Auswertungsbedingungen, an der Rückseite der Maschine eine demgemäße Schaltung durch Stöpselung an einer ‹Umstecktablette› hergestellt werden. Dies bedeutete, daß zuvor ein Programm, ein differenzierter Arbeitsplan erstellt werden mußte. Nach Beendigung eines jeden Arbeitsganges waren die Zählwerkstände abzulesen und wieder auf Null zu stellen, die Ergebnisse in Listen einzutragen, die später erneut zusammengezählt wurden (Abb. 157), und die im Sortierkasten sor-

156: Sortier- und Zählmaschinenarbeitsplatz zur Verarbeitung von Lochkarten in der amerikanischen Zensusbehörde, 1890.

157: Zählmaschinenarbeitsplätze zur Auswertung von Lochkarten in der amerikanischen Zensusbehörde, 1890.

tierten Karten einer erneuten Bearbeitung zuzuführen beziehungsweise eine neue Programmierung vorzunehmen. Während dieser Umrüstzeit konnte natürlich nicht mit der Maschine gearbeitet werden. Manchmal dauerte diese Umschaltung mehrere Tage, was zusätzliche Kosten verursachte, da die Maschinen in der Regel in Zeitmiete standen. Bei Schichtwechsel hatte für jede Maschine ein Rapport zu erfolgen, bei dem die Zählwerkstände erneut notiert wurden und eine allgemeine Aufsichtskontrolle durchzuführen war. Die Einzelrapporte waren täglich zu einem Hauptrapport zusammenzuziehen

158: Hilfsarbeiten in der Lochkartenabteilung der amerikanischen Zensusbehörde, 1890.

und vom Leiter des statistischen Büros erneut zu kontrollieren. Die Lochkartenabteilung benötigte darüber hinaus Hilfskräfte, um die in den Fächerkästen gebildeten Pakete zu verschnüren und dem Archiv zuzuführen, beschädigte Kartons zu reparieren und einfache Servicefunktionen wahrzunehmen, wie entladene Batterien auszutauschen u. a. m. (Abb. 158).

Zum erstenmal in der Geschichte des Büros traten hier Erscheinungen auf, die mit Arbeitsweisen in der Fabrik verglichen werden können. Hierauf verweist schon 1890 der Leiter der Volkszählung in Wien beim ersten Maschineneinsatz in seinem Bereich:

«Für die statistische Zentralbehörde hat die Einführung der Maschine zunächst die Folge, daß der ganze Betrieb fabrikartiger wird. Eine weitgehende Arbeitsteilung greift Platz; die Verrichtungen des einzelnen Arbeiters werden immer einfacher, seine ganz einseitige Virtuosität in der Ausübung derselben immer ausgebildeter. Die Anforderungen an die Vorbildung der Arbeiter fallen auf ein außerordentlich tiefes Niveau. Die Lehrzeit für das Auszeichnen des Materials sowie für das Lochen dauert bei uns 3 Tage, wobei bis zu 20 Personen von einem Instruktor unterrichtet werden. An der Maschine selbst kann jedermann sofort arbeiten ... Aber nur dadurch, daß die Ausführung in eine Reihe von ganz einfachen mechanischen Teilakten zerlegt wird, ist es möglich, das bedeutende Personal, welches zur Aufarbeitung der gesamten Materialien einer Volkszählung erforderlich ist, binnen weniger Wochen anzuwerben, zu organisieren, zu unterweisen und so einen Haufen deklassierter Beschäftigungsloser in einen prompt arbeitenden Körper umzugestalten» (Rauchberg, 1892, S. 111f).

Damit änderten sich auch die bisherigen Arbeitstätigkeiten. Was früher ein Buchhalter in tagelanger Arbeit an Zahlen übertrug, addierte, zusammenstellte, nachrechnete und buchte, erledigten Lochkartenanlagen bald in wenigen Minuten. Im Büro entstanden neue Arbeitsplätze und neue Berufe, z. B. der der Locherin, des Maschinenoperators, des Programmierers, mit Merkmalen, wie sie bis heute für Berufe der elektronischen Datenverarbeitung (EDV) in bestimmter Weise noch gelten. Mit dem Beruf der Locherin verstärkte sich weiter die Feminisierung des Büros. Sie verdrängte den Schreibgehilfen von seinem ‹typisch männlichen› Arbeitsplatz. Für die geringerwertigen Tätigkeiten im Lochsaal setzte man Frauen bei geringem Lohnniveau und Schichtarbeit ein. Die weibliche Gruppe der Büroangestellten stellte dazu einen relativ leicht zu manipulierenden Faktor in der Verwaltung dar. Sie war in der Regel auch nicht gewerkschaftlich organisiert, wechselte häufig den Arbeitsplatz und leitete auch aus ihrer Betriebszugehörigkeit keine Rechte ab, ein Element, das als typisch für die Elastizität des modernen Industriekapitalismus überhaupt erscheint.

Die charakteristische Organisation eines Lochkartenbüros (1929) läßt die Grundrißanordnung der Lochabteilung eines Betriebes mit einer Tabelliermaschine (Abb. 159) erkennen. Diese Personalstruktur gab es für Lochabteilungen (ohne Elektronenrechner) noch bis in die sechziger Jahre: so standen einem Leiter und Organisator, einem Maschinenleiter, 4 Tabellierern (IBM

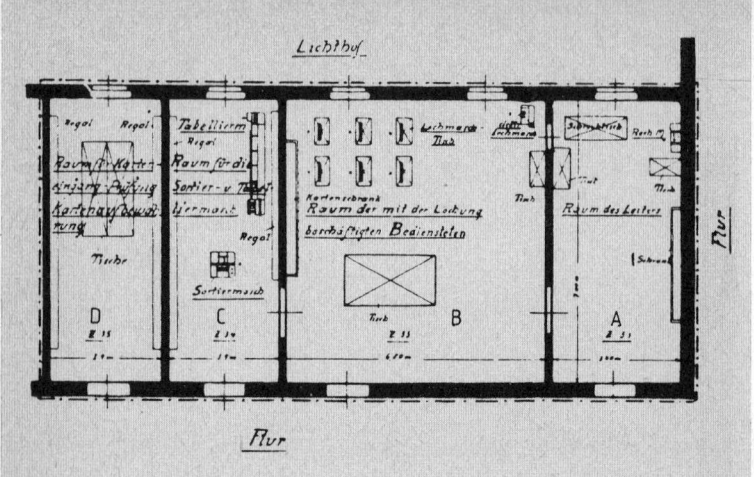

159: Lochkartenabteilung eines mittleren Betriebes im Grundriß, 1929.
Die Lochkartenabteilung arbeitet hier in ihrer Zentraleinheit für die eigentliche Datenverarbeitung mit einer Tabellier- und Sortiermaschine im Raum C, bedient von einem Tabellierer, während die Datenerfassung im Raum B von sechs Locherinnen durchgeführt wird. Die Aufsicht führt der Leiter im Raum A; im Raum D werden die Karten aufbewahrt.

421), 4 Bedienern von Zusatzeinrichtungen und 4 Sortierern (zusammen 14 Personen) 15 Locherinnen bzw. Prüferinnen gegenüber. Ein solcher Personalaufbau (Abb. 160) kennt keine Hierarchie im Sinne der früheren Büroarbeit mehr, sondern nur noch ein ‹getrenntes Übereinander› von Hilfskraft und Spezialist. Viele Tätigkeiten in den Lochkartenabteilungen waren allerdings nicht mehr in der herkömmlichen Weise als Büroarbeit zu verstehen, da eine bestimmte Vertrautheit mit dem technischen System wie auch gleichzeitig mit den Methoden von Büro und Verwaltung gefordert war, eine Mischung, die man bislang nicht kannte. Das gilt in gewisser Weise auch für unsere heutige Datentypistin, die im Zuge der Elektronisierung der Datenverarbeitung in der direkten Nachfolge der Datenlocherin steht.

Mit der Industrialisierung des Büros wurde die Verwaltung gleichzeitig kapitalintensiv. Die Informationsverarbeitung ließ sich nun kostenkalkulatorisch erfassen, was nicht unerhebliche Rückwirkungen auf die Verwaltungsarbeit insgesamt hatte. Die Kosten für Personal und Maschinen (Maschinenmiete, Investitionen, Instandhaltung) verhielten sich bei der österreichischen Volkszählung beispielsweise wie 1,5 : 1. Diese günstige Kosten/Nutzen-Relation von Hollerith-Anlagen konnte aber nur dann erzielt werden,

160: a) Arbeitsplätze zur Datenerfassung an Lochmaschinen (Locherinnen), 1925.
b) Arbeitsplätze zur Datenerfassung an EDV-Terminals (Datentypistinnen), 1975.

wenn die Auswertung nicht auf kommunaler Ebene, sondern zentral im Statistischen Landesamt erfolgte. Maßgeblich für die Höhe der Kosten waren neben der technischen Leistungsfähigkeit der Maschine der Lochkartendurchsatz und die Auslastung der Loch-, Sortier- und Tabelliererarbeitsplätze (Abb. 161). Vergleichbare Zentralisierungen konnten daher auch bei der Verwaltung von Daten in Betrieben und Handelskontoren von vornherein nicht umgangen werden, darauf verweisen auch Erfahrungsberichte über den Maschineneinsatz bei Volkszählungen, so z. B. in Württemberg:

«Nach den gemachten Erfahrungen ist immer nur zu wiederholen, daß die Maschinenarbeit um so dankbarer und rentabler ist, je größer und komplizierter die Masse ist, welche sie zu bewältigen hat» (Losch, 1911, S. 188).

Strenge Zentralisierung, die, seitens der Verwaltungen häufig lange Zeit vergeblich angestrebt, vielfache Widerstände erfuhr, ergab sich damit nahezu automatisch. Der Leiter der maschinellen Auswertung in Wien kommentiert:

«Die strenge Zentralisation der Aufbereitung, eines der Grundprinzipien rationeller statistischer Technik, welchem die traditionelle Verwaltungsroutine hie und da noch immer feindlich gegenübersteht, wird so widerspruchslos erzwungen» (Rauchberg, 1896, S. 133).

Der Übergang von dezentralisierter zu zentraler Bearbeitung verschiedenster Daten veränderte natürlich erheblich die gesamten Arbeitsabläufe. Für die Verwaltungen und Büros, die Hollerith-Systeme einführten, hatte das zunächst zur Folge, daß eine weitgehende Arbeitsteilung Platz griff. Gesamt-

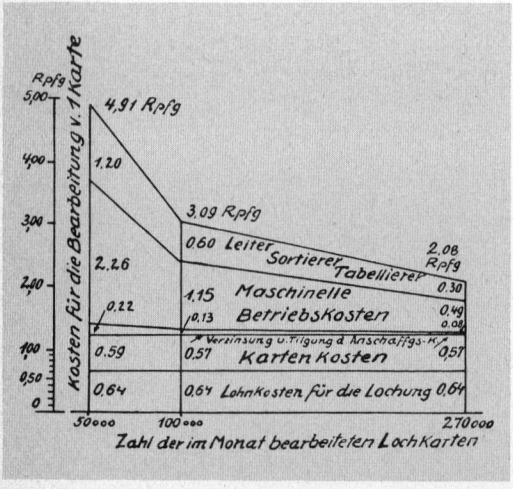

161: Kostenanalyse für die Bearbeitung von Lochkarten in Hollerithmaschinenanlagen, 1929.

arbeitsfunktionen waren in Teilakte zu zerlegen (Lochen, Programmieren, Tabellieren, Sortieren), die zentral zu überwachen beziehungsweise zu steuern waren. Die damit verbundenen verschiedenen Arbeitsverrichtungen wurden für viele Arbeitsplätze einfacher, die Anforderungen veränderten sich.

Arbeitsteilung bedeutete für Büro und Verwaltung Teilung in planende, kontrollierende und ausführende Arbeiten, was bisher bei den dort erwarteten ‹geistigen› Arbeitsleistungen kaum möglich erschien. Eine deutliche Arbeitsentfremdung an den einzelnen Arbeitsplätzen steht hiermit in unmittelbarem Zusammenhang. Dabei ist entscheidend, daß mit der Hollerith-Maschine ein komplexes, sehr differenziertes Maschinensystem statt lediglich eines einzelnen Maschinentyps, wie zum Beispiel bei der Rechen- oder Schreibmaschine, in das Büro einzog. Das technische System selbst mit seiner eindeutigen Funktionsgliederung prägte jetzt mehr und mehr die Zahl und die Art der Arbeitsfunktionen. Der Büroarbeiter erhielt einen von dieser technisch bestimmten funktionellen Position geprägten Status.

Unter arbeitssoziologischen Gesichtspunkten sind die beschriebenen Erscheinungen bei der Verwendung von Hollerith-Anlagen in Büro und Verwaltung mit denen, die mit umfassender Verbreitung elektronischer Datenverarbeitung zu beobachten sind, als einem einheitlichen Prozeß zugehörig anzusehen. Hierbei ist unerheblich, daß es sich im ersten Fall nahezu ausschließlich um Büromechanisierung, im letzten jedoch bereits um Büroautomaten handelt. Der entscheidende qualitative Sprung in der Entwicklung der Büroarbeit liegt an jener Stelle, wo die Bürorationalisierung der ‹Manufakturperiode› (größtmögliche Nutzbarkeit der einzelnen menschlichen Arbeitskraft) umschlägt in die Rationalisierung der Einzelbearbeitung in einem mechanisierten Prozeß. Somit begann mit der Lochkartentechnik die technische Revolution der Büroarbeit, die mit der Ausweitung der Elektronisierung durch die Mikroelektronik in eine Umbruchphase eintritt, die die Arbeits- und Lebensbedingungen weiter erfaßt und erheblichen Einfluß auf die gesamte soziale Entwicklung nimmt. Die Automatisierung des Bürobetriebes mit dem Übergang vom ‹Menschsystem› zum ‹Mensch-Maschine-System› und die damit verbundene Programmierung und Standardisierung von nach traditioneller Vorstellung unantastbarer ‹geistiger› Büroarbeit, eröffnen dabei Problemkreise, wie sie vor einem halben Jahrhundert den Fertigungsbereich und die Arbeiterschaft betrafen. Wenn in der Vergangenheit vor allem die Fertigung das Ziel von Maßnahmen der Rationalisierung und Steigerung der Produktivität war, werden gegenwärtig in zunehmendem Maße in öffentlichen und privaten Dienstleistungseinrichtungen und Verwaltungen technische und arbeitsorganisatorische Mittel zur Produktivitätssteigerung und Rationalisierung eingesetzt.

Von den Veränderungen der Arbeitsstruktur ist zunächst der Platz des Sachbearbeiters am meisten betroffen, und zwar im Rechnungswesen, im

Vertrieb, im Einkauf, im Kreditwesen und Bankgewerbe, im Lagerwesen wie auch in den Tätigkeiten des Handels, von der Warendisposition bis zur Kassentätigkeit, besonders auch – durch automatisierte Textverarbeitung – in den Schreib- und Korrespondenztätigkeiten. Erforderlich sind zunehmend nur noch die Datenaufbereitung, das heißt die Datenerfassung und zu einem geringen Teil die Datenordnung. Technische Systeme haben weitgehend die Datenordnung, die Datenspeicherung sowie die Datenverarbeitung übernommen. Zwar sind auch neue Aufgaben hinzugekommen, ein großer Teil der bisherigen Einzeltätigkeiten ist jedoch überflüssig geworden und wegrationalisiert. Aufgaben, die bereits formalisiert vorlagen, werden der Datenverarbeitungsanlage übertragen, solche, die bisher dem im Büro Arbeitenden noch erhebliche Gestaltungsfreiräume boten, werden weiter formalisiert und damit vielfach zur Routine.

Für die Tätigkeitsfelder im Büro bedeutet das als erstes Ausweitung ‹entleerter› Tätigkeiten und zunehmende Monotonie. Hiermit einher geht eine weitere Arbeitsintensivierung, die einerseits durch verschärfte wirtschaftliche Bedingungen notwendig, andererseits durch den EDV-Einsatz erst möglich wird, indem der Gesamtarbeitsfluß beschleunigt und sogenannte Leerlaufzeiten abgebaut sind, bei weiterer Arbeitsvereinzelung. Unter dem Gesichtspunkt der möglichst günstigen Auslastung der teuren Einrichtung scheint eine nahtlose Leistungs- und Kostenkontrolle geboten.

An positiven Auswirkungen zeigt sich eine gewisse Höherqualifizierung, verbunden mit zum Teil besseren Arbeitsbedingungen und höherem Autonomiegrad als auch verbesserten beruflichen Entfaltungsmöglichkeiten einer bestimmten, relativ kleinen Gruppe von Beschäftigten. Für die Mehrzahl der Büroarbeiter jedoch verschärft sich der Trend der Beibehaltung oder gar Vermehrung fremdbestimmter, unqualifizierter, restriktiver und monotoner Hilfstätigkeiten bei allgemein zunehmender Arbeitsintensivierung und -kontrolle wie auch ausgeprägter Hierarchisierung der Arbeitsorganisation selbst, welche die Abhängigkeit des einzelnen wachsen läßt. Der qualifizierte Sachbearbeiter jedenfalls, der traditionell vorherrschende Angestelltentyp, der in den verschiedensten Funktionsbereichen von Büro und Verwaltung nach entsprechender Ausbildung bei einem gewissen Spielraum für eigene Entscheidungen über Jahre hinweg ein bestimmtes Sachwissen akkumulierte, wird zukünftig mehr und mehr einem Büroarbeiter weichen, der nach kurzer Einweisung nur noch mehr oder weniger Kontroll- und Überwachungstätigkeiten an Maschinen ausführt.

7. Auf dem Weg zur «nachindustriellen Informationsgesellschaft»?

Die Entwicklung der Informationstechnologien geht weiter, ein Ende scheint noch längst nicht erreicht, das lassen die aus den untersuchten Schwerpunkten erkennbaren Tendenzen vermuten. Theoretische Grenzen technologischer Art zeichnen sich bisher nicht ab. Das gilt insbesondere hinsichtlich der Verkürzung der Übertragungsgeschwindigkeiten, der weiteren Miniaturisierung der Bauteile, der Ausdehnung der kommunikativen Vernetzungen und der Reduzierung der aufzuwendenden Rohstoffe, Energien und Kosten. Die Entwicklungsprozesse haben vielmehr auf diesem Sektor ein Tempo erreicht, das nahezu einen gewaltsamen ständigen Erneuerungsvorgang erzeugt. Eine Technologie verdrängt die andere auf dem Markt, Nebenformen verselbständigen sich, andere verzweigen sich weiter in immer leistungsfähigere Unterarten.

Derzeitig erkennbare Formen gesellschaftlicher Arbeit und gesellschaftlichen Lebens erscheinen dazu in wachsendem Umfang kommunikations- und informationsbestimmt. Informelle Großorganisationen, Verwaltungen des öffentlichen sowie privaten Dienstleistungssektors gewinnen zunehmende Bedeutung. Sich ausbreitende Informationstechnologien verstärken diese Entwicklung, indem sie die technischen Voraussetzungen für eine weitere Expansion bürokratischer Großorganisation bereitstellen. Stellt man für den Zeitraum der letzten hundert Jahre die beruflichen Tätigkeitsfelder der Bevölkerung, die sich im weitesten Sinne auf die Verarbeitung von Informationen beziehen, denen gegenüber, die die Behandlung von Gütern sowie Maßnahmen an konkreten Gegenständen betreffen, so zeigt sich ein deutlicher Trend: Die Entwicklung scheint auf einen Zustand hinzusteuern, wie zum Beispiel die Ergebnisse einer amerikanischen Untersuchung (Abb. 162) andeuten, wo menschliche Arbeit nicht mehr im wesentlichen der Produktion von Gütern gilt. Jene Berufe gewinnen zunehmend an Bedeutung, die sich ausschließlich auf Kommunikation und Informationsumsatz beziehen, Berufe also, die sich mit der Verarbeitung von Zeichen und Zeichensystemen (Daten/Symbolen/graphischen Darstellungen/Nachrichten) befassen, die reale und abstrakte Gegenstände vermitteln. Für die deutschen Verhältnisse weist eine Reihe vergleichbarer Untersuchungen in eine ähnliche Richtung. Waren noch vor hundert Jahren neun von zehn abhängig Beschäftigten Arbeiter und nur jeder zehnte Angestellter oder Beamter, so hatte sich der Anteil derer, die sich im Büro- und Verwaltungsbereich mit dem Umsatz von

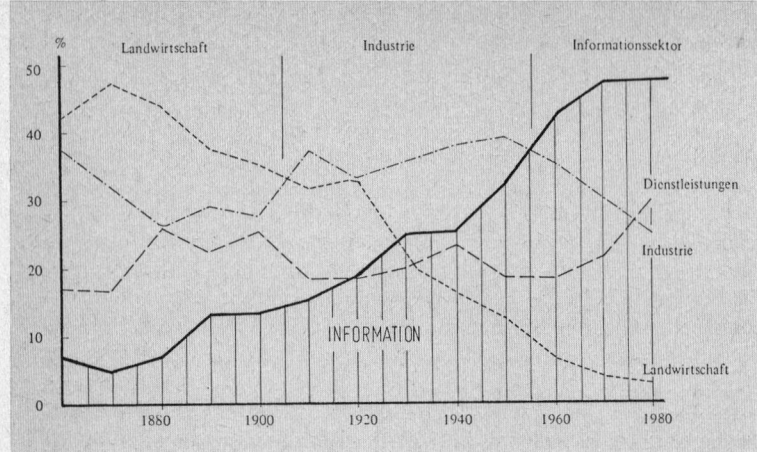

162: Verteilung der berufstätigen Bevölkerung auf die Haupttätigkeitsbereiche Landwirtschaft, Industrie und Information in den USA von 1880 bis 1980.

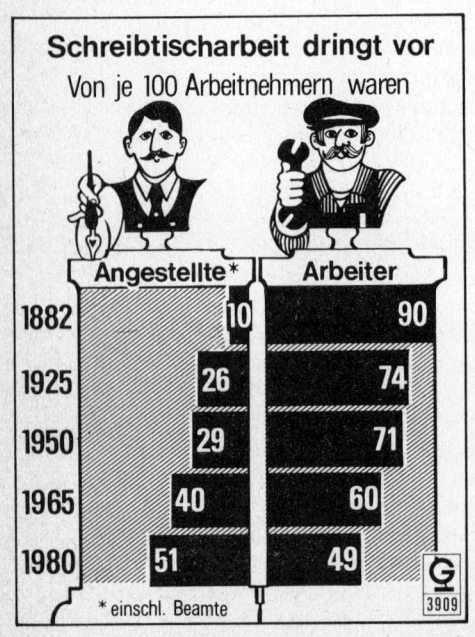

163: Anteile von Angestellten und Arbeitern an der berufstätigen Bevölkerung Deutschlands von 1882 bis 1980.

Informationen befassen, schon 1950 auf über ein Viertel erhöht. Die Anzahl der Angestellten und Beamten ist in Deutschland heute größer als jene der Arbeiter (Abb. 163).

Informationstechnologie und Industrieentwicklung

Betrachten wir die industrielle Entwicklung insgesamt, erweisen sich die Branchen, die sich auf die Erfassung, Übertragung und Verarbeitung von Daten beziehen, trotz allgemeiner wirtschaftlicher Rezession als besonders wachstumsfreudig. Dieser gewaltige Sektor umfaßt die elektronische Bauelementeproduktion, die betriebliche Elektronik, das Fernmeldewesen, die Regelungstechnik, die dienstleistungsorientierte Datenverarbeitungstechnik und die Großrechenzentren, aber auch die Bereitstellung entsprechender wissenschaftlicher, technischer, ökonomischer und finanzieller Information. Produktion der Informationstechnologien und der Handel mit ihnen liegen dabei weltweit in der Hand nur weniger zusammengeballter Industriegiganten. Das gilt besonders für den zentralen Bereich der Informationsverarbeitung, aber auch für den des Fernmeldewesens und in steigendem Maße für die integrierte Schaltungen und Mikroprozessoren herstellende Industrie, wo alles auf eine Konzentration von nur wenigen Weltherstellern hindeutet. Wahrscheinlich wird sich diese Tendenz auch dort fortsetzen, wo es um Verwaltung und Verkauf von Informationen geht, wie etwa in zukünftigen internationalen Datenbanken, die Informationen jedweder Art aus nahen und fernen Quellen sammeln, klassifizieren, komprimieren und in Großspeichern für sekundenschnellen Abruf bereit halten. Der maßgebende Einfluß

Land	Bevölkerung in Millionen Einwohner	Berufstätige in Millionen	Beschäftigte in der Industrie	Beschäftigte in Elektronik und DV
Südkorea	34	12	2 500 000	100 000
Taiwan	16	5,7	1 900 000	130 000
Hongkong	4,3	1,9	600 000	70 000
Singapur	2,2	0,85	220 000	50 000
Insgesamt	56,5	20,45	5 220 000	350 000

164: Beschäftigte in der Fertigungsindustrie für Elektronik in vier ostasiatischen Ländern, 1975.
Zum Vergleich: Frankreich hatte 1975 annähernd die gleiche Bevölkerungszahl (52,7 Mill.), die gleiche Anzahl Beschäftigte (22,3 Mill.) sowie die gleiche Anzahl Beschäftigte in der Industrie (5,9 Mill.). In den Produktionszweigen Elektronik und Datenverarbeitung waren jedoch zur gleichen Zeit nur 90 000 Personen beschäftigt.

dieser gewaltigen informationstechnologischen Industrien reicht aus, den gesamten Weltmarkt effektiv zu kontrollieren.

Unmittelbar hiermit verbunden ist das Phänomen des Vordringens einer internationalen Arbeitsteilung als einer neuen Erscheinung besonders der letzten beiden Jahrzehnte: Die Industrieländer liefern die Konzeption, das Know-how, besorgen Vermarktung und Vertrieb über weltweite Handelsketten, während die eigentliche Fertigung der elektronischen Bauelemente und Geräte nahezu ausschließlich in den sogenannten ‹Billiglohnländern› stattfindet. Die Produktion in Südkorea, Taiwan, Hongkong und Singapur (Abb. 164), die sich mit leistungsfähigen, überwiegend weiblichen Arbeitskräften, einem schnell zu qualifizierenden Management bei niedrigen Gehältern und geringen Sozialkosten einbringen, stellt sich für die Industrieländer als äußerst kostengünstig dar. Neue internationale Abhängigkeit schaffende Wechselbeziehungen entstehen in diesem System der Arbeits- und Auftragsvergabe, dessen ungleicher Charakter gelegentlich bereits von Neokolonialismus sprechen läßt. In ihrer zukünftigen politischen und strategischen Bedeutung sind diese strukturellen Veränderungen im Weltmaßstab nur schwer einzuschätzen. Wie sich jene strukturellen Verflechtungen im Falle eines militärischen Konfliktes der Industrienationen im einzelnen auswirken, vermag heute niemand genau vorauszusagen.

Die arbeitsteilige Industriestruktur dieses Sektors verändert sich deutlich auch noch auf einer anderen Ebene. Bisher konnte man zwischen einer Geräteindustrie mit einer spezifischen Ausrichtung auf Schaltungs-, Verbindungs- und Aufbautechnik in geschlossener Gesamtkonzeption einerseits und einer auf Massenproduktion ausgerichteten Bauelementeindustrie andererseits unterscheiden. Mit der Zunahme des Anteils der Halbleiterbau-

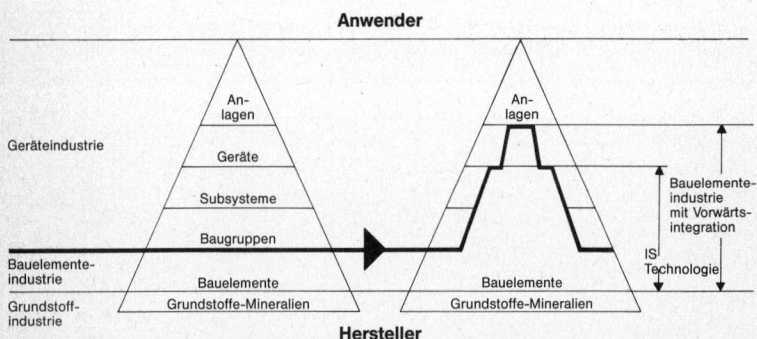

165: Strukturveränderung in der elektronischen Technik unter dem Einfluß der Mikroelektronik und ihre Auswirkungen auf die Struktur der Elektroindustrie; links: bisherige Struktur; rechts: neue Struktur.

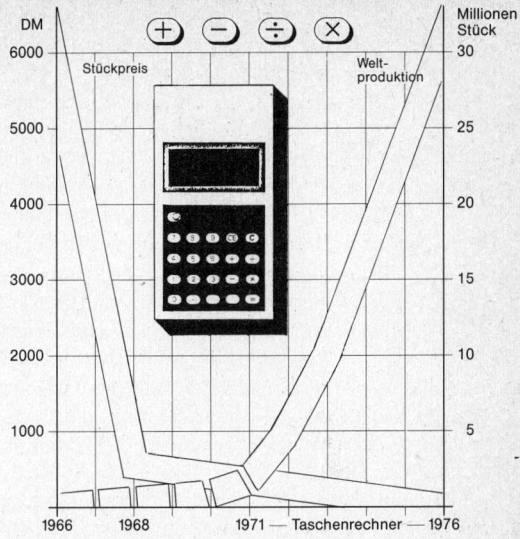

166: Kostenentwicklung für Taschenrechner von 1966 bis 1976.

elemente wie Transistoren und integrierten Schaltkreisen am Produktionswert verwischt sich diese klare Trennung (Abb. 165). Bauelemente sind dabei nur noch zu einem geringen Teil im herkömmlichen Sinn als Transistoren, Dioden, Widerstände und Kondensatoren zu verstehen, sondern zunehmend als vollständige Teilsysteme mit umfassenden Funktionen, beispielsweise als integrierte Schaltkreise in einem einzigen Baustein (Chip) mit Tausenden von Schaltfunktionen. Die Bauelementeindustrie dringt daher mit ihren Produkten in Bereiche ein, die bisher ausschließlich den Geräteherstellern vorbehalten waren. Diese Verlagerung der Arbeitsprozesse vom Gerätehersteller zum Bauelementehersteller kann mit der veränderten Arbeitsteilung nicht ohne Auswirkungen auf die Arbeitsplätze sein.

Gilt nun generell, daß die industrielle Großserienproduktion durch einen ständigen Rückgang des Preis/Leistungsverhältnisses gekennzeichnet ist, sind diese Phänomene im informationstechnologischen Bereich mit der zunehmenden Integration der Bauelemente in multifunktionale Bausteine, die als Massenprodukte herstellbar sind, besonders gravierend. Ein augenfälliges, wenn auch extremes Beispiel ist die Taschenrechnerentwicklung (Abb. 166). Lag noch 1966 der Preis für einen vollelektronischen Tischrechner mit etwa 1000 Dioden oder Transistoren in der Größenordnung eines Kleinwagens, konnte 1968 ein vergleichbarer Rechner, der sich aber nun aus 90 integrierten Schaltungen aufbaute, für nur etwa den zehnten Teil des Preises geliefert werden. Heute besteht ein Taschenrechner aus einem einzigen großintegrierten Schaltkreis und ist mit einem Preis unter 50,– DM ein typisches Massenprodukt, das einen Markt bedient, der zuvor nicht existierte. Da sich sein Preis zu 80 Prozent vom Bauelement her bestimmt, übernahmen die Giganten unter den Halbleiterherstellern der Welt, die Bauelementehersteller also, die Produktion und den Vertrieb fertiger Taschenrechner. Vor 15 Jahren kostete ein Transistor noch 2 DM, heute ist dieselbe Schaltfunktion innerhalb einer integrierten Schaltung für nur 0,2 Pfennig zu haben. Das entspricht einer Preisminderung um den Faktor 1000. Vergleicht man diese Verbilligung mit anderen Branchen, so müßte ein Kleinwagen, der seinerzeit 5000,– DM kostete, heute für 5 DM zu erhalten sein.

Prognosen für die Kostenentwicklung innerhalb der nächsten zehn Jahre, gesehen auf den gesamten Bereich der Informationstechnologien, gehen von einem Kostenrückgang von über 10 Prozent im Informationsübertragungsbereich und von 25 Prozent im Rechnerlogikbereich pro Jahr aus. Diese Feststellungen sind insofern von gewichtiger Bedeutung, als sich mit der erwarteten Kostenreduktion unzählige weitere Anwendungsmöglichkeiten erschließen, die bisher kaum im Blickfeld lagen, sei dies nun der Einsatz ‹intelligenter Systeme› im Verkehr, im privaten Haushalt, in der Fertigung, im Dienstleistungssektor oder in der Medizin. In der Halbleiterindustrie wird deshalb damit gerechnet, daß etwa 50 bis 60 Prozent der nach einem Zeitraum von fünf Jahren anfallenden Produkte Entwicklungen darstellen, die heute noch nicht auf dem Markt sind.

Informationstechnologien in Industrie, Verwaltung und Dienstleistung

Auf zwei Anwendungsbereiche sei wegen ihrer gesellschaftlichen Bedeutung besonders verwiesen: den der Automatisierung in der Verfahrens- und Fertigungsindustrie und den der Verwendung im Verwaltungs- und Dienstleistungsbereich. Die Verfahrens- und Fertigungsindustrie hatte in der Vergangenheit über die verschiedenen Stufen der Automatisierung hinweg von anfänglich rein mechanischer Technik bis hin zur Prozeßrechnerverwendung bereits ein beachtlich hohes Niveau der Produktivität erreicht. Mit der Einführung mikrominiaturisierter Schaltkreise ergeben sich jetzt neue Dimensionen: Es werden Produktionsorganisationen möglich, die eine noch weitergehende Automatisierung zulassen, angefangen von Einzelsteuerungen und deren Verkettung bis hin zu einer umfassenden Fertigungsleittechnik. Integrierte informationsumsetzende Schaltsysteme sind hier gleichsam wie in einen Organismus eingewoben, in dem sie die gesamte Betriebsdatenerfassung, die Prozeßüberwachung und auch die eigentliche Lenkung von Fertigungsabläufen übernehmen.

Insbesondere waren es die erhöhte Leistungsfähigkeit und Zuverlässigkeit von Mikroprozessoren, die bei günstigstem Kostenniveau Überlegungen zur erneuten Ausweitung der Automatisierung aktivierten. Elektronische Prozeßsteuerungen und Regelungen werden daher zukünftig nicht nur in Großbetrieben, wie beispielsweise in Walzwerken, zu finden sein. Zunehmend stellen auch kleinere Betriebe auf elektronisch gesteuerte Produktionsabläufe um. Gravierende Veränderungen werden sich bei der mechanischen Fertigung von Geräten zeigen. Hochintegrierte Schaltungen liefern die Gesamtfunktion so billig, daß sich der Ersatz von Mechanik durch Elektronik weiter verstärken wird. Frei programmierbare Werkzeugautomaten (CNC- und NC-Maschinen) werden in vielen Bereichen das Bild einer flexiblen Fertigung ebenso bestimmen wie ‹Industrieroboter›, Handhabungsautomaten, die sich für verschiedenste, wechselnde Arbeiten einsetzen lassen (Abb. 167). So übernehmen von Mikroprozessoren gesteuerte Handhabungsautomaten, von denen es bereits über hundert verschiedene Typen gibt, die mit neuartigen Fühlersystemen wie visuellen Lasern, Glasfaserdetektoren und Bildaufnehmern und in mehreren Ebenen bewegbaren Greifern oder Werkzeugen für komplizierte Bearbeitungsvorgänge ausgerüstet sind, den Transport, das Messen und Prüfen von Werkstücken als Fertigungszellen höchster Anpassung. Das im Verbund mit einem Netz organisierter Kleinrechner arbeitende differenzierte Bewegungssystem dieser ‹Computer mit Arm› macht Facharbeiten an Montagebändern und Werkzeugautomaten zukünftig überflüssig. Eine globale Verminderung manueller Arbeit in der Industrie wird längerfristig die Folge sein. Insgesamt nähme damit auch der Lohnsteueranteil an der Produktion beträchtlich ab, was die Wirkung haben könnte, daß die derzeit in die ‹Billiglohnländer› ausgelagerten Produktionen

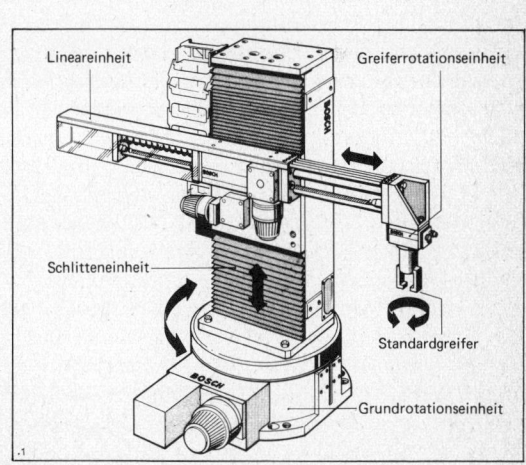

167: Industrieroboter für die Montage und andere Fertigungsgänge mit einer Grundrotationseinheit für einen Drehwinkel von 400° und einer Drehgeschwindigkeit von 180°/s. Die Grundrotationseinheit kann mit 20 kp belastet werden, bei einem Hubbereich von 240 bis 2000 mm.

mit der zukünftigen Entwicklung zurückgeführt würden. In einigen Branchen, zum Beispiel in der Textilindustrie, gibt es hierfür bereits heute deutliche Anzeichen.

Während die Produktivität in der Industrie und in der Landwirtschaft zunahm (in der Industrie seit Beginn des Jahrhunderts um 1000 Prozent), erscheint dies im Hinblick auf den Verwaltungs- und Dienstleistungssektor vergleichsweise gering (150 Prozent). So reduzierte sich zum Beispiel die Herstellungsdauer eines PKWs von 587 Stunden vor zwanzig Jahren auf heute 98 Stunden. Der Zeitaufwand für Ablage und Registration hielt sich demgegenüber etwa auf gleicher Höhe. Die Herausbildung der modernen privatwirtschaftlichen und öffentlichen Bürokratien, die Bürokratisierung der Unternehmen und Betriebe selbst, eröffnete mit der rationalisierten Organisation der Tätigkeiten und den Ausgliederungen von Teilfunktionen inzwischen wesentliche Voraussetzungen für den Einsatz elektronischer Maschinensysteme. Einerseits sind also die sich ausbreitenden Informationstechnologien durch die wachsende Bedeutung von Großorganisation bedingt, andererseits werden diese durch solche Technologien hervorgerufen.

Elektronische Datenverarbeitungssysteme erweisen sich auch hier mehr und mehr als universelle Rationalisierungsinstrumente. Zunehmende Abhängigkeit von jeder Art Information, steigende Personalkosten sowie anhaltende wirtschaftliche Krisensituationen lassen verstärkt Bemühungen um Rationalisierungsmaßnahmen auch hier immer größere Bedeutung erlangen. Die Integration herkömmlicher Bürotechnik (z. B. Buchungsautomaten) mit der Nachrichtentechnik (z. B. Telefon) und den neuen Informationstechnologien (z. B. Datenbankdienste, automatisierte Textverarbeitung, Bürofernschreiber, Fernkopierer und Mikrofilm) stellt den Büros, Verwaltungen, Versicherungen und Banken weitere Rationalisierungseffekte in Aussicht. Integrierte Fernschreib- und Datennetze (IDN), ausgestattet mit elektronischen Datenvermittlungssystemen (EDS), die räumlich weit voneinander getrennte Arbeitsvorgänge erlauben, sollen nach den Vorausberechnungen der Bundespost bis 1985 in Deutschland rd. 61 000 Fernkopierer (Telefax), 25 000 000 Fernsprechanschlüsse (zusätzlich 10 000 000 Fernsprechapparate in Nebenstellenanlagen), 154 000 Fernschreiber (Telex), 200 000 Bürofernschreiber (Teletext, ab 1981) und 500 000 Datenstationen miteinander verbinden (Abb. 168). Die herkömmliche elektrische Büroschreibmaschine wird damit zu einem Endgerät erweitert, das neben der lokalen betrieblichen Verwendung im bisherigen Sinn jede Kommunikation zwischen beliebigen Teilnehmern zuläßt. So wird es zum Beispiel möglich, Rundschreiben an eine Vielzahl ausgewählter Personen weiterzugeben bei teilweise automatischem Betrieb und automatischer Übertragung; eine Leistung, die die des bisherigen Fernschreibers erheblich übersteigt: 2400 Binärzeichen je Sekunde, das entspricht etwa 300 Schriftzeichen, lassen eine typische DIN-A-4-Seite in weniger als 10 Sekunden übertragen. Um einen Text

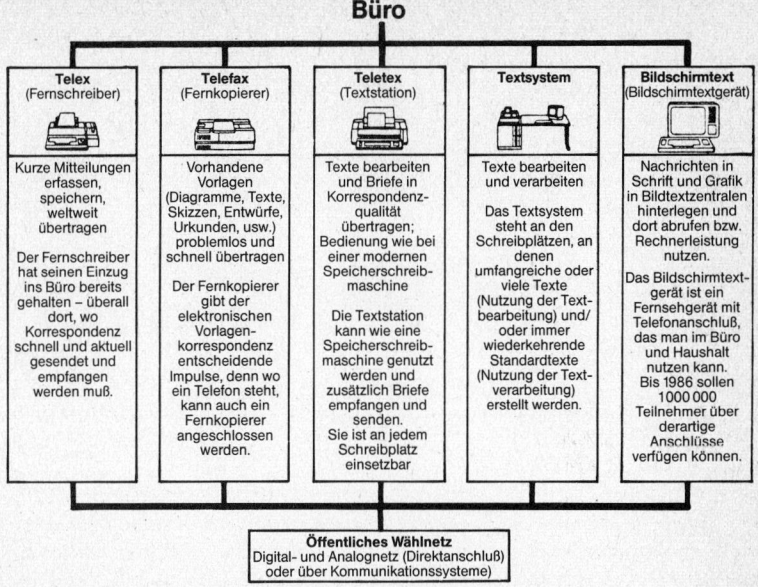

168: Die elektronische Korrespondenz im Büro der achtziger Jahre.

von zehn voll beschriebenen Schreibmaschinenseiten über hundert Kilometer zu transportieren (werktags), brauchte der bisherige Fernschreiber 62,5 Minuten (Kosten DM 43,80), der Fernkopierer 35 Minuten (Kosten DM 40,25). Der Bürofernschreiber erreicht dagegen die gleiche Leistung in dreieinhalb Minuten mit einem Kostenaufwand von 4,– DM. Wird die Übertragung der von diesen Geräten gespeicherten Briefe nachts automatisch vorgenommen, entsprechen die Kosten denen des Briefportos, nämlich 0,80 DM. In den 90er Jahren werden die angedeuteten Kommunikationsformen vermutlich so verbreitet sein wie gegenwärtig der Fernsprecher und das ebenfalls im internationalen Verbund: Zusammen mit den nationalen Fernmeldeverwaltungen richtet beispielsweise die Europäische Gemeinschaft ein internationales Datenübertragungsnetz (Euronet) ein, das den Zugriff auf alle Datenbanken Europas eröffnet.

Die Rationalisierungswelle erfaßt damit also auch in einem hohen Ausmaß den Dienstleistungsbereich, der bisher vielfach die Funktion eines ‹Auffangbeckens› für die im primären (Landwirtschaft/Bergbau) und im sekundären (Industrie) Wirtschaftssektor freigesetzten Arbeitskräfte hatte. Nach einer Untersuchung der Siemens AG von 1978 können von 7,2 Millionen Büroarbeitsplätzen 43 Prozent formalisiert und damit einer weiteren Mechanisie-

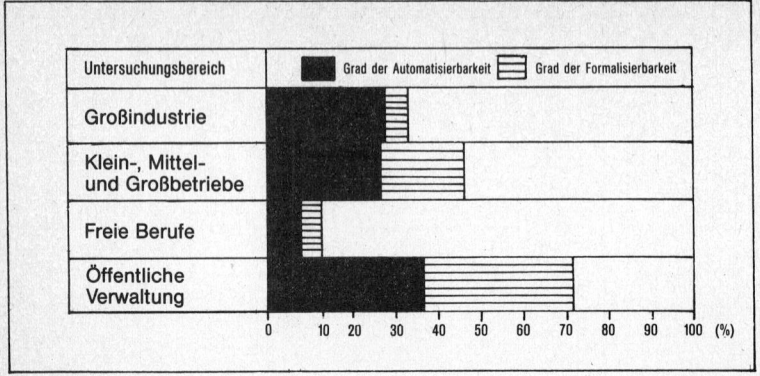

169: Prozentuale Anteile der formalisierbaren und durch Daten- und Textverarbeitung automatisierbaren Tätigkeiten nach einer Siemens-Studie von 1978.

rung zugänglich, 25 bis 30 Prozent aber automatisiert werden. Für die öffentliche Verwaltung wird ein Rationalisierungspotential angenommen, das 75 Prozent Büroarbeitsplätze formalisierbar und 38 Prozent automatisierbar erscheinen läßt (Abb. 169).

Über das Rationalisierungsphänomen hinaus werden jedoch mit den ausgeweiteten Möglichkeiten des technischen Informationsumsatzes in den Verwaltungen weitere Erscheinungen auftreten, denen zukünftig ebenfalls besondere Aufmerksamkeit zu widmen ist. Die Art und Weise, mit denen die öffentlichen und privaten Organisationen mit Informationen umgehen, wird sich zwangsläufig ändern. Wenn sich die Muster der Erhebung und Speicherung, der Verarbeitung und des Transportes von Informationen in den Organisationen sowie ihre Bereitstellung für Entscheidungen und Wissensvermittlung wandeln, ergeben sich auch neue Verhaltensmuster für die organisierenden Teile der Gesellschaft. Andere Qualitäten von Verwaltungsleistungen sind zu erwarten, die andere Möglichkeiten der sozialen Kontrolle durch Überwachung (z. B. kriminalpolitische Ermittlung) und andere Planungspraktiken mit erheblichen Auswirkungen sowohl für die Gesellschaft als Ganzes als auch für den einzelnen Bürger hervorbringen können. Bürokratien und Großorganisationen werden damit vermutlich immer mehr zu Knotenpunkten des gesellschaftlichen Kommunikationsgeflechtes, Phänomene, die auf eine Umstrukturierung des gesamten sozialen Gewebes hindeuten.

170: Beispiel eines großen privaten, internationalen Datennetzes (Tymshare-Netz) ▶ mit der Basis in den USA, über das Teilnehmer in Europa Wirtschaftsinformationen abrufen können, die von DRI in Boston angeboten werden, 1977.

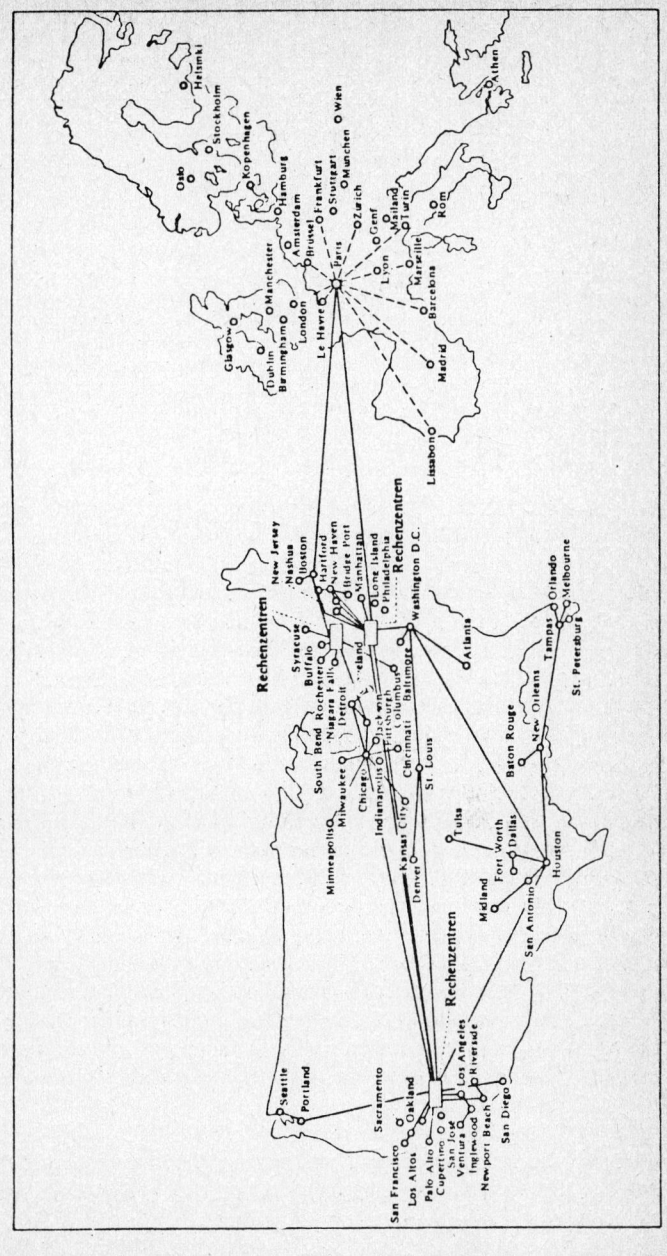

Informationen nehmen immer mehr den Charakter von Waren an, die sich im wirtschaftlichen Verwertungsinteresse gut vermarkten. Der gesamte Bereich der Programm- und Systemherstellung (Software-Entwicklung) ist daher als große Wachstumsbranche anzusehen. Hinzu kommen Dienstleistungsangebote der verschiedenen öffentlichen und privatwirtschaftlich organisierten Datenbankverbundsysteme, die sich bereits jetzt in einer Aufbauphase befinden, die weit über nationale Grenzen hinausreicht (Abb. 170). Private Dateien weiten sich zu mächtigen Informationszentren aus, wie etwa die SCHUFA, ein privates deutsches Dienstleistungsunternehmen für Banken, Sparkassen, Kaufhäuser und Einzelhändler, dem 30000 Firmen, davon rd. 5000 Kreditinstitute mit weiteren 17000 Zweigstellen, angeschlossen sind und die schon jetzt personenbezogene Daten aus nahezu jedem Haushalt der Bundesrepublik für ihre Kunden auf Abruf über Telefon oder Fernschreiber bereithalten und für beliebige weitere Verwendung zur Verfügung stellen.

Arbeit und Beschäftigung

Die mit informationstechnologischer Innovation erzielte Steigerung unserer kapitalorientierten Produktion, die stets unter dem Zwang der noch ergiebigeren Nutzung von Arbeitskraft steht, ist nicht ohne die entsprechenden Auswirkungen auf die betrieblichen Arbeitsplätze zu sehen. Erfahrungen auch in anderen Industrieländern zeigen, daß mit der vermehrten Einführung von Informationstechnologien ein bedeutsamer Beschäftigungsabbau (teilweise über 20 Prozent) einhergeht, der nur zu einem geringen Teil mit von dieser Technologie neu bereitgestellten Arbeitsplätzen (in der Bundesrepublik derzeit 400000) zu kompensieren ist. Informationstechnische Einrichtungen sind von ihrem Grundcharakter her arbeitssparende Technologien. Bei globaler Betrachtung muß dabei von der Tendenz her das Volumen der abgebauten menschlichen Arbeit stets größer sein als das neu geschaffene. So kann Arbeitsplatzvernichtung in erheblichem Maße die Folge von informationstechnologischen Rationalisierungsmaßnahmen sein. Was den Büro- und Verwaltungsbereich anbetrifft, der traditionell eine große Anzahl von Frauenarbeitsplätzen stellt, ist hier zukünftig besonders mit vermehrter Frauenarbeitslosigkeit zu rechnen. Insgesamt gesehen werden wahrscheinlich die in allen Branchen expandierenden Informationstechnologien mit zu den einschneidenden Wirkungen von Dauerarbeitslosigkeit mit Massencharakter beitragen. Langfristige Prognosen erscheinen allerdings äußerst schwierig und wenig zuverlässig, da die verschiedenen Techniken, wie z. B. die Mikroelektronik, von sich aus zwingend keine bestimmten Normen der Arbeitsorganisation festlegen, sondern es stets die wirtschaftlichen, sozialen und technischen Zielsetzungen sind, die die Wirkungen solcher Technologien auf die Arbeits- und Beschäftigungsverhältnisse bestimmen.

Neben den genannten, sich andeutenden Auswirkungen auf die Beschäftigungssituation sind die zu betrachten, die sich auf den Arbeitsinhalt selbst, auf die Arbeitsbedingungen, die Arbeitsorganisation und insbesondere auf die veränderten Anforderungen an die Qualifikation beziehen. Nach bisherigen Beobachtungen scheinen sich zwei gegenläufige Strömungen abzuzeichnen, die sich auf unterschiedliche Gruppen von Beschäftigten beziehen. Zum einen ergibt sich für eine relativ kleine Gruppe lohnabhängiger Arbeitnehmer eine Tendenz der Anreicherung der Arbeitsinhalte durch schöpferische Aufgaben, die eine allgemeine Verbesserung der Arbeitsbedingungen durch Abbau von Monotonie, Routine und extremer Arbeitsteilung mit sich bringt. Damit einher geht eine Erhöhung der Qualifikationsanforderungen durch vielfältige neue Aufgaben und eine angehobene Entlohnung. Hier zeigen sich die positiven Möglichkeiten für eine Verbesserung der Qualität des Arbeitslebens. Andererseits werden für einen größeren betroffenen Arbeitnehmerkreis schöpferische Tätigkeitsbestandteile wegfallen und die Arbeitsbedingungen durch mehr Routinearbeit, Monotonie und verstärkte Arbeitsteilung durch weitere Spezialisierung gekennzeichnet sein. Als Grundtendenz ist schon jetzt eine rasch fortschreitende Zerlegung bisher einheitlicher Tätigkeitsfelder erkennbar. Für diesen Arbeitnehmerkreis kann eine Herabsetzung der Qualifikationsanforderungen und der Kommunikationsmöglichkeiten der Mitarbeiter angenommen werden, während neue Belastungen durch einseitige Tätigkeiten und Stress (wie etwa bei Arbeiten am Bildschirmterminal), verbunden mit weiterer Arbeitsintensivierung (Leistungsverdichtung) zu erwarten sind. Mit der sich ausweitenden arbeitstechnologischen Verwendung von informationstechnischen Systemen könnte sich so eine massive Polarisierung mit der Tendenz der Verschlechterung der Arbeitsverhältnisse für eine Vielzahl der Beschäftigten ergeben, wenn ausschließlich eine Erhöhung der Produktivität und des Profits die Motivation für diese technischen Veränderungen ist, worauf gerade in jüngster Zeit die Studie des Club of Rome (1982) verweist.

Berücksichtigt man neben diesen Wirkungen die der Verwendung informationstechnischer Systeme als Organisations- und Planungstechnologie, so muß darüber hinaus eine wirkungsvolle Ökonomisierung der Arbeit festgestellt werden. Arbeit erscheint damit mehr und mehr in der Perspektive allseitig angewendeter ökonomischer Kriterien. Arbeitsprozesse lassen sich nämlich mit Hilfe dieser Technik sowohl in allen Bereichen der Industrie als auch in den Verwaltungen und Dienstleistungen zunehmend nahtlos verfolgen und kontrollieren. Arbeitsvorgänge jeglicher Art, selbst bisher kreative Tätigkeiten, können bis hinauf in den Bereich der höheren Angestellten lückenlosen Überwachungssystemen unterstellt werden, die Arbeitstakte präzise bis auf Sekundenbruchteile festhalten. Die Arbeitsplätze sind damit zunehmend schneller, wirksamer und konsequenter im Dienst der Ermittlung gewinnrechnerischer Ergebnisse, bezogen auf die Gesamtarbeitsprozesse, zu kontrollieren. Herkömmliche Zeitnehmer und regelmäßige Beurteilungen von Arbeitstätigkeiten entfallen, da die Informationssysteme selbst entsprechende Arbeitsprotokolle herstellen. Durch Verknüpfung von Arbeitskontrollinformationen mit ebenfalls gespeicherten Daten der Personalinformationssysteme, die beispielsweise Angaben zu Belastbarkeit, sozialer Fähigkeit, Arbeitstempo, Fleiß und betrieblichem Werdegang des Arbeitnehmers beinhalten, können sich umfassende Informationen für Personalentscheidungen ergeben, die den einzelnen höchster Manipulierbarkeit im gesamten Beschäftigungssystem auszusetzen vermögen. Ob sich solche extreme Entwicklungen verhindern lassen, hängt von der Einsicht aller Beteiligten in diese Problematik ab.

Zwischen Planung und Manipulation

Mit der Möglichkeit informationstechnischer Systeme, im direkten Zugriff einzelne Daten aus umfangreichen Datenbeständen zu selektieren, der Entwicklung der Dialog- und Datenfernverarbeitung, haben sich besonders Planungs- und Kontrollzwecken dienende EDV-Anlagen stark ausgeweitet. Damit tritt ein altes Problem neu in den Vordergrund, nämlich das des Zusammenhangs von Information und gesellschaftlicher Macht. Das Verfügen über Informationen war von jeher herrschaftsrelevant, eine in diesem Band durch eine Reihe historischer Beispiele belegte Tatsache. Der Erfahrungsbereich moderner Informationstechnologie verweist entschieden neu auf diesen Problemkreis: Mit der gesteigerten Zugänglichkeit von Informationen verschieben sich die Machtbalancen weiter zugunsten derjenigen, die in unserer Gesellschaft über Informationen verfügen, die Großorganisationen, die Bürokratien und Verwaltungen. Neben der im Zusammenhang mit der Entwicklung der informationstechnischen Industrie stehenden Wirtschaftsmacht kann sich nun ein zusätzliches Machtpotential, das der Informationsmacht, entfalten, welches von Wissens-, Meinungs- und Verbreitungsmonopolen verwaltet wird. Bürokratien erfahren damit gegenüber dem Individuum einen deutlichen Machtzuwachs. So besteht die Gefahr, daß der einzelne, geht man von vorherigen Annahmen aus, immer mehr fremdbestimmt informiert und letztlich diesen Informationsquellen immer mehr ausgeliefert und gleichzeitig immer ohnmächtiger wird, was für ihn bedeutet, über immer weniger Macht zu verfügen, um auf die Geschehnisse selbst Einfluß nehmen zu können und die ihn betreffenden Entscheidungen zu überprüfen. Bewirkten bisher noch begrenzte Informationsflüsse zwischen den einzelnen Verwal-

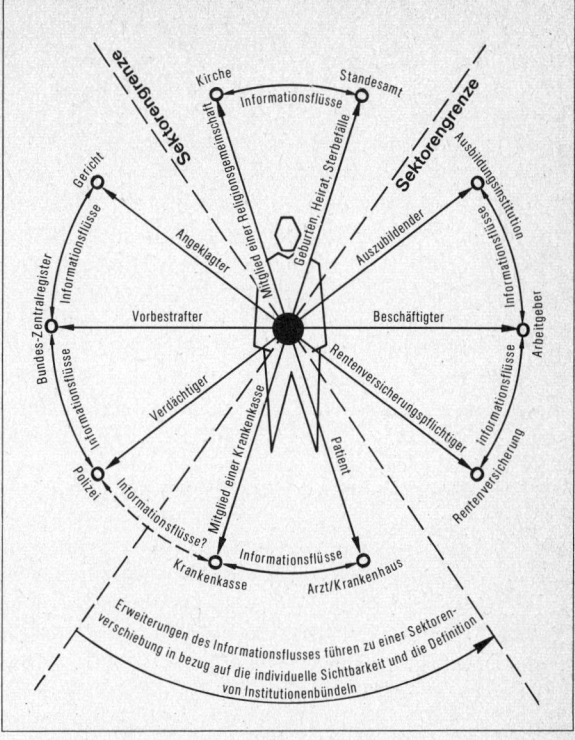

171: Struktur der Sichtbarkeit des einzelnen in der Industriegesellschaft, nach Erhebungen von 1975.

tungen eine nur sektorale Sichtbarkeit der Einzelperson für Behörden, so differenziert sich mit zunehmendem Datenzugriff im Informationsverbund gleichsam automatisch die Struktur der Sichtbarkeit des einzelnen (Abb. 171). Einzelorganisationen entwickeln mit dem Einsatz dieser Technologien nämlich eine Neigung, jeden Unterschied im Informationsniveau durch entsprechende Informationsflüsse zwischen den Institutionen auszugleichen. Darin liegt die Gefahr, daß dieser Abbau von Hindernissen vollständiger Verhaltenstransparenz langfristig, bezogen auf die Individuen, zu einer nahezu totalen Machtlosigkeit gegenüber Organisationen führt, mit den weiteren Konsequenzen wie etwa permanenter Diskriminierung, dem Festschreiben von Fehlverhalten, Gebrechen und Sozialstatus, angepaßter Einstellung, aufgelöster Privatsphäre und anderem mehr.

Darüber hinausgehend sind ernsthafte Befürchtungen formuliert, daß mit der unkritischen Verwendung von technischen Datenverarbeitungsmedien, der ausschließlichen Darstellung des Verhaltens von Individuen in den damit verbundenen Formen (wie z. B. Ja/Nein-Kategorien), verknüpft mit entsprechenden Wertungen (etwa im Zusammenhang mit beschriebenen Verhaltenswahrscheinlichkeiten), längerfristig eine massive Normierung der Individuen einhergeht. In der Konsequenz bedeutet dies letztlich die Aufhebung der Individualität von Personen, zumindest jedoch ihre Überlassung an jegliche politische, wirtschaftliche oder ähnliche Manipulation. Der Abbau von Kommunikationssperren erweitert zudem die Möglichkeit staatlicher Politik. Verhaltenssteuerungen als Instrumente der Durchsetzung von Politik sowie auch sozialer Kontrollmaßnahmen durch staatliche Überwachungsinstanzen werden in ganz anderer Weise handhabbar. Vorhandene Informationssysteme können gezielter zu zentralisierten Kontrollen und Steuerungen des Staates und anderer mächtiger Interessenverbände in immer größerem Umfang immer wirkungsvoller eingesetzt werden. Die Diskussion um die Einführung des Datenschutzgesetzes zum Schutz personenbezogener Daten während ihrer Verarbeitung, Speicherung und Weitergabe (Bundesdatenschutzgesetz, 1977) beleuchtet diese Zusammenhänge vielfach und weist eindringlich auf irreparable Gefahren hin. Sie zeigt aber auch, daß unsere Gesellschaft zunehmend diese Gefahren zu erkennen beginnt und ihnen mit vorbeugenden gesetzlichen Maßnahmen zu begegnen versucht. Die inzwischen jährlich erfolgenden Berichte der Datenschutzbeauftragten der Länder und des Bundes präsentieren jedoch immer noch Kataloge von Verstößen gegen den Schutz personenbezogener Daten und appellieren gleichzeitig an eine weitere allseitige Bewußtseinsentwicklung hinsichtlich der beschriebenen Problematik.

Unsere Aufmerksamkeit ist auf die Frage nach der weiteren Entwicklung gelenkt. Die aufgezeigten Tendenzen, sowohl hinsichtlich der industriellen Veränderungen als auch der im Zusammenhang stehenden gesellschaftlichen Wirkungen und Bedingungen, deuten auf die Entwicklung zu einer Gesellschaft hin, in der Informationen und Informationsverarbeitung eine herausragende Produktivkraft darstellen. Die hierauf bezogene Gestaltungschance kann jedoch nicht in einer sektoralen technologischen Betrachtung, in der Erörterung mutmaßlicher gesellschaftlicher Wirkungen vorgegebener technologischer Entwicklung bestehen. Vielmehr sind diese umwälzenden Technologien von vornherein in einen Prozeß der Entwicklung und Artikulation unserer Bedürfnisse einzubeziehen, in einen gesamtgesellschaftlichen Prozeß der Zielkorrekturen, aber auch Neuformulierungen von Zielen ermöglicht. Bezogen auf eine Reihe genannter Einzelproblemkreise scheint es, als hätte ein solcher Prozeß inzwischen begonnen.

Studien im Deutschen Museum

Zur Thematik dieses Bandes finden sich in den einzelnen Abteilungen des Deutschen Museums eine Fülle von Materialien, historischen Originalapparaten, Rekonstruktionen, Modellen und Demonstrationen, die einen guten Zugang zur geschichtlichen Entwicklung der Informationstechnik ermöglichen.

Besonderes Gewicht kommt dabei der 1968 eröffneten Abteilung Nachrichtentechnik zu. Sie gibt einen Überblick über Probleme der Umwandlung, Übertragung und Vermittlung, sowie Speicherung und Verarbeitung von Informationen beziehungsweise Nachrichten.

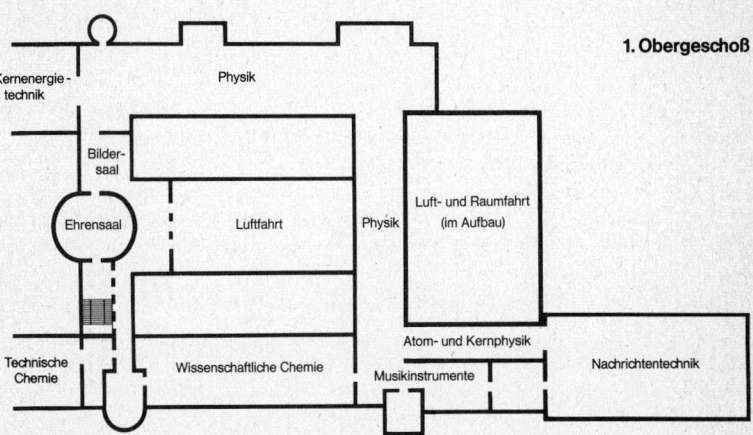

172: Lageplan der Abteilung Nachrichtentechnik im 1. Obergeschoß des Deutschen Museums.

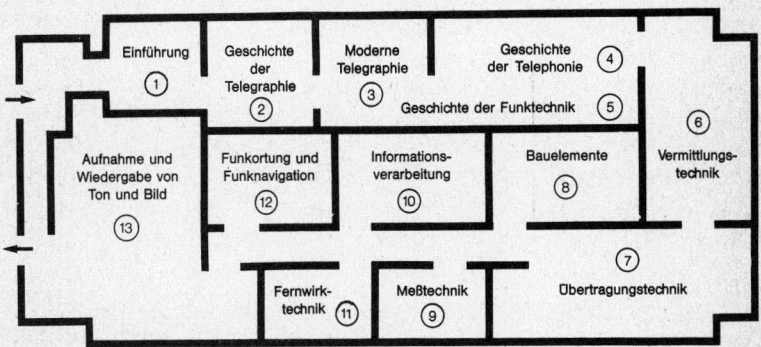

173: Gliederung der Abteilung Nachrichtentechnik.

Die Abteilung Nachrichtentechnik befindet sich im 1. Obergeschoß (s. Lageplan, Abb. 172). Über ihre Gliederung orientiert der Raumplan (Abb. 173).

Eine übersichtliche Einführung in informationstheoretische und nachrichtentheoretische Grundbegriffe, die auch diesem Buch zugrundegelegt wurden, gibt der Raum 1. Hier werden das Wesen einer Nachricht im Sinne der Nachrichtentechnik sowie Probleme der technischen Zuverlässigkeit behandelt.

Geschichte der Telegrafie und der Telefonie
Im Zusammenhang mit dem Thema des Buches sind besonders die Exponate zur Geschichte der elektrischen Telegrafie und Telefonie in den Räumen 2, 3 und 4 hervorzuheben, die die Anfänge der elektrischen Nachrichtentechnik von Beginn des 19. Jahrhunderts an dokumentieren, auf die in Kapitel 4 dieses Buches vorzugsweise Bezug genommen wurde.

Mit dem Aufkommen der elektrischen Telegrafie fand die Elektrizität zu Anfang des vergangenen Jahrhunderts eine der ersten praktischen Anwendungen. Schon nach wenigen Jahrzehnten waren durch die Entwicklung von Telegrafengeräten, Kabeln, Leitungen und Relais die Voraussetzungen geschaffen, die einen weltweiten telegrafischen Nachrichtenaustausch ermöglichten (Raum 2).

Zahlreiche Originale, angefangen vom elektrochemischen Telegrafen von S. Th. von Sömmerring aus den Jahren 1809/11 (Abb. 174) und dem ersten Schreibtelegrafen von C. A. Steinheil aus dem Jahr 1836 (Abb. 175) über Zeigertelegrafen, Morsegeräte und Synchrontelegrafen bis hin zum Siemens-Schnelltelegrafen für eine Telegrafierge-

174: Elektrochemischer Telegraf von S. Th. von Sömmerring, 1809/1811.

175: Elektromagnetischer Schreibtelegraf von C. A. Steinheil, 1836.

176: Wetterkartenschreiber mit Wetterkarte.
Die Daten für die Wetterkarte stammen vom Deutschen Wetterdienst in Offenbach am Main, der über Langwelle rund um die Uhr ein ‹Wetterprogramm› ausstrahlt.

schwindigkeit von 1000 Buchstaben in der Minute, zeigen den Entwicklungsgang der elektrischen Telegrafie. Die Grundfunktionen der Fernschreibmaschine sind an vergrößerten Modellen zu studieren. Der Einsatz dieses Geräts in neuzeitlichen Telegrafennetzen mit vom Teilnehmer gesteuertem Verbindungsaufbau sowie Maßnahmen zum fehlerfreien Betrieb über Funkstrecken werden mit Hilfe von Leuchtschaubildern veranschaulicht. Einrichtungen von Speichervermittlungen und Geräte zur Datensicherung, Analogschreiber, Faksimile- und Bildtelegrafen sowie ein Wetterkartenschreiber mit Langwellenempfangsteil zur Aufnahme aktueller Wetterkarten (Abb. 176) runden den Überblick über die moderne Telegrafie ab (Raum 3).

Während anfangs nur telegrafische Zeichen auf elektrischem Wege übermittelt werden konnten, gelang es 1876, auch die Sprache in einer für die Praxis geeigneten Weise mittels elektrischer Ströme in die Ferne zu übertragen. Damit war die elektrische Telefonie verwirklicht.

Um die Vorteile des Fernsprechers voll auszunutzen, wurde es nötig, die feste Verbindung zweier Gegenstellen aufzugeben. Es waren zentrale Schalteinrichtungen zu entwickeln, mit deren Hilfe jeder Teilnehmer auf Wunsch mit jedem anderen Teilnehmer verbunden werden konnte. Diese Aufgabe wurde zunächst mit handbedienten Vermittlungseinrichtungen gelöst, wenig später, Anfang der 90er Jahre, aber auch bereits mit automatischen, vom Teilnehmer gesteuerten Wählvermittlungen. In Raum 4 ist die Entwicklung der Endgeräte, beginnend mit dem Mikrofon und Telefon von Ph. Reis (Abb. 177) und dem Telefon von G. Bell, dargestellt und von frühen Tisch- und Wandstationen bis zum modernen Münzfernsprecher zu verfolgen. Von den Vermittlungseinrichtungen werden in der historischen Gruppe nur die handbedienten gezeigt, die an mehreren Beispielen vom Pyramidenschrank für fünf Anschlüsse bis zum Vermittlungsschrank für 20 000 Verbindungsklinken zu studieren sind.

Vermittlungstechnik

Die Vermittlungstechnik gibt jedem Teilnehmer eines Nachrichtennetzes die Möglichkeit, Verbindung mit jedem anderen gewünschten Teilnehmer aufzunehmen. In ihrem Bereich begann die Automation bereits vor der Jahrhundertwende. Während zunächst nur einzelne Ortsnetze automatisiert werden konnten, wurden nach und nach die Einrichtungen geschaffen, die es erlaubten, innerhalb eines Landes und dann auch über die Landesgrenzen hinweg Verbindungen durch Wahl einer Folge von Ziffern vom Teilnehmer aus aufzubauen sowie die anfallenden Gebühren zu ermitteln. Die Vermittlungstechnik blieb nicht auf das Gebiet der Fernsprechtechnik beschränkt. Sie wird ebenso für Zwecke der Telegrafie und Datenübertragung eingesetzt.

In Raum 6 sind die wichtigsten Probleme der Vermittlungstechnik und deren Lösung mit Hilfe automatischer Einrichtungen am Beispiel der Fernsprechtechnik behandelt. Betriebsfähige Gestelle der Ortstechnik, der Landesfernwahl und der internationalen Fernwahl geben eine Vorstellung von den Einrichtungen in Vermittlungsstellen (Abb. 178). Mehrere Leuchtschaubilder bieten die Möglichkeit, sich mit den Vorgängen beim Aufbau einer Verbindung sowie bei der Erfassung der Gesprächsgebühren vertraut zu machen. Die Funktionen der wichtigsten, vom Teilnehmer ferngesteuerten Schaltmittel können an betriebsfähigen Modellen studiert werden. Die Bedeutung privater Vermittlungseinrichtungen und deren spezielle Möglichkeiten sind durch Demonstrationen und Nebenstellenanlagen mit und ohne Durchwahl erläutert (Abb. 179).

177: Das Telefon von Ph. Reis, Original, signiert: 1863, Nr. 50.

178: Gestellreihen für Ortswählvermittlung, Fernwählvermittlung und Auslandswählvermittlung, 1968.

179: Nebenstellenanlage IIE mit Koordinatenschalter, 1968.

Übertragungstechnik

Die Übertragungstechnik stellt die verschiedenen Mittel und Verfahren bereit, mit denen die Entfernung zwischen den Teilnehmern einer Nachrichtenverbindung überbrückt wird. Drahtgebundene und drahtlose Verfahren (Abb. 180) ergänzen sich gegenseitig. Neben Freileitungen, Land- und Seekabeln mit metallenen Leitern oder Lichtwellenleitern werden die sich im Raum ausbreitenden elektromagnetischen Wellen für die vielfältigen Aufgaben der Nachrichtenübertragung herangezogen (Raum 7).

Möglichkeiten der Mehrfachausnutzung von Übertragungswegen durch Frequenz- und Zeitmultiplex-Verfahren, aber auch die für diese Zwecke und zur Anpassung an den Übertragungsweg benutzten Modulationsarten sind anschaulich dargestellt; analoge und digitale Verfahren zur Sprach- und Datenübertragung erläutert.

Bei der leitungsgebundenen Nachrichtenübertragung sind Kabel unterschiedlichen Übertragungsvermögens, d. h. Kabel für wenige Kanäle bis zu solchen für viele Tausende von Kanälen, als Stufenmuster ausgestellt. Kabel mit symmetrischen und koaxialen Leitungen, mit Lichtwellenleitern wie auch Hohlkabel sind einander gegenübergestellt und ihre speziellen Eigenschaften beleuchtet. Auf das Problem der Dämpfung, also des Leistungsverlustes der Nachrichtensignale auf dem Übertragungsweg sowie auf störende Einflüsse ist durch Demonstrationen hingewiesen. Die Gründe für die Forderung nach einer möglichst breitbandigen Übertragung sind dargelegt.

180: Erster Röhrensender für drahtlose Telefonie von A. Meißner mit Lieben-Röhre, 1913.

Bei der drahtlosen Übertragung wird erkennbar, welche Bedeutung hier der Mikrowellenbereich sowohl für den terrestrischen (erdgebundenen) Richtfunk wie für den Satellitenfunk erlangt hat, und zwar wegen der verhältnismäßig leichten Bündelungsfähigkeit sehr kurzer Wellen, nicht zuletzt aber auch wegen der Möglichkeit, bei Verwendung hoher Frequenzen auch große Informationsmengen übertragen zu können.

Demonstrationen zur Richtwirkung von Parabolantennen, z. B. der Erdefunkstelle Raisting und zu den Empfangsverhältnissen bei geostationären und umlaufenden Satelliten beleben die Darstellungen. Die übrige Funktechnik ist angesprochen durch Beispiele mobiler Funkgeräte, durch Baugruppen von Großsendern sowie durch Rundfunk- und kommerzielle Empfangsgeräte.

Informationsverarbeitung
Zur Thematik des Kapitels 5 finden sich im Raum 10, der ausschließlich der Informationsverarbeitung gewidmet ist, Demonstrationen zu den Prinzipien der Informationsdarstellung, der logischen Grundverknüpfungen und der Speicherung. Beispiele der Technologie und Aufbautechnik zeigen die verschiedenen technischen Realisierungen logischer Schaltungen von der Relais- und Röhrentechnik bis zu integrierten Schalt-

181: Z 3, Rekonstruktion der ersten programmgesteuerten Rechenanlage der Welt von Konrad Zuse, 1941.

kreisen sowie deren Anordnung und Verdrahtung in Rechnern. Eine Zusammenstellung über verschiedene Arten von Großspeichern und Druckern, die durch Geräte und Originalteile ergänzt ist, weist auf wesentliche periphere Geräte einer Datenverarbeitungsanlage hin. Ein schematisches Funktionsmodell läßt den Ablauf eines einfachen Programms innerhalb einer Rechenanlage verfolgen. Funktionsfähige Rechner runden die Darstellung ab. Ein besonders interessantes Objekt ist die Rekonstruktion der ersten programmgesteuerten Rechenanlage der Welt, die von Konrad Zuse, dem deutschen Pionier programmgesteuerter Rechner, als Z 3 im Jahr 1941 fertiggestellt wurde (Abb. 181).

Ergänzend zu dem im Buch behandelten Thema sei in diesem Zusammenhang empfehlend hingewiesen auf die Demonstrationen und Objekte der Bereiche:
Geschichte der Funktechnik,
Bauelemente,
Meßtechnik,
Funkortung und Funknavigation,
Aufnahme- und Wiedergabetechnik für Ton und Bild (Abb. 182).

182: Bildaufzeichnungsanlage ‹Ampex VR 1000›, 1958.

Über die nachrichtentechnische Abteilung hinaus sind jedoch eine ganze Reihe weiterer Exponate von Bedeutung, die im Zusammenhang mit der Geschichte der Informationstechnik stehen, wenn sie auch anderen als informationstechnischen Beziehungen zugeordnet sind.
Hierzu gehören insbesondere:
- In der Abteilung Textiltechnik lochkartengesteuerte Webstühle und Maschinen moderner textiler Flächenbildung.
- In der Abteilung Schreib- und Drucktechnik die Objekte und Originale zur Entwicklung der Schrift, der Schreibmaschine und des Buchdrucks.
- In der Abteilung Musikinstrumente verschiedene walzen-, platten- oder lochstreifengesteuerte Musikautomaten und Glockenspiele.
- In der Abteilung Metallbearbeitung in der Gruppe moderner Werkzeugmaschinen verschiedene Steuerungssysteme und Fertigungseinheiten.
- In der Abteilung Kraftmaschinen die Entwicklung von Steuerungs- und Regelsystemen (Regelung bei den verschiedenen Dampfmaschinen und Turbinenanlagen), auf die aber in diesem Buch nicht weiter eingegangen werden konnte.

Anhang

Literatur

Aikele, E.: 75 Jahre Lochkarte. In: IBM-Nachrichten. 1965, S. 2840–2847.
Ameling, W./Lang, O.: Stationen auf dem Wege zur Elektronischen Datenverarbeitung. In: Alma Mater Aquensis. 1976/77, S. 122–136.
Appleyard, R.: Bahnbrecher der elektrischen Nachrichtentechnik. In: Electrical Communication. Bd. 1, 1929, S. 63–80.
Aschoff, V.: Aus der Geschichte der Nachrichtentechnik. In: Vorträge der Rheinisch-Westfälischen Akademie der Wissenschaften. Nr. 244, 1974.
Aschoff, V.: Die elektrische Nachrichtentechnik im 19. Jahrhundert. In: Technikgeschichte. 1966, S. 402–419.
Aschoff, V.: Drei Vorschläge für nichtelektrisches Fernsprechen aus der Wende vom 18. zum 19. Jahrhundert. In: Abhandlungen und Berichte des Deutschen Museums. München 1981, Heft 3.
Aschoff, V.: Einführung in die Nachrichtenübertragungstechnik. Berlin/Heidelberg/New York 1968.
Aschoff, V.: Paul Schilling von Canstatt und die Geschichte des elektromagnetischen Telegraphen. In: Abhandlungen und Berichte des Deutschen Museums. München 1976, Heft 3.
Aschoff, V.: Über den byzantinischen Feuertelegraphen und Leon den Mathematiker. München 1980.
Augustin, J.: Information. Wien 1972.
Austrian, G. D.: Herman Hollerith: The Forgotten Giant of Information Processing. New York 1982.
Bahrdt, H.-P.: Industriebürokratie, Versuch einer Soziologie des industrialisierten Bürobetriebes und seiner Angestellten. Stuttgart 1958.
Beauclair, W. de: Rechnen mit Maschinen. Braunschweig 1968.
Belloc, A.: La Télégraphie Historique. Paris 1838.
Berger, R.: Die Lochkartenmaschinen – Die Geschichte, Arbeitsweise und Anwendung der Lochkartenmaschinen. In: Zeitschrift des Vereins Deutscher Ingenieure. 1928, S. 1799–1807.
Biehler, K.: Lochkartenmaschinen im Dienste der Reichsstatistik. In: Allgemeines Statistisches Archiv. 1939, S. 90–100.
Blodgett, J. H./Schultz, C. K.: Herman Hollerith: Data Processing Pioneer. In: American Documentation. 1969, S. 221–226.
Bogart, E. L./Kemmerer, D. L.: Economic History of the American People. New York 1944.
Böhme, W.: Vom Feuerzeichen zur Fernschreibmaschine. In: Wissenschaft und Technik. Bd. 54. Leipzig 1955. S. 7–95.
Böhm, W.: Der Telegraph des Monsieur Chappe. In: Zeitschrift für geschichtliches Wissen. 1974, S. 81–85.

Böhrs, H.: Die wachsenden Büros und der Strukturwandel menschlicher Arbeit. München 1960.

Bölsche, J.: Der Weg in den Überwachungsstaat. Hamburg 1979.

Brauner, L.: Wichtige Abschnitte in der Rechenmaschinenentwicklung. In: Beiträge zur Geschichte der Technik und Industrie. 1926, S. 248–260.

Brentjes, B./Richter, S./Sonnemann, R. (Hg.): Geschichte der Technik. Leipzig 1978.

Briefs, U.: Der Wandel in den Büros – Auswirkungen von Krise und Arbeitslosigkeit auf die Angestellten und die Büroarbeit. In: WSI-Mitteilungen. 1977, S. 223 bis 231.

Briefs, U.: Vom qualifizierten Sachbearbeiter zum Bürohilfsarbeiter? – Zu den Auswirkungen der EDV auf die Arbeitsbedingungen der Büroangestellten. In: WSI-Mitteilungen. 1978, S. 84–91.

Brödner, P./Kröger, D./Senf, B.: Automatisierung der «Kopfarbeit» – Ursachen, Bedingungen und Folgen der automatischen Datenverarbeitung, Berlin 1979.

Chappe, l'aîné: Histoire de la télégraphie. Paris 1824.

Couffignal, L.: Druckmaschinen. Stuttgart 1965.

CSE Microelectronics Group: Microelectronics – Capitalist Technology and the Working Class. London 1980.

Danzin, A. M.: Die gesellschaftlichen Auswirkungen der Informationstechnologien. München 1978.

Diels, H.: Antike Technik. 3. Auflage. Ausgabe Leipzig 1924.

Dostal, W./Köstner, K.: Mikroprozessoren – Auswirkungen auf Arbeitskräfte. In: Mitteilungen aus der Arbeitsmarkt- und Berufsforschung. 1977, S. 243–251.

Eames, R. u. Ch.: A Computer Perspective. Harvard 1973.

Encyclopedia of Computer Science and Technology. Vol. 4, New York/Basel 1976.

Engelbourg, S.: From Invention to Innovation: The Halfway House of Herman Hollerith. In: Technikgeschichte. 1975, S. 26–34.

Feindler, F.: Das Hollerith-Lochkarten-Verfahren für maschinelle Buchhaltung und Statistik. Berlin 1929.

Feyerabend, E.: 50 Jahre Fernsprecher in Deutschland. Berlin 1927.

Feyerabend, E.: An der Wiege des elektrischen Telegraphen. In: Abhandlungen und Berichte des Deutschen Museums. München 1933a, Heft 5.

Feyerabend, E.: Der Telegraph von Gauss und Weber im Werden der elektrischen Telegraphie. Berlin 1933b.

Fischl, H.: Fernsprech- und Meldewesen im Altertum mit besonderer Berücksichtigung der Griechen u. Römer. Schweinfurt 1904.

Flad, J.-P.: Les trois premières machines à calculer. Schickard (1623), Pascal (1642), Leibniz (1673). D. 93. Conférence donnée au Palais de la Découverte, le 8 Juin 1963. Université de Paris.

Foster, L. F.: Modern Office Machinery. London 1929.

Freytag-Löringhoff, B.v.: Die erste Rechenmaschine: Tübingen 1623. In: Humanismus und Technik. 1964, H. 2, S. 45–55.

Friedrichs, G./Schaff, A. (Hg.): Auf Gedeih und Verderb – Mikroelektronik und Gesellschaft. Bericht an den Club of Rome. Wien 1982.

Fuhrmann, J.: Automation und Angestellte. Frankfurt 1971.

Gachot, H.: Le Télégraphe optique de Claude Chappe. Saverne 1967.

Ganzhorn, W./Walter, W.: Die geschichtliche Entwicklung der Datenverarbeitung. Stuttgart 1975.

Gaugler, E. u. a.: Rationalisierung und Humanisierung von Büroarbeiten. Ludwigshafen 1980.

Glade, H./Manteuffel, K.: Am Anfang stand der Abacus. Aus der Kulturgeschichte der Rechengeräte. Leipzig/Jena/Berlin 1973.

Glasow, R.: Raisting, die derzeit größte Erdefunkstelle der Welt. In: telecom report. 1981, S. 85–89.

Graef, M. (Hg.): 350 Jahre Rechenmaschine. München 1973.

Haenschke, F.: Normierung der Menschen durch neue Informationstechniken. In: Michelsen, G. (Hg.): Der Fischer Öko Almanach. Daten, Fakten, Trends der Umweltdiskussion. Frankfurt a. M. 1981.

Hahn, H.: Die erste Rechenmaschine. In: Praxis der Mathematik. 1976, S. 90–93.

Hammer, E.: Philipp Matthäus Hahn und seine Rechenmaschine. In: Braunschweiger G-N-C-Monatsschrift. 1919, H. 1.

Hammer, F.: Nicht Pascal, sondern den Tübinger Professor Wilhelm Schickard erfand die Rechenmaschine. In: Büromarkt. 1958, S. 1023–1025.

Hansen, H. R. u. a. (Hg.): Mensch und Computer – Zur Kontroverse über die ökonomischen und gesellschaftlichen Auswirkungen der EDV. München/Wien 1979.

Hartmann, N.: Rationalisierung der Verwaltungsarbeit im privatwirtschaftlichen Bereich – Auswirkungen der elektronischen Datenverarbeitung auf die Angestellten, Frankfurt/New York 1981.

Haug, R.: Vom Abacus zum Elektronenrechner. In: Regelungstechnische Praxis. 1968, S. 127–134.

Hausen, K./Rürup, R. (Hg.): Moderne Technikgeschichte. Gütersloh 1975.

Heeren, F.: Der elektrische Telegraph. Prag 1854.

Heibey, H.-W. u. a.: Computer und Rationalisierung. In: Technologie und Politik. Bd. 8, Hamburg 1977, S. 41–53.

Heidinger, W.: Festschrift zur 25-Jahrfeier der Deutschen Hollerith Maschinen Gesellschaft. Berlin 1935.

Hennemeier, A.: Die technische Entwicklung der Rechenmaschine. Aachen 1953.

Hennig, R.: Die älteste Entwicklung der Telegraphie und Telephonie. Leipzig 1908.

Hinderhofer, H./Deuring, A.: Numerisch gesteuerte Werkzeugmaschinen und betriebliche Machtstruktur. In: Wechselwirkung. 1980, H. 6, S. 32–34.

Hochsteller, E. u. a.: Herrn von Leibniz' Rechnung mit Null und Eins. Berlin/München 1966.

Hoffmann, G. E. (Hg.): Numerierter Bürger. Wuppertal 1975.

Hoffmann, G. E.: Erfaßt, registriert, entmündigt. Frankfurt 1979.

Hoffmann, W. (Hg.): Digitale Informationswandler. Braunschweig 1962.

Hollerith, V.: Biographical Sketch of Herman Hollerith. In: Official Journal of the History of Science Society. 1971.

Hoos, I. R.: Automation im Büro. Frankfurt 1966.

Horsley, A. W./Usher, E.S.: Nachrichtenübertragungssysteme mit Lichtleitern in Postnetzen. In: Elektrisches Nachrichtenwesen. 1980, S. 268–275.

Hoschka, P./Kalbhen, U.: Datenverarbeitung in der politischen Planung. Frankfurt/New York 1975.

Hotz, G.: Konrad Zuse, Forschung und Entwicklung. In: Informatik-Spektrum. 1980, S. 41–47.

Jordan, W.: Die Leibnizsche Rechenmaschine. In: Zeitschrift für Vermessungswesen. 1897, S. 2892–315.

Karras, T.: Geschichte der Telegraphie. Braunschweig 1909.

Kaufmann, H.: Die Ahnen des Computers – Von der phönizischen Schrift zur Datenverarbeitung. Düsseldorf/Wien 1974.

Kaufmann, H.: Nachrichtenverarbeitung – Automatisierung – zum Problem der Automation im Büro. München/Wien 1961.

Kellenbenz, H./Pieper, H.: Die Telegraphenstation Köln-Flittard. Köln 1973.

Kilian, W. u. a. (Hg.): Datenschutz. Darmstadt 1973.

Kistermann, F. W.: Als die Daten laufen lernten. In: IBM-Report. 1980, H. 1, S. 19 bis 21, H. 2, S. 10–11, H. 3, S. 22–25, H. 5, S. 36–38; 1981, H. 1, S. 42–44, H. 2, S. 28 bis 30.

Kistermann, F. W.: Die Erfindung und Entwicklung der Hollerith Lochkarte. Historisches Archiv. IBM Deutschland, Berichte Nr. 1, Febr. 1982.

Klepacki, V.: Die Hollerith'sche elektrische Zählmaschine für Volkszählungen. In: Polytechnisches Zentralblatt. 16. 3. 1896, S. 122–125.

Knies, K.: Der Telegraph als Verkehrsmittel. Tübingen 1875.

Koch, F. A.: Bürgerhandbuch Datenschutz – Wer sammelt die Daten, wie schützt sich der Bürger? Hamburg 1981.

Korella, G.: Über den Betriebsdienst auf der ehemaligen Telegraphenlinie Berlin–Koblenz. In: Zeitschrift für das Post- und Fernmeldewesen. 1966. S. 330–337.

Krauch, H. (Hg.): Erfassungsschutz – der Bürger in der Datenbank: Zwischen Planung und Manipulation. Stuttgart 1975.

Krückeberg, F. u. a. (Hg.): Computer und Gesellschaft – Nutzen und Gefahren einer modernen Technologie. Frankfurt 1979.

Landrath, E.: Die erste Telegraphenlinie der Welt. In: Archiv für Post und Telegraphie. 1883a, S. 453–457.

Landrath, E.: Das Telegraphencorps in Preußen. In: Archiv für Post und Telegraphie. 1883b, S. 22–29.

Lange, W.: Eine Kostbarkeit im Landesarchiv Hannover. In: Burghagens Zeitschrift für Bürobedarf. Bd. 61, 1959, S. 718–724.

Leilich, H.-O.: Rechenmaschinen in Vergangenheit und Zukunft. Mitteilungen der TU Braunschweig. 1970, H. 1, S. 6–20.

Levin, H.: Die Automation und das Büro. Frankfurt 1957.

London, P.: Der gesteuerte Mensch – Über die Möglichkeiten einer Verhaltenskontrolle. München 1973.

Losch, H. H.: Die Volkszählung vom 1. Dezember 1910. In: Württembergische Jahrbücher für Statistik und Landeskunde. 1911, S. 175–191.

Mackensen, L. von: Zur Vorgeschichte der ersten digitalen 4-Spezies-Rechenmaschine von Gottfried Wilhelm Leibniz. In: Studia Leibnitiana. Suppl., Vol. 2, 1969a, S. 34–68.

Mackensen, L. von: Bedingungen für den Technischen Fortschritt, dargestellt anhand der Entwicklung und ersten Verwertung der Rechenmaschinenerfindung im 19. Jahrhundert. In: Technikgeschichte. 1969b, S. 89–102.

Martin, E.: Die Rechenmaschine und ihre Entwicklungsgeschichte. Pappenheim 1925.

Martin, T. C.: Counting a Nation by Electricity. In: The Electrical Engineer. 1891, S. 521–530.

Matschoß, C.: Werner Siemens. Berlin 1916, Bd. 2.

Maurer, G./Scheu, H.: Computer können nicht vergessen. Köln/Frankfurt 1978.

Mayr, G. v.: Elektrische Auszählung und Sozialpolitik. In: Allgemeines Statistisches Archiv. 1899, S. 462–478.

Menninger, K.: Zahlwort und Ziffer. 2. Aufl., Bd. 2., Göttingen 1957/58.

Merriam, W. R.: The Evolution of American Census-Taking. In: Century Magazin. 1903, S. 831–842.

Metropolis, N. u. a.: A History of Computing in the Twentieth Century. New York 1980.

Miller, A. R.: Der Einbruch in die Privatsphäre – Datenbanken und Dossiers. Neuwied/Berlin 1973.

Morgenbrod, H./Schwärtzel, H.: Informations- und Kommunikationstechnik verändern den Büroarbeitsplatz. In: data report. 1978, H. 6, S. 8–16.

Mroß, M.: Automation des Büros und der Verwaltungsarbeit. Hamburg 1956.

Ortmann, W.: Fernmeldekunst von einst bis zum Ende der optischen Telegraphie. In: Zeitschrift für das Post- und Fernmeldewesen. 1949, S. 417–425.

Patentschrift 49593. Deutsches Reichspatent vom 16.11.1889: «Verfahren und Apparat zur Ermittlung statistischer Ergebnisse und zum Sortiren von Zählkarten».

Paulus, R. F.: Philipp Hahn und die mechanische Rechenmaschine. In: Technikgeschichte. 1973, S. 58–73.

Petzold, H.: Konrad Zuse, die Technische Universität Berlin und die Entwicklung der elektronischen Rechenmaschinen. In: Rürup, R. (Hg.): Wissenschaft und Gesellschaft. Berlin 1979, S. 389–402.

Pieper, H.: Aus der Geschichte der optischen Telegraphie und die Anfänge der elektro-magnetischen Telegraphen. In: Archiv für deutsche Postgeschichte. 1967, Heft 2, S. 39–55.

Pieper, H.: Carl August von Steinheil, der vergessene Begründer der wissenschaftlichen Nachrichtentechnik. In: Technikgeschichte. 1970, S. 323–352.

Pieper, H.: Philipp Reis und die Erfindung des Telephons durch Graham Bell. In: Technikgeschichte. 1977, S. 285–292.

Pirker, T.: Büro und Maschine. Zur Geschichte und Soziologie der Mechanisierung der Büroarbeit, der Mechanisierung des Büros und der Büroautomaten. Basel/Tübingen 1962.

Poppe, A.: Die Bedeutung und das Wesen der antiken Telegraphie. Frankfurt 1868.

Prüfer, G.: Jetzt und überall und hier – Geschichte des Nachrichtenwesens. Köln 1963.

Randell, B. (Hg.): The Origins of Digital Computers. Berlin/Heidelberg/New York 1975.

Rauchberg, H.: Die elektrische Zählmaschine und ihre Anwendung. In: Allgemeines Statistisches Archiv. 1892, S. 78–113.

Rauchberg, H.: Erfahrungen mit der elektrischen Zählmaschine. In: Allgemeines Statistisches Archiv. 1896, S. 131–163.

Reese, J. u. a.: Gefahren der informationstechnologischen Entwicklung. Frankfurt/New York 1979.

Reinländer, C.: Die Entstehung des Telefons. In: Jahrbuch des elektrischen Fernmeldewesens. 1960/61, S. 35–69.

Reuleaux, F.: Die Thomas'sche Rechenmaschine. In: Der Civil-Ingenieur. 1892, S. 182–208.

Reipl, W.: Das Nachrichtenwesen des Altertums. Leipzig 1913, Neudruck 1972.

Rolf, A.: Zur Entwicklung der Qualifikationsanforderungen im Angestelltenbereich. In: Cvabowitz, G. u. a.: Arbeitsmarkt. Frankfurt 1977.

Rotth, A.: Das Telephon und sein Werden. Berlin 1927.
Rübbert, R.: Geschichte der Industrialisierung. München 1972.
Sautter, E.: Die optische Telegraphie in Frankreich zur Zeit ihrer höchsten Entwicklung. In: Archiv für Post und Telegraphie. Jg. 36, Beiheft, 1908, S. 313–319.
Schellen, H.: Der elektromagnetische Telegraph in den einzelnen Stadien seiner Entwicklung und in seiner gegenwärtigen Ausbildung und Anwendung. Braunschweig 1850.
Schiefer, F.: Elektronische Datenverarbeitung und Angestellte. Meisenheim 1969.
Schöttle, G.: Der Telegraph in administrativer und finanzieller Hinsicht. Stuttgart 1883.
Schranz, A.-G.: Addiermaschinen, einst und jetzt. Aachen 1952.
Schreiner, A.: Die Evolution der Rechenanlagen aus humaner Sicht. In: IBM-Nachrichten. 1977, S. 83–90.
Schultz, C. K.: Significance of Hollerith's contribution to information science. In: American Documentation. 1969, S. 226–230.
Steinbuch, K.: Kommunikationstechnik. Berlin/Heidelberg/New York 1977.
Strehle, H. M.: Einheit und Vielfalt elektronischer Kommunikationstechniken. In: telecom report. 1981, S. 169–174.
Suhre, H.: 75 Jahre Fernsprecher in Paderborn. Münster 1967. Hg.: Gesellschaft für deutsche Postgeschichte e. V.
Sworykin, A. A. u. a.: Geschichte der Technik. Moskau 1962/Leipzig 1964.
Szyperski, N./Nathusius, K.: Information und Wirtschaft. Frankfurt/New York 1975.
Thomson, S. P.: Philipp Reis, Inventor of the Telephon. New York 1883; dtsch. Übertragung von G. Fricke in: Archiv für deutsche Postgeschichte. 1963, H. 1, S. 3–67.
Tyszka, C. v.: Löhne und Lebenskosten in Westeuropa im 19. Jahrhundert. München/Leipzig 1914.
Ulrich, O.: Technischer Fortschritt und die Gesellschaft der Arbeitslosen. In: Technologie und Politik. Bd. 10, Hamburg 1980, S. 28–47.
Voigt, F.: Verkehr. Bd. 2, Berlin 1965.
Warneke, H. J./Lederer, K. G.: EDV-gesteuerte Fertigungskonzepte: Stand- und Entwicklungstendenzen. In: Maschinenmarkt. 1977, S. 1311–1313.
Weber, W.: Charles Babbage – Gedanken zu seiner Stellung in der Wirtschafts- und Sozialgeschichte Deutschlands und Englands in der ersten Hälfte des 19. Jahrhunderts. In: Technikgeschichte. 1969, S. 206–219.
Weiher, S. v.: Tagebuch der Nachrichtentechnik. Berlin 1980.
Weizenbaum, J.: Die Macht der Computer und die Ohnmacht der Vernunft. Frankfurt 1977.
Willers, A.: Aus der Frühzeit der Rechenmaschinen. In: Wissenschaftliche Zeitschrift der Techn. Hochschule Dresden. 1952/53, H. 2, S. 151–158.
Winkler, W.: Soziologische, organisatorische und arbeitsmarktpolitische Aspekte der Büroautomatisierung, Berlin 1979.
Wolter, H.: ADV Anwendungen, Qualifikation und gewerkschaftliche Bildungspolitik. Bremen 1980.
Zetsche, K. E.: Geschichte der Elektrischen Telegraphie. Berlin 1877.
Zuse, K.: Der Computer, mein Lebenswerk. München 1970.

Personen- und Sachregister

Abakus 12, 169 ff, 173
Absolutismus 194
Académie Royale des Sciences 187
Addiermaschine 200 ff
AEG 145, 156, 232
Aeneas 12, 29, 32 ff
Aiken, Howard 207
Aischylos 12, 24 f, 28
Akademie der Wissenschaften
(s. a. Académie Royale des Sciences, Royal Society) 16, 18, 87 f, 98, 130
Akkordarbeit 230, 238 f
Albert, Wilhelm 133
Alphabet 34, 36, 39 f, 45, 53, 86, 94, 101, 104, 125, 127 f
Altertum 10, 24, 26, 39, 43 ff, 123, 169, 173, 177
Amontons, Guillaume 15, 46
Ampère, André Marie 17, 91 f
Analytical Engine 204, 214
Arago, Dominique François Jean 91
Arbeitsbedingungen 7, 9 f, 146, 238, 247 f, 261
– intensivierung 223, 248, 261
– kräftemangel 194, 222 f
– leistung 176, 238
– losigkeit 230, 260
– markt 199
– maschine 82 f
– organisation 82, 201 f, 212, 223, 247 f, 260 f
– platzvernichtung 260
– teilung 82, 176, 194 f, 202, 205, 237 f, 243, 46 f, 252 f, 261
Aristoteles 12, 31
Arithmometer 195, 198, 200
Automatisierte Textverarbeitung 248, 256
Automatisierung 10, 148, 165, 211 f, 214, 221 f, 247, 254 f, 258, 268

Babbage, Charles 17, 202 ff, 214
Bain, Alexander 103 f, 128
Barock 176
Batterie 16, 102, 131, 134 f, 142, 145, 152, 155, 216, 228, 243
Baudot, Jean Maurice Emile 127
Bauelementeindustrie 253 f
Bell, Graham 20, 135 ff, 139 ff, 143 f, 151 ff, 268
Bergsträsser, Johann Andreas Benignus 15, 47
Berliner, Emil 21, 152, 164
Beschäftigungsabbau 260
Big business 222
Bildabtastung 21, 164
Bildschirmarbeit 7, 261
Bildschirmtext 7, 159
Billiglohnland 252, 255
Binärsystem 206
Börse 70, 113, 121, 145
Boole, George 19, 206
Boolesche Algebra 19, 206
Bourseul, Charles 19, 131
Braun, Antonius 193
Braun, Ferdinand 21, 164
Breguet, Louis François Clément 104
Brieftaube 45
Buchdruck 13, 45, 274
Buchstabencode 79
Büro 8, 10, 200 f, 211 f, 219, 221 f, 228, 230, 237 f, 240, 243 f, 246 ff, 256 f, 260
– angestellte(r) 237 f, 243, 248
– arbeit 7, 194, 202, 212, 223, 237, 244, 247 f, 257 f
– arbeiter 237, 247 f
Bürokratie 249, 256, 258, 262
Büromaschine 200, 212, 222
Büromaschinentechnik 200, 235
Burkhardt, Arthur 200
Burroughs, William Seward 201
Byzantinisches Reich 42 ff

Campillo, Francisco Salva Y 86
Chappe, Abraham 16, 47 ff
Chappe, Claude 16, 47 ff, 53, 71, 79 f
Chappe, Ignaz Urban 47 ff
Chappesches Wörterbuch 50, 79
Chiffrebuch s. Codebuch
Chip 208, 253
Codebuch (s. a. Chappesches Wörterbuch) 68, 71 ff, 79 ff
 – schriftverfahren 126
 – tafel 46, 53, 94, 97, 129
 – verfahren (s. a. Parallel-, Seriencodeverfahren) 39, 125 ff
Codierung 12, 34 f, 46, 71, 79 ff, 106, 109, 127 f
Comptometer 200
Cooke, William Fothergill 18, 101 ff, 125, 127
Coulomb, Charles Augustin 16, 85
Cunaeus, Andreas 15, 84
cursus publicus 41 ff

Dampfmaschine 15, 82 f, 274
Darius I. 31
Datenbank 7, 159, 222, 251, 256 f, 260
 – fernverarbeitung 161, 262
 – schutz 7, 264
 – typistin 244 f
 – verarbeitung (s. a. Elektronische Datenverarbeitung) 8, 10 f, 21, 164 f, 212, 216, 219, 221, 225 f, 234 f, 237 f, 244, 248, 251, 258, 263, 273
 – verarbeitungskonzern (s. a. Informationsverarbeitungsindustrie) 228, 237
 – verarbeitungstechnik 10 f, 164, 219, 237, 251
 – verbundsystem 222, 262 f
Davy, Humphrey 17, 91
Decodierung 67, 71, 73, 79 ff
Dehomag (Deutsche Hollerith Maschinen Gesellschaft) 22 f, 228, 230, 232 f, 235
Depesche s. Telegramm
Deutsch-Österreichischer Telegrafenverein (DÖTV) 19, 21, 109, 111, 116
Deutsches Kaiserreich 141
Dezimalsystem 13, 167 f, 178

Dienstleistung 224, 235, 247, 249, 251, 254, 256 f, 260 f
Difference Engine 203
Digitalprinzip 179
Diopter 34, 46
Dosenförmige Rechenmaschine 191 ff
Drahtlose Telefonie 154, 156 ff, 271
 – Telegrafie 21 f, 154 ff, 158
Dreißigjähriger Krieg 14, 182
Dualsystem 15, 167 f
Dufay 15, 84

Edgeworth, Richard Lowell 15, 47
Edison, Thomas Alva 10, 141, 152, 164
Eindimensionale Zeichendarstellung 81
Einheitstelegrafenapparat 21, 116
Eisenbahn 17 f, 20, 83 f, 97 f, 100 f, 103 f, 107, 111, 113 f, 125, 223
Electric Telegraph Company 19, 103
Elektrische Telegrafenlinie 18 f, 86, 107, 109, 111, 129, 144
 – Telegrafie 10, 81 f, 84, 97 f, 101, 103, 107, 109, 118, 122 f, 126 f, 129, 131, 163, 266, 268
Elektrischer Telegraf (s. a. Elektrochemischer, Elektromagnetischer, Elektrostatischer Telegraf, Nadel-, Zeigertelegraf) 84, 87 f, 100, 102, 107 f, 116 f, 122 ff, 130, 148, 266
Elektrizität 14 ff, 84 f, 87, 91, 123, 131, 135, 153, 216, 266
Elektrochemischer Telegraf 16, 88 f, 91 f, 100, 124, 266
Elektroindustrie (s. a. Schwachstromindustrie) 123, 252
Elektrokonzern 18, 110, 145
Elektrolytischer Telegraf s. Elektrochemischer Telegraf
Elektromagnetischer Telegraf (s. a. Nadel-, Zeigertelegraf) 18, 86, 91 f, 94 ff, 109 ff, 124, 267
Elektromagnetismus 91 f
Elektromechanischer Rechenautomat 23, 206
Elektronenröhre 22, 156 ff, 207 f
Elektronische Datenverarbeitung (EDV) 7 f, 168, 212, 221, 243 ff, 247 f, 256, 262

– Großrechenanlage 207
Elektronischer Rechenautomat 204, 207f, 210f, 219
Elektrostatik 84f
Elektrostatischer Telegraf 15ff, 85, 88, 124
Eniac 207f
Entschlüsselung s. Decodierung
Erster Weltkrieg 22, 148, 158, 232
Etzel, Franz August von 109

Fackel 24ff, 30f, 33f, 39, 45
– telegrafie 12, 14, 31, 35, 41
Faraday, Michael 18, 96
Felt, Dorr E. 200
Fernkopierer 7, 161, 256f
Fernmeldenetz 162
– satellit s. Satellit
– technik 164, 207, 216
– wesen 20, 141, 251
Fernrohr 14, 46, 51, 55f, 64ff, 76, 95
Fernschreiber 7, 22, 79, 100, 256f, 260, 268
Fernsehen 7, 23, 159, 161
Fernsprechamt 21, 145f
Fernsprechanschluß 20, 129f, 139, 143, 145f, 153, 256
Fernsprecher s. Telefon
Fernsprechgebühr 145, 268
– netz 20, 130, 145, 148, 158f
– technik 148, 158, 268
– wesen s. Telefonie
Feudalismus 44
Feuerdepesche 10, 24, 26, 34, 36
Feuertelegrafenlinie 12, 25f, 31, 40
Feuertelegrafie 12f, 27, 30, 36, 40, 42, 45
Flügeltelegraf 68f
Fourier, Joseph 130
Franklin, Benjamin 85
Französische Revolution 16, 47, 59, 62
Frauenarbeit 114, 146, 223, 243, 252, 260
– arbeitslosigkeit 260
Frequenzmultiplexverfahren 158, 270
Fronarbeit 40, 42
Frühkapitalismus 222
Fugger, Jakob 8
Funktelegrafie s. Drahtlose Telegrafie

Galilei, Galileo 14, 46
Galvani, Luigi 16, 86, 88
Galvanische Elektrizität 16, 86ff, 131, 133ff, 152
Galvanischer Telegraf s. Elektrochemischer Telegraf
Galvanisches Element 16, 87
Gauss, Carl Friedrich 18, 94ff, 100, 125f, 128
Gegensprechverkehr 153
Geheimhaltung 71, 79, 92, 158
Gerke, Friedrich Clemens 109, 128
Glasfaserleitungstechnik 81, 159
Gray, Elisha 15, 138f, 153
Großfunkstelle 22, 156
Großorganisation 249, 256, 258, 262
Gutenberg, Johann 45

Hahn, Philipp Matthäus 15, 191f, 194ff
Halske 124
Hamburger Alphabet 109, 128
Handkurbelantrieb 187ff, 195ff
Hauksbee 84
Heiliges Römisches Reich Deutscher Nation 44
Helmholtz, Hermann 131
Helmont, Franciscus Mercurius von 130
Henlein, Peter 13, 176
Henry, Joseph 18, 91, 129
Heron von Alexandrien 12, 177f
Hertz, Heinrich 21, 154
Hierarchie 237, 244, 248
Hitler, Adolf 159
Hodometer s. Wegmeßgerät
Hollerith, Herman 21, 23, 212, 214ff, 219f, 226ff, 230, 233, 237
Hollerithmaschine s. Lochkartenmaschine
Homer 26
Hooke, Robert 15, 46
Hufeisenmagnet 143f
Hughes, David Edward 19f, 141, 152
Huth 22, 158
Hydraulischer Synchrontelegraf 12, 32ff

IBM (International Business Machines Corporation) 21, 23, 207, 228, 235, 237

Indoeuropäische Telegrafenlinie 20, 120f
Industrialisierung 197f, 222, 237, 244
Industrielle Revolution 82, 84, 123, 194
Industrieroboter 7, 255
Informationstechnik 7ff, 39, 165, 211, 237, 249, 251, 253f, 256, 260ff, 274
Informationstheorie 127, 266
Informationsverarbeitungsindustrie 237, 251f, 262
Integrierte Schaltung 208, 210, 251, 253ff, 271, 273
Intelsat 160f, 163
Internationale Arbeitsteilung 252
Isolierung 89, 100

Jacquard, Joseph-Marie 16, 203, 213f

Kapitalismus (s. a. Frühkapitalismus) 10, 82, 84, 123, 194f, 243
Kapitalverwertung 223, 260
Karl der Große 13, 44
Kathodenstrahlröhre 21, 164
Kempelen, Wolfgang Ritter von 15, 130
Kepler 14, 179
Kessler, Franz 46
Kilby, Jack S. 210
Klappenschrank 146
Klappentelegraf 68, 70, 79
Kleist, Ewald Jürgen von 15, 84
Kleistsche Flasche s. Leidener Flasche
Kohlemikrofon 20, 141, 152f
Kolonialmacht 122
Kolumbus, Christoph 44
Kondensator s. Leidener Flasche
Konzentrationsprozeß 237, 251
Kostenentwicklung 253f
Kratzenstein, Christian Gottlieb 130

Lauffeuer 24f, 27
Leasing 228, 237
Lebensbedingungen 7, 9, 247
Leibniz, Gottfried Wilhelm 14f, 168, 178, 186ff, 194ff, 203f, 206, 216
Leidener Flasche 15, 84
Leistungskontrolle 240, 248
Leonardo da Vinci 13, 176f
Lesage, Louis 16, 86f
Leupold, Jakob 193
Lichtbogensender 22, 156

Lichttonverfahren 164
Lieben, Robert von 22, 156
Lieben-Röhre 156f, 271
Lippershey, Jan 46
Locharbeit 238ff, 245f
Locherin 238, 240f, 243ff
Lochkarte 203, 212ff, 221, 228, 230, 234ff, 238f, 241f, 244, 246
Lochkartenabteilung 243f
Lochkartengesteuerter Webstuhl s. Musterwebstuhl
Lochkartenmaschine (s. a. Tabelliermaschine) 21ff, 207, 212, 215ff, 225, 227f, 230, 232ff, 237f, 240ff, 246f
Lochkartensystem 21, 212, 219, 222, 224, 226ff, 230ff, 237f, 246f
Lochstreifen 205, 207, 214
Löschfunkensender 22, 156
Louvre 50, 55f, 71
Ludwig I. von Bayern 98
Lüdtge, Robert 20, 141, 152

Machtinstrument 59, 71, 111, 262
– politik 122f
Magnetische Induktion 96ff
Magnetometer 95
Magnettonverfahren 21, 164
Manipulation 262, 264
Manufaktur 82, 176, 194, 197, 247
Marconi, Guglielmo 21, 154ff
Mark I 207, 210
Marshall, Charles 85f
Massenproduktion 222, 252ff
Max I. von Bayern 61
Mechanische Rechenmaschine (s. a. Dosenförmige Rechenmaschine, Vierspezies-, Zweispeziesrechenmaschine) 17, 20, 165, 175, 178ff, 193ff, 205f
Mechanisierung 83, 168, 176, 189, 194f, 198, 212, 226, 247, 257f
Meißner, A. 271
Merkantilismus 186, 194, 223
Meyer, Friedrich Johann Lorenz 50
Mikroelektronik 210, 247, 252, 260
Mikrofon (s. a. Kohlemikrofon) 134, 140f, 268
Mikroprozessor 7, 208ff, 251, 255
Militär 16, 28, 30, 41f, 44, 48, 57, 59ff,

283

67, 69, 84, 87, 89, 109 ff, 122, 148, 156, 158, 205, 207, 234 f, 252
Mittelalter 44 f, 165, 173
Miniaturisierung 208, 210, 249
Monopol 122, 155, 200, 222, 262
Morse, Samuel Finley Breese 18, 39, 105 ff, 125 f, 128 f
Morsealphabet 106, 109, 128
Morseapparat s. Schreibtelegraf
Multiplikator 17, 91, 93 ff, 97
Murray, Lord George 16, 68, 70
Musschenbroek, Pieter van 15, 84
Musterwebstuhl 16, 203, 213 f, 274

Nachrichtenagentur 18 f, 122
– dienst 40 ff, 63, 158
– system 24, 41 ff, 47 f, 87, 101, 129 f, 153, 159
– technik 8, 10 f, 24, 30, 39 f, 42, 44, 62, 71, 82, 84 ff, 107, 145, 153, 165, 205, 237, 256, 265 f, 274
– theorie 123, 125, 266
Nadeltelegraf (s. a. Elektromagnetischer Telegraf) 18, 93 f, 97 f, 101 ff, 127
Napier 14, 174, 181
Napiersche Rechenstäbe 174 f, 181
Napoleon Bonaparte 59 ff, 69, 77, 87 f
Nationalkonvent 48 f, 53, 56 f, 71, 79
Nationalsozialismus 23, 159, 234
Nationalstaat 45, 47, 156, 237
Neokolonialismus 252
Neumann, J. 211
Nipkow, Paul 21, 164

Oersted, Hans Christian 17, 91 f
Ohm, Georg Simon 17, 92
Ohmsches Gesetz 92, 94
Ohrmodell 131 f
Optische Telegrafenlinie 16 ff, 48 f, 55, 57, 59 ff, 68 ff, 76 f, 87, 103, 108 f
– Telegrafie 15, 44 ff, 55, 59, 62, 68, 71, 79 f, 100, 111, 123
Optischer Telegraf (s. a. Flügel-, Hydraulischer Synchron-, Klappentelegraf) 14 ff, 19, 28, 39, 46 ff, 54 ff, 58, 62, 64, 66, 68 ff, 75, 77, 79 ff, 86 ff, 92, 97, 104, 122 f, 125

Parallelcodeverfahren 125 ff
Pascal, Blaise 14, 178, 182 ff, 191, 194, 197, 204, 216
Patent 15, 18, 20 f, 102 f, 106 f, 109, 137 ff, 143, 148, 155 f, 195, 212, 215 f, 218 f, 222, 226 ff
Peleponnesischer Krieg 31
Perseus 31
Personalinformationssystem 7, 262
Personenbezogene Daten 222, 225 ff, 234 ff, 260, 264
Philipp III. von Mazedonien 31
Phonograph 20, 164
Pistor, Carl Heinrich 62 f
Poleni, Giovanni 15, 193 f
Polybios 12, 32 ff, 39 f, 80
Postwesen (s. a. Staatspost) 20, 45, 141, 149
Poulsen, Valdemar 21 f, 156, 164
Preußische Telegrafeninstruktion 65 f, 71, 73, 79
Privater Telegraf 18, 70
Privates Telegrafennetz 19, 108, 114
Produktionssteigerung 176, 260
Produktivitätssteigerung 198, 207, 223, 247, 256, 261
Produktivkraft 83, 123, 264
Profitsteigerung 261
Programmgesteuerter Rechenautomat 202 f, 205 f
Prozeßrechner 211, 254

Radiotelefonie s. Drahtlose Telefonie
– telegrafie s. Drahtlose Telegrafie
Rathenau, Emil 145
Rationalisierung 10, 40, 165, 194 f, 199 f, 202, 222 f, 233, 238, 247 f, 256 ff, 260
Rechenautomat (s. a. Analytical Engine, Difference Engine, Elektromechanischer, Elektronischer, Programmgesteuerter Rechenautomat, Prozeßrechner) 12, 17, 202 ff, 206, 211 f
– brett 12, 165, 169, 173
– maschine (s. a. Dosenförmige, Elektrische, Mechanische Rechenmaschine, Sprossenrad-, Vierspezies-, Zweispeziesrechenmaschine) 14, 21,

170, 201 f, 211 f, 247
- meister 169, 173, 198
- pfennig 171, 173
- schieber 14, 174
- stein 168 f, 171
- stube 171
- tisch 168, 173, 187
Reibungselektrisiermaschine 84 ff
Reis, Philipp 19, 131 ff, 137, 141, 151, 153, 268 f
Relaisprinzip 151, 153
Relaisstation 31, 34, 36, 40, 161
Resonator 130
Revolution von 1848 70, 110
Richtfunk 163, 271
Riese, Adam 14, 173
Röhrensender 157, 271
Römisches Reich 41 ff
Ronalds, Francis 17, 86, 88, 124 f
Royal Society 14, 17, 187, 203
Rückhördämpfung 152 f
Rufeinrichtung 134 f
Ruhmer 164
Rundfunk 7, 22 f, 158 f, 161

Sachbearbeiter 247 f
Satellit 10, 160 f, 163, 271
Satellitenfunk 161, 271
- netz 161, 163
Schallplatte (s. a. Phonograph) 21
Schickard, Wilhelm 14, 178 ff, 185, 191, 194, 197, 216
Schilling von Canstatt, Paul 18, 89, 91 ff, 97, 101, 125 f
Schreibmaschine 7, 212, 216, 247, 256, 274
Schreibtelegraf 18, 105 ff, 116, 266 f
Schrift 9, 12, 36, 38, 40, 165, 274
Schwachstromindustrie 151
Schweigger, Johann Salomo Christian 17, 91
Scientific American 136 f, 141 f, 227
Seekabel (s. a. Tiefseekabel) 19, 116 ff, 270
Selbstwählsystem 148, 151, 163, 268
Selektionsverfahren 124 f, 127
Seriencodeverfahren 39, 125 f
Shannon, Claude 207

Siemens, Werner 18 f, 104, 109 f, 120 f, 128 ff, 143 f
Siemens & Halske 18, 110, 116, 143, 156
Signallinie s. Feuertelegrafenlinie
Sklavenarbeit 40 ff
Société d'Encouragement de l'Industrie Nationale 199
Sömmering, Samuel Thomas von 16, 87 ff, 91 f, 100, 124 f, 266
Soro-ban 170, 173
Soziale Kontrolle 258, 264
Sprechende Maschine 15, 130
Sprechkreis 152 f, 163
Sprossenradrechenmaschine 15, 193
Staatspost 42, 44 ff
Staatstelegrafennetz 19, 110 f, 113 f, 123
Staatsverwaltung 62, 89, 224, 234
Staffelwalze 14 f, 187 ff, 191, 193, 196 ff
Steinheil, Carl August 18, 98, 100 f, 106, 125 f, 128, 266 f
Stephan, Heinrich von 141 f
Stevin, Simon 173
Strowger, Almon B. 21, 148

Tabelliermaschine 23, 233, 238, 243 f
Taschenrechner 7, 253 f
Technische Revolution 84, 247
Telefon 7, 19 f, 133 ff, 148 f, 151, 153, 159, 161, 164, 256 f, 260, 268 f
Telefonanschluß s. Fernsprechanschluß
Telefonbuch 145
Telefonie (s. a. Drahtlose Telefonie) 10, 82, 84, 129 f, 139, 142 ff, 149, 151, 153, 156, 159, 161, 163, 223, 266, 268
Telefonistin 146 f
Telefunken 22, 156, 158 f
Telegraf s. Elektrischer, Elektrochemischer, Elektromagnetischer, Elektrostatischer Telegraf, Flügeltelegraf, Hydraulischer Synchrontelegraf, Klappen-, Nadeltelegraf, Optischer, Privater Telegraf, Schreib-, Zeigertelegraf
Telegrafenalphabet (s. a. Hamburger Alphabet, Morsealphabet, Zweizeilenpunktschrift) 55, 109, 127 f
Telegrafenbeamter s. Telegrafist
- dienst 55, 77, 113 f
- expedition 67, 71, 74 f

- gebühr 111, 113
- linie s. Elektrische Telegrafenlinie, Feuertelegrafenlinie, Indoeuropäische, Optische Telegrafenlinie
- netz (s. a. Privates Telegrafennetz, Staatstelegrafennetz) 20, 58, 61f, 68, 110f, 116, 141, 144, 268
- relais 129f
- station (s. a. Relaisstation) 18, 55ff, 62ff, 73, 75, 77, 81, 111, 113
- wörterbuch s. Codebuch

Telegrafie (s. a. Drahtlose, Elektrische Telegrafie, Fackeltelegrafie, Optische Telegrafie) 125, 129f, 149, 153f, 159, 161, 223
Telegrafiergeschwindigkeit s. Übertragungsgeschwindigkeit
Telegrafist 51, 55, 64ff, 71, 73, 80, 92, 94, 103, 113f, 116, 121, 131
Telegramm (s. a. Feuerdepesche) 19, 50ff, 55, 59ff, 66ff, 73ff, 79f, 111, 113f, 119, 128ff, 144f, 148f
Telegraphen-Corps 67f
Telegrapheneid 67
Thomas, Charles Xavier 17, 20, 195ff
Thukydides 30f
Tiefseekabel (s. a. Seekabel) 10, 118f, 121, 154, 161, 163
Transistor 208, 210, 253f
Trustbildung 21, 222

Übertragungsdichte 123, 127
- geschwindigkeit 77, 79f, 92, 103, 105, 116, 123, 125, 249, 266, 268
- qualität 36, 141, 158
Uhr 13, 66, 86, 98, 105f, 175f

Verkehrswesen 30, 41f, 45, 82ff, 101, 223
Vermittlungsstelle 140, 145ff, 162, 268f
Vermögenskonzentration 222
Verschlüsselung s. Codierung
Verstärkerröhre s. Elektronenröhre
Verwaltung (s. a. Staatsverwaltung) 10, 202, 211f, 219, 221, 223, 227f, 230, 232, 234f, 237f, 240, 243f, 246ff, 251, 254, 256, 258, 260ff
Vierspeziesrechenmaschine 14, 191

Vitruvius 12, 177f
Volksempfänger 23, 159
Volkszählung 12, 21ff, 212, 215ff, 224ff, 230, 234ff, 238ff, 246
Volta, Alessandro 16, 86f
Voltasche Säule 16, 87, 93, 96

Wandlerprinzip 151, 153
Warenproduktion 45, 83, 176
Wasseruhr-Fackelsystem s. Hydraulischer Synchrontelegraf
Weber, Wilhelm 18, 94ff, 100, 125f, 128
Wechselsprechverkehr 153
Wegmeßgerät 12f, 177f
Weltmarkt 83, 118, 252
Weltpostverein 141
Weltwirtschaftskrise 233
Werkzeugautomat 255
Wetterkartenschreiber 267f
Wheatstone, Charles 18, 101ff, 124f, 127, 129
Wiener, Norbert 207
Wiener Kongreß 17, 62
Wilhelm II. 156
Wilkins, John 130
Willis, Robert 130
Winkler, Johann Heinrich 85
Wirtschaftskrise (s. a. Weltwirtschaftskrise) 148, 256

Zählrad 12f, 178, 194, 203, 206
Zahlensystem 9, 165, 167f, 206
Zehnerübertrag 180f, 183ff, 191, 194, 196, 204
Zeigertelegraf (s. a. Elektromagnetischer Telegraf) 18, 103ff, 110, 124, 266
Zensus s. Volkszählung
Zentralisierung 234, 246
Zentralstaat 24, 44
Zifferncode 79f, 106
Zollverein 17f, 83, 100
Zuse, Konrad 23, 205ff, 273
Zweidimensionale Zeichendarstellung 80f
Zweispeziesrechenmaschine 14, 185
Zweiter Weltkrieg 23, 159, 205, 235
Zweizeilenpunktschrift 100f

Bildquellen

1. a) Kolorierte Zeichnung von Narziss Renner (auf Pergament) – um 1517. Aus dem Schwarzschen Trachtenbuch. Herzog Anton Ulrich-Museum, Braunschweig. Museumsfoto von B. P. Keiser
Foto: Siemens-Museum, München
2. Graphik von B. Boissel, München (nach Entwurf von R. Oberliesen)
3. Karte von L. Vesely, München
4. Stahlstich aus A. Belloc: La télégraphie historique ... Paris 1888. Abb. 1, S. 3
5. Stahlstich aus A. Belloc: La télégraphie historique ... Paris 1888. Abb. 2, S. 9
6. a) Zeichnung aus H. Diels: Antike Technik. Sieben Vorträge. Leipzig, Berlin 1924. Abb. 34, S. 26
b) Tafel aus Th. Karrass: Geschichte der Telegraphie, Bd. 1. Braunschweig 1909. Abb. 8, S. 26
7. Tafel aus K. Menninger: Zahlwort und Ziffer. Eine Kulturgeschichte der Zahl, Bd. 2. Göttingen, Vandenhoeck & Ruprecht 1958. S. 70
Tafel nach H. Kaufmann: Die Ahnen des Computers. Von der phönizischen Schrift zur Datenverarbeitung. Düsseldorf, Wien, Econ Verlag 1974. Abb. 1,4; S. 31
8. Karte von L. Vesely, München
9. Kupferstich aus F. Keßler: Unterschiedliche bißhero mehrern Theils Secreta oder verborgene geheime Künste. Oppenheim 1615 (Drucker H. Gallern). Bei S. 32
10. Stahlstich aus A. Belloc: La télégraphie historique ... Paris 1888. Abb. 17, S. 69 (Ausschnitt)
11. Stahlstich aus A. Belloc: La télégraphie historique ... Paris 1888. Abb. 22, S. 91
12. Stahlstich aus A. Belloc: La télégraphie historique ... Paris 1888. Abb. 40, S. 201
13. Zeichnungen von L. Vesely, München
14. a) Kupferstich aus: Beschreibung und Abbildung des Telegraphen, oder der neuerfundenen Fernschreibemaschine in Paris, erfunden von Herrn Chappe. Nach dem Pariser Original. Augsburg 1801. Taf. 4
b) Tafel: Musée postal de Paris. Hier aus H. Gachot: Le télégraph optique de Claude Chappe ... Saverne, Imprimerie & Édition Savernoise 1967. Abb. 16, S. 36
15. Kolorierte Zeichnung – um 1800. Deutsches Museum, Plan-Sammlung. Foto: DM München, Bildstelle
16. Stahlstich aus A. Belloc: La télégraphie historique ... Paris 1888. Abb. 32, S. 147
17. Stahlstich aus A. Belloc: La télégraphie historique ... Paris 1888. Abb. 24, S. 104
18. Dokumente aus: Archives administratives de Strassbourg. Hier aus H. Gachot: Le télégraph optique de Claude Chappe ... Saverne, Imprimerie & Édition Savernoise 1967. Abb. 35, S. 108 (a); Abb. 28, S. 93 (b); Abb. 29, S. 95 (c)
19. Tafel aus H. Pieper: Aus der Geschichte der Nachrichtentechnik von der Antike bis zur Gegenwart – unter besonderer Berücksichtigung der Entwicklung der optischen Telegraphie in Frankreich und Preußen. In: Schriften zur Rheinisch-Westfälischen Wirtschaftsgeschichte, Bd. 25. Köln, Rheinisch-Westfälisches Wirtschaftsarchiv 1973. S. 38
20. Karte von L. Vesely, München
21. a) Karte von L. Vesely, München
b) Zeichnung aus W. Ortmann: Fernmeldekunst von eins bis zum Ende der optischen Telegraphie vor hundert Jahren. In: Zeitschrift f. d. Post- und Fernmeldewesen, Jg. 1. Frankfurt/M 1949. Hf. 17, S. 421
22. Kupferstich – um 1837. Siemens-Museum, München
23. a) Stahlstich aus Th. Karrass: Geschichte der Telegraphie, Bd. 1. Braunschweig 1909. Abb. 3, S. 12
b) Stahlstich aus Veredarius: Das Buch von der Post. Entwickelung und Wirken der Post und Telegraphie im Weltverkehr. Berlin 1894. S. 192
24. Kolorierte Zeichnung – um 1845. Siemens-Museum, München
25. Karte von L. Vesely, München
26. Holzschnitt aus H. Schellen: Der elektromagnetische Telegraph in den einzelnen Stadien seiner Entwicklung ... Braunschweig 1850. Abb. 3, S. 11
27. Wörterbuch des preußischen optischen Telegraphen – um 1835. Archiv des Bundesministeriums für Post u. Fernmeldewesen. Hier aus Siemens-Museum, München
28. Tafel aus W. Ortmann: Fernmeldekunst von einst bis zum Ende der optischen Telegraphie vor hundert Jahren. In: Zeitschrift für das Post- und Fernmeldewesen, Jg. 1. Frankfurt a. M. 1949. Hf. 17, S. 423
29. Telegraphische Depesche – 1840. Archiv Hans Pieper, Kirchheim
30. Telegraphische Depesche – 1811. Archiv Henri Gachot, Straßburg
31. a) Holzschnitt aus H. Schellen: Der elektromagnetische Telegraph in den einzelnen Stadien seiner Entwicklung ... Braunschweig 1850. Abb. 3, S. 11
b) Kupferstich aus J. L. Boeckmann: Ver-

such ueber Telegraphic und Telegraphen ... Carlsruhe 1794. Taf. 2 (Ausschnitt)
c) Holzschnitt aus H. Schellen: Der elektromagnetische Telegraph in den einzelnen Stadien seiner Entwicklung ... Braunschweig 1850. Abb. 4, S. 12
32 Zeichnung L. Vesely, München
33 Zeichnung nach Angaben des Anonymus C. M. (wahrscheinlich Charles Marshall) in Scots Magazin, Bd. 15, 1753, S. 78 aus V. Aschoff: Frühe Vorschläge für eine elektrische Nachrichtenübertragung aus der Mitte des 18. Jahrhunderts. In: AEÜ (Archiv für Elektronik und Übertragungstechnik), Bd. 31. Stuttgart 1977. Hf. 9, Abb. 5, S. 332
34 Stahlstich aus: La lumière électrique. Journal universel d'électricité (Hg. Th. du Moncel), Jg. 5, Bd. 8. Paris 1883. Abb. 1, S. 261
35 Zeichnung aus V. Aschoff: Die elektrische Nachrichtentechnik im 19. Jahrhundert. In: Technikgeschichte, Bd. 33, Nr. 4. Düsseldorf, VDI-Verlag 1966. Abb. 1b, S. 404
36 Zeichnung von S. Th. Soemmering aus seinem Tagebuch – 8. 7. 1809. Hier aus W. Soemmering: Der elektrische Telegraph als deutsche Erfindung S. Th. von Soemmering's aus dessen Tagebüchern nachgewiesen. Frankfurt a. M. 1863. S. 9
37 Holzschnitt und Text aus W. Soemmering: Der elektrische Telegraph als deutsche Erfindung S. Th. Soemmering's aus dessen Tagebüchern nachgewiesen. Frankfurt a. M. 1863. S. 23
38 Kopie (ausgefertigt 1873) der Konstruktionszeichnung von Schilling v. Canstadt aus dem Jahre 1832. Original in der Akademie der Wissenschaften, Leningrad. Hier aus E. Feyerabend: Das Telegraph von Gauß und Weber in Werden der elektrischen Telegraphie. Berlin 1933. Abb. 7, S. 21 (Ausschnitt)
39 a) Zeichnung nach A. A. Sworykin, N. I. Osmova, W. I. Tschernyschew u. S. W. Schuchardin: Geschichte der Technik. Leipzig, VEB Fachbuchverlag 1964. Abb. 85, S. 211
b) Kupferstich von Ch. Jacquet nach der Zeichnung von L. Leger aus: La lumière électrique. Journal universel d'électricité (Hg. Th. du Moncel), Jg. 5, Bd. 8. Paris 1883. Nr. 11, Abb. 12, S. 337
40 Tafel aus A. V. Jarockij: Pavel L'vovič Šilling. 1786–1837. Moskau, Akademie der Wissenschaften der UdSSR 1963
41 Stahlstich aus: Abbildungen zur Allgemeinen Bauzeitung (Hg. Chr. Fr. L. Förster), Jg. 13. Wien 1848. Bl. 203, Fig. 1
42 Kupferstich von A. Karcher nach der Zeichnung von Seybert aus: Kupfer-Atlas zu Johann Samuel Traugott Gehler's Physikalischem Wörterbuche, 2. Aufl., Bd. 9. Leipzig 1842. Taf. 3, Fig. 15
43 Tafel aus H. Schellen: Der elektromagnetische Telegraph in den einzelnen Stadien seiner Entwicklung ... Braunschweig 1850. S. 84
44 a) Lithographie von H. Moltrecht aus C. A. Steinheil: Ueber Telegraphie, insbesondere durch galvanische Kräfte. Eine öffentliche Vorlesung gehalten in der festlichen Sitzung der Königl. Bayerischen Akademie der Wissenschaften am 25. August 1838. München 1838. Taf. 1, Fig. 1 (Ausschnitt)
b) Zeichnung: Graphische Abteilung des Deutschen Museums München
45 Lithographie von H. Moltrecht aus C. A. Steinheil: Ueber Telegraphie, insbesondere durch galvanische Kräfte. Eine öffentliche Vorlesung gehalten in der festlichen Sitzung der Königl. Bayerischen Akademie der Wissenschaften am 25. August 1838. München 1838. Taf. 1, Fig. 1 (Ausschnitt)
46 Stahlstich aus: Abbildungen zur Allgemeinen Bauzeitung (Hg. Chr. Fr. L. Förster), Jg. 13. Wien 1848. Bl. 204, Fig. 3, 4, 5
47 Stahlstich aus J. Noebels, A. Schluckebier u. O. Jentsch: Telegraphie und Telephonie. In: Handbuch der Elektrotechnik (Hg. C. Heinke), Bd. 12. Leipzig 1901. Abb. 8, S. 17
48 Stahlstich aus J. Noebels, A. Schluckebier u. O. Jentsch: Telegraphie und Telephonie. In: Handbuch der Elektrotechnik (Hg. C. Heinke), Bd. 12. Leipzig 1901. Abb. 9, S. 19
Sendetypen aus L. Figuier: Les merveilles de la science, Bd. 2. Paris – um 1900. Abb. 43, S. 109
49 Zeichnung aus J. Noebels: Geschichtlicher Entwicklungsgang der elektrischen Telegraphen. In: Archiv für Post- u. Telegraphie. Beihefte zum Amtsblatt des Reichs-Postamts, Nr. 24. Berlin 1888. S. 767
50 Anzeige aus: Hamburger Zeitung – 30. 6. 1847
51 Holzschnitt aus: L'Illustration, Bd. 9. Paris 1847. S. 260
52 Morsealphabet aus: Der große Knaur, Bd. 3. München, Zürich, Droemersche Verlagsanstalt Th. Knaur Nachf. 1967. S. 290
53 a) Zeigertelegraph von Siemens – 1847. Aus den Sammlungen des Deutschen Museums; Fachgebiet: Nachrichtentechnik; Bereich: Geschichte der Telegraphie. Foto: Siemens-Museum, München
b) Titelblatt des Prospektes von Siemens &

Halske. Foto: Siemens Museum, München

54 Tafeln aus: Beilage 1 zum Bericht der Kommission zur Anstellung von Versuchen mit elektromagnetischen Telegraphen vom 13. Juni 1848

55 Tafel aus K. Knies: Der Telegraph als Verkehrsmittel. Mit Erörterungen über den Nachrichtenverkehr überhaupt. Tübingen 1857. S. 167

56 Tafel aus K. Knies: Der Telegraph als Verkehrsmittel. Mit Erörterungen über den Nachrichtenverkehr überhaupt. Tübingen 1857. S. 182

57 Tafel aus H. Pieper: Aus der Geschichte der optischen Telegraphie und die Anfänge des elektromagnetischen Telegraphen. In: Archiv für deutsche Postgeschichte. Frankfurt a. M., Gesellschaft für deutsche Postgeschichte e. V. 1967. Hf. 2, S. 55 (Ausschnitt)

58 a, c) Lithographien aus D. Lardner: Populäre Lehre von den elektrischen Telegraphen ... (dtsch. Bearbeitung C. Hartmann). In der Bücherreihe: Neuer Schauplatz der Künste und Handwerke, Bd. 228. Weimar 1856. Taf. 2, Fig. 34 (a) und Fig. 33 (c)
b) Stahlstich aus A. Belloc: La télégraphie historique ,.. Paris 1888. Abb. 52, S. 235

59 Stahlstiche aus Ch. Bright: Submarine telegraphs. Their history, construction, and working. London 1898. Abb. 40, S. 92 (a); Abb. 36, S. 85 (b)

60 Kupferstich aus der Sammlung Sigfrid von Weiher, München

61 Transatlantische Depesche – 1858. Hier aus Ch. Bright: Submarine telegraphs. Their history, construction, and working. London 1898. S. 49

62 Karte der Indo-Europäischen Telegraphenlinie London–Kalkuta, 1870–1931. Siemens-Museum, München

63 Transatlantische Telegraphenverbindungen von Europa nach Nordamerika – Stand 1894. Karte aus Ch. Bright: Submarine Telegraphs. Their history, construction, and working. London 1898. Bl. 9 bei S. 142 (Ausschnitt)

64 Stahlstich von E. Tournois aus: La lumière électrique. Journal universel d'électricité (Hg. Th. du Moncel), Jg. 5, Bd. 8. Paris 1883. S. 19

65 Stahlstich aus A. Belloc: La télégraphie historique ... Paris 1888. Abb. 69, S. 313

66 Zeichnung aus V. Aschoff: Die elektrische Nachrichtentechnik im 19. Jahrhundert. In: Technikgeschichte, Bd. 33, Nr. 4. Düsseldorf, VDI-Verlag 1966. Abb. 1, S. 404

67 Zeichnungen aus V. Aschoff: Die elektrische Nachrichtentechnik im 19. Jahrhundert. In: Technikgeschichte, Bd. 33, Nr. 4. Düsseldorf, VDI-Verlag 1966. Abb. 2, S. 405 (a, b); Abb. 4, S. 408 (c, d)

68 Zeichnungen aus V. Aschoff: Nachrichtenübertragungstechnik. Berlin, Heidelberg, New York, Springer-Verlag 1968. S. 9

69 Tafel aus H. Pieper: Carl August von Steinheil, der vergessene Begründer der wissenschaftlichen Nachrichtentechnik. In: Technikgeschichte, Bd. 37, Nr. 4. Düsseldorf, VDI-Verlag 1970. 348

70 Zeichnungen aus V. Aschoff: Die elektrische Nachrichtentechnik im 19. Jahrhundert. In: Technikgeschichte, Bd. 33, Nr. 4. Düsseldorf, VDI-Verlag 1966. Abb. 11, S. 416

71 Graphik aus V. Aschoff: Die elektrische Nachrichtentechnik im 19. Jahrhundert. In: Technikgeschichte, Bd. 33, Nr. 4. Düsseldorf, VDI-Verlag 1966. Abb. 10, S. 416

72 Holzstiche aus S. P. Thompson: Philipp Reis, Inventor of the telephon 1883. Hier aus: Archiv für deutsche Postgeschichte. Frankf. a. M., Gesellschaft für deutsche Postgeschichte e. V. 1963. Hf. 1, Abb. 2, 3, 4, 5, S. 9

73 Holzstich nach der Zeichnung von Ph. Reis – 1863 (aus dem Prospekt der Firma Wilhelm Albert in Frankfurt a. M.). Hier aus: Archiv für deutsche Postgeschichte. Frankfurt a. M., Gesellschaft für deutsche Postgeschichte e. V. 1963. Hf. 1, Abb. 29, S. 33

74 Skizze von Ph. Reis aus seinem Brief an den Instrumentenbauer W. Ladd in London – Juli 1863. Hier aus: Journal of the Society of Telegraph – Engineers, Bd. 12. London, New York 1883. S. 72

75 Titelseite aus: Scientific American, Jg. 36. New York 1877. Nr. 14 – 6. Oktober

76 Zeichnung aus der amerikanischen Patentschrift Nr. 174.465 von A. G. Bell – 7. 3. 1876. Bl. 2, Fig. 1

77 a) Zeichnung aus dem amerikanischen Caveat von El. Gray – 14. 2. 1876
b) Schematische Zeichnung aus G. B. Prescott: The speaking telephone, electric light and other recent electrical inventions. New York, London 1879. Abb. 6, S. 16 (Ausschnitt)

78 Stahlstich aus A. Belloc: La télégraphie historique ... Paris 1888. Abb. 62, S. 279

79 Foto: Deutsches Museum München – Bildstelle

80 Zeichnung von W. v. Siemens – 1878. Siemens-Museum, München

81 Stahlstich aus: La lumière électrique. Journal universel d'électricité (Hg. Th. du Moncel), Jg. 5, Bd. 9. Paris 1883. Nr. 21, S. 111

82 Foto – um 1905. Siemens-Museum, München
83 Zeichnungen aus V. Aschoff: Die elektrische Nachrichtentechnik im 19. Jahrhundert. In: Technikgeschichte, Bd. 33, Nr. 4. Düsseldorf, VDI-Verlag 1966. Abb. 12, S. 417
84 Graphik nach E. Feyerabend: 50 Jahre Fernsprecher in Deutschland 1877–1927. Abb. 123, S. 145
85 Graphik nach E. Feyerabend: 50 Jahre Fernsprecher in Deutschland 1877–1927. Berlin 1927. Abb. 126, S. 173
86 Fotos aus E. Feyerabend: 50 Jahre Fernsprecher in Deutschland 1877–1927. Berlin 1927. Abb. 51, S. 68 u. Abb. 53, S. 70
87 a) Zeichnung aus V. Aschoff: Einführung in die Nachrichtenübertragungstechnik. Berlin, Heidelberg, New York, Springer-Verlag 1968. Abb. 3.2 (a), S. 21
   b) Zeichnung nach G. B. Prescott: The speaking telephone, electric light and other recent electrical inventions. New York, London 1879. Abb. 49, S. 71
88 Zeichnungen aus V. Aschoff: Die elektrische Nachrichtentechnik im 19. Jahrhundert. In: Technikgeschichte, Bd. 33, Nr. 4. Düsseldorf, VDI-Verlag 1966. Abb. 7, S. 413
89 Zeichnungen nach V. Aschoff: Die elektrische Nachrichtentechnik im 19. Jahrhundert. In: Technikgeschichte, Bd. 33, Nr. 4. Düsseldorf, VDI-Verlag 1966. S. 415
90 Zeichnung: Fernmeldetechnisches Zentralamt der Deutschen Bundespost, Referat S 14. Darmstadt 1982
91 Zeichnung: Graphische Abteilung des Deutschen Museums, München
92 Relaislampe von Lieben/Reisz – 1910. Aus den Sammlungen des Deutschen Museums; Fachgebiet: Nachrichtentechnik; Bereich: Geschichte der Funktechnik. Foto: DM München, Bildstelle
93 Erster Röhren-Sender für Telephonie von A. Meisner (mit gasgefüllter Liebenröhre) – 1913. Aus den Sammlungen des Deutschen Museums; Fachgebiet: Nachrichtentechnik; Bereich: Geschichte der Funktechnik. Foto: DM München, Bildstelle
94 Zeichnung: Fernmeldetechnisches Zentralamt der Deutschen Bundespost, Referat S 14. Darmstadt 1981
95 Zeichnung: Siemens-Museum, München
96 Zeichnung: Siemens-Museum, München
97 Zeichnung: Fernmeldetechnisches Zentralamt der Deutschen Bundespost, Referat S 14. Darmstadt 1981
98 Tafeln nach K. Menninger: Zahlwort und Ziffer. Eine Kulturgeschichte der Zahl, Bd. 2. Göttingen, Vandenhoeck & Ruprecht 1958. S. 233
99 Tafeln aus K. Ganzhorn u. W. Walter: Die geschichtliche Entwicklung der Datenverarbeitung. Stuttgart, IBM Deutschland 1975. Abb. 1, S. 6
100 Tafel aus K. Ganzhorn u. W. Walter: Die geschichtliche Entwicklung der Datenverarbeitung. Stuttgart, IBM Deutschland 1975. Abb. 6, S. 10
101 Zeichnung nach der griechischen sgn. Dariusvase – vermutlich 4. Jh. v. Chr. Original in Museo Nazionale, Neapel. Hier aus R. Forrer: Reallexikon der prähistorischen, klassischen und frühchristlichen Altertümer. Berlin, Stuttgart 1907. Taf. 48 (Ausschnitt)
102 Relief auf einem in Trier gefundenen römischen Grabmalquader – aus der Zeit der Flavier (69–96 n. Chr.). Foto: Landesmuseum Trier
103 Römischer Handabakus aus Bronze (80 × 125 mm) – Thermenmuseum, Rom. Hier aus K. Menninger: Zahlwort und Ziffer. Eine Kulturgeschichte der Zahl, Bd. 2. Göttingen, Vandenhoeck & Ruprecht 1958. S. 113
104 Japanisches Rechenbrett (85 × 390 × 20 mm). Sammlungen des Deutschen Museums, Fachgebiet: Datenverarbeitung, Bereich: Digitale Rechenhilfsmittel. Foto: DM München, Bildstelle
105 Titelblatt mit Holzschnitt aus A. Ries: Rechnung auff der Linihen und Federn, auff allerley handthierung gemacht ... Erfurt 1533 (Drucker Melchior Sachse)
106 Rechenbeispiele aus A. Ries: Rechnung auff der Linihen und Federn, auff allerley handthierung gemacht ... Erfurt 1533 (Drucker Melchior Sachse)
107 Neper'sche Rechenstäbchen – Ende des 18. Jh. Aus den Sammlungen des Deutschen Museums, Fachgebiet: Datenverarbeitung, Bereich: Digitale Rechenhilfsmittel. Foto: DM München, Bildstelle
108 Astronomische Standuhr (Kalenderuhr) – 1592. Aus den Sammlungen des Deutschen Museums, Fachgebiet: Zeitmessung; Bereich: Mechanische Räderuhren. Foto: DM München, Bildstelle
109 a, b) Zeichnungen aus H. Diels: Antike Technik. Sieben Vorträge. Leipzig, Berlin 1924. Abb. 28, S. 66 (a); Abb. 29, S. 67 (b)
    c) Zeichnung von Leonardo da Vinci – um 1505. Codex atlanticus, Bl. 1 r–a (Ausschnitt). Biblioteca Ambrosiana, Mailand
110 Zeichnung von W. Schickard – 1623. Schickards Nachlaß, Landesbibliothek Stuttgart. Cod. hist. 4° 203. Hier aus Fr. Hammer: Nicht Pascal, sondern Tübinger Professor Wilhelm Schickard erfand die Re-

chenmaschine. In: Büromarkt, Jg. 13. Aachen 1958. Hf. 20, S. 1024

111 a) Zeichnung von W. Schickard – 25. 2. 1624. Sternwarte Pulkowo (Leningrad), Kepler Mss., Bd. 20, Bl. 117v. Hier aus Johannes Kepler: Gesammelte Werke, Bd. 18 (Hg. M. Caspar). München, C. H. Beck'sche Verlagsbuchhandlung 1959. S. 170
b) Rechenmaschine von W. Schickard – Rekonstruktion von Baron v. Freytag-Löringhoff, gebaut 1958–60 im Institut für Schwingungsforschung der Universität Tübingen von K. Epple und Mitarbeitern. Aus den Sammlungen des Deutschen Museums; Fachgebiet: Datenverarbeitung; Bereich: Mechanische Rechenmaschinen. Foto: DM München, Bildstelle

112 Zeichnung aus: Von Abakus zum Computer. Stuttgart, IBM Deutschland 1975

113 Nachbildung der Rechenmaschine von Bl. Pascal – 1642 (Original im Musée du Conservatoire National des arts et métiers, Paris). Aus den Sammlungen des Deutschen Museums; Fachgebiet: Datenverarbeitung; Bereich Mechanische Rechenmaschinen. Foto: DM München, Bildstelle

114 Kupferstich von Bénard aus: L'Encyclopédie – Recueil de planches sur les sciences, les arts libéraux et les arts méchaniques, Bd. 5. Paris 1767. Algèbre et arithmétique, Bl. 2

115 Zeichnung aus: Von Abakus zum Computer. Stuttgart, IBM Deutschland 1975

116 Kupferstich von Herisset nach einer Zeichnung von M. Gallon aus: Machines et inventions approuvées par L'Académie royal des sciences ... (Hg. M. Gallon), Bd. 4. Paris 1735. Nr. 262 (aus dem Jahr 1725), Bl. 1, bei S. 140

117 Nachbildung der Rechenmaschine von G. W. Leibniz – gebaut in den zwanziger Jahren bei Grimme u. Co. A. G. Braunschweig (Original – 1694, in der Nachlaßsammlung der Niedersächsischen Landesbibliothek Hannover). Aus den Sammlungen des Deutschen Museums; Fachgebiet: Datenverarbeitung; Bereich: Mechanische Rechenmaschinen. Foto: DM München, Bildstelle

118 Zeichnung von L. v. Mackensen zu seinem Vortrag: Von Pascal zu Hahn. Die Entwicklung der Rechenmaschinen im 17. u. 18. Jahrhundert. In: 350 Jahre Rechenmaschine. Vorträge eines Festkolloquiums der Universität Tübingen (Hg. M. Graef). München, Carl Hanser Verlag 1973. Abb. 2.6, S. 104

119 Zeichnung nach Gerke: Die Leibniz'sche Rechenmaschine. In: Zeitschrift für Vermessungswesen, Bd. 9. Stuttgart 1880. S. 308. (Ergänzt durch W. Jordan – 1887 und L. v. Mackensen – 1973)

120 Zeichnung von W. Lange aus seinem Artikel: Die Kostbarkeiten im Landesarchiv Hannover. In: Burghagens Zeitschrift für Bürobedarf, Jg. 61. Hamburg 1958. Nr. 976, Abb. 2, S. 718/719

121 Kolorierte Zeichnung von Bischoff aus seinem Manuskript: Versuch einer Geschichte der Rechenmaschine. Ansbach 1804. Taf. 22 (Original verbrannt während des II. Weltkrieges in der Technischen Hochschule Berlin). Foto: DM München, Bildstelle

122 Rechenmaschine von Ph. M. Hahn, gebaut von Schuster (1789–92). Aus den Sammlungen des Deutschen Museums; Fachgebiet: Datenverarbeitung; Bereich: Mechanische Rechenmaschinen. Foto: DM München, Bildstelle

123 Zeichnung aus I. A. Poletajew: Kybernetik. Berlin, VEB Deutscher Verlag der Wissenschaften 1963. Abb. 52, S. 170

124 Rechenmaschine Arithmomèter von Chr. X. Thomas aus Colmar – 1818. Aus den Sammlungen des Deutschen Museums; Fachgebiet: Datenverarbeitung; Bereich: Mechanische Rechenmaschinen. Foto: DM München, Bildstelle

125 Stahlstiche aus Fr. Reuleaux: Die Thomas'sche Rechenmaschine. In: Der Civilingenieur. Zeitschrift für das Ingenieurwesen, Bd. 8 (Neue Folge). Freiberg 1862. Taf. 11, Fig. 1 (b) u. Fig. 2 (a)

126 Zeichnungen von L. v. Mackensen nach Angaben in: Bulletin de la Société d'Encouragement pour l'industrie nationale, Jg. 50 (1851) und Jg. 78 (1879). Hier aus: Technikgeschichte, Bd. 36. Düsseldorf, VDI-Verlag 1969. Nr. 2, Abb. 2, S. 96 (a) u. Abb. 1, S. 92 (b)

127 Foto aus H. Glade u. K. Manteuffel: Am Anfang stand der Abacus. Aus der Kulturgeschichte der Rechengeräte. Leipzig, Jena, Berlin, Urania-Verlag 1973. Bei S. 113

128 Ein Teil des ersten Modells der Rechenmaschine von Ch. Babbage – 1823/24. Original im Science Museum, London. Foto: Science Museum, London

129 Rekonstruktion der ersten programmgesteuerten Rechenanlage ZUSE Z 3 (1939/ 1941). Aus den Sammlungen des Deutschen Museums; Fachgebiet: Datenverarbeitung; Bereich: Digitale Rechenanlagen. Foto: DM München, Bildstelle

130 Der erste Rechenautomat in Röhrentechnik ENIAC (Electronical Numerical Integrator and Computer) – 1946. Foto: Siemens-Museum, München

131 Foto: Siemens-Museum, München

132 Zeichnungen aus K. Ganzhorn u. W. Walter: Die geschichtliche Entwicklung der Datenverarbeitung. Stuttgart, IBM Deutschland 1975. Abb. 49, S. 60

133 Computergraphiken: Nierenfunktions-Szintigramm als Druckausgabe (a) und als Plotterausgabe (b). Hier aus A. Schneider: Die Evolution der Rechenanlagen aus humaner Sicht. In: IBM Nachrichten, Jg. 27. Stuttgart, IBM Deutschland 1977. S. 89

134 Holzschnitt – 1805. Preußischer Kulturbesitz, Berlin

135 Zeichnung nach W. de Beauclair: Rechnen mit Maschinen. Eine Bildgeschichte der Rechentechnik. Braunschweig, Fried. Vieweg & Sohn 1968. Abb. 3/2.1, S. 41

136 Stahlstich aus T. C. Martin: Counting a nation by electricity. In: The electrical engineer, Bd. 12. New York 1891. Fig. 5, S. 525

137 Stahlstich aus T. C. Martin: Counting a nation by electricity. In: The electrical engineer, Bd. 12. New York 1891. Hf. 184, Fig. 1, S. 523

138 Zeichnung aus: Patentschrift Nr. 49593. Berlin, Kaiserliches Patentamt, Klasse 42, Instrumente – 16. 11. 1899. Bl. 1, Fig. 3

139 Zeichnung aus: Erfindung und Entwicklung der Hollerith-Lochkarten-Maschinen. Berlin, Deutsche Hollerith Maschinen Gesellschaft m. b. H., o. J. Abb. 3, S. 5

140 Zeichnung aus: Patentschrift Nr. 49593. Berlin, Kaiserliches Patentamt, Klasse 42, Instrumente – 16. 11. 1899. Bl. 2, Fig. 5 u. 6

141 Zeichnungen aus: Festschrift zur 25-Jahrfeier der Deutschen Hollerith Maschinen Gesellschaft. Berlin 1935. Abb. 5, S. 55 (a); Abb. 16, S. 60 (b)

142 Grafische Darstellungen aus den Schulfernsehbegleitheften des Westdeutschen Rundfunks, Köln

143 Foto aus H. Th. Schmidt: Die Excelsior AG, Hannovers älteste Gummiwarenfabrik. In: Tradition, Jg. 8 (Hg. W. Treise). München 1963. Hf. 1, bei S. 41

144 Werbeplakat der Deutschen Hollerith Maschinen Gesellschaft – um 1920. Archiv: IBM Deutschland

145 Zeichnung aus M. Anderson, A. Berlinsky u. M. Lapitsky: Bureau of the census. In: Encyclopedia of computer science and technology (Hg. J. Belzer u. a.), Bd. 4. New York u. Basel, M. Dekker 1976. Abb. 2, S. 270

146 Zeichnung aus M. Anderson, A. Berlinsky u. M. Lapitsky: Bureau of the census. In: Encyclopedia of computer science and technology (Hg. J. Belzer u. a.), Bd. 4. New York u. Basel, M. Dekker 1976. Abb. 4, S. 274

147 Tafel von R. Oberliesen nach Angaben in J. H. Blodgett u. C. K. Schultz: Hermann Hollerith – Data processing pioneer. In: American dokumentation 1969. S. 224

148 a) Tafel von R. Oberliesen
b) Tafel aus A. M. Danzin: Die gesellschaftlichen Auswirkungen der Informationstechnologien. In: Berichte der Gesellschaft für Mathematik und Datenverarbeitung, Nr. 118. München, Wien, R. Oldenbourg Verlag 1978. S. 25

149 Artikel aus: Berliner Börsen-Zeitung – Nr. 65, 1911

150 Graphik von R. Oberliesen nach: Festschrift zur 25-Jahrfeier der Deutschen Hollerith Maschinen Gesellschaft. Berlin 1935. S. 9

151 Foto aus: Festschrift zur 25-Jahrfeier der Deutschen Hollerith Maschinen Gesellschaft. Berlin 1935. S. 45 (unten)

152 a) Lochkarte System Hollerith – 1890 (für die 11. amerikanische Volkszählung)

153 a) Lochkarte System Hollerith – 1910 (Volkszählung in Württemberg). Hier aus E. Aikele: 1890–1965, 75 Jahre Lochkarte. In: IBM Nachrichten, Jg. 15. Stuttgart, IBM Deutschland 1965. Hf. 175, S. 2843
b) Lochkarte System Hollerith – 1933 (Volks- und Berufszählung in Deutschland). Hier aus Biehler: Lochkartenmaschinen im Dienste der Reichsstatistik. In: Allgemeines statistisches Archiv, Bd. 28. Jena 1938. Hf. 2, Abb. 1, S. 91
c) Lochkarte System IBM – 1961 (Volks- und Berufszählung in der Bundesrepublik). Archiv IBM Deutschland, Stuttgart

154 Holzstich aus: Scientific American, Bd. 63. New York 1890. Nr. 9, Titelblatt (Ausschnitt)

155 Tafel aus R. Feindler: Das Hollerith-Lochkarten-Verfahren für maschinelle Buchhaltung und Statistik. Berlin 1929. S. 87

156 Holzstich aus: Scientific American, Bd. 63. New York 1890. Nr. 9, Titelblatt (Ausschnitt)

157 Holzstich aus: Scientific American, Bd. 63. New York 1890. Nr. 9, Titelblatt (Ausschnitt)

158 Holzstich aus: Scientific American, Bd. 63. New York 1890. Nr. 9, Titelblatt (Ausschnitt)

159 Grundriß aus R. Feindler: Das Hollerith-Lochkarten-Verfahren für maschinelle Buchhaltung und Statistik. Berlin 1929. Abb. 41, S. 82

160 a) Foto aus R. Feindler: Das Hollerith-Lochkarten-Verfahren für maschinelle Buchhaltung und Statistik. Berlin 1929. Abb. 42, S. 83
b) Foto: Nixdorf Computer AG, Paderborn

161 Graphik aus R. Feindler: Das Hollerith-

Lochkarten-Verfahren für maschinelle Buchhaltung und Statistik. Berlin 1929. Abb. 148, S. 328

162 Graphik von R. Oberliesen nach M. Porat: The information economy. Dissertation-Institute for communication research, Stanfort University, 1976. Hier aus A. M. Danzin: Die gesellschaftlichen Auswirkungen der Informationstechnologien. In: Berichte der Gesellschaft für Mathematik und Datenverarbeitung, Nr. 118. München, Wien, R. Oldenbourg Verlag 1978. Abb. 1, S. 12

163 Graphik von Globus Kartendienst, Hamburg

164 Tafel aus A. M. Danzin: Die gesellschaftlichen Auswirkungen der Informationstechnologien. In: Berichte der Gesellschaft für Mathematik und Datenverarbeitung, Nr. 118. München, Wien, R. Oldenbourg Verlag 1978. S. 29

165 Graphik nach Fr. Bauer: Mikroelektronik – Auswirkungen auf Wirtschaft und Gesellschaft. München, Siemens AG 1977. Abb. 11, S. 12

166 Graphik aus: Siemens Druckschrift B 1840, 5.5

167 Zeichnung aus VDI-Z (Zeitschrift des Vereins Deutscher Ingenieure für Maschinenbau und Metallbearbeitung). Düsseldorf, VDI 1981. Hf. 22, S. 930

168 Nach: data report. Berlin u. München, Siemens Aktiengesellschaft 1980

169 Tafel von R. Oberliesen nach einer Siemensstudie aus 1978

170 Zeichnung aus: La documentation française, Nr. 16. Paris 1977. Hier aus A. M. Danzin: Die gesellschaftlichen Auswirkungen der Informationstechnologien. In: Berichte der Gesellschaft für Mathematik und Datenverarbeitung, Nr. 118. München, Wien, R. Oldenbourg Verlag 1978. Abb. 8, S. 42

171 Graphik nach: Erfassungsschutz: Der Bürger in der Datenbank, zwischen Planung und Manipulation (Hg. H. Krauch). Stuttgart, Deutsche Verlagsanstalt 1975. S. 143

172 Graphik – Deutsches Museum München

173 Graphik – Deutsches Museum München

174 Elektrotechnischer Telegraph von S. Th. Soemmering – 1809/1811. Aus den Sammlungen des Deutschen Museums; Fachgebiet: Nachrichtentechnik; Bereich: Geschichte der Telegraphie. Foto: DM München, Bildstelle

175 Magnetelektrischer Schreibtelegraph von C. A. v. Steinheil – 1836. Aus den Sammlungen des Deutschen Museums; Fachgebiet: Nachrichtentechnik; Bereich: Geschichte der Telegraphie. Foto: DM München, Bildstelle

176 Hellfax-Blattschreiber (Facsimile recorder) BS 114 – 1980. Aus den Sammlungen des Deutschen Museums; Fachgebiet: Nachrichtentechnik; Bereich: Moderne Telegraphie. Foto: DM München, Bildstelle

177 Telephon von Ph. Reis – 1861/1862. Aus den Sammlungen des Deutschen Museums; Fachgebiet: Nachrichtentechnik; Bereich: Geschichte der Telephonie. Foto: DM München, Bildstelle

178 Nebenstellenanlage – 1968. Aus den Sammlungen des Deutschen Museums; Fachgebiet: Nachrichtentechnik; Bereich: Nebenstellentechnik. Foto: DM München, Bildstelle

179 Nebenstellenanlage – 1968. Aus den Sammlungen des Deutschen Museums; Fachgebiet: Nachrichtentechnik; Bereich: Nebenstellentechnik. Foto: DM München, Bildstelle

180 Erster Röhren-Sender für Telephonie mit gasgefüllter Liebenröhre von A. Meissner – 1913. Aus den Sammlungen des Deutschen Museums; Fachgebiet: Nachrichtentechnik; Bereich: Geschichte der Funktechnik. Foto: DM München, Bildstelle

181 Rekonstruktion der ersten programmgesteuerten Rechenanlage ZUSE Z 3 (1939/1941). Aus den Sammlungen des Deutschen Museums; Fachgebiet: Datenverarbeitung; Bereich: Digitale Rechenanlagen. Foto: DM München, Bildstelle

182 Anlage zur Bildsignal-Aufzeichnung auf Magnetband im Querspur-Verfahren, Typ VR 1000 (Ampex-Corporation, USA) – 1958. Aus den Sammlungen des Deutschen Museums; Fachgebiet: Datenverarbeitung; Bereich: Aufnahme- und Wiedergabetechnik Ton und Bild. Foto: DM München, Bildstelle

rororo aktuell

Herausgegeben von Freimut Duve im Rowohlt Taschenbuch Verlag

Technologie und Politik

Das Magazin zur Wachstumskrise
Herausgegeben von Freimut Duve

Ein kritisches, vierteljährlich erscheinendes Periodikum im Taschenbuchformat. Beratung: Ulrich Albrecht, André Gorz, Ivan Illich, Joachim Israel, Joachim Steffen und Ernst v. Weizsäcker.

Heft 2
Illichs Thesen zur Medizin in der Kritik / Marxisten und die Grenzen des Wachstums. Mit Beiträgen von S. Bellow / K. W. Deutsch / W. Harich / A. Gorz u. a.
(1880)

Heft 5
Kartelle in der Marktwirtschaft
Mit Beiträgen von Bodenstein / Leuer / H. Brandt / H. Ostermeyer u. a.
(4007)

Heft 6
Technologie in Lateinamerika
Mit Beiträgen von K. Offe / W. D. Narr / J. Banka / C. Amery / H. Schwember u. a.
(4066)

Heft 7
Brokdorf/Unterelbe/Kernenergie
Mit Beiträgen von O. Seeber / W. Schluchter / G. Altner / H. Baitsch / D. von Ehrenstein / E. von Weizsäcker u. a.
(4121)

Heft 8:
Die Zukunft der Arbeit 1
Mit Beiträgen von J. Steffen / F. Fröbel / J. Heinrichs / O. Kreye / W. Bierter / E. von Weizsäcker / O. Ulrich / A. Gorz u. a.
(4184)

Heft 9:
Energiebedarf, Sicherheit und Arbeitsplätze / Nukleare Bewaffnung
Mit Beiträgen von Miettinen / I. Illich / Grafstein / Friedmann u. a.
(4189)

Heft 12:
Die Zukunft der Ökonomie 1
Mit Beiträgen von F. Duve / E. J. Mishan / C. Leipert / K. Traube / W. Leiss u. a.
(4280)

Heft 13:
Alternativenergie konkret
(4440)

Heft 14:
Verkehr in der Sackgasse
Kritik und Alternativen
(4531)

Heft 15:
Die Zukunft der Arbeit 3
Leben ohne Vollbeschäftigung?
(4627)

Heft 16:
Demokratische und autoritäre Technik
Beiträge zu einer anderen Technikgeschichte
(4716)

Heft 17:
Biotechnik
Genetische Überwachung und Manipulation des Lebens. Herausgegeben und zusammengestellt von Jost Herbig
(4724)

Heft 18:
Grünes Bauen
Ansätze einer Öko-Architektur. Herausgegeben und zusammengestellt von Ullrich Schwarz
(4936)

rororo aktuell
Herausgegeben von Freimut Duve im Rowohlt Taschenbuch Verlag

Technologie und Politik

Heft 19:
Schöne elektronische Welt
Computer – Technik der totalen Kontrolle.
Herausgegeben und zusammengestellt
von Norbert R. Müllert
(4937)

Heft 20:
Abfall
Herausgegeben und zusammengestellt
von Karl-Heinz Joepen
(Arbeitstitel / 4938)

Heft 21:
Stadtleben
Alternativen der Kommunalpolitik.
Herausgegeben und zusammengestellt
von Norbert Kostede
(5025)

rororo aktuell

Herausgegeben von Freimut Duve im Rowohlt Taschenbuch Verlag

Industriekritik und Ökologie

Illich, Ivan
Die sogenannte Energiekrise oder Die Lähmung der Gesellschaft
(1763)

Illich, Ivan u. a.
Entmündigung durch Experten
Zur Kritik der Dienstleistungsberufe
(4425)

Kerner, Imre / Maissen, Toya
Die kalkulierte Verantwortungslosigkeit
Der Basler PCB-Skandal
«Die große Vergiftung» – Folge 1
(4741)

Kluge, Brigitte / Loeben, Susanne / Reichel, Inge / Steinhilber-Schwab, Barbara
Umweltgifte und Kindernahrung
(Arbeitstitel / 5023)

Krauth, Wanda / Lünzer, Immo
Öko-Landbau und Welthunger
Mit dem Report an den US-Landwirtschaftsminister
(4849)

Lah, Uwe / Zeschmar, Barbara
Kein Wasser zum Trinken
(Arbeitstitel / 5035)

Mooney, Pat R.
Saat-Multis und Welthunger
Wie die Konzerne die Nahrungsschätze der Welt plündern
(4731)

Müllert, Norbert R. (Hg.)
Schöne elektronische Welt
Computer – Technik der totalen Kontrolle
(4937 / Technologie und Politik 19)

Perincioli, Cristina
Die Frauen von Harrisburg
oder «Wir lassen uns die Angst nicht ausreden»
(4719)

Ruske, Barbara / Teufel, Dieter
Das sanfte Energie-Handbuch
Wege aus der Unvernunft der Energieplanung in der Bundesrepublik
(4725)

Schwarz, Ullrich (Hg.)
Grünes Bauen
Ansätze einer Öko-Architektur
(4936 / Technologie und Politik 18)

Traube, Klaus
Wachstum oder Askese?
Kritik der Industrialisierung von Bedürfnissen
(4532)

Traube, Klaus / Ulrich, Otto
Atomstrom: Die Billigpreislüge
Zu den falschen Berechnungen der Atomlobby
(Arbeitstitel / 4947)

Turner, John F. C.
Verelendung durch Architektur
«Housing by People». Plädoyer für eine politische Gegenarchitektur in der Dritten Welt
(4264)

rororo aktuell

Herausgegeben von Freimut Duve im Rowohlt Taschenbuch Verlag

Menschenrechte in Osteuropa

«Die Erfahrung der letzten dreißig Jahre zeigt, daß es möglich ist, sich einem totalitären System erfolgreich zu widersetzen. Hier und da kann man auf nationale Souveränität hinarbeiten. Damit ist das Programm für die Opposition festgelegt: sie muß gesellschaftliche Widerstandsbewegungen ins Leben rufen, organisieren und ihre Zusammenarbeit regeln. Das Ausmaß an Oppositionstätigkeit wird von der Reaktion der Gesellschaft einerseits und von der Breitschaft der UdSSR zur militärischen Intervention andererseits bestimmt.»
    Jacek Kuron

Böll, Heinrich / Duve, Freimut / Staeck, Klaus (Hg.)
Verantwortlich für Polen?
(5017)

Dross, Armin Th. (Hg.)
Polen
Freie Gewerkschaften im Kommunismus?
(4738)

Fuchs, Jürgen
Gedächtnisprotokolle
Mit Liedern von Gerulf Pannach und einem Vorwort von Wolf Biermann
(4122)

Vernehmungsprotokolle
November 1976 bis September 1977
(4271)

Hans Herbert Schulze

rororo lexikon zur datenverarbeitung

Schwierige Begriffe einfach erklärt.
rororo handbuch 6220/DM 7,80

Aufgabe dieses Lexikons ist es, den Zugang zu der Schlüsseltechnologie der Datenverarbeitung zu erleichtern, Übersetzungshilfen aus dem „Computer-Chinesisch" zu geben. Es vermittelt leicht faßlich das EDV-Grundwissen und unterrichtet über die Hauptanwendungsbereiche. Wer als Betroffener interessiert ist, wer einen EDV-Beruf anstrebt oder wer sich in einem EDV-Randberuf Fachwissen aneignen muß, findet hier eine verläßliche Erstinformation.

Zum Nachschlagen und Informieren

Handlexikon zur Literaturwissenschaft
Hg. von Diether Krywalski. Band 1: Ästhetik–Literaturwissenschaft, materialistische [6221]. Band 2: Liturgie–Zeitung [6222]

Lexikon der Archäologie
Warwick Bray / David Trump
Band 1: Abbevillien–Kyros der Große
Band 2: Labyrinth–Zweitbestattung
Mit 94 Abb. auf Tafeln u. zahlr. Textillustrationen [6187 u. 6188]

Lexikon der griechischen und römischen Mythologie
von Herbert Hunger mit Hinweisen auf das Fortwirken antiker Stoffe und Motive in der bildenden Kunst, Literatur und Musik des Abendlandes bis zur Gegenwart [6178]

Begriffslexikon der Bildenden Künste
in 2 Bänden. Die Fachbegriffe der Baukunst, Plastik, Malerei, Grafik und des Kunsthandwerks. Mit 800 Stichwörtern, über 250 Farbfotos, Gemäldereproduktionen, Konstruktionszeichnungen, Grundrissen und Detailaufnahmen.
Band 1: A–K [6142]
Band 2: L–Z [6147]

Künstlerlexikon
985 Biographien der großen Maler, Bildhauer, Baumeister und Kunsthandwerker. Mit 290 Werkbeispielen, davon 245 in Farbe. Bd. 1 [6165]; Bd. 2 [6166]

Comics-Handbuch
von Wolfgang J. Fuchs und Reinhold Reitberger. Das «Comics-Handbuch» bietet viel Anschauung, sachliche Informationen und Analysen; es gibt Interpretationshilfen und vermittelt Bewertungsmaßstäbe für alle, die sich aus Neigung oder Beruf mit Comics befassen. [6215]

Lexikon der Kunststile
in 2 Bänden. Mit 322 Abbildungen, davon 253 in Farbe. Band 1: Von der griechischen Archaik bis zur Renaissance [6132]; Band 2: Vom Barock bis zur Pop-art [6137]

Lexikon der Weltarchitektur
in 2 Bänden. Hg. von Nikolaus Pevsner, John Fleming und Hugh Honour. Auswahl und Zusammenstellung der Bilder Dr. Walter Romstoeck. Mit über 1000 Abbildungen. Band 1: A–K [6199]; Band 2: L–Z [6200]

rororo Schauspielführer von Aischylos bis Peter Weiss
Hg. von Dr. Felix Emmel. Mit Einführungen in die Literaturepochen, in Leben und Werke der Autoren; 100 Rollen- und Szenenfotos. Anhang: Fachwörterlexikon, Autoren- und Werkregister [6039]

rororo Musikhandbuch
Band 1. Musiklehre und Musikleben [6167]; Band 2. Lexikon der Komponisten, Lexikon der Interpreten, Gesamtregister [6168]

Zum Nachschlagen und Informieren

Geschichte des Films
von Ulrich Gregor und Enno Patalas. Dokumentation und Nachschlagewerk zugleich.
Bd. 1: 1895–1939 [6193]
Bd. 2: 1940–1960 [6194]

Film verstehen
von James Monaco. Kunst – Technik – Sprache. Geschichte und Theorie des Films. «Film verstehen» schlüsselt alle Aspekte des Mediums und ihre Beziehungen zueinander auf [6271]

Familienkino
von Michael Kuball. Geschichte des Amateurfilms in Deutschland
Band 1: 1900–1930 [7186]
Band 2: 1931–1960 [7187]

rororo Filmlexikon
Hg. von Liz-Anne Bawden und Wolfram Tichy. Band 1–3: Filme, Filmbeispiele, Genres, Länder, Institutionen, Technik, Theorie [6228, 6229, 6230].
Band 4–6: Personen, Regisseure, Schauspieler, Kameraleute, Produzenten, Autoren [6231, 6232, 6233]

Folk Lexikon
von Kaarel Siniveer. Daß Bewertungen gegeben werden, die sich an musikalischem Können und der Kraft der Texte orientieren, versteht sich aus der Musik selbst heraus. Über sie zu informieren ist Grundlage des Lexikons [6275]

Jazz-Lexikon
von Michael Henkels und Martin Kunzler. In etwa 1000 Artikeln werden Musiker, Gruppen und Bands aus mehr als 50 Jahren explosiv-lebendiger Jazz-Geschichte vorgestellt [6248]

Rockmusik
von Tibor Kneif. Ein Handbuch zum kritischen Verständnis [6279]

Sachlexikon Rockmusik
von Tibor Kneif. Instrumente, Stile, Techniken, Industrie und Geschichte. Aktualisierte und erweiterte Ausgabe [6223]

Rock-Lexikon
von Siegfried Schmidt-Joos und Barry Graves unter Mitarbeit von Bernie Sigg. Aktualisiert und erweitert. 150 neue Biographien [6177]

Marxistisch-leninistisches Wörterbuch der Philosophie
in 3 Bänden. Neubearbeitete und erweiterte Ausgabe. Hg. von Georg Klaus und Manfred Buhr [6155; 6156; 6157]

Lexikon der Erotik
von Ludwig Knoll und Gerhard Jaeckel. Ein Lexikon dieser Art gab es bislang nicht. Es informiert freimütig und befreiend über alle Aspekte der Sexualität und Erotik. Bd. 1: A–K [6218], Bd. 2: L–Z [6219]

Bobby Fischer lehrt Schach
Ein programmierter Schachlehrgang von Weltmeister Bobby Fischer [6870]

Praktisches Wissen

Dr. med H. ANEMUELLER
Iß dich gesund. Leistungsfähig und aktiv durch Essen mit Verstand [7128]

George R. Bach/Roland M. Deutsch
Pairing. Intimität und Offenheit in der Partnerschaft [7263]

GUNTHER BISCHOFF
Speak you English? Programmierte Übung zum Verlernen typisch deutscher Englischfehler [6857]
Managing Manager English. Gekonnt verhandeln lernen durch Üben an Fallstudien [7129]

Bekommen was man möchte, in sieben Sprachen, die man nicht kann
Bildsprachführer in Englisch, Deutsch, Französisch, Italienisch, Griechisch, Spanisch, Japanisch, Holländisch [7258]

BLOOM / COBURN / PEARLMAN
Die selbstsichere Frau
Anleitung zur Selbstbehauptung [7281]

GÜNTER BUTTLER / REINHOLD STROH
Einführung in die Statistik
Das Buch zum erfolgreichen Fernsehkurs [7318]

MICHAEL CANNAIN / WALTER VOIGT / B + I PROJEKTPLANUNG
Kühles Denken. Wie man mit Analogien gute Ideen findet, erfolgreich improvisiert und überzeugend argumentiert [7140]

Computer. Technik, Anwendung, Auswirkung [7147]

GISELA EBERLEIN
Gesund durch autogenes Training [6875]
Autogenes Training für Fortgeschrittene [6925]

MAREN ENGELBRECHT-GREVE / DIETMAR JULI
Streßverhalten ändern lernen. Programm zum Abbau psychosomatischer Krankheitsrisiken [7193]

BOBBY FISCHER
Bobby Fischer lehrt Schach [6870]

Dr. med. HANNA FRESENIUS
Sauna. Der ärztliche Führer zur Entspannung und Gesundheit durch richtiges Saunabaden [6999]

SIEGFRIED GRUBITZSCH / GÜNTER REXILIUS
Testtheorie – Testpraxis. Voraussetzungen, Verfahren, Formen und Anwendungsmöglichkeiten psychologischer Tests im kritischen Überblick [7157]

ULRICH KLEVER
Klevers Garantie-Diät. Schlank werden mit Sicherheit [7056]
Dein Hund, Dein Freund. Der praktische Ratgeber zu allen Hundefragen [7122]

MANFRED KÖHNLECHNER
Die Managerdiät. Fit ohne Fasten [6851]

WALTER F. KUGEMANN
Lerntechniken für Erwachsene [7123]

EDI LANNERS
Kolumbus-Eier. Tricks, Spiele, Experimente [7257]

RUPERT LAY
Dialektik für Manager. Einübung in die Kunst des Überzeugens [6979]

GERHARD LECHENAUER
Filmemachen mit Super 8 [7069]

LEHRLINGSHANDBUCH
Alles über die Lehre, Berufswahl, Arbeitswelt für Lehrlinge, Eltern, Ausbilder, Lehrer [6212]

PAUL LÜTH
Das Medikamentenbuch für den kritischen Verbraucher. Aktualisierte Ausgabe unter besonderer Berücksichtigung der alternativen rezeptfreien Medikamente [7362]

Mietrecht für Mieter. Juristische Ratschläge zur Selbsthilfe [7084]

ERNST OTT
Optimales Lesen. Schneller lesen – mehr behalten. Ein 25-Tage-Programm [6783]
Optimales Denken. Trainingsprogramm [6836]

Das Konzentrationsprogramm. Konzentrationsschwäche überwinden – Denkvermögen steigern [7099]

Intelligenz macht Schule. Denkspiele zur Intelligenzförderung für 8- bis 14jährige [7155]

SUSANNE VON PACZENSKY
Der Testknacker. Wie man Karriere-Tests erfolgreich besteht [6949]

DR. L. & L. PEARSON
Psycho-Diät. Abnehmen durch Lust am Essen [7068]

LAURENCE J. PETER
Das Peter-Programm. Der 66-Punkte-Plan, mit dem man Problemen, Pannen und Pleiten Paroli bieten kann [6947]

**FRIEDRICH H. QUISKE /
STEFAN J. SKIRI / GERALD SPIESS**
Arbeit im Team. Kreative Lösungen durch humane Arbeitsform [6926]

FERDINAND RANFT
Ferienratgeber für die Familie. [7279]

**ALEKSANDR ROŠAL /
ANATOLIJ KARPOV**
Schach mit Karpov. Leben und Spiele des Weltmeisters [7149]

GÜNTHER H. RUDDIES
Testhilfe. Testangst überwinden. Testerfolge erzielen in Schule, Hochschule, Beruf [7082]

WOLF SCHNEIDER
Wörter machen Leute. Magie und Macht der Sprache [7277]

HANS HERBERT SCHULZE
Lexikon zur Datenverarbeitung. Schwierige Begriffe einfach erklärt [6220]

HANS SELYE
Stress. Lebensregeln vom Entdecker des Stress-Syndroms [7072]

JACQUES SOUSSAN
Pouvez-vous Français? Programmierte Übungen zum Verlernen typisch deutscher Französischfehler [6940]

SIEGFRIED STERNER
Die Kunst zu wandern. Wann, wie und womit Wandern zum Erlebnis wird [7089]

HELMUT STEUER / CLAUS VOIGT
Das neue rororo Spielbuch. [6270]

SIEGBERT TARRASCH
Das Schachspiel. Systematisches Lehrbuch für Anfänger und Geübte [6816]

**THE BOSTON WOMEN'S
HEALTH BOOK COLLECTIVE**
Unser Körper – Unser Leben. Our Bodies, Ourselves. Ein Handbuch von Frauen für Frauen. Bd. 1 [7271], Bd. 2 [7272]

J. N. WALKER
Juniorschach 1. Die ersten Züge. Eröffnungsspiele spielend gelernt [7144]
Juniorschach 2. Angriff auf den König. Mittelspiele spielend gelernt [7145]

**W. ALLEN WALLIS /
HARRY V. ROBERTS**
Methoden der Statistik. Anwendungsbereiche. 400 Beispiele, Verfahrenstechniken [6091]

DR. HEINRICH WALLNÖFER
Besser als tausend Pillen. Ratgeber der Gesundheitspflege. Mittel und Methoden zur gefahrlosen Selbstbehandlung im Krankheitsfall. Mit 100 Abb. im Text und 10 Tabellen [6152]

BERND WEIDENMANN
Diskussionstraining. Überzeugen statt überreden, Argumentieren statt attackieren [6922]

MARTIN F. WOLTERS
Der Schlüssel zum Computer. Einführung in die elektronische Datenverarbeitung. Eine programmierte Unterweisung.
Band 1: Leitprogramm [6839]
Band 2: Textbuch [6840]

Kaufmännisches Grundwissen strukturiert.
Der Schlüssel zum Industriebetrieb

Band 1: Struktur des Unternehmens und Stellung [7110]

Band 2: Entscheidungen im Beschaffungs-, Produktions- und Absatzbereich [7111]

Band 3: Entscheidungen im Finanzbereich und großer Schlußtest mit Planungsbeispiel [7112]

Kaufmännisches Grundwissen strukturiert.
Der Schlüssel zur Bilanz [7113]

Kaufmännisches Grundwissen strukturiert.
Der Schlüssel zur Betriebswirtschaft [7135]

Der Schlüssel zur Kostenrechnung von Walter Zorn. [7253]

Der Schlüssel zum Programmieren von Claus Jordan und Manfred Bues, Band 1: Textbuch [7314], Band 2: Leitprogramm [7315]